Dieter Muhs
Herbert Wittel
Manfred Becker
Dieter Jannasch
Joachim Voßiek

Roloff / Matek Maschinenelemente Formelsammlung

Interaktive Formelsammlung auf CD-ROM

7., verbesserte Auflage

Viewegs Fachbücher der Technik

vieweg

Bibliografische Information Der Deutschen Bibliothek
Die Deutsche Bibliothek verzeichnet diese Publikation in der Deutschen Nationalbibliografie; detaillierte bibliografische Daten sind im Internet über <http://dnb.ddb.de> abrufbar.

1. Auflage 1987
2., durchgesehene und erweiterte Auflage 1987
   2 Nachdrucke 1988
3., verbesserte Auflage 1989
   Nachdruck 1990
   Nachdruck 1991
4., vollständig neubearbeitete und erweiterte Auflage 1992
5., verbesserte Auflage 1994
   Nachdruck 1997
6., vollständig neubearbeitete und erweiterte Auflage März 2001
7., verbesserte Auflage Juli 2003

Der Vieweg Verlag ist ein Unternehmen der Fachverlagsgruppe BertelsmannSpringer.
www.vieweg.de

Technische Redaktion: Hartmut Kühn von Burgsdorff, Wiesbaden
Umschlaggestaltung: Ulrike Weigel, www.CorporateDesignGroup.de
Gesamtherstellung: Druckhaus „Thomas Müntzer", Bad Langensalza
Gedruckt auf säurefreiem und chlorfrei gebleichtem Papier.
Printed in Germany

ISBN 3-528-64482-6

Inhaltsverzeichnis

Vorwort

Die jetzt vorliegende 7. Auflage der Formelsammlung wurde an die Veränderungen des Lehrbuches Roloff/Matek Maschinenelemente angepasst. Im Kapitel Schraubenverbindungen erfolgte die Angleichung an die überarbeitete VDI-Richtlinien 2230. Die Formelsammlung ist sowohl für das Studium als auch für die Techniker und Ingenieure in der Praxis konzipiert. Die wichtigsten Formeln zum Berechnen und Auslegen von Maschinenelementen sind in ihr in übersichtlicher Form in Anlehnung an das Lehrbuch kapitelweise zusammengestellt. Sowohl im Studium bei den Klausurarbeiten als auch beim Einsatz in der Konstruktion stellt diese Formelsammlung damit eine wertvolle Hilfe für das schnelle und übersichtliche Bereitstellen von Berechnungsansätzen dar. Zum Lösen komplexer Aufgaben wurden Ablaufpläne integriert, die übersichtlich die Berechnungswege aufzeigen. Die von den Lesern positiv bewertete Erweiterung der Hinweise zu den Formeln wurde beibehalten. Sie ermöglicht den weitgehend unabhängigen Gebrauch der Formelsammlung vom Lehrbuch.

Die in der 6. Auflage der Formelsammlung neu beigefügte interaktive Formelsammlung auf CD-ROM wurde ebenfalls positiv bewertet und für die vorliegende 7. Auflage aktualisiert. Sie ermöglicht eine elektronische Generierung von über 400 der insgesamt mehr als 700 Formeln, wobei auf die wichtigsten Tabellen des Tabellenbuches direkt zugegriffen werden kann. Die Benutzung des Formelgenerators ist denkbar einfach: nach der Installation des Programms werden die einzelnen Formeln mithilfe des Explorers aufgerufen und abgearbeitet. Erforderliche Tabellenwerte können per Mausklick übernommen werden; ebenso können Zwischenergebnisse für weitergehende Berechnungen intern abgespeichert werden. Hinterlegte ausführliche Hinweise, Bilder und Grafiken erhöhen den Komfort beim Einsatz der elektronischen Formelsammlung.

Für die Richtigkeit der Programmierung, die direkte und indirekte Bezugnahme auf Vorschriften, Regelwerke, Firmenschriften u. a. kann trotz sorgfältigster Recherchen keine Gewähr übernommen werden. Die Verfasser hoffen, dass dieses Arbeitselement des Lehr- und Lernsystems Roloff/Matek Maschinenelemente den Benutzern in Ausbildung und Praxis eine wertvolle Hilfe ist. Hinweise und Anregungen die zur Verbesserung und Vervollständigung beitragen könnten, sind dankend willkommen unter info-vieweg@bertelsmann.de.

Braunschweig/Reutlingen/Augsburg
im Sommer 2003

Dieter Muhs
Herbert Wittel
Dieter Jannasch
Joachim Voßiek

1 Allgemeine Grundlagen, Normzahlen

Technische Regeln (Auswahl)

Technische Regel		Titel
DIN 323-1	08.74	Normzahlen und Normzahlreihen, Hauptwerte, Genauwerte, Rundwerte
DIN 323-2	11.74	Normzahlen und Normzahlreihen, Einführung
DIN 820-1	04.94	Normungsarbeit, Grundsätze
DIN 1301-1	04.82	Einheiten
DIN 1304-1	10.02	Formelzeichen, Allgemeine Formelzeichen
DIN 1421	01.83	Gliederung und Benummerung in Texten
VDI 2211-1	04.80	Datenverarbeitung in der Konstruktion; Methoden und Hilfsmittel
VDI 2211-2	03.03	Informationsverarbeitung in der Produktentwicklung; Berechnungen in der Konstruktion
VDI 2211-3	06.80	Datenverarbeitung in der Konstruktion; Maschinelle Herstellung von Zeichnungen
VDI 2220	05.80	Produktplanung; Ablauf, Begriffe und Organisation
VDI 2221	05.93	Methodik zum Entwickeln und Konstruieren technischer Systeme und Produkte
VDI 2222-1	06.97	Konstruktionsmethodik; Methodisches Entwickeln von Lösungsprinzipien
VDI 2222-2	02.82	–; Erstellung und Anwendung von Konstruktionskatalogen
VDI 2223E	03.99	Methodisches Entwerfen technischer Produkte
VDI 2225-1	11.97	Konstruktionsmethodik; Technisch-wirtschaftliches Konstruieren, Vereinfachte Kostenermittlung
VDI 2225-2	07.98	–; –; Tabellenwerk
VDI 2225-3	11.98	–; –; Technisch-wirtschaftliche Bewertung
VDI 2225-4	11.97	–; –; Bemessungslehre
VDI 2234	01.90	Wirtschaftliche Grundlagen für den Konstrukteur
VDI 2235	10.87	Wirtschaftliche Entscheidungen beim Konstruieren; Methoden und Hilfen
VDI 2242-1	04.86	Konstruieren ergonomiegerechter Erzeugnisse; Grundlagen und Vorgehen
VDI 2242-2	04.86	–; Arbeitshilfen und Literaturzugang
VDI 2243	07.02	Recyclingorientierte Produktentwicklung
VDI 2244	05.88	Konstruieren sicherheitsgerechter Erzeugnisse
VDI 2246 Blatt 1	03.01	Konstruieren instandhaltungsgerechter technischer Erzeugnisse; Grundlagen
VDI 2246 Blatt 2	03.01	– –; Anforderungskatalog

2 Toleranzen, Passungen, Oberflächenbeschaffenheit

Formelzeichen	Einheit	Benennung
D_{min}, D_{max}	mm	Grenzwerte des Nennmaßbereiches
EI, ES	µm	unteres und oberes Abmaß der Innenpassfläche (Bohrung)
ei, es	µm	unteres und oberes Abmaß der Außenpassfläche (Welle)
G	mm	Grenzmaß, allgemein
G_o, G_u	mm	Höchstmaß (oberes-), Mindestmaß (unteres Grenzmaß)
i, I	µm	Toleranzfaktoren der entsprechenden Nennmaßbereiche
I_B, I_W	mm	Istmaß der Bohrung, – der Welle
N	mm	Nennmaß, auf das sich alle Abmaße beziehen
P	µm	Passung, allgemein
P_o, P_u	µm	Höchstpassung, Mindestpassung
P_T	µm	Passtoleranz
R_z	µm	gemittelte Rautiefe
S	µm	Spiel, allgemein
S_o, S_u	µm	Höchstspiel, Mindestspiel
T	µm	Maßtoleranz
T_B, T_W	µm	Maßtoleranz der Bohrung, – der Welle
$Ü$	µm	Übermaß
$Ü_o$, $Ü_u$	µm	Höchstübermaß, Mindestübermaß

Nr.	Formel	Hinweise
1	*Höchstmaß* Bohrung: $G_{oB} = N + ES$ Welle: $G_{oW} = N + es$	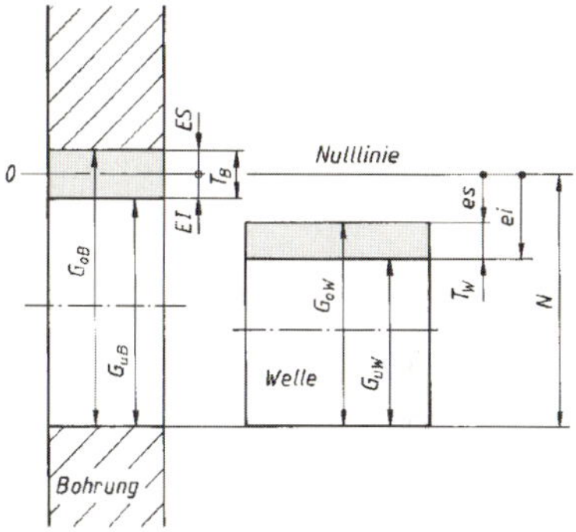
2	*Mindestmaß* Bohrung: $G_{uB} = N + EI$ Welle: $G_{uW} = N + ei$	
3	*Maßtoleranz* allgemein: $T = G_o - G_u$ Bohrung: $T_B = G_{oB} - G_{uB} = ES - EI$ Welle: $T_W = G_{oW} - G_{uW} = es - ei$	Formtoleranzen siehe TB 2-7 Lagetoleranzen siehe TB 2-8
4	*Toleranzfaktor* zur Ermittlung der Grundtoleranzen $0 < N \leq 500$: $i = 0{,}45 \cdot \sqrt[3]{D} + 0{,}001 \cdot D$ $500 < N \leq 3150$: $I = 0{,}004 \cdot D + 2{,}1$	D geometrisches Mittel für den entsprechenden Nennmaßbereich $D = \sqrt{D_{min} \cdot D_{max}}$ Grundtoleranz IT nach TB 2-1

Nr.	Formel	Hinweise
5	*Passung* allgemein: $P = I_{\mathrm{B}} - I_{\mathrm{W}}$ Höchstpassung: $P_{\mathrm{o}} = G_{\mathrm{oB}} - G_{\mathrm{uW}} = ES - ei$ Mindestpassung: $P_{\mathrm{u}} = G_{\mathrm{uB}} - G_{\mathrm{oW}} = EI - es$	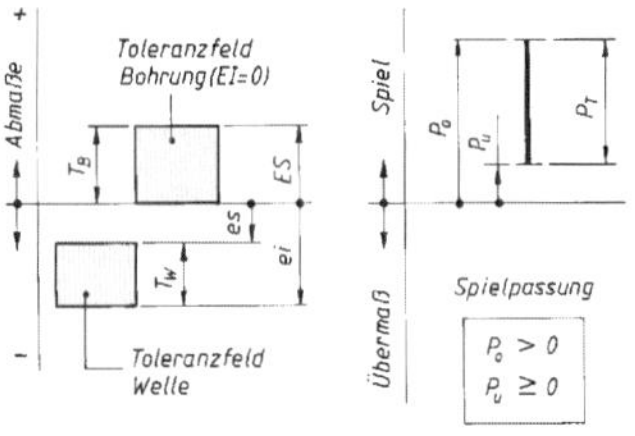 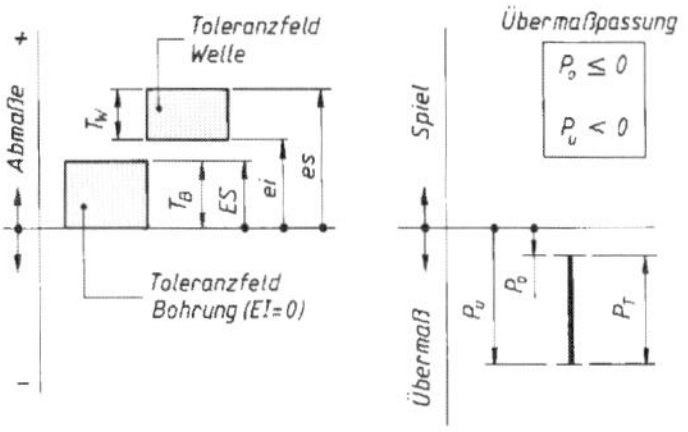
6	*Passtoleranz* $P_{\mathrm{T}} = P_{\mathrm{o}} - P_{\mathrm{u}} = (G_{\mathrm{oB}} - G_{\mathrm{uW}}) - (G_{\mathrm{uB}} - G_{\mathrm{oW}})$ $P_{\mathrm{T}} = T_{\mathrm{B}} + T_{\mathrm{W}} = (ES - EI) + (es - ei)$	
7	*Spiel* (liegt vor, wenn $P_{\mathrm{o}} > 0$ und $P_{\mathrm{u}} \geq 0$) allgemein: $S = G_{\mathrm{B}} - G_{\mathrm{W}} \geq 0$ Höchstspiel: $S_{\mathrm{o}} = G_{\mathrm{oB}} - G_{\mathrm{uW}} = ES - ei > 0$ Mindestspiel: $S_{\mathrm{u}} = G_{\mathrm{uB}} - G_{\mathrm{oW}} = EI - es \geq 0$ *Übermaß* (liegt vor, wenn $P_{\mathrm{o}} < 0$ und $P_{\mathrm{u}} < 0$) allgemein: $\ddot{U} = G_{\mathrm{B}} - G_{\mathrm{W}} < 0$ Höchstübermaß: $\ddot{U}_{\mathrm{o}} = G_{\mathrm{uB}} - G_{\mathrm{oW}} = EI - es < 0$ Mindestübermaß: $\ddot{U}_{\mathrm{u}} = G_{\mathrm{oB}} - G_{\mathrm{uW}} = ES - ei < 0$	
8	sinnvolle *Rautiefenzuordnung* $R_{\mathrm{z}} \leq k \cdot T$	$k \approx 0{,}5$ für keine besonderen, $k \approx 0{,}25$ bei geringen, $k \approx 0{,}1$ bei hohen, $k \approx 0{,}05$ bei sehr hohen Anforderungen an die Funktion Rautiefe nicht größer als $T/2$ wählen mit T nach Nr. 3 Erreichbare Rautiefe R_{z} und Mittenrauwerte nach TB 2-11 und TB 2-12

Technische Regeln (Auswahl)

Technische Regel		Titel
DIN 4760	06.82	Gestaltabweichungen; Begriffe, Ordnungssystem
DIN 4764	06.82	Oberflächen an Teilen für Maschinenbau und Feinwerktechnik; Begriffe nach der Beanspruchung
DIN 7150-2	08.77	ISO-Toleranzen und ISO-Passungen
DIN 7154-1 ... 2	08.66	ISO-Passungen für Einheitsbohrung;
DIN 7155-1 ... 2	08.66	ISO-Passungen für Einheitswelle;
DIN 7157	01.66	Passungsauswahl; Toleranzfelder, Abmaße, Passtoleranzen
DIN 7167	01.87	Zusammenhang zwischen Maß-, Form- und Parallelitätstoleranzen
DIN 7168	04.91	Allgemeintoleranzen
DIN 7172	04.91	Toleranzen und Grenzabmaße für Längenmaße über 3150 bis 10000 mm
DIN 7178-1 ... 4	12.74/08.86	Kegeltoleranz- und Kegelpasssystem
DIN EN ISO 4287	10.98	...: Tastschnittverfahren – Benennungen, Definitionen und Kenngrößen der Oberflächenbeschaffenheit
DIN ISO 286-1 ... 2	11.90	ISO-System für Grenzmaße und Passungen (teilweise Ersatz für DIN 7182)
DIN ISO 1101E	08.95	Technische Zeichnungen; Form- und Lagetolerierung;
DIN ISO 1302	06.80	–; Angaben der Oberflächenbeschaffenheit in Zeichnungen
DIN ISO 2768-1 ... 2	06/04.91	Allgemeintoleranzen; ...
DIN ISO 5459	01.82	Technische Zeichnungen; Form- und Lagetolerierung;
VDI/VDE 2601	10.91	Anforderungen an die Oberflächengestalt zur Sicherung der Funktionstauglichkeit spanend hergestellter Flächen; ...
VDI/VDE 2602	09.83	Rauheitsmessung mit elektrischen Tastschnittgeräten

3 Festigkeitsberechnung

Formelzeichen	Einheit	Benennung
a_M	mm^2/N	Faktor zur Berechnung der Mittelspannungsempfindlichkeit
b_M	1	Faktor zur Berechnung der Mittelspannungsempfindlichkeit
F_{eq}	N	äquivalente Kraft
f_σ, f_τ	1	Faktor zur Berechnung der Zugdruckfestigkeit bzw. Schubfestigkeit
$f_{W\sigma}$, $f_{W\tau}$	1	Faktoren zur Berechnung der Wechselfestigkeit
G'	mm^{-1}	bezogenes Spannungsgefälle
K_A	1	Anwendungsfaktor (Betriebsfaktor)
K_B	1	statischer Konstruktionsfaktor
K_g	1	geometrischer Größeneinflussfaktor
$K_{O\sigma}$, $K_{O\tau}$	1	Oberflächeneinflussfaktor
K_t	1	technologischer Größeneinflussfaktor für Zugfestigkeit bzw. Streckgrenzc
K_V	1	Einflussfaktor der Oberflächenverfestigung
K_α, $K_{\alpha\,Probe}$	1	formzahlabhängiger Größeneinflussfaktor des Bauteils; des Probestabes (gilt für d_{Probe})
K_D	1	dynamischer Konstruktionsfaktor
n	1	Stützzahl des gekerbten Bauteils
n_0	1	Stützzahl des ungekerbten Bauteils
n_{pl}	1	plastische Stützzahl
R_e	N/mm^2	Streckgrenze, Fließgrenze des Bauteils (auf Bauteilgröße umgerechnet)
R_m	N/mm^2	Zugfestigkeit, Bruchfestigkeit des Bauteils (auf Bauteilgröße umgerechnet)
R_{mN}	N/mm^2	Zugfestigkeit für die Normabmessung (Normwert)
$R_{p\,0,2}$, R_p	N/mm^2	0,2 %-Dehngrenze, Streckgrenze des Bauteils (auf Bauteilgröße umgerechnet)
R_{pN}	N/mm^2	Streckgrenze für die Normabmessung (Normwert)
R_z	µm	gemittelte Rautiefe
S	1	Sicherheit
S_B	1	statische Sicherheit gegen Bruch
S_D	1	Sicherheit gegen Dauerbruch

Formelzeichen	Einheit	Benennung
S_F	1	statische Sicherheit gegen Fließen
S_{min}	1	erforderliche Mindestsicherheit
T_{eq}	Nm	äquivalentes Drehmoment
α_0	1	Anstrengungsverhältnis
α_{pl}	1	plastische Formzahl des ungekerbten Bauteils
α_k	1	Kerbformzahl
β_k, $\beta_{k\,Probe}$	1	Kerbwirkungszahl; experimentell bestimmte Kerbwirkungszahl (gilt für d_{Probe})
κ	1	Spannungsverhältnis
σ, τ	N/mm^2	Normalspannung (Zug, Druck, Biegung) bzw. Tangentialspannung (Schub, Torsion)
σ_a, τ_a	N/mm^2	Ausschlagspannung
σ_b	N/mm^2	Biegespannung
σ_B, τ_B	N/mm^2	Bauteilfestigkeit gegen Bruch
σ_{bF}, τ_{tF}	N/mm^2	Biegefließgrenze, Torsionsfließgrenze
σ_D, τ_D	N/mm^2	Dauerfestigkeit
σ_F, τ_F	N/mm^2	Bauteilfestigkeit gegen Fließen
σ_{GA}, τ_{GA}	N/mm^2	Gestaltausschlagfestigkeit
σ_{GW}, τ_{GW}	N/mm^2	Gestaltwechselfestigkeit
σ_m, τ_m	N/mm^2	Mittelspannung
σ_{mv}, τ_{mv}	N/mm^2	Vergleichsmittelspannung
σ_o, τ_o	N/mm^2	obere Spannung
σ_{res} τ_{res}	N/mm^2	resultierende Spannung
σ_{Sch}, τ_{Sch}	N/mm^2	Schwellfestigkeit
σ_u, τ_u	N/mm^2	untere Spannung
σ_v	N/mm^2	Vergleichsspannung
σ_W, τ_W	N/mm^2	Wechselfestigkeit des Bauteils (auf Bauteilgröße umgerechnet)
σ_{WN}, τ_{WN}	N/mm^2	Wechselfestigkeit für die Normabmessung (Normwert)
$\sigma_{z,d}$	N/mm^2	Zug-/Druckspannung
σ_{zul}, τ_{zul}	N/mm^2	zulässige Spannung
τ_s	N/mm^2	Scherspannung
τ_t	N/mm^2	Torsionsspannung
φ	1	Faktor für Anstrengungsverhältnis
ψ_σ, ψ_τ	1	Mittelspannungsempfindlichkeit

Nr.	Formel	Hinweise
	Spannungen im Bauteil und äußere Kräfte/Momente	
1	Resultierende Spannung (in einer Richtung wirkend) – aus Normalspannungen $\sigma_{res} = \sigma_{z,d} + \sigma_b$ – aus Tangentialspannungen $\tau_{res} = \tau_s + \tau_t$	σ, τ nach den Gesetzen der technischen Mechanik bestimmen Zug: $\sigma_z = F/A$, Biegung: $\sigma_b = M/W$ Scheren: $\tau_s = F_s/A$, Torsion: $\tau_t = T/W_t$
2	Vergleichsspannung nach der – Gestaltänderungsenergiehypothese (GEH) $\sigma_v = \sqrt{\sigma^2 + 3\tau^2}$ – Schubspannungshypothese (SH) $\sigma_v = \sqrt{\sigma^2 + 4\tau^2}$ – Normalspannungshypothese (NH) $\sigma_v = 0{,}5\left(\sigma + \sqrt{\sigma^2 + 4\tau^2}\right)$	
	Vergleichsspannung bei Berücksichtigung unterschiedlicher Beanspruchungsarten – nach der GEH $\sigma_v = \sqrt{\sigma_b^2 + 3\left(\frac{\sigma_{zul}}{\varphi \cdot \tau_{zul}} \cdot \tau_t\right)^2}$ $\sigma_v = \sqrt{\sigma_b^2 + 3(\alpha_0 \cdot \tau_t)^2}$ – nach der NH $\sigma_v = 0{,}5\left(\sigma_b^2 + \sqrt{\sigma_b^2 + 4\left(\frac{\sigma_{zul}}{\varphi \cdot \tau_{zul}} \cdot \tau_t\right)^2}\right)$ $\sigma_v = 0{,}5\left(\sigma_b + \sqrt{\sigma_b^2 + 4(\alpha_0 \cdot \tau_t)^2}\right)$	$\varphi = 1{,}75$ bei GEH $\varphi = 1{,}0$ bei NH $\alpha_0 \approx 0{,}7$ bei Biegung, wechselnd wirkend und Torsion, ruhend (schwellend) $\alpha_0 \approx 1$ bei Biegung, wechselnd und Torsion, wechselnd $\alpha_0 \approx 1{,}5$ bei Biegung, ruhend (schwellend) und Torsion, wechselnd

<table>
<tr><th>Nr.</th><th>Formel</th><th>Hinweise</th></tr>
<tr><td>3</td><td>Kenngrößen eines Schwingspieles
– Spannungsamplitude
(Ausschlagspannung)
$\sigma_a = \sigma_o - \sigma_m$
bzw.
$\sigma_a = (\sigma_o - \sigma_u)/2$
– Mittelspannung
$\sigma_m = (\sigma_o + \sigma_u)/2$
– Spannungsverhältnis
$\kappa = \sigma_u/\sigma_o$</td><td>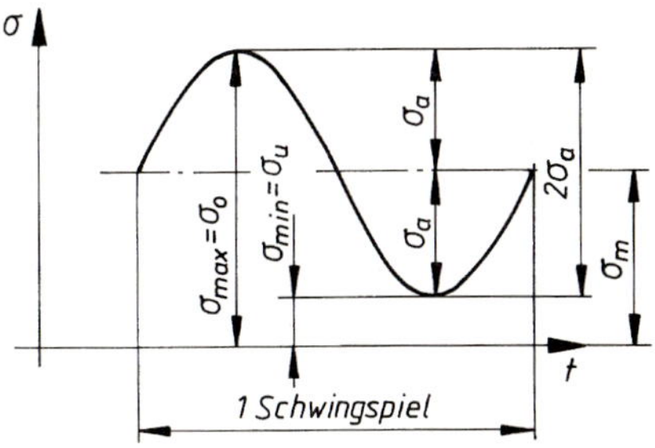

für τ-Spannungen gilt analoges
Einzelspannungen nach den Gesetzen der technischen Mechanik bestimmen
$\sigma_o = F_o/A$, $\sigma_o = M_o/W$
$\sigma_m = F_m/A$, $\sigma_m = M_m/W$</td></tr>
<tr><td>4</td><td>Kraft/Moment beim dynamischen Nachweis
$F_{eq} = K_A \cdot F_{nenn}$
$T_{eq} = K_A \cdot T_{nenn}$</td><td>beim statischen Nachweis ist die maximal auftretende Kraft F_{max} bzw. das maximal auftretende Drehmoment T_{max} für F_{eq} bzw. T_{eq} zu verwenden
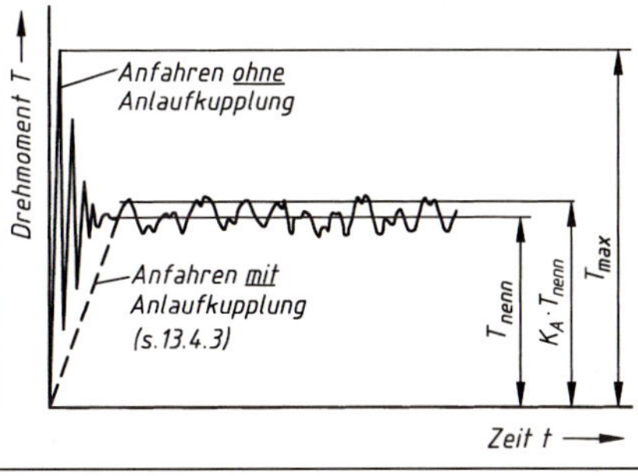
</td></tr>
<tr><td></td><td colspan="2">Festigkeitswerte</td></tr>
<tr><td>5</td><td>Zugfestigkeit des Bauteils
$R_m = K_t \cdot R_{mN}$</td><td rowspan="2">K_t nach TB 3-11a bzw. 3-11b
R_{mN}, R_{pN} nach TB 1-1 bis TB 1-2
K_t ist bei Baustählen und Stahlguss für Zugfestigkeit und Streckgrenze unterschiedlich</td></tr>
<tr><td>6</td><td>Streckgrenze des Bauteils
$R_p = K_t \cdot R_{pN}$</td></tr>
</table>

Nr.	Formel	Hinweise
7	Wechselfestigkeit des Bauteils $\sigma_{zdW} \approx f_{W\sigma} \cdot K_t \cdot R_{mN}$ $\sigma_{bW} = K_t \cdot \sigma_{bWN}$ bzw. $\sigma_{bW} = K_t \cdot n_0 \cdot \sigma_{zdWN}$ $\tau_{sW} \approx f_{W\tau} \cdot f_{W\sigma} \cdot K_t \cdot R_{mN}$ $\tau_{tW} = K_t \cdot \tau_{tWN}$ bzw. $\tau_{tW} = K_t \cdot n_0 \cdot \tau_{sWN}$	R_{mN}, σ_{zdWN}, σ_{bWN}, τ_{tWN} nach TB 1-1 K_t nach TB 3-11a bzw. 3-11b für die Umrechnung der Wechselfestigkeitswerte ist K_t für Zugfestigkeit zu verwenden $n_0 \mathrel{\hat{=}} n$ nach TB 3-7 für ungekerbtes Bauteil $f_{W\sigma}$, $f_{W\tau}$ nach TB 3-2a
	Konstruktionsfaktor	
8	statischer Nachweis $K_B = 1/n_{pl}$	n_{pl} nach Nr. 10
9	dynamischer Nachweis $K_{Db} = \left(\frac{\beta_{kb}}{K_g} + \frac{1}{K_{O\sigma}} - 1\right) \cdot \frac{1}{K_V}$ $K_{Dt} = \left(\frac{\beta_{kt}}{K_g} + \frac{1}{K_{O\tau}} - 1\right) \cdot \frac{1}{K_V}$	β_{kb}, β_{kt} nach Nr. 11 oder 12 K_g nach TB 3-11c $K_{O\sigma}$, $K_{O\tau}$ nach TB 3-10 K_V nach TB 3-12 s. auch Ablaufplan A 3-3
10	plastische Stützzahl $n_{pl} = \sqrt{\frac{E \cdot \varepsilon_{ertr}}{R_p}} / \alpha_k \leq \alpha_p$ bzw. $n_{pl} = \sqrt{\frac{R_{p\,max}}{R_p}} \leq \alpha_p$ Kerbwirkungszahl $\beta_k = \sigma_W / \sigma_{GW}$	E nach TB 1-2, für Stahl: $E \approx 210\,000$ N/mm^2 $\varepsilon_{ertr} = 5\,\%$ für Stahl und GS $\varepsilon_{ertr} = 2\,\%$ für EN-GJS und EN-GJM R_p nach Nr. 6 $R_{p\,max} = 1050$ N/mm^2 für Stahl und GS $R_{p\,max} = 320$ N/mm^2 für EN-GJS α_k nach TB 3-6 α_p nach TB 3-2b
11	– berechnet aus Formzahl $\beta_k = \frac{\alpha_k}{n}$	α_k nach TB 3-6 n nach TB 3-7
12	– experimentell ermittelte Werte β_k $\beta_k = \beta_{k\,Probe} \frac{K_{\alpha\,Probe}}{K_\alpha}$	$\beta_{k\,Probe}$ nach TB 3-9 $K_{\alpha\,Probe}$ nach TB 3-11d für d_{Probe} K_α nach TB 3-11d für $d_{Bauteil}$
13	Gesamtkerbwirkungszahl bei Durchdringungskerben $\beta_k \leq 1 + (\beta_{k1} - 1) + (\beta_{k2} - 1)$	β_{k1}, β_{k2} nach Nr. 11 oder 12 Kerben beeinflussen sich, wenn der Abstand zwischen den Kerben kleiner $2r$ ist, wobei r der größere der beiden Kerbradien ist

Nr.	Formel	Hinweise
	statische Bauteilfestigkeit	
14	gegen Fließen $\sigma_F = f_\sigma \cdot R_p / K_B$ $\tau_F = f_\tau \cdot R_p / K_B$	f_σ, f_τ nach TB 3-2a R_p nach Nr. 6 K_B nach Nr. 8
15	gegen Bruch $\sigma_B = f_\sigma \cdot R_m / K_B$ $\tau_B = f_\tau \cdot R_m / K_B$	R_m nach Nr. 5
16	einfacher Nachweis – Zug/Druck $\sigma_F = R_p$ – Biegung $\sigma_F = \sigma_{bF}$ – Torsion $\tau_F = \tau_{tF}$	 $\sigma_{bF} \approx 1{,}2 R_p$ (für duktile Rundstäbe) $\tau_{tF} \approx 1{,}2 R_p/\sqrt{3}$
	Gestaltfestigkeit (dynamische Bauteilfestigkeit)	
17	Gestaltwechselfestigkeit $\sigma_{bGW} = \sigma_{bW} / K_{Db}$ $\tau_{tGW} = \tau_{tW} / K_{Dt}$	σ_{bW}, τ_{tW} nach Nr. 7 K_D nach Nr. 9 bei Zug/Druck Index *b* durch *zd*, bei Schub *t* durch *s* ersetzen
18	Gestaltausschlagfestigkeit – Überlastungsfall 1 (σ_m = konst) $\sigma_{bGA} = \sigma_{bGW} - \psi_\sigma \cdot \sigma_{mv}$ $\tau_{tGA} = \tau_{tGW} - \psi_\tau \cdot \tau_{mv}$	σ_{bGW}, τ_{tGW} nach Nr. 17 ψ_σ, ψ_τ nach Nr. 21 σ_{mv}, τ_{mv} nach Nr. 22
19	– Überlastungsfall 2 (κ = konst) $\sigma_{bGA} = \dfrac{\sigma_{bGW}}{1 + \psi_\sigma \cdot \sigma_{mv}/\sigma_a}$ $\tau_{tGA} = \dfrac{\tau_{tGW}}{1 + \psi_\tau \cdot \tau_{mv}/\tau_a}$	σ_a, τ_a nach den Gesetzen der technischen Mechanik mit F_{eq} bzw. T_{eq} bestimmen
20	– Überlastungsfall 3 (σ_u = konst) $\sigma_{bGA} = \dfrac{\sigma_{bGW} - \psi_\sigma \cdot (\sigma_{mv} - \sigma_a)}{1 + \psi_\sigma}$ $\tau_{tGA} = \dfrac{\tau_{tGW} - \psi_\tau \cdot (\tau_{mv} - \tau_a)}{1 + \psi_\tau}$	
21	Mittelspannungsempfindlichkeit $\psi_\sigma = a_M \cdot R_m + b_M$ $\psi_\tau = f_\tau \cdot \psi_\sigma$	a_M, b_M nach TB 3-13 R_m nach Nr. 5 f_τ nach TB 3-2a

Nr.	Formel	Hinweise
22	Vergleichsmittelspannung – Gestaltänderungsenergie-hypothese $\sigma_{mv} = \sqrt{(\sigma_{zdm} + \sigma_{bm})^2 + 3 \cdot \tau_{tm}^2}$ $\tau_{mv} = f_\tau \cdot \sigma_{mv}$	σ_{zdm}, σ_{bm}, τ_{tm} nach den Gesetzen der technischen Mechanik mit F_{eq} bzw. T_{eq} bestimmen
23	– Normalspannungshypothese $\sigma_{mv} = 0{,}5\left[(\sigma_{zdm} + \sigma_{bm}) + \sqrt{(\sigma_{zdm} + \sigma_{bm})^2 + 4 \cdot \tau_{tm}^2}\right]$ $\tau_{mv} = f_\tau \cdot \sigma_{mv}$	
	Sicherheiten	
24	Versagensgrenzkurve – Gestaltänderungsenergie-hypothese $\left(\frac{\sigma_{ba}}{\sigma_{bW}}\right)^2 + \left(\frac{\tau_{ta}}{\tau_{tW}}\right)^2 \leq 1$ – Normalspannungshypothese $\frac{\sigma_{ba}}{\sigma_{bW}} + \left(\frac{\tau_{ta}}{\tau_{tW}}\right)^2 \leq 1$	σ_{ba}, τ_{ta} nach den Gesetzen der technischen Mechanik mit F_{eq} bzw. T_{eq} bestimmen σ_{bW}, τ_{tW} nach Nr. 7
	Praktische Festigkeitsberechnung	
25	überschlägige Berechnung – statisch belastete Bauteile $\sigma_z \leq \sigma_{z\,zul} = R_{eN}/S_{F\,min}$ $\sigma_z \leq \sigma_{z\,zul} = R_{mN}/S_{B\,min}$ – dynamisch belastete Bauteile $\sigma \leq \sigma_{zul} = \sigma_D/S_{D\,min}$ $\tau \leq \tau_{zul} = \tau_D/S_{D\,min}$	R_{eN}, R_{mN} nach TB 1-1 bis TB 1-2 $S_{F\,min} = 1{,}2 \ldots 1{,}8$ $S_{B\,min} = 1{,}5 \ldots 3$ σ_D, τ_D je nach Beanspruchungsart wechselnd $\sigma_D = \sigma_W$ oder schwellend $\sigma_D = \sigma_{Sch}$ (analog τ) nach TB 1-1 bis TB 1-2 $S_{D\,min} = 3 \ldots 4$
26	statischer Festigkeitsnachweis bei – Versagen durch Fließen $S_F = \frac{1}{\sqrt{\left(\frac{\sigma_{z\,max}}{R_p} + \frac{\sigma_{b\,max}}{\sigma_{bF}}\right)^2 + \left(\frac{\tau_{t\,max}}{\tau_{tF}}\right)^2}} \geq S_{F\,min}$	$\sigma_{z\,max}$, $\sigma_{b\,max}$, $\tau_{t\,max}$ nach den Gesetzen der technischen Mechanik mit F_{max} bzw. T_{max} bestimmen R_p nach Nr. 6 σ_{bF}, τ_{tF} nach Nr. 14 oder 16 $S_{F\,min}$ nach TB 3-14 vereinfachter Nachweis nach Ablaufplan A 3-1; genauerer Nachweis nach Ablaufplan A 3-2

Nr.	Formel	Hinweise
27	– Versagen durch Bruch $S_B = \dfrac{1}{0{,}5\left(\dfrac{1}{S_{\sigma B}}\right) + 0{,}5\sqrt{\left(\dfrac{1}{S_{\sigma B}}\right)^2 + 4\left(\dfrac{1}{S_{\tau B}}\right)^2}}$ $\geq S_{B\,min}$ mit $\dfrac{1}{S_{\sigma B}} = \dfrac{\sigma_{z\,max}}{R_m} + \dfrac{\sigma_{b\,max}}{\sigma_{bB}}$ und $\dfrac{1}{S_{\tau B}} = \dfrac{\tau_{t\,max}}{\tau_{tB}}$	R_m, σ_{bB}, τ_{tB} nach Nr. 15 mit α_{zk} bzw. α_{bk} für α_k in Nr. 10 $S_{B\,min}$ nach TB 3-14 s. auch Ablaufplan A 3-2
28	dynamischer Festigkeitsnachweis $S_D = \dfrac{1}{\sqrt{\left(\dfrac{\sigma_{za}}{\sigma_{zGA}} + \dfrac{\sigma_{ba}}{\sigma_{bGA}}\right)^2 + \left(\dfrac{\tau_{ta}}{\tau_{tGA}}\right)^2}}$ $\geq S_{D\,min}$	σ_{za}, σ_{ba}, τ_{ta} nach den Gesetzen der technischen Mechanik mit F_{eq} bzw. T_{eq} bestimmen σ_{GA}, τ_{GA} nach Nr. 18, 19 oder 20 $S_{D\,min}$ nach TB 3-14 s. auch Ablaufplan A 3-4

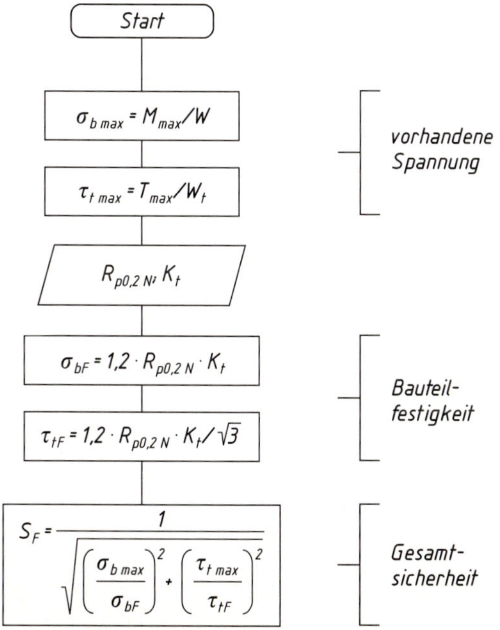

A 3-1 Vereinfachter statischer Festigkeitsnachweis gegen Fließen (für duktile Rundstäbe)

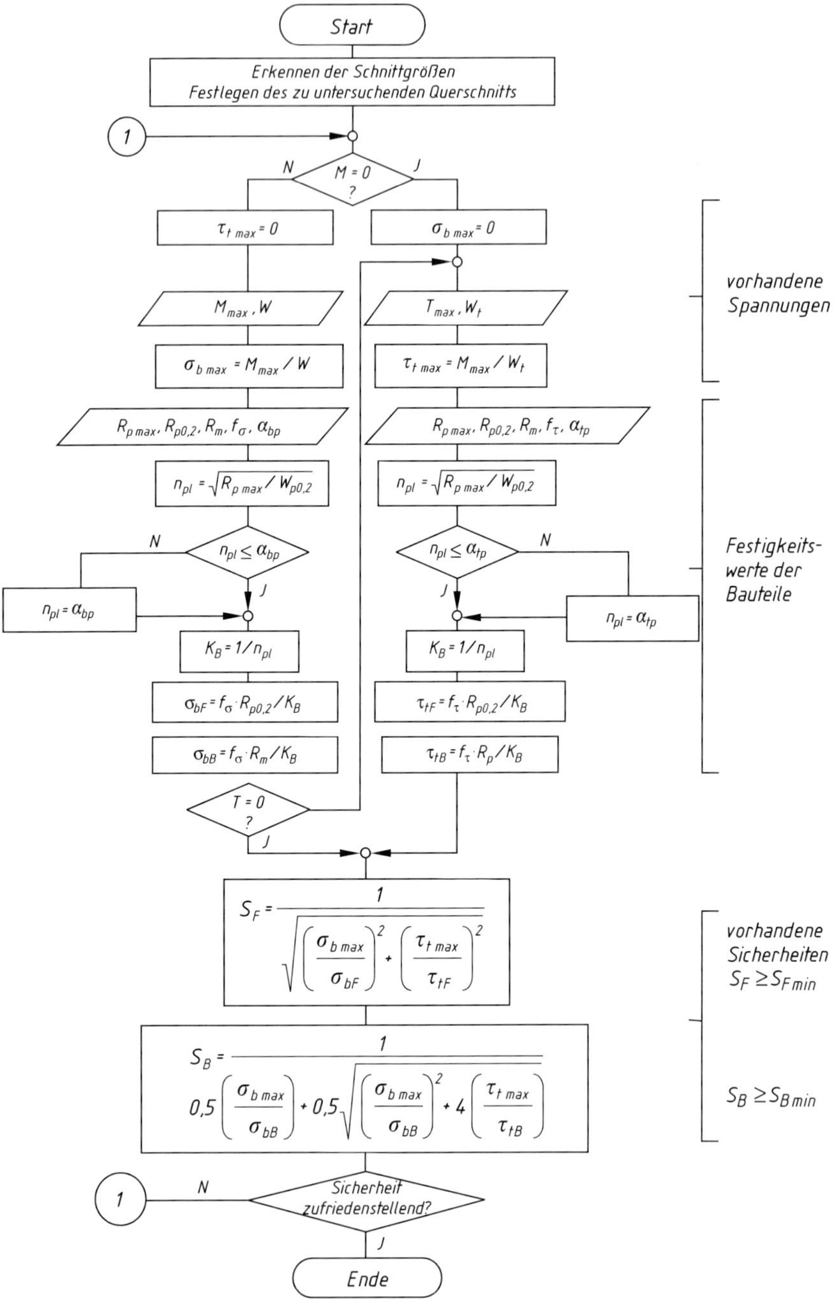

A 3-2 Ablaufplan für den statischen Festigkeitsnachweis gegen Fließen und Bruch

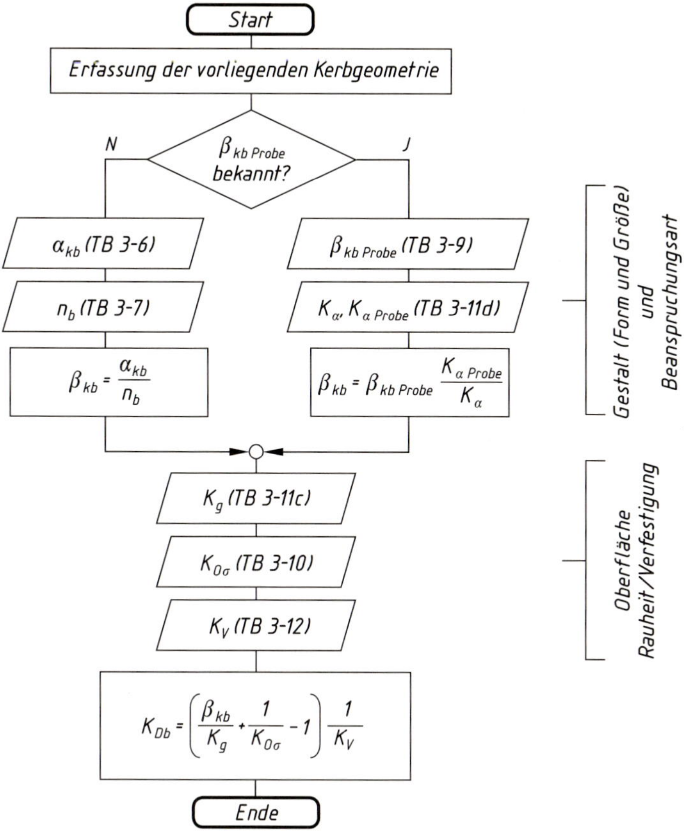

A 3-3 Ablaufplan zur Berechnung des Konstruktionsfaktors K_{Db} für Biegung
(Bei Zug/Druck ist der Index *b* durch *zd* zu ersetzen. Bei Schub ist *b* durch *s*, bei Torsion durch *t* zu ersetzen, sowie $K_{0\sigma}$ durch $K_{0\tau}$)

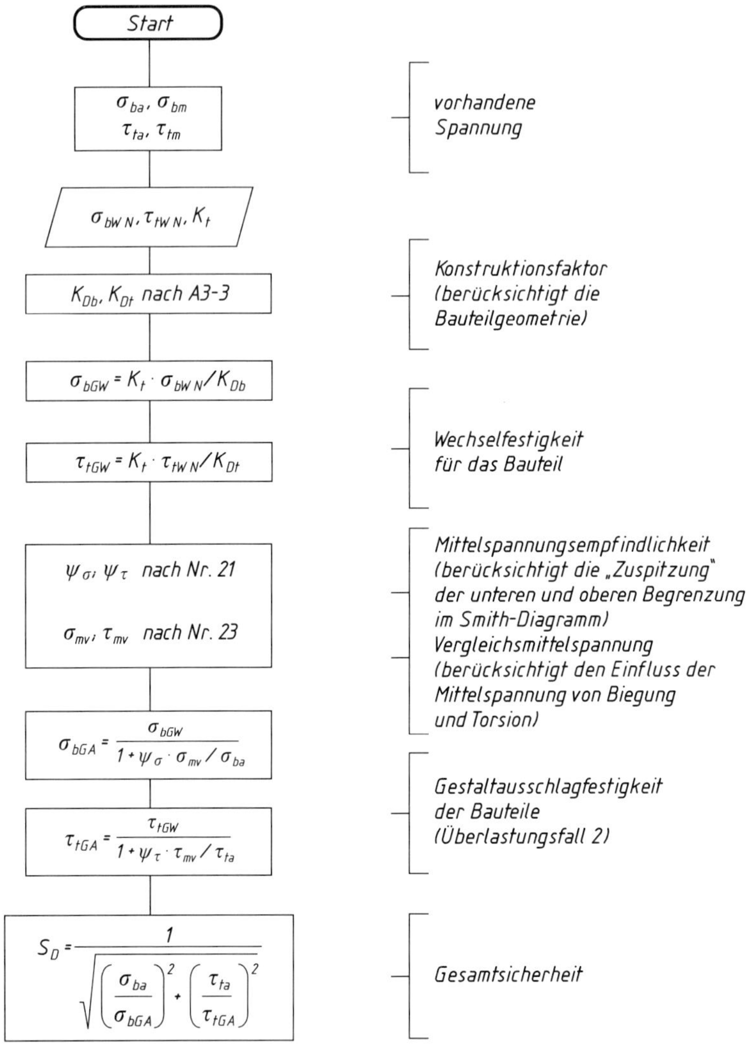

A 3-4 Ablaufplan für den dynamischen Festigkeitsnachweis für Überlastungsfall 2 (Biegung und Torsion)

Technische Regeln (Auswahl)

Technische Regeln		Titel
DIN 743-1	10.00	Tragfähigkeitsberechnung von Wellen und Achsen; Einführung, Grundlagen
DIN 743-2	10.00	–; Formzahlen und Kerbwirkungszahlen
DIN 743-3	10.00	–; Werkstoff-Festigkeitswerte
DIN 743 Beiblatt 1	10.00	–; Anwendungsbeispiele
DIN 4113-1	05.80	Aluminiumkonstruktionen unter vorwiegend ruhender Belastung; Berechnung und bauliche Durchbildung
DIN 15018-1	11.84	Krane; Grundsätze für Stahltragwerke; Belastung
DIN 50100	02.78	Werkstoffprüfung; Dauerschwingversuch
DIN 50113	03.82	Prüfung metallischer Werkstoffe; Umlaufbiegeversuch
DIN 50125	04/91	–; Zugproben
DVS 2402		Festigkeitsverhalten geschweißter Bauteile
FKM-Richtlinie 154	2002	Rechnerischer Festigkeitsnachweis für Maschinenbauteile aus Stahl, Eisenguss- und Aluminiumwerkstoffen

4 Klebverbindungen

Formelzeichen	Einheit	Benennung
A_{Kl}	mm^2	Klebfugenfläche
b	mm	Klebfugenbreite
F	N	Schälkraft
F_m	N	Zerreißkraft (Mittelwert aus mehreren Scherversuchen)
F_{max}	N	von der Klebverbindung maximal übertragbare Kraft
F_{nenn}	N	von der Klebverbindung zu übertragende Nenn-Kraft
K_A	1	Anwendungsfaktor zur Berücksichtigung stoßartiger Belastungen
$l_ü$	mm	Überlappungslänge
$R_{p0,2}$	N/mm^2	0,2 %-Dehngrenze des Grundwerkstoffes
T_{max}	N/mm	von der Klebverbindung maximal übertragbares Drehmoment
T_{nenn}	N/mm	von der Klebverbindung zu übertragendes Nenn-Drehmoment
t	mm	kleinste Bauteildicke
S	1	Sicherheit
σ'	N/mm^2	Schälfestigkeit
σ'_{abs}	N/mm^2	absolute Schälfestigkeit
σ_{KB}	N/mm^2	statische Bindefestigkeit (Zugfestigkeit)
τ_{KB}	N/mm^2	statische Bindefestigkeit (Zugscherfestigkeit)
$\tau_{Kl\,W}$	N/mm^2	Dynamische Bindefestigkeit bei Wechselbeanspruchung
$\tau_{Kl\,Sch}$	N/mm^2	Dynamische Bindefestigkeit bei Schwellbeanspruchung

Nr.	Formel	Hinweise
	Bindefestigkeit Die Bindefestigkeit ist die wichtigste Kenngröße zur Berechnung einer Klebverbindung. Sie wird an Prüfkörpern mit einschnittiger Überlappung ermittelt. Sie ergibt sich aus dem Verhältnis Zerreißkraft (Bruchlast) F_m zur Klebfugenfläche A_{Kl} bei zügiger Beanspruchung.	
1	Statische Bindefestigkeit $\tau_{KB} = \frac{F_m}{A_{Kl}} = \frac{F_m}{l_ü \cdot b}$	Richtwerte für die Bindefestigkeit (Zugscherfestigkeit) nach TB 4-2 $l_ü$, b siehe Bild unter Nr. 5
2	Dynamische Bindefestigkeit wechselnd: $\tau_{KlW} \approx (0{,}2 \ldots 0{,}4) \cdot \tau_{KB}$ schwellend: $\tau_{Kl\,Sch} \approx 0{,}8 \cdot \tau_{KB}$	
	Schälfestigkeit Die Schälfestigkeit einer Klebverbindung ist wesentlich geringer als die Bindefestigkeit. Schälbeanspruchungen sind deshalb unbedingt konstruktiv zu vermeiden.	
3	Schälfestigkeit $\sigma' = \frac{F}{b}$	Richtwerte für σ'_{abs} für 1 mm dicke mit Araldit verklebte Bleche aus Reinaluminium: $\sigma'_{abs} = 5$ (N/mm) Legierung AlMg: $\sigma'_{abs} = 25$ (N/mm) Legierung AlCuMg: $\sigma'_{abs} = 35$ (N/mm)
	Von der Klebverbindung übertragbare Belastungen	
4	Maximal übertragbare Zugkraft $F_{max} \le A_{Kl} \cdot \frac{\sigma_{KB}}{S} = b \cdot t \cdot \frac{\sigma_{KB}}{S}$	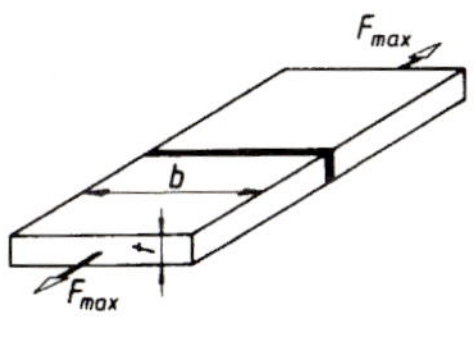 $\sigma_{KB} \approx \tau_{KB}$ τ_{KB} nach TB 4-2
5	Maximal übertragbare Schubkraft $F_{max} \le A_{Kl} \cdot \frac{\tau_{KB}}{S} = b \cdot l_ü \cdot \frac{\tau_{KB}}{S}$	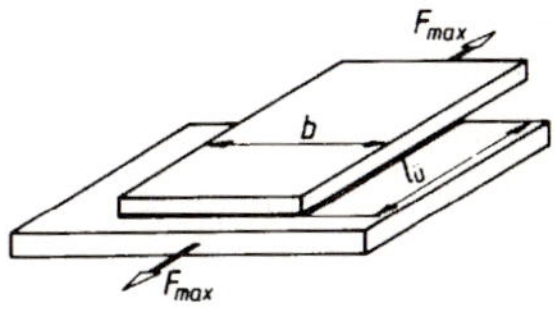

Nr.	Formel	Hinweise
6	Maximal übertragbares Drehmoment $T_{\max} \leq 0{,}5 \cdot d \cdot A_{\mathrm{Kl}} \cdot \dfrac{\tau_{\mathrm{KB}}}{S}$ $= 0{,}5 \cdot b \cdot \pi \cdot d^2 \cdot \dfrac{\tau_{\mathrm{KB}}}{S}$	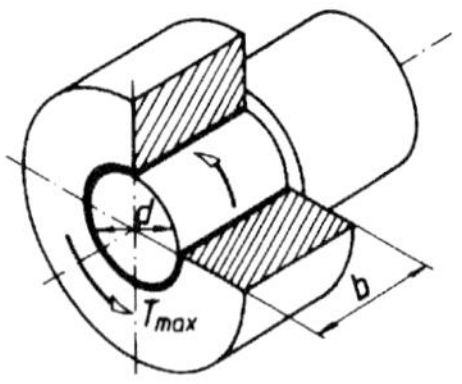 τ_{KB} nach TB 4-2 $S \approx 1{,}5 \ldots 2{,}5$ (den kleineren Wert, wenn für die Bindefestigkeit die Einflussgrößen bereits berücksichtigt sind). Bei dynamischer Beanspruchung ist $F_{\max}$ durch $F_{\mathrm{eq}} = K_{\mathrm{A}} \cdot F_{\mathrm{nenn}}$ zu ersetzen und die Bindefestigkeit nach Nr. 2 zu bestimmen.
	Überlappungslänge Um genügend große Klebflächen zu erhalten, sind möglichst Überlappungsverbindungen zu bevorzugen. Die beste Ausnutzung der Bindefestigkeit bei Leichtmetallen ergibt sich bei der folgenden Überlappungslänge.	
7	$l_{\ddot{u}} \approx 0{,}1 \cdot R_{\mathrm{p}\,0{,}2} \cdot t$ bzw. $l_{\ddot{u}} \approx (10 \ldots 20) \cdot t$	Für t ist die kleinste Dicke der überlappten Bauteile zu setzen.

Technische Regeln (Auswahl)

Technische Regeln		Titel
DIN 8593	09.85	Fertigungsverfahren Fügen; Kleben; Einordnung, Unterteilung, Begriffe
DIN 16920	06.81	Klebstoffe; Klebstoffverarbeitung; Begriffe
DIN 53281-1	09.79	Prüfung von Metallklebstoffen und Metallklebungen; Proben, Klebflächenvorbehandlung
DIN 53281-2	09.79	–; Proben, Herstellung
DIN 53281-3	09.79	–; Proben, Kenndaten des Klebvorganges
DIN 53283	09.79	–; Winkelschälversuch
DIN 53284	09.79	Prüfung von Metallklebstoffen und Metallklebungen; Zeitstandversuch an einschnittig überlappten Klebungen
DIN 53286	09.79	Prüfung von Metallklebstoffen und Metallklebungen; Bedingungen für Prüfung bei verschiedenen Temperaturen
DIN 53287	09.79	–; Bestimmung der Beständigkeit gegenüber Flüssigkeiten
DIN 54452	11.81	Prüfung von Metallklebstoffen und Metallklebungen; Druckscherversuch
DIN 54454	06.84	–; Losbrechversuch an geklebten Gewinden
DIN 54455	05.84	–; Torsionsversuch
DIN 54456	09.89	–; Klimabeständigkeit
DIN EN 1465	01.95	Klebstoffe – Bestimmung der Zugfestigkeit hochfester Überlappungsklebungen
DIN EN 26922	05.93	Klebstoffe; Bestimmung der Zugfestigkeit von Stumpfklebverbindungen
DIN EN ISO 9664	08.95	Klebstoffe – Verfahren zur Prüfung der Ermüdungseigenschaften von Strukturklebungen bei Zugscherbeanspruchung
DVS 2204-1	09.72	Kleben von thermoplastischen Kunststoffen; PVC, weichmacherfrei
DVS 2204-2	02.77	–; Polyolefine
DVS 2204-3	04.81	–; Polysterol und artverwandte Kunststoffe
DVS 2204-4	03.81	–; Polyamide
VDI 2229	06.79	Metallkleben; Hinweise für Konstruktion und Fertigung
VDI 3821	06.79	Kunststoffkleben

5 Lötverbindungen

Formelzeichen	Einheit	Benennung
A_l	mm^2	Lötnahtfläche
b	mm	Breite des Lötstoßes
d	mm	Durchmesser des Lötstoßes
F_{nenn}	N	von der Lötnaht zu übertragende Nennkraft
K_A	1	Anwendungsfaktor zur Berücksichtigung stoßartiger Belastungen
R_m	N/mm^2	Zugfestigkeit des Grundwerkstoffes
T_{nenn}	Nmm	von der Lötverbindung zu übertragendes Nenntorsionsmoment
t_{min}	mm	kleinste Bauteildicke am Lötstoß
$l_ü$	mm	Überlappungslänge
σ_{bW}	N/mm^2	Biegewechselfestigkeit bei Hartlötstumpfverbindungen
σ_l	N/mm^2	Normalspannung in der Lötnaht
σ_{lB}	N/mm^2	Zugfestigkeit der Lötnaht
τ_l	N/mm^2	Scher- bzw. Torsionsspannung in der Lötnaht
τ_{lB}	N/mm^2	Scherfestigkeit der Lötnaht

<table>
<tr><th>Nr.</th><th>Formel</th><th>Hinweise</th></tr>
<tr><td></td><td colspan="2">Stumpfstoßverbindungen
Diese werden meist nur bei gering belasteten Bauteilen mit Blechdicken $t \geq 1$ mm ausgeführt.</td></tr>
<tr><td>1</td><td>Normalspannung in der Lötnaht
$$\sigma_l = \frac{K_A \cdot F_{nenn}}{A_l} = \frac{K_A \cdot F_{nenn}}{b \cdot t} \leq \frac{\sigma_{lB}}{S}$$</td><td>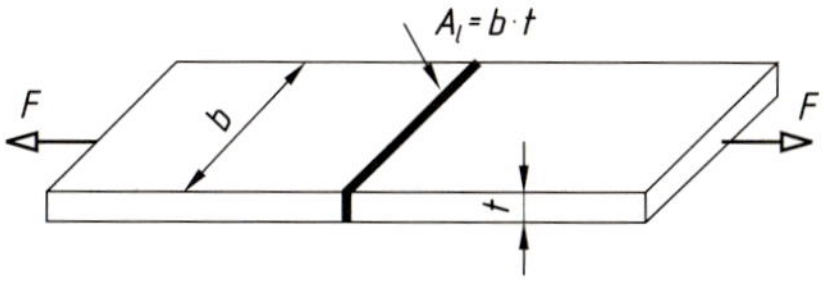

σ_{lB} nach TB 5-3
Richtwerte für S: 2 ... 3
Richtwert für Hartlötverbindungen bei dynamischer Belastung: $\sigma_{bW} \approx 160$ N/mm^2</td></tr>
<tr><td></td><td colspan="2">Überlappstoßverbindungen
Überwiegend ausgeführt, vor allem dann, wenn die Lötnaht die gleiche Tragfähigkeit aufweisen soll wie die zu verbindenden Bauteile (s. auch unter Überlappungslänge).</td></tr>
<tr><td>2</td><td>Scherspannung in der Lötnaht
$$\tau_l = \frac{K_A \cdot F_{nenn}}{A_l} = \frac{K_A \cdot F_{nenn}}{b \cdot l_ü} \leq \frac{\tau_{lB}}{S}$$</td><td>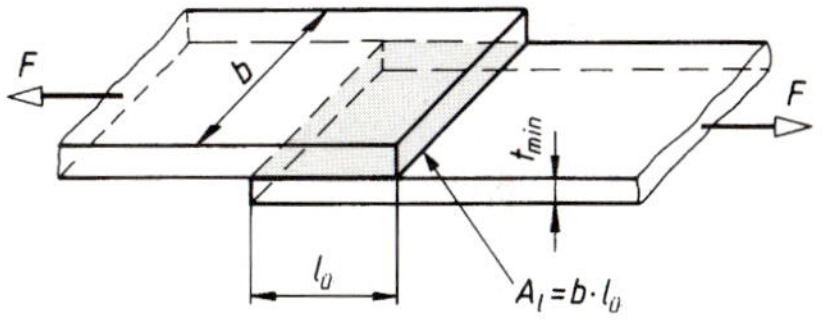

τ_{lB} nach TB 5-3
Richtwerte für S: 2 ... 3
Richtwert für Weichlötverbindungen von Baustählen bei ruhender Belastung:
$\tau_l / S \approx 2$ N/mm^2</td></tr>
<tr><td></td><td colspan="2">Steckverbindungen</td></tr>
<tr><td>3</td><td>Scherspannung durch Schubbelastung
$$\tau_l = \frac{K_A \cdot F_{nenn}}{A_l} = \frac{K_A \cdot F_{nenn}}{d \cdot \pi \cdot l_ü} \leq \frac{\tau_{lB}}{S}$$</td><td>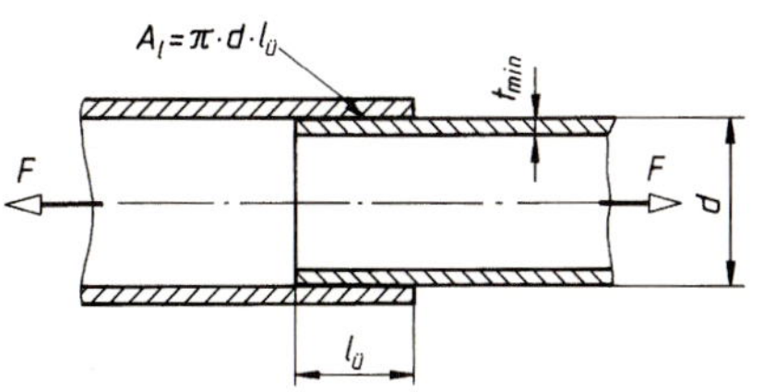
</td></tr>
</table>

Nr.	Formel	Hinweise
4	Scherspannung durch Torsionsbelastung $\tau_l = \frac{2 \cdot K_A \cdot T_{nenn}}{A_l \cdot d}$ $= \frac{2 \cdot K_A \cdot T_{nenn}}{d^2 \cdot \pi \cdot l_ü} \le \frac{\tau_{lB}}{S}$	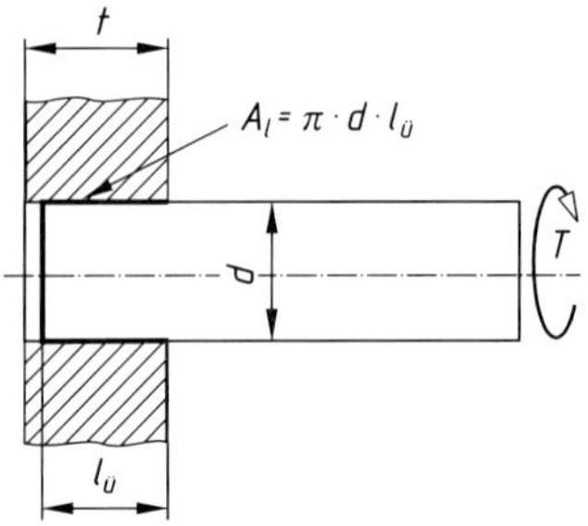 τ_{lB} nach TB 5-3 Richtwerte für S: 2 … 3 Richtwert für Weichlötverbindungen von Baustählen bei ruhender Belastung: $\tau_{lB}/S \approx 2$ N/mm^2
	Überlappungslänge Die Überlappungslänge wählt man meist so, dass die Lötnaht die gleiche Tragfähigkeit wie die zu verbindenden Bauteile aufweist.	
5	Erforderliche Überlappungslänge bei vollem Lötanschluss $l_ü = \frac{R_m}{\tau_{lB}} \cdot t_{min}$	Die Formel gilt überschlägig auch für die Überlappungslänge der Rohrverbindung unter 3 und mit $t_{min} \approx 0{,}25 \cdot d$ auch für die Steckverbindung unter 4. R_m nach TB 1-1 τ_{lB} nach TB 5-3

Technische Regeln (Auswahl)

Technische Regeln		Titel
DIN 1912-4	05.81	Zeichnerische Darstellung Schweißen, Löten; Begriffe und Benennungen für Lötstöße und Lötnähte
DIN 8505-1	05.79	Löten; Allgemeines, Begriffe
DIN 8505-2	05.79	Löten; Einteilung der Verfahren, Begriffe
DIN 8505-3	01.83	Löten; Einteilung der Verfahren nach Energieträgern, Verfahrensbeschreibungen
DIN 8511-1	07.85	Flußmittel zum Löten metallischer Werkstoffe; Flußmittel zum Hartlöten
DIN 8513-1[1)]	10.79	Hartlote; Kupferbasislote, Zusammensetzung, Verwendung, Technische Lieferbedingungen
DIN 8513-2[1)]	10.79	Hartlote; Silberhaltige Lote mit weniger als 20 Gew.-% Silber, Zusammensetzung, Verwendung, Technische Lieferbedingungen
DIN 8513-3[1)]	07.86	Hartlote; Silberhaltige Lote mit mindestens 20 % Silber; Zusammensetzung, Verwendung, Technische Lieferbedingungen
DIN 8513-4[1)]	02.87	Hartlote; Aluminiumbasislote; Zusammensetzung, Verwendung, Technische Lieferbedingungen
DIN 8513-5[1)]	02.83	Hartlote; Nickelbasislote zum Hochtemperaturlöten; Verwendung, Zusammensetzung, Technische Lieferbedingungen
DIN 8514-1	07.78	Lötbarkeit; Begriffe
DIN 8515-1	06.79	Fehler an Lötverbindungen aus metallischen Werkstoffen; Hart- und Hochtemperaturlötverbindungen, Einteilung, Benennungen, Erklärungen
DIN 8525-1	11.79	Prüfung von Hartlötverbindungen; Spaltlötverbindungen, Zugversuch
DIN 8525-2	11.79	– –; Spaltlötverbindungen, Scherversuch
DIN 8525-3	07.86	– –; Hochtemperaturgelötete Spaltlötverbindungen; Zugversuch
DIN 8593-7	09.85	Fertigungsverfahren Fügen; Fügen durch Löten; Einordnung, Unterteilung
DIN 32515	06.91	Bewertungsgruppen für Lötverbindungen; Hart- und hochtemperaturgelötete Bauteile
DIN 65169	10.86	Luft- und Raumfahrt; Hart- und hochtemperaturgelötete Bauteile; Konstruktionsrichtlinien
DIN 65170	02.97	Luft- und Raumfahrt; Hart- und hochtemperaturgelötete Bauteile; Technische Lieferbedingungen
DIN EN 29453	02.94	Weichlote; chemische Zusammensetzung und Lieferformen
DIN EN 29454-1	02.94	Flussmittel zum Löten metallischer Werkstoffe; Flussmittel zum Weichlöten
DIN EN 22553	03.97	Schweiß- und Lötnähte; Symbolische Darstellung in Zeichnungen
VDI/VDE 2251 Blatt 3	09.98	Feinwerkelemente; Lötverbindungen

1) ersetzt durch DIN EN 1044

6 Schweißverbindungen

Formelzeichen	Einheit	Benennung
a	mm	rechnerische Nahtdicke
A	mm^2	Querschnittsfläche eines Bauteiles bzw. Schweißpunktes
A_{erf}	mm^2	erforderliche Stabquerschnittsfläche
A_p	mm^2	druckbelastete projizierte Fläche für zylindrische und kugelige Grundkörper
A_S	mm^2	rechnerische Träger-Stegfläche
A_w	mm^2	rechnerische Schweißnahtfläche
A_{wF}	mm^2	Schweißnahtfläche am Flansch
A_{wS}	mm^2	Schweißnahtfläche des Steganschlusses
A_σ	mm^2	tragende Querschnittsfläche einer verstärkten Behälterwand (bei gleichem Festigkeitswert der Bauteile)
$A_{\sigma_0}, A_{\sigma_1}, A_{\sigma_2}$	mm^2	tragende Querschnittsfläche der Behälterwand A_{σ_0} und der Verstärkungen A_{σ_1} und A_{σ_2}
b	mm	mittragende Breite des Knotenbleches
b	1	Dickenbeiwert
$(b/t)_{grenz}$	1	Grenzwert der Schlankheit von Querschnittsteilen für volles Mittragen unter Druckspannungen (Nachweis der Beulsicherheit)
c_1	mm	Zuschlag zur Berücksichtigung von Wanddickenunterschreitungen bei Druckbehältern
c_2	mm	Abnutzungszuschlag zur Wanddicke bei Druckbehältern
C	1	Berechnungsbeiwert für ebene Platten und Böden
d	mm	rechnerischer Schweißpunktdurchmesser
D	mm	Berechnungsdurchmesser ebener Platten und Böden
D_a	mm	äußerer Mantel- bzw. Kugeldurchmesser
e	mm	Abstand der Stabschwerachse vom Stabrand
E	N/mm^2	Elastizitätsmodul des Stabwerkstoffes
F	N	Stabkraft, zu übertragende Kraft
F_{ki}	N	Druckkraft unter der kleinsten Verzweigungslast nach der Elastizitätstheorie (ideale Knicklast)

Formelzeichen	Einheit	Benennung
F_{pl}	N	Druckkraft im vollplastischen Zustand
F_q	N	Querkraft
h_F	mm	Schwerpunktabstand der Flansche bei I-förmigen Trägern
H	mm^3	Flächenmoment ersten Grades
i	mm	Trägheitsradius
i_x, i_y	mm	Trägheitsradius des Stabquerschnitts bezüglich der x- bzw. y-Achse
I, I_x, I_{erf}	mm^4	Flächenmoment zweiten Grades
I_w	mm^4	Flächenmoment zweiten Grades des Nahtquerschnitts
K	N/mm^2	Festigkeitskennwert der Behälterwerkstoffe
K_A	1	Anwendungsfaktor zur Berücksichtigung der Arbeitsweise von Maschinen (Stoßfaktor)
K_0, K_1, K_2	N/mm^2	Festigkeitskennwert der Behälterwand K_0 und der Verstärkungen K_1 und K_2
l	mm	rechnerische Nahtlänge
l_k	mm	Knicklänge bei Druckstäben
L	mm	ausgeführte Nahtlänge
l_{kx}, l_{ky}	mm	Knicklänge des Stabes für Knicken um die x- bzw. y-Achse
m	1	Anzahl der Scherfugen (Schnittigkeit)
M, M_b	Nmm	Biegemoment
$M_{b\,eq}$	Nmm	äquivalentes Biegemoment bei schwingender Belastung
M_{pl}	Nmm	Biegemoment in vollplastischem Zustand
n	1	Anzahl der Schweißpunkte
Δn	1	Korrekturwert beim Ersatzstabverfahren
p_e	N/mm^2	höchstzulässiger Betriebsdruck (Berechnungsdruck)
R_e	N/mm^2	Streckgrenze des Stabwerkstoffs
S	1	Sicherheitsbeiwert für Druckbehälter
S_M	1	Teilsicherheitsbeiwert
t	mm	Blechdicke, Bauteildicke
t_e	mm	ausgeführte Wanddicke bei Druckbehältern
t_K	mm	Knotenblechdicke

Formelzeichen	Einheit	Benennung
t_{min}	mm	kleinere Dicke der Bauteile (z. B. bei Punktschweißverbindungen)
T_{eq}	Nmm	äquivalentes Torsionsmoment bei schwingender Belastung
v	1	Faktor zur Berücksichtigung der Ausnutzung der zulässigen Berechnungsspannung in der Schweißnaht (Druckbehälter)
W_d, W_z	mm^3	auf den Biegedruck- bzw. Biegezugrand bezogenes Widerstandsmoment des Stabquerschnitts
W_t, W_{wt}	mm^3	Torsionswiderstandsmoment des Bauteiles bzw. der Schweißnaht
W_w	mm^3	Widerstandsmoment der Schweißnahtfläche
y	mm	bei Biegeträgern Abstand der betrachteten Querschnittstelle von der Trägerhauptachse x
α	1	Parameter zur Berechnung des Abminderungsfaktors κ
β	1	Berechnungsbeiwert für gewölbte Böden
β_m	1	Momentenbeiwert für Biegeknicken
κ	1	Abminderungsfaktor nach den Europäischen Knickspannungslinien
λ_a	1	Bezugsschlankheitsgrad
λ_{kx}, λ_{ky}	1	Schlankheitsgrad, bezogen auf die Querschnittshauptachse x bzw. y
$\bar{\lambda}_k$, $\bar{\lambda}_{kx}$, $\bar{\lambda}_{ky}$	1	bezogener Schlankheitsgrad bei Druckbeanspruchung
σ	N/mm^2	Normalspannung in einem Bauteil
σ_{bz}	N/mm^2	Biegezugspannung
σ_{max}	N/mm^2	maximale Normalspannung
σ_v	N/mm^2	Vergleichsspannung im Bauteil
σ_{wl}, $\sigma_{wl\,zul}$	N/mm^2	Lochleibungsdruck bzw. zulässiger Lochleibungsdruck am Schweißpunkt
σ_{wv}	N/mm^2	Vergleichswert bzw. Vergleichsspannung in Schweißnähten
σ_z	N/mm^2	Zugspannung im Bauteil (Zugstab)
$\sigma_{\parallel}$, $\sigma_{\perp}$	N/mm^2	Normalspannung in bzw. quer zur Nahtrichtung
$\bar{\sigma}_{\parallel}$, $\bar{\sigma}_{\perp}$	N/mm^2	zur Berechnung des Schweißnahtvergleichswertes im Kranbau zu bildender Spannungswert
$\sigma_{\perp b}$, $\sigma_{\perp zd}$	N/mm^2	Normalspannung quer zur Nahtrichtung bei Biege- bzw. Zug-/Druck-Beanspruchung

Formelzeichen	Einheit	Benennung
τ, τ_t	N/mm^2	Schubspannung bzw. Verdrehspannung im Bauteil
τ_{zul}, $\tau_{w\,zul}$	N/mm^2	zulässige Schubspannung für das Bauteil bzw. die Schweißnaht (Schweißpunkt)
$\tau_{\parallel}$, $\tau_{\perp}$	N/mm^2	Schubspannung in bzw. quer zur Nahtrichtung
$\tau_{\parallel t}$	N/mm^2	Schubspannung in Nahtrichtung aus Torsion

Nr.	Formel	Hinweise

Schweißverbindungen übertragen Kräfte, Biege- und Torsionsmomente an der Fügestelle durch stoffliches Vereinen der Bauteilwerkstoffe. Als Stoffschlussverbindungen sind sie besonders geeignet mehrachsige dynamische Lasten aufzunehmen, sind die meist kostengünstigste Fügemöglichkeit, erlauben die Verwendung von genormten Halbzeugen, lassen sich gut reparieren, sind ggf. dicht und bei höheren Temperaturen einsetzbar.

Schweißverbindungen im Stahlbau

Fast alle in der Werkstatt hergestellten Verbindungen werden heute geschweißt. Auf der Baustelle ist die Schweißverbindung gegenüber der Schraubenverbindung allerdings oft im Nachteil wegen der erschwerten Zugänglichkeit der Bauteile, der Notwendigkeit des Schweißens in Zwangslage und dem erforderlichen Schutz der Schweißstelle gegen Witterungseinflüsse.

Festigkeitsnachweis der Bauteile

Nach DIN 18800-1 muss für abnahmepflichtige Stahlbauten der Nachweis erbracht werden, dass die Beanspruchungen – das sind die mit Teilsicherheitsbeiwerten erhöhten ständigen oder veränderlichen Einwirkungen – kleiner sind als die Beanspruchbarkeiten der Bauteile.

Zweckmäßiger Berechnungsgang (Verfahren Elastisch – Elastisch)

1. Feststellen der Einwirkungen auf das Bauteil und prüfen, ob es sich um ständige Einwirkungen (Lasten G) handelt oder ob veränderliche Einwirkungen (Lasten Q) vorliegen.
2. Multiplizieren der Einwirkungen mit einem Teilsicherheitsbeiwert S_F – 1,35 für ständige Lasten G, 1,5 für veränderliche Lasten Q – und, wenn mehr als eine Last Q vorliegt, ggf. noch mit einem Kombinationsbeiwert ψ.
3. Ermitteln der Schnittgrößen (Kräfte, Momente) für das Bauteil.
4. Berechnung der im Bauteil vorhandenen Spannungen.
5. Vergleichen der Beanspruchung (vorhandene Spannungen) mit der Beanspruchbarkeit (Grenzspannungen).
6. Tragsicherheitsnachweis auf Knicken bzw. Beulen für stabilitätsgefährdete Druckstäbe bzw. plattenförmige Bauteilquerschnitte.

Die Berechnung der Bauteile geht der Berechnung der Schweißnähte voraus, da deren Abmessungen auch von der Bauteilgröße abhängen.

Nr.	Formel	Hinweise
	mittig angeschlossene Zugstäbe	
1	– Zugspannung im Stabquerschnitt $\sigma_z = \dfrac{F}{A} \leq \sigma_{zul}$	zulässige Spannung (Grenznormalspannung) σ_{zul} – 218 N/mm^2 für Bauteilwerkstoff S235 – 327 N/mm^2 für Bauteilwerkstoff S355 Querschnittsfläche des Stabes A aus Profiltabellen, z. B. aus TB 1-8 bis TB 1-13
2	– für die Bemessung erforderliche Stabquerschnittsfläche $A_{erf} = \dfrac{F}{\sigma_{zul}}$	Mit der ermittelten Querschnittsfläche A_{erf} kann aus Profiltabellen, z. B. aus TB 1-8 bis TB 1-13, ein passender Querschnitt gewählt werden.
	außermittig angeschlossene Zugstäbe	
3	– vorhandene Biegezugspannung am Biegezugrand $\sigma_{bz} = \dfrac{M_b}{W_z} = \dfrac{F(e + 0{,}5t)\,e}{I}$	Flächenmoment 2. Grades I und Schwerachsenabstand *e* aus Profiltabellen TB 1-8 bis TB 1-12
4	– maximale Spannung am Biegezugrand $\sigma_{max} = \sigma_z + \sigma_{bz} \leq \sigma_{zul}$	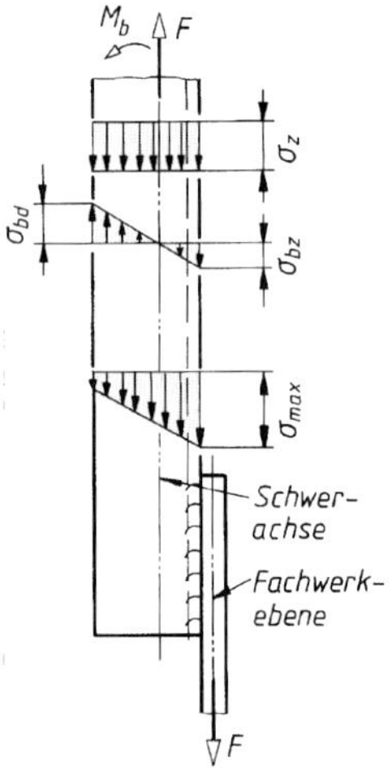 Anmerkung: Wird bei Winkelstählen die Zugkraft durch unmittelbaren Anschluss eines Winkelschenkels eingeleitet, so darf die Biegespannung infolge Außermittigkeit unberücksichtigt bleiben, wenn die Flankenkehlnähte mindestens so lang wie die Gurtschenkelbreiten sind und die aus der mittig gedachten Längskraft stammende Zugspannung $\sigma_z < 0{,}8\sigma_{zul}$ ist.

<table>
<tr><th>Nr.</th><th>Formel</th><th>Hinweise</th></tr>
<tr><td></td><td>Druckstäbe
grobe Vorbemessung</td><td></td></tr>
<tr><td>5</td><td>$A_{\text{erf}} \approx \frac{F}{12} \cdots \frac{F}{10}$</td><td><table><tr><th>$A_{\text{erf}}$</th><th>$F$</th></tr><tr><td>cm^2</td><td>kN</td></tr></table></td></tr>
<tr><td>6</td><td>$I_{\text{erf}} \approx 0{,}12 \cdot F \cdot l_{\text{k}}^2$</td><td><table><tr><th>$I_{\text{erf}}$</th><th>$F$</th><th>$l_{\text{k}}$</th></tr><tr><td>cm^4</td><td>kN</td><td>m</td></tr></table></td></tr>
<tr><td></td><td>Biegeknicken einteiliger Druckstäbe</td><td></td></tr>
<tr><td>7</td><td>Schlankheitsgrad
$\lambda_{\text{kx}} = \frac{l_{\text{kx}}}{i_{\text{x}}}$</td><td>Für Fachwerkstäbe gilt für das Ausknicken in der Fachwerkebene $l_{\text{k}} \approx 0{,}9\, l \approx l_{\text{s}}$ und rechtwinklig zur Fachwerkebene $l_{\text{k}} = l$, mit $l =$ Systemlänge des Stabes und $l_{\text{s}} =$ Schwerpunktabstand des Anschlusses.</td></tr>
<tr><td>8</td><td>$\lambda_{\text{ky}} = \frac{l_{\text{ky}}}{i_{\text{y}}}$</td><td>Trägheitsradius $i_{\text{x}} = \sqrt{I_{\text{x}}/A}$ und $i_{\text{y}} = \sqrt{I_{\text{y}}/A}$ aus Profiltabellen, z. B. aus TB 1-8 bis TB 1-13</td></tr>
<tr><td>9</td><td>Bezugsschlankheitsgrad
$\lambda_{\text{a}} = \pi \cdot \sqrt{\frac{E}{R_{\text{e}}}}$</td><td>$E = 210\,000$ N/mm^2 für Walzstahl
R_{e} nach TB 6-5
$\lambda_{\text{a}} = 92{,}9$ für S235 mit $R_{\text{e}} = 240$ N/mm^2
$\lambda_{\text{a}} = 75{,}9$ für S355 mit $R_{\text{e}} = 360$ N/mm^2</td></tr>
<tr><td>10</td><td>bezogener Schlankheitsgrad
$\bar{\lambda}_{\text{k}} = \frac{\lambda_{\text{k}}}{\lambda_{\text{a}}} = \sqrt{\frac{F_{\text{pl}}}{F_{\text{ki}}}}$</td><td>Der maßgebende bezogene Schlankheitsgrad ist der größere der beiden Werte $\bar{\lambda}_{\text{kx}}$ oder $\bar{\lambda}_{\text{ky}}$</td></tr>
<tr><td>11</td><td>$\bar{\lambda}_{\text{kx}} = \frac{\lambda_{\text{kx}}}{\lambda_{\text{a}}}$</td><td>$F_{\text{pl}} = A \cdot R_{\text{e}}/S_{\text{M}}$ als Druckkraft in vollplastischem Zustand,
$F_{\text{ki}} = \pi^2 \cdot E \cdot I/(l_{\text{k}}^2 \cdot S_{\text{M}})$ kleinste Verzweigungslast (ideale Knicklast) nach der Elastizitätstheorie.</td></tr>
<tr><td>12</td><td>$\bar{\lambda}_{\text{ky}} = \frac{\lambda_{\text{ky}}}{\lambda_{\text{a}}}$</td><td></td></tr>
<tr><td>13</td><td>Abminderungsfaktor
$\bar{\lambda}_{\text{k}} \leq 0{,}2 : \kappa = 1$</td><td>Für $\bar{\lambda}_{\text{k}} \leq 0{,}2$, also $\kappa = 1{,}0$, genügt der einfache Spannungsnachweis.</td></tr>
<tr><td>14</td><td>$\bar{\lambda}_{\text{k}} > 0{,}2 : \kappa = \frac{1}{k + \sqrt{k^2 - \bar{\lambda}_{\text{k}}^2}}$</td><td>wobei
$k = 0{,}5[1 + \alpha(\bar{\lambda}_{\text{k}} - 0{,}2) + \bar{\lambda}_{\text{k}}^2]$
$\bar{\lambda}_{\text{k}}$ nach Gln. Nr. 7 bzw. 8</td></tr>
<tr><td>15</td><td>$\bar{\lambda}_{\text{k}} > 3{,}0$: vereinfachend
$\kappa = \frac{1}{\bar{\lambda}_{\text{k}} \cdot (\bar{\lambda}_{\text{k}} + \alpha)}$</td><td>Parameter α zur Berechnung von κ:<table><tr><th>Knickspannungslinie nach TB 6-8</th><th>a</th><th>b</th><th>c</th><th>d</th></tr><tr><td>α</td><td>0,21</td><td>0,34</td><td>0,49</td><td>0,76</td></tr></table></td></tr>
</table>

Nr.	Formel	Hinweise
16	Tragsicherheitsnachweis $F \leq \kappa \cdot F_{pl}$ bzw.	$F_{pl} = A \cdot R_e / S_M$, mit Stabquerschnittsfläche A z. B. aus Profiltabellen TB 1-8 bis TB 1-13, R_e nach TB 6-5 und $S_M = 1{,}1$.
17	$\dfrac{F}{\kappa \cdot F_{pl}} \leq 1$ Mehrteilige Rahmenstäbe mit geringer Spreizung	
18	– Querschnitte mit einer stofffreien Achse Abstand der Bindebleche $l_1 \leq 15 \cdot i_1$	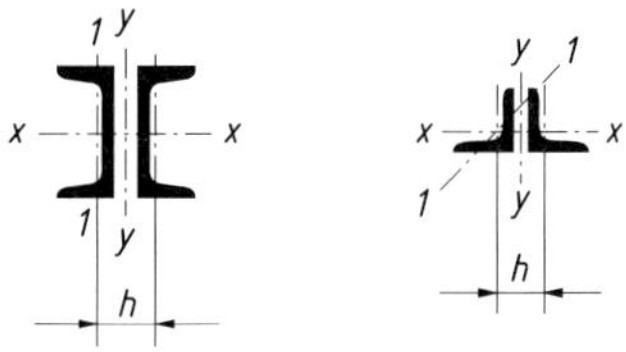 Mehrteilige Stäbe entsprechend den skizzierten Querschnitten dürfen auch für das Ausweichen rechtwinklig zur stofffreien Achse wie einteilige Druckstäbe berechnet werden, wenn die Abstände der Bindebleche nicht mehr als $15 \cdot i_1$ betragen. Bei gleichschenkligen Doppelwinkeln ist der Nachweis für Knicken um die Stoffachse maßgebend. i_1 aus Profiltabellen, z. B. nach TB 1-8 bis TB 1-13
19	– Querschnitte aus zwei übereck gestellten Winkelprofilen maßgebender Schlankheitsgrad $\lambda_x = \dfrac{l_{kx}}{i_x}$	Nachweis nur für das Ausweichen rechtwinklig zur Stoffachse x erforderlich. Im Falle zweier verschiedener Knicklängen kann für l_{kx} der Mittelwert gesetzt werden. 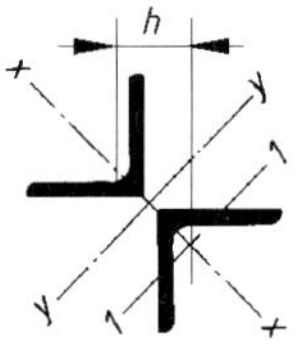 Trägheitsradius des Winkelquerschnitts i_x (i_u) nach TB 1-8

Nr.	Formel	Hinweise
20	rechnerischer Trägheitsradius bei ungleichschenkligen Winkelprofilen $i_x = \dfrac{i_0}{1{,}15}$	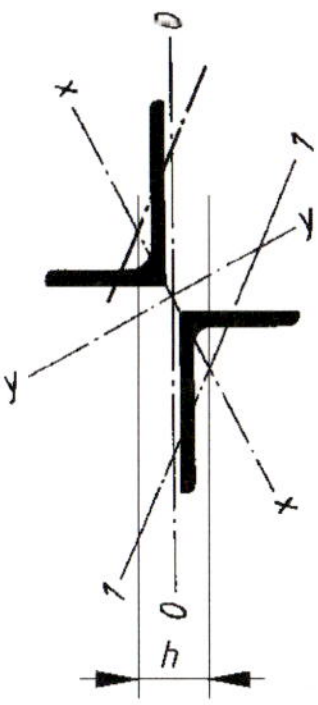 i_0 des Gesamtquerschnitts bezieht sich auf die zum langen Schenkel parallele Schwerachse
21	Abstand der Bindebleche $l_1 \leq 70 \cdot i_1$	Rahmenstäbe müssen an den Enden Bindebleche erhalten. Die weiteren Bindebleche bzw. Flachstahlfutterstücke sind in gleichen Abständen so anzuordnen, dass mindestens drei Felder im Abstand $l_1 \leq 70 \cdot i_1$ entstehen. Die Bindebleche und ihre Schweißanschlüsse sind auf Schub und Biegung zu bemessen, s. DIN 18800-2.
22	**Druckstäbe mit Biegebeanspruchung** $\dfrac{F}{\kappa \cdot F_{pl}} + \dfrac{\beta_m \cdot M}{M_{pl}} + \Delta n \leq 1$	Bei Stäben mit geringer Druckkraft $F \leq 0{,}1 \cdot \kappa \cdot F_{pl}$ entfällt der Knicknachweis. $F_{pl} = A \cdot R_e / S_M$, mit A aus Profiltabellen (z. B. TB 1-8 bis TB 1-13), R_e nach TB 6-5 und $S_M = 1{,}1$. Abminderungsfaktor κ nach TB 6-9. Momentenbeiwert β_m nach TB 6-10 $M_{pl} = \alpha_{pl} \cdot W \cdot R_e / S_M$, mit $\alpha_{pl} \leq 1{,}25$, W nach Profiltabellen (z. B. nach TB 1-8 bis TB 1-13), R_e nach TB 6-5 und $S_M = 1{,}1$. Näherungsweise gilt: $\Delta n = 0{,}1$.

Nr.	Formel	Hinweise
	Biegeträger	
23	resultierende Normalspannung bei gleichzeitiger Beanspruchung durch F_N und M_x $\sigma = \frac{F_N}{A} + \frac{M_x}{I_x} \cdot y \leq \sigma_{zul}$	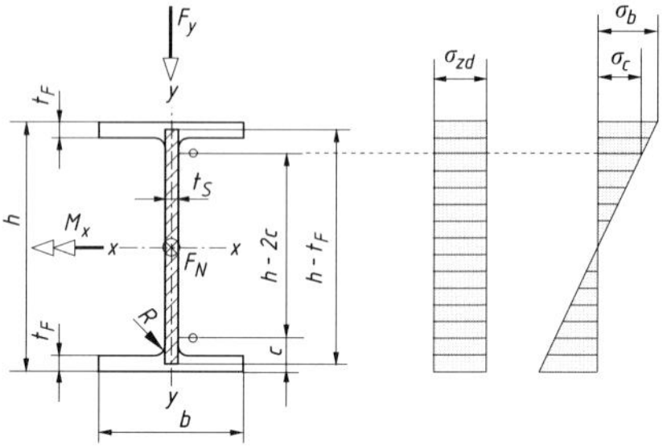 y ist der Abstand der betrachteten Querschnittstelle von der x-Achse. A und I_x bei Walzprofilen aus Tabellen, z. B. nach TB 1-10 bis TB 1-12. Zulässige Spannung (Grenznormalspannung) σ_{zul} – 218 N/mm² für Bauteilwerkstoff S235 – 327 N/mm² für Bauteilwerkstoff S355
24	Schubspannungen im Trägersteg $\tau = \frac{F_q \cdot H}{I_x \cdot t} \leq \tau_{zul}$	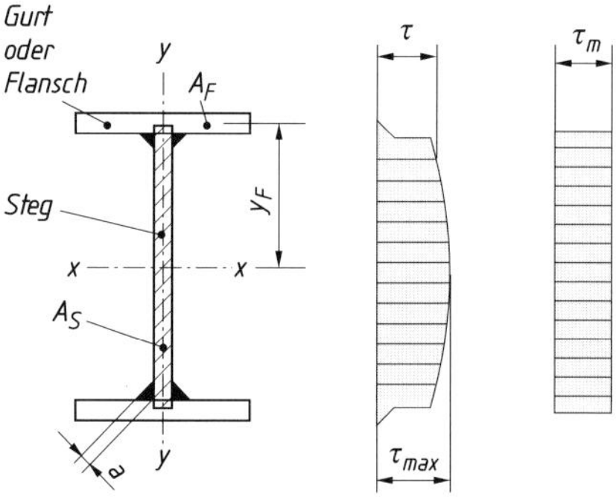 I_x für Walzprofile nach Tabellen TB 1-10 bis TB 1-12. Flächenmoment 1. Grades z. B. für τ im Stegblech neben dem Flansch: $H = A_F \cdot y_F$ zulässige Schubspannung (Grenzschubspannung) τ_{zul} – 126 N/mm² für Bauteilwerkstoff S235 – 189 N/mm² für Bauteilwerkstoff S355

Nr.	Formel	Hinweise
25	mittlere Schubspannung im Trägersteg $\tau_m = \dfrac{F_q}{A_S} \leq \tau_{zul}$	Bei I-förmigen Trägern mit ausgeprägten Flanschen ($A_F/A_S > 0{,}6$) darf mit der mittleren Schubspannung gerechnet werden. Rechnerische Stegfläche: $A_S = t_S \cdot (h - t_F)$, vergleiche Bild unter Nr. 23.
26	Vergleichsspannung $\sigma_v = \sqrt{\sigma^2 + 3\tau^2} \leq \sigma_{zul}$	Anmerkung: σ und τ sind Spannungen an derselben Querschnittsstelle. Für Walzprofile liegt die maßgebende Stelle am Beginn der Ausrundung zwischen Steg und Flansch, bei geschweißten I-Profilen am Trägerhals. Der Nachweis der Vergleichsspannungen darf entfallen, wenn $\sigma/\sigma_{zul} \leq 0{,}5$ oder $\tau/\tau_{zul} \leq 0{,}5$ ist.
	Knotenbleche	
27	Tragsicherheitsnachweis $\sigma = \dfrac{F}{b \cdot t_K} \leq \sigma_{zul}$	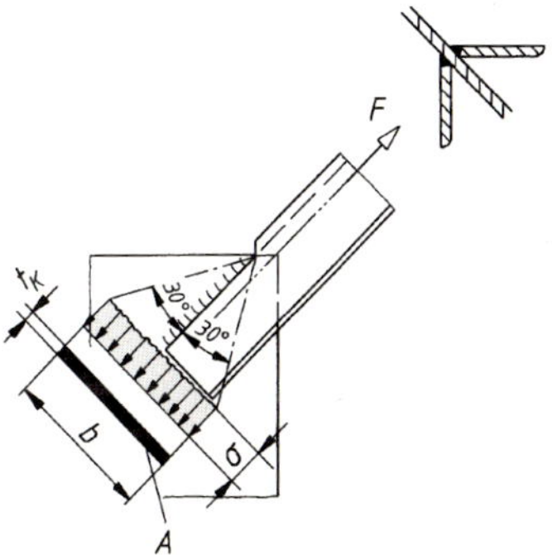 Es wird eine Lastausbreitung unter einem Winkel von 30° vom Nahtanfang bis zum Nahtende angenommen. Damit wird die mittragende Breite $b = 2 \cdot \tan 30° \cdot l_w$. Zulässige Spannung (Grenznormalspannung) σ_{zul} – 218 N/mm² für Bauteilwerkstoff S235 – 327 N/mm² für Bauteilwerkstoff S355
28	einzuhaltende **Grenzwerte der Schlankheit** (Beulsicherheit) von Querschnittsteilen $b/t \leq (b/t)_{grenz}$	Es ist grundsätzlich nachzuprüfen, dass in allen druckbeanspruchten Querschnittsteilen entweder die Grenzwerte $(b/t)_{grenz}$ nach TB 6-7 eingehalten sind oder eine ausreichende Beulsicherheit nach DIN 18800-3 vorhanden ist.

Nr.	Formel	Hinweise
Festigkeitsnachweis der Schweißnähte Grundsätzlich ist nachzuweisen, dass der Vergleichswert der Schweißnahtspannung σ_{wv} die Grenzschweißnahtspannung (hier als $\sigma_{w\,zul}$ bzw. $\tau_{w\,zul}$ bezeichnet) nicht überschreitet. Die Grenzschweißnahtspannung ist für alle Naht- und Beanspruchungsarten gleich und wird auf der Basis der Werkstoffkennwerte mit folgender Gleichung ermittelt: $\sigma_{w\,zul} = \alpha_w \cdot R_e / S_M$. α_w ist ein Faktor zur Berücksichtigung der Nahtgüte und liegt zwischen 1,0 und 0,8. Der Nachweis der Nahtgüte gilt als erbracht, wenn bei der Durchstrahlungs- oder Ultraschalluntersuchung von mindestens 10 % der Nähte ein einwandfreier Befund festgestellt wird. Durch- oder gegengeschweißte Nähte aller Güten auf Druck und mit nachgewiesener Nahtgüte auf Zug brauchen rechnerisch nicht nachgewiesen zu werden. Die zulässigen Nahtspannungen entsprechen denen des Grundwerkstoffes.		
	Grenzwerte für Kehlnahtdicken	
29	$a_{\min} \geq 2$ mm	*a* und *t* in mm 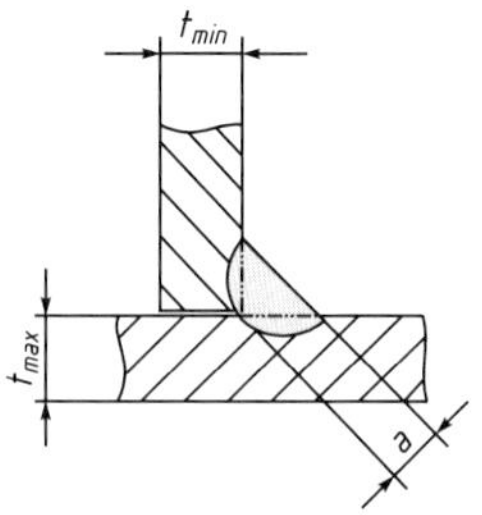
30	$a_{\min} \geq \sqrt{t_{\max}} - 0{,}5$ mm	
31	$a_{\max} \leq 0{,}7 \cdot t_{\min}$	Um ein Missverhältnis von Nahtquerschnitt und verbundenen Querschnittsteilen zu vermeiden, sollte Bedingung (Nr. 30) eingehalten werden. In Abhängigkeit von den gewählten Schweißbedingungen darf darauf verzichtet werden, jedoch sollte für $t \geq 30$ mm $a \geq 5$ mm gewählt werden.

Nr.	Formel	Hinweise
	Schweißnaht-Normalspannung quer zur Nahtrichtung	
32	$\sigma_{\perp} = \dfrac{F}{\Sigma(a \cdot l)} \leq \sigma_{\mathrm{w\,zul}}$	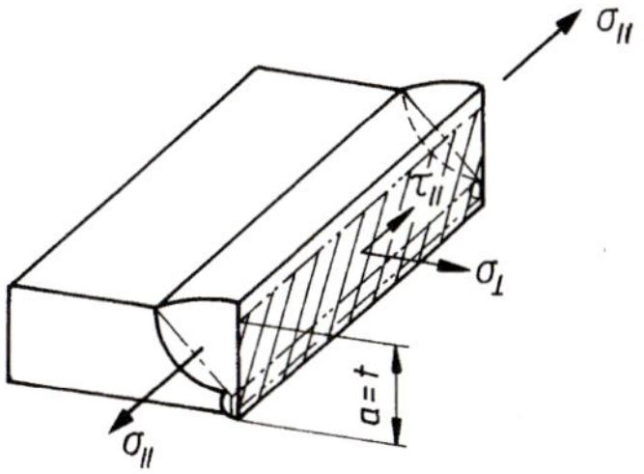 Normalspannungen $\sigma_{\perp}$ sind maßgebend für die Berechnung der Stumpf- und Kehlnähte. Anmerkung: Die Schweißnahtspannung $\sigma_{\parallel}$ in Richtung der Naht braucht nicht berücksichtigt zu werden.
	Schweißnaht-Schubspannung	
33	– in Nahtrichtung $\tau_{\parallel} = \dfrac{F}{\Sigma(a \cdot l)} \leq \tau_{\mathrm{w\,zul}}(\sigma_{\mathrm{w\,zul}})$	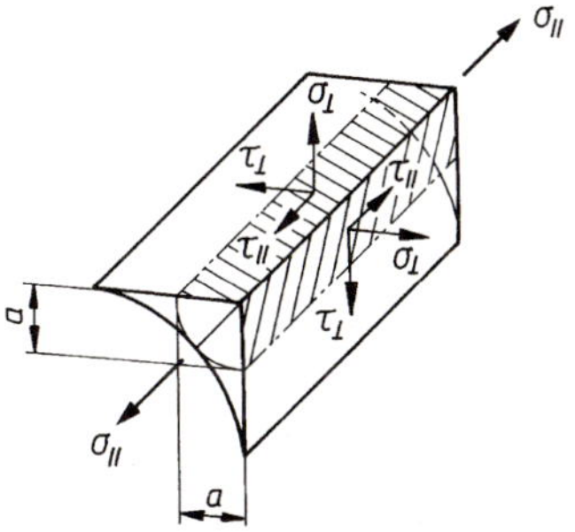
34	– quer zur Nahtrichtung $\tau_{\perp} = \dfrac{F}{\Sigma(a \cdot l)} \leq \tau_{\mathrm{w\,zul}}(\sigma_{\mathrm{w\,zul}})$	Für die Berechnung denkt man sich die in der Winkelhalbierenden liegende kleinste Nahtfläche auf die Flanken der zu verbindenden Bauteile umgeklappt. Zulässige Schweißnahtspannung (Grenzschweißnahtspannung) $\sigma_{\mathrm{w\,zul}}(\tau_{\mathrm{w\,zul}})$ s. TB 6-6 Die rechnerische Schweißnahtlänge l ist ihre geometrische Länge. Für Kehlnähte ist sie die Länge der Wurzellinie. Sie dürfen beim Nachweis nur berücksichtigt werden, wenn $l \geq 6a$, mindestens jedoch 30 mm, ist. In unmittelbaren Laschen- und Stabanschlüssen darf als rechnerische Schweißnahtlänge l der einzelnen Flankenkehlnähte höchstens $150a$ angesetzt werden.

Nr.	Formel	Hinweise
35	Vergleichswert für Stumpf- und Kehlnähte $\sigma_{wv} = \sqrt{\sigma_{\perp}^2 + \tau_{\parallel}^2 + \tau_{\perp}^2} \leq \sigma_{w\,zul}$	Bei Vorhandensein nur einer Spannungskomponente gilt z. B. $\sigma_{wv} = \tau_{\parallel} \leq \sigma_{w\,zul}$ Zulässige Schweißnahtspannung (Grenzschweißnahtspannung) $\sigma_{w\,zul}$ s. TB 6-6 Anmerkung: $\sigma_{\perp}$, $\tau_{\parallel}$ und $\tau_{\perp}$ sind Spannungen an derselben Querschnittstelle.
36	Biegebeanspruchter Kehlnahtanschluss $\sigma_{\perp} = \dfrac{M}{I_w}\,y \leq \sigma_{w\,zul}$	Schwerpunkt von Trägerquerschnitt und Schwerpunkt des Schweißanschlusses sollen möglichst nahe beieinander liegen (Achsversatz Δy)

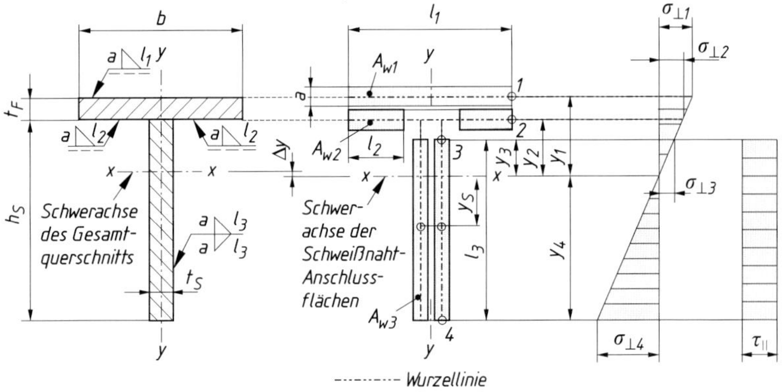

		Anmerkung: Für Kehlnähte ist die Schweißnahtfläche konzentriert in der Wurzellinie anzunehmen. Der Berechnungsansatz für das Flächenmoment 2. Grades lautet z. B. für den abgebildeten Schweißanschluss: $I_{wx} \approx 2 \cdot a \cdot l_3^3/12 + A_{w1} \cdot y_1^2 + 2 \cdot A_{w2} \cdot y_2^2 + 2 \cdot A_{w3} \cdot y_S^2$ Randspannung am Flansch z. B.: $\sigma_{\perp 1} = \dfrac{M}{I_{wx}} \cdot y_1$ $\sigma_{w\,zul}$ s. TB 6-6

Nr.	Formel	Hinweise
37	mittlere Stegnaht-Schubspannung $\tau_{\parallel} = \frac{F_q}{A_{wS}} \leq \tau_{w\,zul}(\sigma_{w\,zul})$	Bei Kehlnahtanschlüssen erfolgt die Querkraftübertragung nur über die Stegnähte (Wirkungslinie der Querkraft fällt mit den Stegnähten zusammen). Ähnlich wie bei Trägern mit I-förmigem Querschnitt darf mit der mittleren Schubspannung $\tau_{\parallel}$ gerechnet werden (s. Bild unter Nr. 36). Z. B. rechnerische Schweißnahtfläche für den unter (Nr. 36) abgebildeten Steganschluss: $A_{wS} = 2 \cdot A_{w3} = 2 \cdot a \cdot l_3$ $\tau_{w\,zul}(\sigma_{w\,zul})$ s. TB 6-6
38	Schweißnahtschubspannung in Längsnähten von Biegeträgern („Dübelformel") $\tau_{\parallel} = \frac{F_q \cdot H}{I_x \cdot \Sigma a} \leq \tau_{w\,zul}(\sigma_{w\,zul})$	Da in den Hals- oder Flankenkehlnähten die Biegespannung $\sigma_{\parallel}$ nicht berücksichtigt werden muss, entfällt der Nachweis des Vergleichswertes, es gilt: $\sigma_{wv} = \tau_{\parallel} \leq \sigma_{w\,zul}(\tau_{w\,zul})$ H ist das Flächenmoment 1. Grades des von der betrachteten Schweißnaht angeschlossenen Querschnittteils. Σa ist die Summe der Dicken der tragenden Längs-(Hals-)Nähte. Nach Bild (Nr. 24) gilt z. B.: $H = A_F \cdot y_F$ $\tau_{zul}(\sigma_{w\,zul})$ s. TB 6-6
39	vereinfachter Nachweis für I-förmigen Trägeranschluss $\sigma_{\perp} = \sigma_{\perp\,zd} + \sigma_{\perp\,b} = (F_N/2 + M/h_F)/A_{wF} \leq \sigma_{w\,zul}$	Sonderregelung für doppeltsymmetrische I-förmige Walz- und Biegeträger 1. Die Normalspannungen aus der Längskraft F_N und dem Biegemoment M werden den Flanschnähten und die Querkraft F_q den Stegnähten zugewiesen. h_F ist der Schwerpunktabstand der Flansche und A_{wF} ihre Schweißnahtfläche 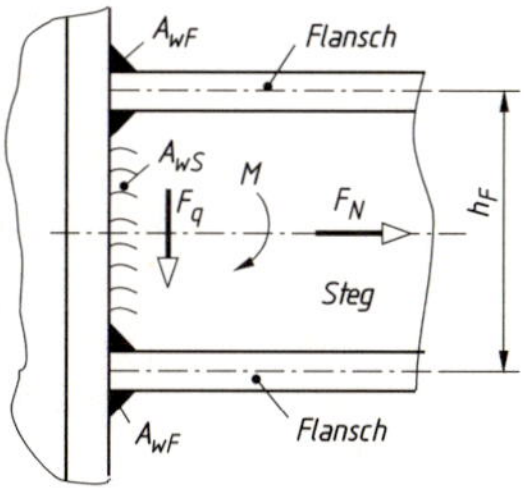

Nr.	Formel	Hinweise

2. Derartige Anschlüsse dürfen auch ohne weiteren Tragsicherheitsnachweis ausgeführt werden, wenn die angegebenen Doppelkehlnahtdicken eingehalten werden.

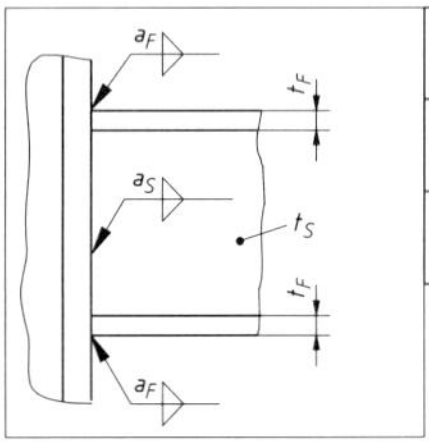

Stahlsorte	Nahtdicke	
	am Flansch	am Steg
S235 ...	$a_F \geq 0{,}5t_F$	$a_S \geq 0{,}5t_S$
S355 ...	$a_F = 0{,}7t_F$	$a_S = 0{,}7t_S$

Punktschweißverbindungen

40 Schweißpunkt-Scherspannung

$$\tau_w = \frac{F}{n \cdot m \cdot A} \leq \tau_{w\,zul}$$

Punktschweißung ist zulässig für Kraft- und Heftverbindungen, wenn nicht mehr als drei Teile durch einen Schweißpunkt verbunden werden. In Kraftrichtung hintereinander sind mindestens $n \geq 2$ Schweißpunkte anzuordnen, als tragend dürfen aber maximal $n \leq 5$ in Rechnung gestellt werden.
Der Festigkeitsnachweis wird auf die Nietverbindung zurückgeführt.

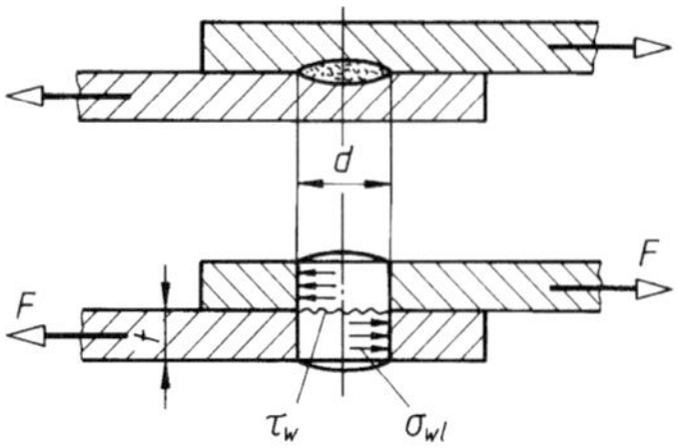

Rechnerischer Schweißpunktdurchmesser $d \leq 5 \cdot \sqrt{t}$ in mm, mit t als Dicke des dünnsten Teiles.
Richtwerte in mm:

kleinste Blechdicke t	1,5	2	3	4	5
Schweißpunktdurchmesser d	5	6	8	10	12

Zulässige Schweißpunktscherspannung $\tau_{w\,zul}$ in N/mm² nach DIN 18801 bei vorwiegend ruhender Belastung:

Lastkombination	Stahlsorte	
	S235	S355
H	104	156
HZ	117	175
HS	135	203

<table>
<tr><th>Nr.</th><th>Formel</th><th>Hinweise</th></tr>
<tr><td>41</td><td>Schweißpunkt-Lochleibungsdruck
$\sigma_{wl} = \dfrac{F}{n \cdot d \cdot t_{min}} \leq \sigma_{wl\,zul}$</td><td>zulässiger Lochleibungsdruck $\sigma_{wl\,zul}$ in N/mm^2 nach DIN 18801 bei vorwiegend ruhender Belastung:
<table>
<tr><th rowspan="2">Lastkombination</th><th colspan="2">einschnittig</th><th colspan="2">zweischnittig</th></tr>
<tr><th>S235</th><th>S355</th><th>S235</th><th>S355</th></tr>
<tr><td>H</td><td>288</td><td>432</td><td>400</td><td>600</td></tr>
<tr><td>HZ</td><td>324</td><td>486</td><td>450</td><td>675</td></tr>
<tr><td>HS</td><td>374</td><td>561</td><td>520</td><td>780</td></tr>
</table>
Bei der Berechnung von t_{min} sind bei zweischnittigen Verbindungen die Dicken beider Außenteile zu einer zusammenzufassen.

Anmerkung: Bei Wechselbeanspruchung kann die Dauerfestigkeit der Punktschweißverbindung auf ca. 10% der statischen Bauteilfestigkeit abfallen.</td></tr>
<tr><td></td><td>Entwurfsberechnung</td><td></td></tr>
<tr><td>42</td><td>– erforderliche Anzahl der Schweißpunkte aufgrund der zulässigen Abscherspannung
$n_a \geq \dfrac{F}{\tau_{w\,zul} \cdot m \cdot A}$</td><td>Von den errechneten und ganzzahlig aufgerundeten Schweißpunktzahlen n_a und n_l ist die größere für die Ausführung maßgebend.</td></tr>
<tr><td>43</td><td>– erforderliche Anzahl der Schweißpunkte aufgrund des zulässigen Lochleibungsdrucks
$n_l \geq \dfrac{F}{\sigma_{wl\,zul} \cdot d \cdot t_{min}}$</td><td></td></tr>
<tr><td></td><td>Schweißverbindungen im Kranbau</td><td></td></tr>
<tr><td>44</td><td>Schweißnaht-Vergleichswert nach DIN 15018-1
σ_{wv}
$= \sqrt{\bar{\sigma}_\perp^2 + \bar{\sigma}_\parallel^2 - \bar{\sigma}_\perp \cdot \bar{\sigma}_\parallel + 2 \cdot (\tau_\perp^2 + \tau_\parallel^2)}$
$\leq \sigma_{z\,zul}$</td><td>Bei Schweißnähten muss nach DIN 15018-1 beim allgemeinen Spannungsnachweis auf Sicherheit gegen Erreichen der Fließgrenze ein vom Stahlbau abweichender Vergleichswert gebildet werden. Dabei werden die Spannungen jeweils mit dem Quotienten aus Bauteil- und Schweißnahtspannung multipliziert.

Darin bedeuten:
$\bar{\sigma}_\perp = \dfrac{\sigma_{z\,zul}}{\sigma_{\perp z\,zul}} \cdot \sigma_{\perp(z)}$ oder $\bar{\sigma}_\perp = \dfrac{\sigma_{z\,zul}}{\sigma_{\perp d\,zul}} \cdot \sigma_{\perp(d)}$
$\bar{\sigma}_\parallel = \dfrac{\sigma_{z\,zul}}{\sigma_{\perp z\,zul}} \cdot \sigma_{\parallel(z)}$ oder $\bar{\sigma}_\parallel = \dfrac{\sigma_{z\,zul}}{\sigma_{\perp d\,zul}} \cdot \sigma_{\parallel(d)}$</td></tr>
</table>

Nr.	Formel	Hinweise
		mit den zulässigen Zugspannungen $\sigma_{z\,zul}$ in Bauteilen nach TB 3-3, mit den zulässigen Zugspannungen $\sigma_{\perp z\,zul}$ und den zulässigen Druckspannungen $\sigma_{\perp d\,zul}$ in den Schweißnähten nach TB 6-11 und mit den rechnerischen Spannungen $\sigma_{\perp}$, $\sigma_{\parallel}$, $\tau_{\perp}$ und $\tau_{\parallel}$ in den Schweißnähten. Wenn sich aus den einander zugeordneten Spannungen $\sigma_{\perp}$, $\sigma_{\parallel}$, $\tau_{\perp}$ und $\tau_{\parallel}$ der für die obige Bedingung ungünstigste Fall nicht erkennen lässt, müssen die Nachweise getrennt für die Fälle $\sigma_{\perp max}$, $\sigma_{\parallel max}$, $\tau_{\perp max}$ und $\tau_{\parallel max}$ mit den jeweils zugehörigen anderen Spannungen geführt werden. $\sigma_{z\,zul}$ siehe TB 3-3
45	Schweißnaht-Vergleichswert bei einachsiger Beanspruchung $\sigma_{wv} = \sqrt{\bar{\sigma}_{\perp}^2 + 2 \cdot \tau_{\parallel}^2} \leq \sigma_{z\,zul}$	Häufigster Fall: Es tritt nur eine Normal- und eine Schubspannung auf, z. B. Kehlnahtanschlüsse.

Schweißverbindungen im Maschinenbau

Maschinenteile erfahren eine dynamische Beanspruchung infolge zeitlich veränderlicher Belastung. Diese Änderung kann zwischen gleichbleibenden Maximal- und Minimalwerten auftreten (Einstufenbelastung) oder sie kann als zufallsbedingte Last–Zeit–Funktion erfolgen (Betriebsbelastung).

Bei der statischen Beanspruchung einer Stumpfnahtverbindung an Baustahl tritt der Bruch nach der üblichen Einschnürung außerhalb der Naht im Grundwerkstoff ein. Die erreichte Festigkeit der Verbindung entspricht der des ungeschweißten Werkstoffs. Bei dynamischer Belastung erfolgt der Bruch im Nahtübergang durch geometrische oder strukturelle Kerbwirkung. Die dadurch verursachten Spannungsspitzen können also bei dynamischer Beanspruchung nicht durch plastische Verformungen abgebaut werden. Die Verformungsfähigkeit im kritischen Querschnitt wird herabgesetzt und es kommt zur Ausbildung von Rissen, die die Kerbwirkung noch verstärken. Die Dauerfestigkeit liegt im Vergleich zum ungeschweißten Bauteil entsprechend niedrig.

Als wesentliche Einflüsse auf die Schwingfestigkeit geschweißter Bauteile gelten neben der Nahtform, die Nahtqualität, die Nahtanordnung (längs oder quer), die Oberflächenbearbeitung, die Bauteil- bzw. Nahtdicke, das Spannungsverhältnis und die Eigenspannungen.

Ein Schwingfestigkeitsnachweis braucht im Allgemeinen nicht geführt zu werden, wenn die Spannungsschwingbreite der Nennspannung ($\Delta\sigma = \sigma_{max} - \sigma_{min}$) die Bedingung erfüllt: $\Delta\sigma \leq 36\ \text{N/mm}^2/1{,}1$ für Stahl, $\Delta\sigma \leq 14\ \text{N/mm}^2/1{,}1$ für Aluminium.

Nr.	Formel	Hinweise

Dauerfestigkeitsnachweis nach DS 952

Für geschweißte Fahrzeuge, Maschinen und Geräte der Deutschen Bahn AG sind in der Druckschrift DS 952 die zulässigen Spannungen für die Werkstoffe S235, S355, AlMg3 und AlMgSi1 in Abhängigkeit vom Grenzspannungsverhältnis enthalten. Sie gelten im ungeschweißten Zustand und für Schweißverbindungen bei Zug-, Druck-, Biege- und Schubbeanspruchung und enthalten bereits einen Sicherheitsfaktor von 1,5 gegenüber den ertragbaren Spannungen. Die Spannungslinien *A* bis *H* sind verschiedenen Stoß- und Nahtarten zugeordnet und basieren auf Ergebnissen von Einstufen-Schwingfestigkeitsversuchen ungeschweißter und geschweißter Proben. Bei Wanddicken über 10 mm ist sowohl bei Stahl als auch bei den Aluminiumlegierungen mit einer Minderung der zulässigen Spannungen zu rechnen. Schwellend oder wechselnd wirkende Angriffskräfte werden mit einer Stoßzahl (Anwendungsfaktor K_A) multipliziert. Beim Festigkeitsnachweis sind die größten Nennspannungen für den Schweißnahtquerschnitt und für den Schweißnahtübergangsquerschnitt (Grundwerkstoff) zu bestimmen und den zulässigen Spannungen gegenüber zu stellen.

Zweckmäßiger Berechnungsgang

1. Ermittlung der Schnittgrößen (F, M, T) für das geschweißte Bauteil.
2. Bei allgemein-dynamischer Beanspruchung mit ruhender Mittellast (F_m, M_m, T_m) und Lastausschlag (F_a, M_a, T_a) wird unter Berücksichtigung des Anwendungsfaktors K_A das äquivalente Lastbild ermittelt:
$F_{eq} = F_m \pm K_A \cdot F_a \quad | \quad M_{eq} = M_m \pm K_A \cdot M_a \quad | \quad T_{eq} = T_m \pm K_A \cdot T_a$
3. Berechnung der in dem maßgebenden Bauteilquerschnitt vorhandenen größten Naht- und/oder Bauteilspannungen.
4. Nach der Einordnung des am geschweißten Bauteil vorliegenden Kerbfalles (TB 6-12) Ablesen der zulässigen Spannungen in Abhängigkeit der gewählten Spannungslinie und des Grenzspannungsverhältnisses aus dem Dauerfestigkeitsschaubild (TB 6-13). Bei Wanddicken über 10 mm Berücksichtigung des Größeneinflusses (TB 6-14).
5. Es ist nachzuweisen, dass für den maßgebenden
   – Schweißnahtquerschnitt: $\sigma_{w\,max} \leq \sigma_{w\,zul}$, $\tau_{w\,max} \leq \tau_{w\,zul}$, $\sigma_{wv\,max} \leq \sigma_{w\,zul}$
   – Schweißnahtübergangsquerschnitt: $\sigma_{max} \leq \sigma_{zul}$, $\tau_{max} \leq \tau_{zul}$, $\sigma_{v\,max} \leq \sigma_{zul}$
6. Tragsicherheitsnachweis auf Knicken bzw. Beulen für stabilitätsgefährdete Druckstäbe bzw. plattenförmige Bauteilquerschnitte.

Festigkeitsnachweis im Schweißnahtübergangsquerschnitt (Grundwerkstoff)

Nr.	Formel	Hinweise
46	Biegeträger, resultierende Normalspannung (siehe auch Nr. 23) $\sigma_{res} = \dfrac{F_{N\,eq}}{A} + \dfrac{M_{x\,eq}}{I_x} \cdot y \leq \sigma_{zul}$	Belastungsbild: $F_{N\,eq\,max} = F_{Nm} + K_A \cdot F_{N\,a}$ $F_{N\,eq\,min} = F_{Nm} - K_A \cdot F_{N\,a}$ $M_{x\,eq\,max} = M_{x\,m} + K_A \cdot M_{x\,a}$ $M_{x\,eq\,min} = M_{x\,m} - K_A \cdot M_{x\,a}$ ohne Mittellast: $F_{N\,eq} = K_A \cdot F_{N\,a}$ $M_{x\,eq} = K_A \cdot M_{x\,a}$ A und I_x bei Walzprofilen z. B. nach TB 1-10 bis TB 1-12 σ_{zul} nach Nr. 58

Nr.	Formel	Hinweise
47	Biegeträger, mittlere Schubspannung im Trägersteg (siehe auch Nr. 25) $\tau_m = \frac{F_{q\,eq}}{A_S} \leq \tau_{zul}$	Belastungsbild: $F_{q\,eq\,max} = F_{q\,m} + K_A \cdot F_{q\,a}$ ohne Mittellast: $F_{q\,eq} = K_A \cdot F_{q\,a}$ $A_S = t_S \cdot (h - t_F)$, siehe auch unter Nr. 24 und 25 τ_{zul} nach Nr. 60
48	Torsionsspannung in verdrehbeanspruchtem Querschnitt $\tau_t = \frac{T_{eq}}{W_t} \leq \tau_{zul}$	Belastungsbild: $T_{eq\,max} = T_m + K_A \cdot T_a$ ohne Mittellast: $F_{eq} = K_A \cdot T_a$ Torsionswiderstandsmoment: – Kreisquerschnitt: $W_t = \frac{\pi \cdot d^3}{16}$ – Kreisringquerschnitt: $W_t = \frac{\pi \cdot (d_a^4 - d_i^4)}{16 \cdot d_a}$ – beliebiger Hohlquerschnitt: $W_t = 2 \cdot A_m \cdot t$ τ_{zul} nach Nr. 60
	Zusammengesetzte Beanspruchung	
49	– Vergleichsspannung $\sigma_v = \sqrt{\sigma^2 + 3 \cdot \tau^2} \leq \sigma_{zul}$	Anmerkung: σ und τ sind Spannungen an derselben Querschnittstelle. σ_{zul} nach Nr. 58
50	– Interaktionsnachweis $\left(\frac{\sigma}{\sigma_{zul}}\right)^2 + \left(\frac{\tau}{\tau_{zul}}\right)^2 \leq 1$	σ_{zul} und τ_{zul} nach Nr. 58 und 60
	Festigkeitsnachweis im Schweißnahtquerschnitt	
51	Schweißnahtnormalspannung $\sigma_\perp = \frac{F_{eq}}{\Sigma(a \cdot l)} \leq \sigma_{w\,zul}$	Belastungsbild: $F_{eq\,max} = F_m + K_A \cdot F_a$ ohne Mittellast: $F_{eq} = K_A \cdot F_a$
52	Schweißnahtschubspannung $\tau_\parallel = \frac{F_{eq}}{\Sigma(a \cdot l)} \leq \tau_{w\,zul}$	Bei kurzen endlichen Nähten ($L \leq 15a$) ist die ausgeführte Nahtlänge um die Endkrater zu vermindern. Rechnerische Nahtlänge: $l = L - 2a$ $\sigma_{w\,zul}$ und $\tau_{w\,zul}$ nach Nr. 59 und 61 Anmerkung: Kehlnähte sollen mit einer Mindestdicke $a = 3$ mm ausgeführt werden (bei $t < 3$ mm: $a \geq 1{,}5$ mm)

Nr.	Formel	Hinweise
53	Schweißnahttorsionsspannung $\tau_{\parallel t} = \frac{T_{eq}}{W_{wt}} \leq \tau_{w\,zul}$	Belastungsbild: $T_{eq\,max} = T_m + K_A \cdot T_a$ ohne Mittellast: $T_{eq} = K_A \cdot T_a$ $\tau_{w\,zul}$ nach Nr. 61 Torsionswiderstandsmoment: – Ringnaht: $W_{wt} = \pi\lfloor(d+a)^4 - (d-a)^4\rfloor/(16(d+a))$ – hohlrechteckförmige Naht: $W_{wt} = 2 \cdot a \cdot b \cdot t$ Anmerkung: Für Kehlnähte ist die Schweißnahtfläche konzentriert in der Wurzellinie anzunehmen.
54	biegebeanspruchter Kehlnahtanschluss (siehe auch Nr. 36) $\sigma_{\perp} = \frac{M_{eq}}{I_w} y \leq \sigma_{w\,zul}$	Belastungsbild: $M_{eq\,max} = M_m + K_A \cdot M_a$ ohne Mittellast: $M_{eq} = K_A \cdot M_a$ $\sigma_{w\,zul}$ nach Nr. 59
55	mittlere Stegnaht-Schubspannung (siehe auch Nr. 37) $\tau_{\parallel} = \frac{F_{q\,eq}}{A_{wS}} \leq \tau_{w\,zul}$	Belastungsbild: $F_{q\,eq\,max} = F_{q\,m} + K_A \cdot F_{q\,a}$ ohne Mittellast: $F_{q\,eq} = K_A \cdot F_{q\,a}$ $\tau_{w\,zul}$ nach Nr. 61
	Zusammengesetzte Beanspruchung	
56	– Vergleichsspannung $\sigma_{wv} = 0{,}5 \cdot \left(\sigma_{\perp} + \sqrt{\sigma_{\perp}^2 + 4 \cdot \tau_{\parallel}^2}\right)$ $\leq \sigma_{w\,zul}$	Anmerkung: $\sigma_{\perp}$ und $\tau_{\parallel}$ sind Nahtspannungen an derselben Querschnittstelle. $\sigma_{w\,zul}$ nach Nr. 59
57	– Interaktionsnachweis $\left(\frac{\sigma_{\perp}}{\sigma_{w\,zul}}\right)^2 + \left(\frac{\tau_{\parallel}}{\tau_{w\,zul}}\right)^2 \leq 1$	$\sigma_{w\,zul}$ und $\tau_{w\,zul}$ nach Nr. 59 und 61.

Nr.	Formel	Hinweise
Ermittlung der zulässigen Dauerschwingfestigkeit		
	zulässige Normalspannung	Berechnungsablauf
58	$\sigma_{zul} = b \cdot \sigma_{zul\,TB}$	1. Ermittlung der Grenzspannungen σ_{min} und σ_{max} bzw. τ_{min} und τ_{max}
59	$\sigma_{w\,zul} = b \cdot \sigma_{w\,zul\,TB}$	2. Berechnung des Grenzspannungsverhältnisses $\kappa = \sigma_{min}/\sigma_{max}$ bzw. τ_{min}/τ_{max}
	zulässige Schubspannung	3. Zuordnung einer Spannungslinie (Kerbfall) zur vorliegenden Schweißverbindung nach TB 6-12 (Linien A bis F für Normal- und G und H für Schubspannungen).
60	$\tau_{zul} = b \cdot \tau_{zul\,TB}$	4. Ablesen der zulässigen Spannung aus TB 6-13 (z. B. $\sigma_{zul\,TB}$) in Abhängigkeit des Werkstoffes, der Spannungslinie und des Grenzspannungsverhältnisses.
61	$\tau_{w\,zul} = b \cdot \tau_{w\,zul\,TB}$	5. Ablesen des Dickenbeiwertes b aus TB 6-14 (($t \leq 10$ mm: $b = 1{,}0$)
		6. Berechnung der zulässigen Spannung für die ausgeführte Bauteildicke nach Nr. 58 bis 61

Geschweißte Druckbehälter

Die Grundbauform der Druckbehälter sind Zylinder, Kugel und Kegel oder Teile davon. Für die Behälterböden reichen die Formen von der ebenen Platte bis zum Halbkugelboden. Meist werden gewölbte Böden bevorzugt, da sie beanspruchungsmäßig günstiger sind. Die Schweißnähte an Behältern werden nicht wie sonst üblich einzeln nachgewiesen, sondern über den Festigkeitskennwert und den Ausnutzungsfaktor berücksichtigt. Die Berechnung erfolgt auf der Grundlage der AD-Merkblätter (künftig DIN EN 13445) und gilt für Druckbehälter mit überwiegend ruhender Beanspruchung unter innerem Überdruck.

Nr.	Formel	Hinweise
62	erforderliche Wanddicke des zylindrischen Behältermantels $$t = \frac{D_a \cdot p_e}{2\,\frac{K}{S}\,v + p_e} + c_1 + c_2$$	Festigkeitskennwert K ($R_{p\,0,2/\vartheta}$, $R_{m/10^5/\vartheta}$ bzw. $R_{p\,1,0/10^5/\vartheta}$) bei Berechnungstemperatur nach TB 6-15 Berechnungsdruck p_e in N/mm^2 (1 N/mm^2 = 10 bar)
63	erforderliche Wanddicke für Kugelschale $$t = \frac{D_a \cdot p_e}{4\,\frac{K}{S}\,v + p_e} + c_1 + c_2$$	Sicherheitsbeiwert S nach TB 6-17 Ausnutzungsfaktor: üblich $v = 1{,}0$, bei verringertem Prüfaufwand $v = 0{,}85$, für nahtlose Bauteile $v = 1{,}0$, hartgelötet $v = 0{,}8$ Zuschlag zur Berücksichtigung der zulässigen Wanddickenunterschreitung c_1 bei ferritischen Stählen nach der Maßnorm, siehe TB 1-7 $c_2 = 1$ mm bei ferritischen Stählen $c_2 = 0$ für $t_e \geq 30$ mm und bei nichtrostenden Stählen, NE-Metallen und bei geschützten Stählen (Verbleiung, Gummierung) $c_2 > 1$ mm bei starker Korrosionsgefährdung

Nr.	Formel	Hinweise
64	erforderliche Wanddicke gewölbter Böden (Krempe) $t = \dfrac{D_a \cdot p_e \cdot \beta}{4 \dfrac{K}{S} v}$	Die Wanddicke kann nur iterativ ermittelt werden, weil der Berechnungsbeiwert β bereits von t_e abhängig ist. Berechnungsbeiwert β: Für Vollböden in Halbkugelform gilt im Bereich $x = 0{,}5 \cdot \sqrt{R \cdot (t - c_1 - c_2)}$ neben der Anschlussnaht: $\beta = 1{,}1$ Für Vollböden und Böden mit ausreichend verstärkten Ausschnitten im Scheitelbereich 0,6 D_a gilt mit $y = (t_e - c_1 - c_2)/D_a$ für die – Klöpperform: $\beta = 1{,}9 + \dfrac{0{,}0325}{y^{0{,}7}} + y$ – Korbbogenform: $\beta = 1{,}55 + \dfrac{0{,}0255}{y^{0{,}625}}$ $v = 1{,}0$ bei einteiligen und geschweißten Böden in üblicher Ausführung.
65	erforderliche Wanddicke für runde ebene Platten und Böden $t = C \cdot D \sqrt{\dfrac{p_e \cdot S}{K}} + c_1 + c_2$	Berechnungsbeiwert $C = 0{,}3 \ldots 0{,}4$ je nach Art der Auflage bzw. Einspannung, s. TB 6-18 Berechnungsdurchmesser D entsprechend Lehrbuch, Bild 6-50
66	allgemeine Festigkeitsbedingung für Ausschnitte in der Behälterwand $\sigma_v = p_e \left(\dfrac{A_p}{A_\sigma} + \dfrac{1}{2}\right) \leq \dfrac{K}{S}$	Berechnungsschema: 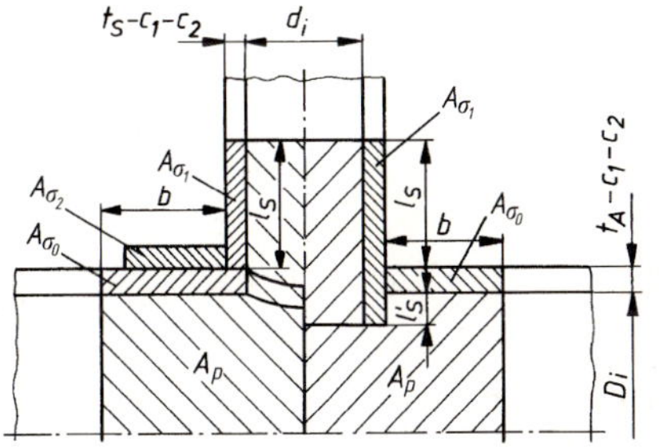

Nr.	Formel	Hinweise
67	wie Nr. 66, aber Festigkeitskennwerte der Verstärkung K_1 bzw. $K_2 < K_0$ $\left(\frac{K_0}{S} - \frac{p_e}{2}\right) A_{\sigma_0} + \left(\frac{K_1}{S} - \frac{p_e}{2}\right) A_{\sigma_1}$ $+ \left(\frac{K_2}{S} - \frac{p_e}{2}\right) A_{\sigma_2} \geq p_e \cdot A_p$	tragende Querschnittsfläche $A_\sigma = A_{\sigma_0} + A_{\sigma_1} + A_{\sigma_2} + \ldots$ berechnet mit den tragenden Längen $b = \sqrt{(D_i + t_A - c_1 - c_2) \cdot (t_A - c_1 - c_2)}$ und $l_S = 1{,}25 \cdot \sqrt{(d_i + t_S - c_1 - c_2) \cdot (t_S - c_1 - c_2)}$ druckbelastete projizierte Fläche für den skizzierten Ausschnitt z. B. $A_p \approx \frac{D_i}{2} \cdot \left(b + t_S + \frac{d_i}{2}\right) + \frac{d_i}{2} \cdot (l_S + t_A)$ Festigkeitskennwert K nach TB 6-15 Sicherheitsbeiwert S nach TB 6-17 Anmerkung: 1. Ist der Festigkeitskennwert für die Verstärkung größer als der für die zu verstärkende Wand, so darf er nicht ausgenutzt werden. 2. Die nach (Nr. 66 bzw. 67) ermittelte Wanddicke darf nicht kleiner gewählt werden, als für die Behälterwand ohne Ausschnitte erforderlich ist.

Technische Regeln (Auswahl)

Technische Regel		Titel
DIN 488-1	09.84	Betonstahl; Sorten, Eigenschaften, Kennzeichen
DIN 488-7	06.86	– –; Nachweis der Schweißeignung von Betonstahl; Durchführung und Bewertung der Prüfungen
DIN 1017-1	04.67	Stabstahl; Warmgewalzter Flachstahl für allgemeine Verwendungszwecke; Maße, Gewichte, zulässige Abweichungen
DIN 1025-1	05.95	Warmgewalzte Träger; Schmale I-Träger, I-Reihe; Maße, Masse, statische Werte
DIN 1025-2	11.95	– –; I-Träger, IPB-Reihe; Maße, Masse, statische Werte
DIN 1025-5	03.94	– –; Mittelbreite I-Träger, IPE-Reihe; Maße, Masse, statische Werte
DIN 1026	10.63	Stabstahl, Formstahl; Warmgewalzter, rundkantiger U-Stahl, Maße, Gewichte, zulässige Abweichungen, statische Werte
DIN 1045-1	02.97	Tragwerke aus Beton, Stahlbeton und Spannbeton; Bemessung und Konstruktion

Technische Regel		Titel
DIN 1681	06.85	Stahlguss für allgemeine Verwendungszwecke; Technische Lieferbedingungen
DIN 1732-1	06.88	Schweißzusätze für Aluminium und Aluminiumlegierungen; Zusammensetzung, Verwendung und Technische Lieferbedingungen
DIN 1732-3	06.88	– –; Prüfstücke, Proben, mechanisch-technologische Mindestwerte des reinen Schweißgutes
DIN 1733-1	06.88	Schweißzusätze für Kupfer und Kupferlegierungen; Zusammensetzung, Verwendung und Technische Lieferbedingungen
DIN 1736-1	08.85	Schweißzusätze für Nickel und Nickellegierungen; Zusammensetzung, Verwendung und Technische Lieferbedingungen
DIN 1748-3	12.68	Strangpressprofile aus Aluminium; Gestaltung
DIN 2448	02.81	Nahtlose Stahlrohre; Maße, längenbezogene Massen
DIN 2458	02.81	Geschweißte Stahlrohre; Maße, längenbezogene Massen
DIN 4024-1	04.88	Maschinenfundamente; Elastische Stützkonstruktionen für Maschinen mit rotierenden Massen
DIN 4024-2	04.91	– –; Steife (starre) Stützkonstruktionen für Maschinen mit periodischer Erregung
DIN 4099	11.85	Schweißen von Betonstahl; Ausführung und Prüfung
DIN 4112	02.83	Fliegende Bauten; Richtlinien für Bemessung und Ausführung
DIN 4113-1	05.80	Aluminiumkonstruktionen unter vorwiegend ruhender Belastung; Berechnung und bauliche Durchbildung
DIN 4118	06.81	Fördergerüste und Fördertürme für den Bergbau; Lastannahmen, Berechnungs- und Konstruktionsunterlagen
DIN 4119-2	02.80	Oberirdische zylindrische Flachboden-Tankbauwerke aus metallischen Werkstoffen; Berechnung
DIN 4131	11.91	Antennentragwerke aus Stahl
DIN 4132	02.81	Kranbahnen; Stahltragwerke; Grundsätze für Berechnung, bauliche Durchbildung und Ausführung
DIN 4133	11.91	Schornsteine aus Stahl
DIN 4178	08.78	Glockentürme; Berechnung und Ausführung
DIN 4421	08.82	Traggerüste; Berechnung, Konstruktion und Ausführung
DIN 8528-1	06.73	Schweißbarkeit; Metallische Werkstoffe, Begriffe
DIN 8528-2	03.75	– –; Schweißeignung der allgemeinen Baustähle zum Schmelzschweißen
DIN 8552-1	05.81	Schweißnahtvorbereitung; Fugenformen an Aluminium und Aluminiumlegierungen; Gasschweißen und Schutzgasschweißen

Technische Regel		Titel
DIN 8552-3	07.82	– –; Fugenformen an Kupfer und Kupferlegierungen; Gasschmelzschweißen und Schutzgasschweißen
DIN 8556-1	05.86	Schweißzusätze für das Schweißen nichtrostender und hitzebeständiger Stähle; Bezeichnung; Technische Lieferbedingungen
DIN 8562	01.75	Schweißen im Behälterbau; Behälter aus metallischen Werkstoffen; Schweißtechnische Grundsätze
DIN 8573-1	01.83	Schweißzusätze zum Schweißen unlegierter und niedriglegierter Gusseisenwerkstoffe; Bezeichnung, Technische Lieferbedingungen
DIN 8575-1	04.84	Schweißzusätze zum Lichtbogenschweißen warmfester Stähle; Einteilung, Bezeichnung, Technische Lieferbedingungen
DIN 15018-1	11.84	Krane; Grundsätze für Stahltragwerke; Berechnung
DIN 15018-2	11.84	– –; Stahltragwerke; Grundsätze für die bauliche Durchbildung und Ausführung
DIN 15018-3	11.84	– –; Grundsätze für Stahltragwerke; Berechnung von Fahrzeugkranen
DIN 17182	05.92	Stahlgusssorten mit verbesserter Schweißeignung und Zähigkeit für allgemeine Verwendungszwecke; Technische Lieferbedingungen
DIN 17205	04.92	Vergütungsstahlguss für allgemeine Verwendungszwecke; Technische Lieferbedingungen
DIN 17440	09.96	Nicht rostende Stähle; Technische Lieferbedingungen für Blech, Warmband und gewalzte Stäbe für Druckbehälter, gezogener Draht und Schmiedestücke
DIN 18800-1	11.90	Stahlbauten; Bemessung und Konstruktion
DIN 18800-2	11.90	– –; Stabilitätsfälle; Knicken von Stäben und Stabwerken
DIN 18800-3	11.90	– –; Stabilitätsfälle; Plattenbeulen
DIN 18800-7	05.83	– –; Herstellen, Eignungsnachweis zum Schweißen
DIN 18801	09.83	Stahlhochbau; Bemessung, Konstruktion, Herstellung
DIN 18807-3	06.87	Trapezprofile im Hochbau; Stahltrapezprofile; Festigkeitsnachweis und konstruktive Ausbildung
DIN 18808	10.84	Stahlbauten; Tragwerke aus Hohlprofilen unter vorwiegend ruhender Beanspruchung
DIN 18809	09.87	Stählerne Straßen- und Wegbrücken; Bemessung, Konstruktion, Herstellung
DIN 18914	09.85	Dünnwandige Rundsilos aus Stahl
DIN 28011	01.93	Gewölbte Böden; Klöpperform
DIN 28013	01.93	Gewölbte Böden; Korbbogenform
DIN 28081-1	06.85	Apparatefüße aus Rohr; Maße
DIN 28083-1	01.87	Pratzen; Maße, maximale Gewichtskräfte
DIN 28124-2	12.92	Mannlochverschlüsse für Druckbehälter aus unlegierten Stählen

Technische Regel		Titel
DIN EN 287-1	08.97	Prüfung von Schweißern; Schmelzschweißen; Stähle
DIN EN 287-2	09.97	– –; Aluminium und Aluminiumlegierungen
DIN EN 288-1	09.97	Anforderungen und Anerkennung von Schweißverfahren für metallische Werkstoffe; Allgemeine Regeln für das Schmelzschweißen
DIN EN 439	05.95	Schweißzusätze; Schutzgase zum Lichtbogenschweißen und Schneiden
DIN EN 440	11.94	Schweißzusätze; Drahtelektroden und Schweißgut zum Metall-Schutzgasschweißen von unlegierten Stählen und Feinkornstählen
DIN EN 499	01.95	Schweißzusätze, Umhüllte Stabelektroden zum Lichtbogen-Handschweißen von unlegierten Stählen und Feinkornstählen
DIN EN 573-1 bis DIN EN 573-4	12.94	Aluminium und Aluminiumlegierungen; Chemische Zusammensetzung und Form von Halbzeug; Bezeichnungssystem, Chemische Zusammensetzung, Erzeugnisformen
DIN EN 729-1 bis DIN EN 729-4	11.94	Schweißtechnische Qualitätsanforderungen; Schmelzschweißen metallischer Werkstoffe; Richtlinien zur Auswahl und Verwendung, Qualitätsanforderungen
DIN EN 756	12.95	Schweißzusätze; Drahtelektroden und Draht-Pulver-Kombinationen zum Unterpulverschweißen von unlegierten Stählen und Feinkornstählen; Einteilung
DIN EN 757	05.97	Schweißzusätze; Umhüllte Stabelektroden zum Lichtbogen-Handschweißen von hochfesten Stählen; Einteilung
DIN EN 758	05.97	Schweißzusätze; Fülldrahtelektroden zum Metall-Lichtbogenschweißen mit und ohne Schutzgas von unlegierten Stählen und Feinkornstählen; Einteilung
DIN EN 875	10.95	Zerstörende Prüfung von Schweißverbindungen an metallischen Werkstoffen; Kerbschlagbiegeversuch; Probenlage, Kerbrichtung und Beurteilung
DIN EN 970	03.97	Zerstörungsfreie Prüfung von Schmelzschweißnähten; Sichtprüfung
DIN EN 1011-1	04.98	Schweißen; Empfehlungen zum Schweißen metallischer Werkstoffe; Allgemeine Anleitungen für Lichtbogenschweißen
DIN EN 1289	03.98	Zerstörungsfreie Prüfung von Schweißverbindungen; Eindringprüfung von Schweißverbindungen; Zulässigkeitsgrenzen
DIN EN 1290	03.98	Zerstörungsfreie Prüfung von Schweißverbindungen; Magnetpulverprüfung von Schweißverbindungen
DIN EN 1320	12.96	Zerstörende Prüfung von Schweißverbindungen an metallischen Werkstoffen; Bruchversuch

Technische Regel		Titel
DIN EN 1435	10.97	Zerstörungsfreie Prüfung von Schweißverbindungen; Durchstrahlungsprüfung von Schmelzschweißverbindungen
DIN EN 1561	08.97	Gießereiwesen; Gusseisen mit Lamellengraphit
DIN EN 1563	08.97	Gießereiwesen; Gusseisen mit Kugelgraphit
DIN EN 1599	10.97	Schweißzusätze; Umhüllte Stabelektroden zum Lichtbogenhandschweißen von warmfesten Stählen
DIN EN 1600	10.97	Schweißzusätze; Umhüllte Stabelektroden zum Lichtbogenhandschweißen von nicht rostenden und hitzebeständigen Stählen
DIN EN 1668	10.97	Schweißzusätze; Stäbe, Drähte und Schweißgut zum Wolfram-Schutzgasschweißen von unlegierten Stählen und Feinkornstählen
DIN EN 1708-1	05.99	Schweißen; Verbindungselemente beim Schweißen von Stahl; Druckbeanspruchte Bauteile
DIN EN 1713	08.98	Zerstörungsfreie Prüfung von Schweißverbindungen; Ultraschallprüfung; Charakterisierung von Anzeigen in Schweißnähten
DIN EN 10025	03.94	Warmgewalzte Erzeugnisse aus unlegierten Baustählen; Technische Lieferbedingungen
DIN EN 10028-1 bis DIN EN 10028-6		Flacherzeugnisse aus Druckbehälterstählen; Allgemeine Anforderungen, unlegierte und legierte warmfeste Stähle, schweißgeeignete Feinkornbaustähle, kaltzähe Stähle usw.
DIN EN 10029	10.91	Warmgewalztes Stahlblech von 3 mm Dicke an; Grenzabmaße, Formtoleranzen, zulässige Gewichtsabweichungen
DIN EN 10051	11.97	Kontinuierlich warmgewalztes Blech und Band ohne Überzug aus unlegierten und legierten Stählen; Grenzabmaße und Formtoleranzen
DIN EN 10055	12.95	Warmgewalzter gleichschenkliger T-Stahl mit gerundeten Kanten und Übergängen; Maße, Grenzabmaße und Formtoleranzen
DIN EN 10056-1	10.98	Gleichschenklige und ungleichschenklige Winkel aus Stahl; Maße
DIN EN 10083-1	10.96	Vergütungsstähle; Technische Lieferbedingungen für Edelstähle
DIN EN 10113-2	04.93	Warmgewalzte Erzeugnisse aus schweißgeeigneten Feinkornbaustählen; Lieferbedingungen für normalgeglühte/normalisierend gewalzte Stähle
DIN EN 10113-3	04.93	– –; Lieferbedingungen für thermomechanisch gewalzte Stähle
DIN EN 10137-2	11.95	Blech- und Breitflachstahl aus Baustählen mit höherer Streckgrenze im vergüteten oder im ausscheidungsgehärteten Zustand; Lieferbedingungen für vergütete Stähle

Technische Regel		Titel
DIN EN 10137-3	11.95	– –; Lieferbedingungen für ausscheidungsgehärtete Stähle
DIN EN 10164	08.93	Stahlerzeugnisse mit verbesserten Verformungseigenschaften senkrecht zur Erzeugnisoberfläche; Technische Lieferbedingungen
DIN EN 10210-2	11.97	Warmgefertigte Hohlprofile für den Stahlbau aus unlegierten Baustählen und aus Feinkornbaustählen; Grenzabmaße, Maße und statische Werte
DIN EN 10213-2	01.96	Technische Lieferbedingungen für Stahlguss für Druckbehälter; Stahlsorten für die Verwendung bei Raumtemperatur und erhöhten Temperaturen
DIN EN 10219-2	11.97	Kaltgefertigte geschweißte Hohlprofile für den Stahlbau aus unlegierten Baustählen und aus Feinkornbaustählen; Grenzabmaße, Maße und statische Werte
DIN EN 12534	11.99	Schweißzusätze; Drahtelektroden, Drähte, Stäbe und Schweißgut zum Schutzgasschweißen von hochfesten Stählen
DIN EN 12535	11.96	Schweißzusätze; Fülldrahtelektroden zum Metall-Schutzgasschweißen von hochfesten Stählen
DIN EN 22553	03.97	Schweiß- und Lötnähte; Symbolische Darstellung in Zeichnungen
DIN EN 24063	09.92	Schweißen, Hartlöten, Weichlöten und Fugenlöten von Metallen; Liste der Verfahren und Ordnungsnummern für zeichnerische Darstellung
DIN EN 25817	09.92	Lichtbogenschweißverbindungen an Stahl; Richtlinie für die Bewertungsgruppen von Unregelmäßigkeiten
DIN EN 29692	04.94	Lichtbogenhandschweißen, Schutzgasschweißen und Gasschweißen, Schweißnahtvorbereitung für Stahl
DIN EN 30042	08.94	Lichtbogenschweißverbindungen an Aluminium und seinen schweißgeeigneten Legierungen; Richtlinie für die Bewertungsgruppen von Unregelmäßigkeiten
DIN EN ISO 6520-1	02.99	Schweißen und verwandte Prozesse; Einteilung von geometrischen Unregelmäßigkeiten an Metallen; Schmelzschweißen
DIN EN ISO 6947	05.97	Schweißnähte; Arbeitspositionen; Definitionen der Winkel von Neigung und Drehung
DIN EN ISO 9013	05.95	Schweißen und verwandte Verfahren; Güteeinteilung und Maßtoleranzen für autogene Brennschnittflächen
DIN EN ISO 13916	11.96	Schweißen; Anleitung zur Messung der Vorwärm-, Zwischenlagen- und Haltetemperatur
DIN EN ISO 13918	12.98	Schweißen; Bolzen- und Keramikringe zum Lichtbogen-Bolzenschweißen
DIN EN ISO 13919	09.96	Schweißen; Elektronen- und Laserstrahl-Schweißverbindungen; Leitfaden für Bewertungsgruppen für Unregelmäßigkeiten; Stahl

Technische Regel		Titel
DIN EN ISO 13920	11.96	Schweißen; Allgemeintoleranzen für Schweißkonstruktionen; Längen- und Winkelmaße, Form und Lage
DIN EN ISO 14555	12.98	Schweißen; Lichtbogen-Bolzenschweißen von metallischen Werkstoffen
DIN V ENV 1090-1	07.98	Ausführung von Tragwerken aus Stahl; Allgemeine Regeln und Regeln für Hochbauten
DIN V ENV 1993-1-1	04.93	Eurocode 3: Bemessung und Konstruktion von Stahlbauten; Allgemeine Bemessungsregeln, Bemessungsregeln für den Hochbau
DASt 006	01.80	Überschweißen von Fertigungsbeschichtungen im Stahlbau
DASt 009	04.73	Empfehlungen zur Wahl der Stahlgütegruppen für geschweißte Stahlbauten
DASt 014	01.81	Empfehlungen zum Vermeiden von Terrassenbrüchen in geschweißten Konstruktionen aus Baustahl
DASt 016	07.88	Bemessung und konstruktive Gestaltung von Tragwerken aus dünnwandigen kaltgeformten Bauteilen
DVS 0602	07.85	Schweißen von Gusseisenwerkstoffen; Technologie
DVS 0603	03.86	Schweißen von Gusseisenwerkstoffen; Gütesicherung
DVS 0705	03.94	Empfehlungen zur Auswahl von Bewertungsgruppen nach DIN EN 25817 und ISO 5817; Stumpfnähte und Kehlnähte an Stahl
DVS 0916	11.97	Metall-Schutzgasschweißen von Feinkornbaustählen
DVS 1003-2	07.89	Verfahren der zerstörungsfreien Prüfung in der Schweißtechnik; Verfahrensarten; Aussagefähigkeit und Anwendungsbereiche der Verfahren
DVS 1612	01.84	Gestaltung und Bewertung von Stumpf- und Kehlnähten im Schienenfahrzeugbau; Bauformen-Katalog
DVS 1702	05.99	Verfahrensprüfungen im Stahlbau für Schweißverbindungen an hochfesten schweißgeeigneten Feinkornbaustählen
DVS 2205-1	06.87	Berechnung von Behältern und Apparaten aus Thermoplasten; Kennwerte
DVS 2402	06.87	Festigkeitsverhalten geschweißter Bauteile
DVS 2902-1	11.87	Widerstandspunktschweißen von Stählen bis 3 mm Einzeldicke; Übersicht
AD B0	01.95	Berechnung von Druckbehältern
AD B1	06.86	Zylinder- und Kugelschalen unter innerem Überdruck
AD B3	10.90	Gewölbte Böden unter innerem und äußerem Überdruck
AD B5	05.99	Ebene Böden und Platten nebst Verankerungen
AD B9	07.95	Ausschnitte in Zylindern, Kegeln und Kugeln

Technische Regel		Titel
AD HP0	12.96	Allgemeine Grundsätze für Auslegung, Herstellung und damit verbundene Prüfungen
AD W0	06.86	Allgemeine Grundsätze für Werkstoffe
DS 804	04.85	Vorschrift für Eisenbahnbrücken und sonstige Ingenieurbauwerke (VEI)
DS 952	07.91	Schweißen metallischer Werkstoffe an Schienenfahrzeugen und maschinentechnischen Anlagen

7 Nietverbindungen

Formelzeichen	Einheit	Benennung
A	mm^2	Querschnittsfläche des geschlagenen Niets
c	1	Faktor im Lastfall H_S zur Berücksichtigung des Kriecheinflusses bei Aluminiumkonstruktionen
d	mm	Schaftdurchmesser des geschlagenen Niets
d_1	mm	Nenndurchmesser des ungeschlagenen Niets (Rohnietdurchmesser)
F	N	zu übertragende Kraft
l	mm	Rohniet-Schaftlänge
$l_{ü}$	mm	zur Schließkopfbildung und Nietlochfüllung erforderlicher Überstand des Nietschaftes
m	1	Anzahl der Scherfugen (Schnittigkeit)
n	1	Anzahl der kraftübertragenden Niete
n_a, n_l	1	erforderliche Nietzahl aufgrund der zulässigen Abscherspannung bzw. des zulässigen Lochleibungsdruckes
t	mm	Blechdicke
t_{min}	mm	kleinste Summe der Blechdicken mit in gleicher Richtung wirkendem Lochleibungsdruck
Σt	mm	Klemmlänge, d. h. die Gesamtdicke aller zu vernietenden Teile
α_l	1	Abstandsbeiwert
$\sigma_{c\,zul}$, $\tau_{c\,zul}$	N/mm^2	zulässige Spannungen im Lastfall H_S für Konstruktionsteile und Verbindungsmittel bei Aluminiumkonstruktionen
σ_H, σ_{H_S}, τ_H, τ_{H_S}	N/mm^2	vorhandene Spannungen im Lastfall H bzw. H_S bei Aluminiumkonstruktionen
σ_l	N/mm^2	Lochleibungsdruck zwischen Niet und Lochwand des Bauteiles
$\sigma_{l\,zul}$	N/mm^2	zulässiger Lochleibungsdruck
τ_a	N/mm^2	Abscherspannung im Niet
$\tau_{a\,zul}$	N/mm^2	zulässige Abscherspannung im Niet

Nr.	Formel	Hinweise
	Nietverbindungen sind nicht lösbare feste (oder bewegliche) Verbindungen eines oder mehrerer Teile mit einem Hilfsfügeteil (Niet) oder einem Gestaltelement eines Verbindungspartners, das bei der Montage plastisch verformt wird. Bei Blindnietverbindungen genügt die Zugänglichkeit von einer Seite, „Nichtblindniet-Verbindungen“ müssen von beiden Seiten zugänglich sein. Nietverbindungen werden häufig an Stelle von Schraubenverbindungen eingesetzt, wenn – es nicht auf eine genau aufrecht zu erhaltende Vorspannkraft ankommt, – Demontierbarkeit nicht erforderlich oder sogar unerwünscht ist, – Schraubenverbindungen zu teuer wären, – glatte Oberflächen bei sicherer Befestigung verlangt werden (Flugzeugaußenhaut, Verbindungen mit Textilien und Leder).	
	Nietabmessungen	
1	günstiger Rohnietdurchmesser (Stahlbau) $d_1 \approx \sqrt{50 \cdot t} - 2$ mm	d_1 mm, t mm Genormte Rohnietdurchmesser und Empfehlungen für die Zuordnung der Nietdurchmesser zur Bauteildicke s. TB 7-4
2	Rohnietlänge $l = \Sigma t + l_ü$	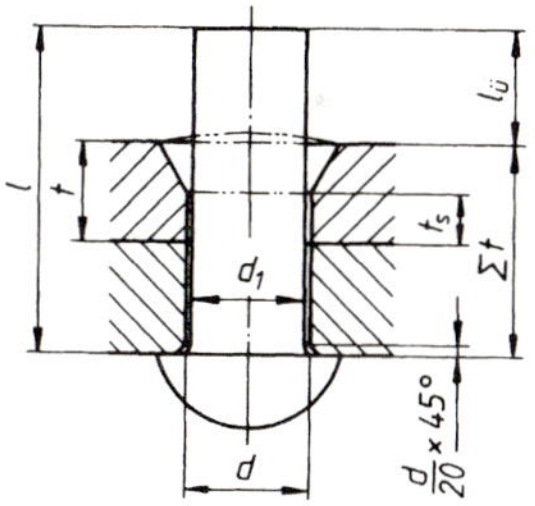 Überstand bei Schließkopf als – Halbrundkopf: bei Maschinennietung: $l_ü \approx (4/3) \cdot d_1$ bei Handnietung: $l_ü \approx (7/4) \cdot d_1$ – Senkkopf: $l_ü \approx (0{,}6 \ldots 1{,}0) \cdot d_1$ Stufung der genormten Nietlängen s. TB 7-4 Anmerkung: Die größte Klemmlänge für Halbrundniete nach DIN 124 beträgt $\Sigma t \leq 0{,}2 \cdot d^2$ (mit d und Σt in mm)

Nr.	Formel	Hinweise
	Tragfähigkeit der Niete	
3	Abscherspannung $\tau_a = \frac{F}{n \cdot m \cdot A} \leq \tau_{a\,zul}$	Zulässige Abscherspannung $\tau_{a\,zul}$ – für Stahlbauten nach DIN 18800-1: 180 N/mm^2 für Nietwerkstoff USt 36 202 N/mm^2 für Nietwerkstoff RSt 38 – im Kranbau nach TB 3-3b – für Aluminium-Konstruktionen nach TB 3-4 – für den Betriebsfestigkeitsnachweis dynamisch beanspruchter Bauteile (DIN 15018-1): 1-schnittige Verbindung: $\tau_{a\,zul} = 0{,}6 \cdot \sigma_{zul}$ mehrschnittige Verbindung: $\tau_{a\,zul} = 0{,}8 \cdot \sigma_{zul}$ mit der zul. Bauteilspannung σ_{zul} nach TB 7-5 – für Kunststoff-Nietungen nach TB 7-6 für dynamisch belastete Verbindungen gilt für die übertragbare Kraft: $F_{eq} = K_A \cdot F$, mit dem Anwendungsfaktor K_A nach TB 3-5a Nietlochdurchmesser d = Schaftdurchmesser des geschlagenen Niets nach DIN 101: . . . 4,2 5,2 6,3 7,3 8,4 10,5 13 15 17 19 21 23 25 28 31 34 37 mm
4	Lochleibungsdruck $\sigma_l = \frac{F}{n \cdot d \cdot t_{min}} \leq \sigma_{l\,zul}$	zulässiger Lochleibungsdruck $\sigma_{l\,zul}$ – für Stahlbauten nach DIN 18800-1 Der größtmögliche rechnerische Lochleibungsdruck wird für die Rand- und Lochabstände e_1 und $e_3 = 3d$, $e_2 = 1{,}5d$ und $e = 3{,}5d$ erreicht: 655 N/mm^2 für Bauteilwerkstoff S235 982 N/mm^2 für Bauteilwerkstoff S355 Für kleinere Rand- und Lochabstände gilt mit dem Abstandsbeiwert α_l: $\sigma_{l\,zul} = \alpha_l \cdot Re/1{,}1$ – im Kranbau nach TB 3-3b – für Aluminium-Konstruktionen nach TB 3-4 – für den Betriebsfestigkeitsnachweis dynamisch beanspruchter Bauteile (DIN 15018-1): 1-schnittige Verbindung: $\sigma_{l\,zul} = 1{,}5 \cdot \sigma_{zul}$ mehrschnittige Verbindung: $\sigma_{l\,zul} = 2 \cdot \sigma_{zul}$ mit der zulässigen Bauteilspannung σ_{zul} nach TB 7-5 – für Kunststoffnietungen nach TB 7-6

Nr.	Formel	Hinweise
	Entwurfsberechnung	
5	erforderliche Nietzahl aufgrund der zulässigen Abscherspannung $$n_a \geq \frac{F}{\tau_{a\,zul} \cdot m \cdot A}$$	In Anschlüssen und Stößen sollten mindestens zwei Niete angeordnet sein. Bei unmittelbaren Laschen- und Stabanschlüssen dürfen in Kraftrichtung hintereinander höchstens 8 Niete im Stahlbau und 5 Niete im Kran- und Aluminiumbau als tragend berücksichtigt werden.
6	erforderliche Nietzahl aufgrund des zulässigen Lochleibungsdruck $$n_l \geq \frac{F}{\sigma_{l\,zul} \cdot d \cdot t_{min}}$$	Von den errechneten und ganzzahlig aufgerundeten Nietzahlen n_a bzw. n_l ist die größere für die Ausführung maßgebend.

Technische Regeln (Auswahl)

Technische Regel		Titel
DIN 101	05.93	Niete; Technische Lieferbedingungen
DIN 124	05.93	Halbrundniete; Nenndurchmesser 10 bis 36 mm
DIN 302	05.93	Senkniete; Nenndurchmesser 10 bis 36 mm
DIN 660	05.93	Halbrundniete; Nenndurchmesser 1 bis 8 mm
DIN 661	05.93	Senkniete; Nenndurchmesser 1 bis 8 mm
DIN 662	05.93	Linsenniete; Nenndurchmesser 1,6 bis 6 mm
DIN 674	05.93	Flachrundniete; Nenndurchmesser 1,4 bis 6 mm
DIN 675	10.93	Flachsenkniete (Riemenniete), Nenndurchmesser 3 bis 5 mm
DIN 997	10.70	Anreißmaße (Wurzelmaße) für Formstahl und Stabstahl
DIN 998	10.70	Lochabstände in ungleichschenkligen Winkelstählen
DIN 999	10.70	Lochabstände in gleichschenkligen Winkelstählen
DIN 4113-1	05.80	Aluminiumkonstruktionen unter vorwiegend ruhender Belastung; Berechnung und bauliche Durchbildung
DIN 6791	05.93	Halbhohlniete mit Flachrundkopf; Nenndurchmesser 1,6 bis 10 mm
DIN 6792	05.93	Halbhohlniete mit Senkkopf; Nenndurchmesser 1,6 bis 10 mm
DIN 7331	05.93	Hohlniete, zweiteilig
DIN 7337	08.91	Blindniete mit Sollbruchdorn
DIN 7338	08.93	Niete für Brems- und Kupplungsbeläge
DIN 7339	05.93	Hohlniete, einteilig, aus Band gezogen
DIN 7340	05.93	Rohrniete, aus Rohr gefertigt
DIN 7341	07.77	Nietstifte
DIN 8593-5	09.85	Fertigungsverfahren Fügen; Fügen durch Umformen; Einordnung, Unterteilung, Begriffe
DIN 15018-1	11.84	Krane; Grundsätze für Stahltragwerke; Berechnung
DIN 15018-2	11.84	Krane; Stahltragwerke; Grundsätze für die bauliche Durchbildung und Ausführung
DIN 18800-1	11.90	Stahlbauten; Bemessung und Konstruktion
DIN 18801	09.83	Stahlhochbau; Bemessung, Konstruktion, Herstellung
DIN 18809	09.87	Stählerne Straßen- und Wegbrücken; Bemessung, Konstruktion, Herstellung
DIN ISO 5261	04.97	Technische Zeichnungen – Vereinfachte Angabe von Stäben und Profilen

Viele weitere Voll-, Blind-, Pass- und Schraubniete sowie Nietrechnungswerte enthalten die oben nicht erwähnten Normen der Luft- und Raumfahrt.

8 Schraubenverbindungen

Befestigungsschrauben

Formelzeichen	Einheit	Benennung
A	mm²	Querschnittsfläche der Schraube
A_{ers}	mm²	Querschnittsfläche eines Ersatzhohlzylinders mit der gleichen elastischen Nachgiebigkeit wie die der verspannten Teile
A_i	mm²	Querschnittsfläche eines zylindrischen Einzelelementes einer Schraube
A_N	mm²	Nennquerschnitt der Schraube
A_p	mm²	Auflagefläche des Schraubenkopfes bzw. der Mutter
A_s	mm²	Spannungsquerschnitt des Schraubengewindes
A_T	mm²	Taillen- oder Dehnschaftquerschnitt
A_0	mm²	zutreffende kleinste Querschnittsfläche der Schraube
A_3	mm²	Kernquerschnitt des Schraubengewindes
D_A	mm	Außendurchmesser einer verspannten Hülse
d	mm	Gewindeaußendurchmesser (Nenndurchmesser)
d_h	mm	Durchmesser des Durchgangsloches in den verspannten Teilen
d_K	mm	wirksamer Reibungsdurchmesser in der Schraubenkopf- oder Mutterauflage
d_s	mm	Durchmesser zum Spannungsquerschnitt A_s
d_T	mm	Dehnschaftdurchmesser
d_w	mm	Außendurchmesser der ebenen Kopfauflagefläche
d_2	mm	Flankendurchmesser des Schraubengewindes
d_3	mm	Kerndurchmesser des Schraubengewindes
E	N/mm²	Elastizitätsmodul, allgemein
E_S	N/mm²	Elastizitätsmodul des Schraubenwerkstoffes
E_T	N/mm²	Elastizitätsmodul der verspannten Teile
F	N	Kraft, allgemein
F_a	N	Ausschlagkraft bei schwingender Belastung der Schraube
F_B	N	Betriebskraft in Längsrichtung der Schraube

Formelzeichen	Einheit	Benennung
F_{Bo}, F_{Bu}	N	oberer bzw. unterer Grenzwert der axialen Betriebskraft
F_{BS}	N	Zusatzkraft; Anteil der Betriebskraft, mit der die Schraube zusätzlich belastet wird
F_{BSo}, F_{BSu}	N	oberer bzw. unterer Grenzwert der Zusatzkraft F_{BS}
F_{BT}	N	Entlastungskraft; Anteil der Betriebskraft, der die verspannten Teile entlastet
F_{Kl}	N	Klemmkraft, die für Dichtfunktionen, Reibschluss und Verhinderung des einseitigen Abhebens an der Trennfuge erforderlich ist
F_m	N	Mittelkraft; ruhend gedachte Kraft, um die bei schwingender Beanspruchung der Schraube die Ausschlagkraft pendelt
F_n	N	Normalkraft
$F_{Q\,ges}$	N	Gesamtquerkraft; von der Schraubenverbindung aufzunehmende, senkrecht zur Schraubenachse gerichtete Kraft
$F_{S\,ges}$	N	Gesamtschraubenkraft
F_{sp}	N	axiale Spannkraft der Schraube bei 90 %iger Ausnutzung der Streckgrenze durch die Vergleichsspannung
F_V	N	Vorspannkraft der Schraube
F_{VM}	N	Montagevorspannkraft
$F_{V\,min}$	N	kleinste Montagevorspannkraft die sich bei F_{VM} infolge Ungenauigkeit des Anziehverfahrens einstellt
$F_{0,2}$	N	Schraubenkraft an der Mindeststreckgrenze bzw. 0,2 %-Dehngrenze
F_Z	N	Vorspannkraftverlust infolge Setzens im Betrieb
f_S	mm	Verlängerung der Schraube durch F_V
f_T	mm	Verkürzung der verspannten Teile durch F_V
f_Z	mm	Setzbetrag
k	1	Faktor zur Berücksichtigung des Bauteilwerkstoffes
k_A	1	Anziehfaktor
k_τ	1	Reduktionskoeffizient
l	mm	Länge, allgemein
l_k	mm	Klemmlänge
l_1, l_2 ...	mm	Länge der federnden Einzelelemente der Schraube
M_A	Nm	Anziehdrehmoment bei der Montage
M_G	Nm	Gewindemoment
M_{sp}	Nm	Spannmoment (Anziehmoment zum Vorspannen einer Schraube auf F_{sp})

Formelzeichen	Einheit	Benennung
n	1	Krafteinleitungsfaktor; $n \cdot l_k$ gibt die Dicke des durch die Betriebskraft entlasteten Bereichs der verspannten Teile an; Gangzahl bei mehrgängigem Gewinde
P	mm	Steigung bei eingängigen Gewinden bzw. Teilung bei mehrgängigen Gewinden
P_h	mm	Steigung bei mehrgängigen Gewinden
p	N/mm^2	Flächenpressung
p_G	N/mm^2	Grenzflächenpressung, maximal zulässige Pressung unter dem Schraubenkopf
$R_{p0,2}$	N/mm^2	0,2 %-Dehngrenze bzw. Streckgrenze des Schraubenwerkstoffes
z	1	Anzahl der kraftübertragenden Schrauben
β	1	Nachgiebigkeitsfaktor der Schraube
δ	mm/N	elastische Nachgiebigkeit
δ_G, δ_M	mm/N	elastische Nachgiebigkeit des Gewindes bzw. der Mutter
δ_i	mm/N	elastische Nachgiebigkeit des zylindrischen Elementes i
δ_K	mm/N	elastische Nachgiebigkeit des Schraubenkopfes
δ_S, δ_T	mm/N	elastische Nachgiebigkeit der Schraube bzw. der verspannten Teile
ε	1	Dehnung
κ	1	Reduktionsfaktor (σ_{red}/σ_{VM})
μ	1	Reibungszahl
μ_G	1	Reibungszahl im Gewinde
μ_{ges}	1	Gesamtreibungszahl (mittlere Reibungszahl für Gewinde und Kopfauflage)
μ_K	1	Reibungszahl in der Kopfauflage
ν	1	Ausnutzungsgrad
ϱ'	°	Reibungswinkel des Gewindes
σ_A	N/mm^2	Ausschlagfestigkeit der Schraube
σ_a	N/mm^2	Dauerschwingbeanspruchung der Schraube (Ausschlagspannung)
σ_M	N/mm^2	Montagezugspannung in der Schraube
σ_{red}	N/mm^2	reduzierte Spannung
τ_i	N/mm^2	Verdrehspannung
Φ	1	Kraftverhältnis F_{BS}/F_B
Φ_k	1	vereinfachtes Kraftverhältnis für Krafteinleitung in Ebenen durch die Schraubenkopf- und Mutterauflage
φ	°	Steigungswinkel des Schraubengewindes

Nr.	Formel	Hinweise
	Befestigungsschrauben Vorgespannte Schraubenverbindungen können durch in Längsrichtung der Schraubenachse zentrisch oder exzentrisch wirkende Betriebskräfte F_B (Bild a, b und c) und durch Querkräfte F_Q (Bild d) beansprucht werden. Die angegebenen Gleichungen gelten nur für zentrischen Kraftangriff von F_B (näherungsweise auch bei steifen Flanschen, z. B. Bild b). Bei exzentrischem Kraftangriff oder schiefer Verspannung der Schraube (Bild c) – es treten zusätzliche Biegemomente auf – sollte die Berechnung nach VDI 2230 erfolgen.	

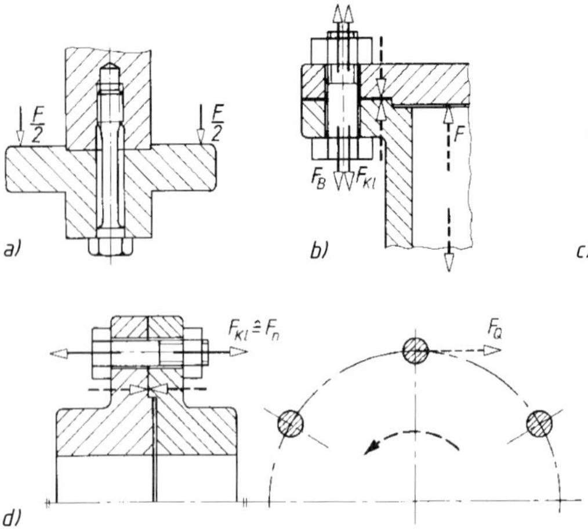

Nr.	Formel	Hinweise
1	Steigungswinkel des Gewindes $\tan\varphi = \dfrac{P_h}{d_2 \cdot \pi}$ Gewindesteigung bei mehrgängigem Gewinde $P_h = P \cdot n$	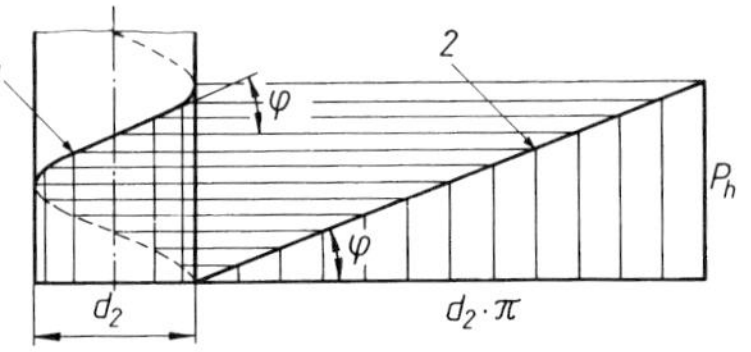 **1** Schraubenlinie **2** abgewickelte Schraubenlinie P für metrisches Regel- und Feingewinde s. TB 8-1 und TB 8-2

<table>
<tr><th>Nr.</th><th>Formel</th><th>Hinweise</th></tr>
<tr><td></td><td colspan="2">Vorauslegung vorgespannter Schraubenverbindungen (s. auch Ablaufplan A 8 1)</td></tr>
<tr><td>2</td><td>erforderlicher Spannungs- bzw. Taillenquerschnitt
A_s bzw. $A_T \geq \dfrac{F_B + F_{Kl}}{\dfrac{R_{p\,0,2}}{\kappa \cdot k_A} - \beta \cdot E \cdot \dfrac{f_Z}{l_k}}$</td><td>$f_Z$ nach Nr. 22
mittlerer Wert: 0,011 mm
Nachgiebigkeitsfaktor β:
1,1 für Schaftschrauben (z. B. DIN EN 24014)
0,8 für Ganzgewindeschrauben (z. B. DIN EN 24017)
0,6 für Dehnschrauben mit $d_T \approx 0{,}9 d_3$
Reduktionsfaktor $(= \sigma_{red}/\sigma_{VM})$ κ
<table>
<tr><td colspan="2">μ_G</td><td>0,08</td><td>0,10</td><td>0,12</td><td>0,14</td><td>0,20</td></tr>
<tr><td rowspan="2">κ</td><td>Schaft-schraube</td><td>1,11</td><td>1,15</td><td>1,19</td><td>1,24</td><td>1,41</td></tr>
<tr><td>Dehn-schraube</td><td>1,15</td><td>1,20</td><td>1,25</td><td>1,32</td><td>1,52</td></tr>
</table>
μ_G nach TB 8-12b
k_A nach TB 8-11
$R_{p\,0,2}$ nach TB 8-4</td></tr>
<tr><td>3</td><td>Ausschlagspannung
$\sigma_a \approx \pm k \, \dfrac{F_{Bo} - F_{Bu}}{A_s} \leq \sigma_A$</td><td>
<table>
<tr><th>Bauteilwerkstoff</th><th>Stahl</th><th>Grau-guss</th><th>Al</th></tr>
<tr><td>k</td><td>0,1</td><td>0,125</td><td>0,15</td></tr>
</table>
A_s nach TB 8-1 bzw. TB 8-2
σ_A nach Nr. 25 bzw. 26</td></tr>
<tr><td>4</td><td>Flächenpressung
$p \approx \dfrac{F_{sp}/0{,}9}{A_p} \leq p_G$</td><td>$F_{sp}$ nach TB 8-14
A_p nach TB 8-8 und TB 8-9
p_G nach TB 8-10</td></tr>
<tr><td></td><td colspan="2">Kraft- und Verformungsverhältnisse bei vorgespannten Schraubenverbindungen</td></tr>
<tr><td>5</td><td>elastische Längenänderung
$f = \varepsilon \cdot l = \dfrac{l \cdot \sigma}{E} = \dfrac{F \cdot l}{E \cdot A}$</td><td>– Schraubenkopf: $\delta_K = \dfrac{0{,}4d}{E_S \cdot A_N}$</td></tr>
<tr><td>6</td><td>elastische Nachgiebigkeit
$\delta = \dfrac{1}{C} = \dfrac{f}{F} = \dfrac{1}{E}\,\dfrac{l}{A}$</td><td>– Schaft und nicht eingeschraubtes Gewinde (dann $A_i \mathrel{\hat{=}} A_3$):
$\delta_i = \dfrac{l_i}{E_S \cdot A_i}$</td></tr>
</table>

Nr.	Formel	Hinweise
7	elastische Nachgiebigkeit der Schraube $\delta_S = \delta_K + \delta_1 + \delta_2 + \delta_3 + \ldots + \delta_G + \delta_M$	– eingeschraubtes Schraubengewinde: $\delta_G = \dfrac{0{,}5d}{E_S \cdot A_3}$ – Mutter: $\delta_M = \dfrac{0{,}4d}{E_S \cdot A_N}$
8	$\delta_S = \dfrac{1}{E_S}\left(\dfrac{0{,}4d}{A_N} + \dfrac{l_1}{A_1} + \dfrac{l_2}{A_2} + \cdots + \dfrac{0{,}5d}{A_3} + \dfrac{0{,}4d}{A_N}\right)$	E_S nach TB 1-1 bis TB 1-3, für Stahl: $E_S = 210\,000$ N/mm² A_3 nach TB 8-1 bzw. TB 8-2 $A_N = \dfrac{\pi \cdot d^2}{4}$
9	elastische Nachgiebigkeit der verspannten Teile $\delta_T = \dfrac{f_T}{F_V} = \dfrac{l_k}{A_{ers} \cdot E_T}$	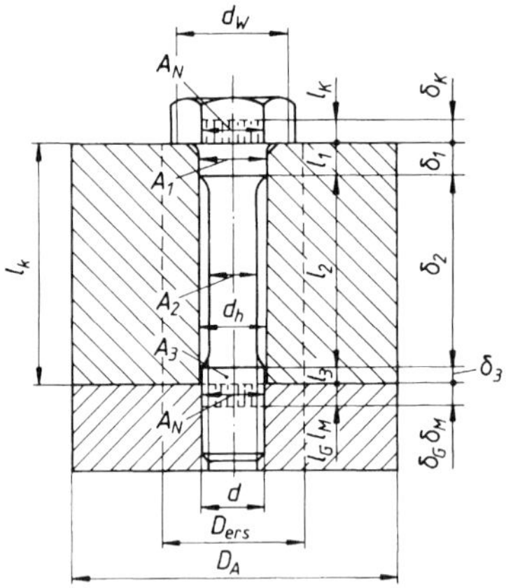
10	mit Ersatzquerschnitt – bei $d_w \le D_A \le d_w + l_k$ $A_{ers} = \dfrac{\pi}{4}(d_w^2 - d_h^2) + \dfrac{\pi}{8} \cdot d_w (D_A - d_w) \cdot [(x+1)^2 - 1]$ wobei $x = \sqrt[3]{\dfrac{l_k \cdot d_w}{D_A^2}}$	
11	– bei $D_A < d_w$ $A_{ers} = \dfrac{\pi}{4}(D_A^2 - d_h^2)$	Außendurchmesser der ebenen Kopfauflagefläche d_w näherungsweise gleich Kopfdurchmesser bzw. Schlüsselweite. Genauwerte s. Normen.
12	– bei $D_A > d_w + l_k$ $A_{ers} = \dfrac{\pi}{4} \cdot (d_w^2 - d_h^2) + \dfrac{\pi}{8} \cdot d_w \cdot l_k \cdot [(x+1)^2 - 1]$ wobei $x = \sqrt[3]{\dfrac{l_k \cdot d_w}{(d_w + l_k)^2}}$	d_h nach DIN EN 20273, s. TB 8-8 Für von der Kreisform abweichende Trennfugenfläche empfiehlt es sich, für D_A den Durchmesser des Innenkreises zu setzen. E_T nach TB 1-1 bis TB 1-3, für Stahl: $E_T = 210\,000$ N/mm²

Nr.	Formel	Hinweise
13	Zusatzkraft für die Schraube infolge der axialen Betriebskraft $F_{BS} = F_B \dfrac{\delta_T}{\delta_S + \delta_T} = F_B \cdot \Phi$	
14	Anteil der axialen Betriebskraft der die verspannten Teile entlastet $F_{BT} = F_B - F_{BS} = F_B(1 - \Phi)$ $= F_B \dfrac{\delta_S}{\delta_S + \delta_T}$	Verspannungsschaubild mit schwellender Betriebszugkraft F_B 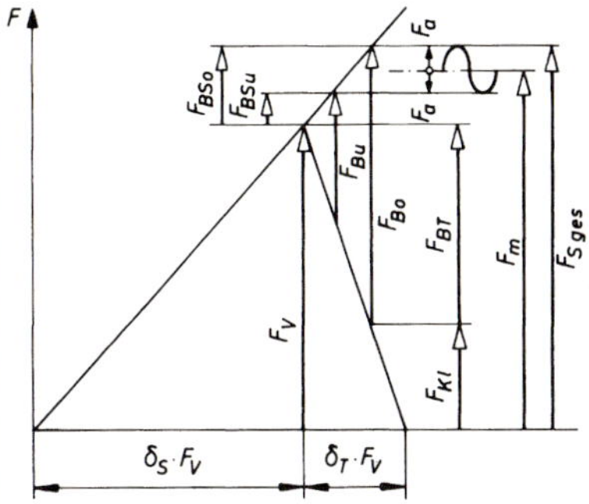
15	Klemmkraft in der Trennfuge $F_{Kl} = F_V - F_{BT} = F_V - F_B(1 - \Phi)$	
16	Gesamtschraubenkraft $F_{S\,ges} = F_V + F_{BS} = F_{Kl} + F_B$	
17	Ausschlagkraft bei schwingender Belastung der Schraube $F_a = \pm \dfrac{F_{BSo} - F_{BSu}}{2}$ $= \pm \dfrac{F_{Bo} - F_{Bu}}{2} \cdot \Phi$	
18	Mittelkraft $F_m = F_V + \dfrac{F_{Bo} + F_{Bu}}{2} \cdot \Phi$	
19	Kraftverhältnis $\Phi = n \cdot \Phi_k = n \dfrac{\delta_T}{\delta_S + \delta_T}$	Richtwerte n für die Höhe der Krafteinleitung 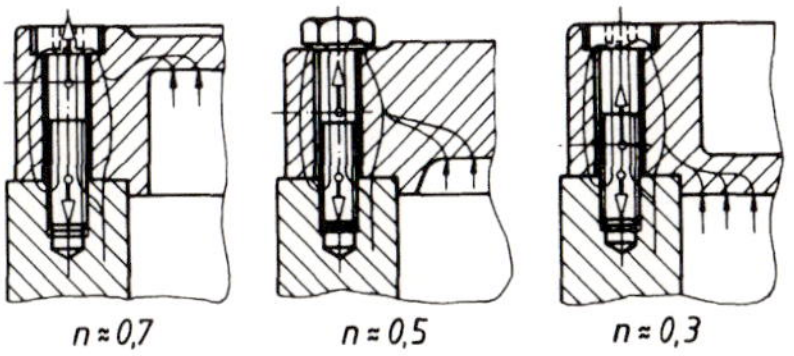
20	erforderliche Klemmkraft/Schraube bei querbeanspruchten reibschlüssigen Schraubenverbindungen $F_{Kl} = \dfrac{F_{Q\,ges}}{\mu \cdot z}$	μ nach TB 1-14
	Setzverhalten der Schraubenverbindungen	
21	Vorspannkraftverlust infolge Setzens $F_Z = \dfrac{f_Z}{\delta_S + \delta_T} = \dfrac{f_Z}{\delta_T} \Phi_k = \dfrac{f_Z}{\delta_S}(1 - \Phi_k)$	$\Phi_k = \dfrac{\delta_T}{\delta_S + \delta_T}$ f_z nach TB 8-10a

Nr.	Formel	Hinweise
	Dauerhaltbarkeit der Schraubenverbindungen, dynamische Sicherheit	
22	Dauerschwingbeanspruchung der Schraube (Ausschlagspannung) $\sigma_a = \pm \frac{F_a}{A_s} \leq \sigma_A$	A_s nach TB 8-1 bzw. TB 8-2 Nachweis der dynamischen Sicherheit s. auch Ablaufplan A 8-5
23	Ausschlagfestigkeit bei – schlussvergütetem Gewinde (SV) $\sigma_{A\,(SV)} \approx \pm 0{,}85 \left(\frac{150}{d} + 45\right)$	$\sigma_{A\,(SV)}$ in N/mm², d in mm
24	– schlussgewalztem Gewinde (SG) $\sigma_{A\,(SG)} \approx \pm\left(2 - \frac{F_m}{F_{0,2}}\right) \cdot \sigma_{A\,(SV)}$	F_m nach Nr. 18 $F_{0,2} = A_s \cdot R_{p0,2}$ (Bei Dehnschrauben A_T für A_s)
25	dynamische Sicherheit $S_D = \frac{\sigma_A}{\sigma_a} \geq S_{D\,erf}$	$S_{D\,erf} \geq 1{,}2$
	Anziehen der Schraubenverbindungen	
26	Gewindemoment $M_G = F_u \cdot d_2/2 = F_{VM} \cdot d_2/2 \cdot \tan(\varphi \pm \varrho')$	ϱ' aus $\tan\varrho' = \mu'_G = \mu_G/\cos(\beta/2) = 1{,}155 \cdot \mu_G$ bei metrischen Gewinden mit $\beta = 60°$
27	Anziehdrehmoment, allgemein $M_A = F_{VM}[d_2/2 \cdot \tan(\varphi + \varrho') + \mu_K \cdot d_K/2]$	P, d_2 und φ nach TB 8-1 und TB 8-2 μ_{ges}, μ_G und μ_K nach TB 8-12
28	Anziehdrehmoment bei Schrauben mit metrischem Gewinde $M_A = F_{VM}(0{,}159P + 0{,}577 \cdot \mu_G \cdot d_2 + \mu_K \cdot d_K/2)$	d_w näherungsweise gleich Kopfdurchmesser bzw. Schlüsselweite; überschlägig: $d_w \approx 1{,}4d$ (mit d als Nenndurchmesser der Schraube). Genauwerte s. Normen.
29	Anziehdremoment bei metrischem Gewinde und $\mu_G = \mu_K = \mu_{ges}$ $M_A = 0{,}5 \cdot F_{VM} \cdot d_2 \left[\mu_{ges} \cdot \left(\frac{1}{\cos(\beta/2)} + \frac{d_w + d_h}{2 \cdot d_2}\right) + \tan\varphi\right]$	$d_K/2 \approx (d_w + d_h)/4$, überschlägig für Sechskant- und Zylinderschrauben: $d_K/2 \approx 0{,}65d$ d_h nach DIN EN 20273, s. TB 8-8
30	$M_A = F_{VM}[0{,}159P + \mu_{ges}(0{,}577d_2 + d_K/2)]$	

Nr.	Formel	Hinweise
31	Anziehdrehmoment für Befestigungsschrauben (Faustformel) $M_A \approx 0{,}17 \cdot F_{VM} \cdot d$	M_A | F_{VM} | d Nm | kN | mm
	Montagevorspannkraft	
32	– Hauptdimensionierungsformel $F_{VM} = k_A \cdot F_{V\,min}$ $= k_A[F_{Kl} + F_B(1 - \Phi) + F_Z]$	Gesucht wird eine Schraube (Durchmesser und Festigkeitsklasse) nach TB 8-14 für die $F_{sp} \geq F_{VM}$ ist. k_A nach TB 8-11 Φ nach Nr. 19 F_Z nach Nr. 21
33	– keine Betriebskraft in Längsrichtung der Schraube $F_{VM} = k_A(F_{Kl} + F_Z)$	Berechnung der Montagevorspannkraft s. auch Ablaufplan A 8-2
	Beanspruchung der Schraube beim Anziehen	
34	Vergleichsspannung $\sigma_{red} = \sqrt{\sigma_M^2 + 3\tau_t^2} \leq \nu \cdot R_{p0,2}$	$\tau_t = M_G / W_t$ M_G nach Nr. 26 $W_t = \pi \cdot d_0^3/12$ $R_{p0,2}$ nach TB 8-4 P, d_2, d_3 und A_s nach TB 8-1 und TB 8-2 $\nu = 0{,}9$ bei 90%iger Ausnutzung der Mindestdehngrenze
35	Montagezugspannung $\sigma_M = \dfrac{\nu \cdot R_{p\,0,2}}{\sqrt{1 + 3\left[\dfrac{3}{d_0}(0{,}159P + 0{,}577 \cdot \mu_G \cdot d_2)\right]^2}}$	μ_G nach TB 8-12b Für d_0 setze man für – Schaftschrauben: $d_s = (d_2 + d_3)/2$ – Dehnschrauben: $d_T \approx 0{,}9 d_3$
36	Spannkraft – für Schaftschrauben ($d \geq d_s$) $F_{sp} = F_{VM90} = \sigma_M \cdot A_s$ $= \sigma_M \dfrac{\pi}{4}\left(\dfrac{d_2 + d_3}{2}\right)^2$	Spannkräfte F_{sp} und zugehörige Spannmomente M_{sp} für Schaft- und Dehnschrauben bei verschiedenen Gesamtreibungszahlen μ_{ges} s. TB 8-14.
37	– für Dehnschrauben ($d_T < d_s$) $F_{sp} = F_{VM\,90} = \sigma_M \cdot A_T$ $= \sigma_M \cdot (\pi/4) \cdot d_T^2$	$d_T \approx 0{,}9 d_3$

Nr.	Formel	Hinweise
	Einhaltung der maximal zulässigen Schraubenkraft (s. auch Ablaufplan A 8-4)	
38	Die maximal zulässige Schraubenkraft wird nicht überschritten, wenn die Zusatzkraft – bei Schaftschrauben $F_{BS} = \Phi \cdot F_B \leq 0{,}1 \cdot R_{p0,2} \cdot A_s$	$R_{p0,2}$ nach TB 8-4 Φ nach Nr. 19 A_s nach TB 8-1 und TB 8-2
39	– bei Dehnschrauben $F_{BS} = \Phi \cdot F_B \leq 0{,}1 \cdot R_{p0,2} \cdot A_T$	$A_T = (\pi/4) \cdot d_T^2$, wobei $d_T \approx 0{,}9 d_3$
	statische Sicherheit (s. auch Ablaufplan A 8-3)	
40	Vergleichsspannung $\sigma_{red} = \sqrt{\sigma_{z\,max}^2 + 3(k_\tau \cdot \tau_t)^2}$ mit maximaler Zugspannung $\sigma_{z\,max} = F_{s\,ges}/A_0$ $= (F_{VM} + \Phi \cdot F_B)/A_0$	$k_\tau \approx 0{,}5$ $\tau_t = M_G/W_t$ M_G nach Nr. 26 $W_t = \pi \cdot d_0^3/16$ d_0 s. Nr. 35
41	statische Sicherheit $S_F = \dfrac{R_{p\,0,2}}{\sigma_{red}} \geq S_{F\,erf}$	
	Flächenpressung an den Auflageflächen	
42	Flächenpressung – bei elastischem Anziehen $p = \dfrac{F_{sp} + \Phi \cdot F_B}{A_p} \approx \dfrac{F_{sp}/0{,}9}{A_p} \leq p_G$	F_{sp} nach TB 8-14 A_p nach TB 8-8 und TB 8-9 Φ nach Nr. 19 p_G nach TB 8-10
43	– bei streckgrenz- und drehwinkelgesteuertem Anziehen $p \approx 1{,}2\,\dfrac{F_{sp}/0{,}9}{A_p} \leq p_G$	
	Berechnung nicht vorgespannter Schrauben im Maschinenbau	
44	erforderlicher Spannungsquerschnitt bei nicht vorgespannten Schrauben $A_s \geq \dfrac{F}{\sigma_{z(d)zul}}$	$\sigma_{z(d)zul} = R_{p0,2}/S$, mit $S = 1{,}5$ bei „Anziehen unter Last“, sonst $S = 1{,}25$. Bei dynamischer Belastung Nachprüfung der Dauerhaltbarkeit nach Nr. 24 mit $F_a = (F_{Bo} - F_{Bu})/2$. 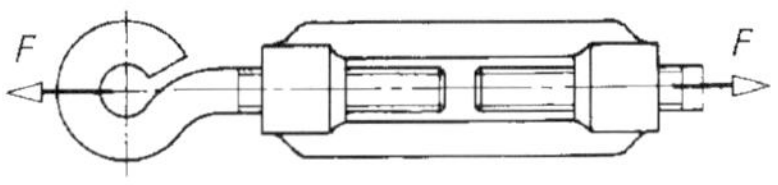

Schraubenverbindungen im Stahlbau		
Formelzeichen	Einheit	Benennung
A	mm^2	Schaftquerschnittsfläche der Schraube, Stabquerschnittsfläche
A_n	mm^2	nutzbare Stabquerschnittsfläche in der ungünstigsten Risslinie
d, d_{Sch}	mm	Schaftdurchmesser, Passschaftdurchmesser
e, e_1, e_2, e_3	mm	Rand- und Lochabstände der Schrauben
F	N	Kraft, allgemein
F_{max}	N	größte, tangential gerichtete Schraubenkraft bei momentbelasteten Anschlüssen
F_{res}	N	resultierende Schraubenkraft in momentbelasteten Anschlüssen
F_V	N	Vorspannkraft in der Schraube
F_x, F_y	N	auf einen momentbelasteten Anschluss wirkende Normal- bzw. Querkraft
$F_{x\,ges}$, $F_{y\,ges}$	N	waagerechte bzw. senkrechte Komponente der Schraubenkraft in momentbelasteten Anschlüssen
F_z	N	in Richtung der Schraubenachse wirkende Zugkraft je Schraube
F_{zul}	N	zulässige übertragbare Kraft je Schraube und je Scher- bzw. Reibungsfläche
l_1, $l_2 \ldots$	mm	bei Konsolanschlüssen Abstände der zugbeanspruchten Schrauben vom Druckmittelpunkt
M_b	Nm	Biegemoment
M_S	Nm	Anschlussmoment im Schwerpunkt S der Schraubenverbindung bei momentbelasteten Anschlüssen
m	1	Anzahl der Scher- bzw. Reibungsflächen zwischen den verschraubten Bauteilen
n	1	Anzahl der Schrauben
r	mm	direkter Abstand der Schraube vom Schwerpunkt der Verbindung
r_{max}	mm	Abstand der am weitesten vom Schwerpunkt entfernten Schraube
S_M	1	Teilsicherheitsbeiwert
t_{min}	mm	kleinste Summe der Bauteildicken mit in gleicher Richtung wirkendem Lochleibungsdruck
v	1	Schwächungsverhältnis (Verhältnis der geschwächten zur ungeschwächten Querschnittsfläche eines Stabes)
x, y	mm	Koordinatenabstände der Schrauben vom Schwerpunkt der Verbindung
x_{max}, y_{max}	mm	Koordinatenabstand der am weitesten vom Schwerpunkt der Verbindung entfernten Schraube

Formelzeichen	Einheit	Benennung
z	1	Anzahl der von der größten Zugkraft beanspruchten Schrauben in Konsolanschlüssen
α_a	1	Festigkeitsfaktor
α_l	1	Abstandsfaktor
μ	1	Reibungszahl
σ_l	N/mm^2	Lochleibungsdruck zwischen Schraube und Lochwand
$\sigma_{l\,zul}$	N/mm^2	zulässiger Lochleibungsdruck
σ_z, $\sigma_{z\,zul}$	N/mm^2	Zugspannung, zulässige Zugspannung
τ_a, $\tau_{a\,zul}$	N/mm^2	Abscherspannung im Schraubenschaft, zulässige Abscherspannung

Nr.	Formel	Hinweise
	Schraubenverbindungen im Stahlbau	

Im Stahlbau muss bei Verschraubungen ein Tragfähigkeitsnachweis auf Abscheren und Lochleibungsdruck und zusätzlich bei gleitfesten planmäßig vorgespannten Verbindungen (GV- und GVP-Verbindungen) ein Gebrauchstauglichkeitsnachweis gegen Gleiten durchgeführt werden. Bei auf Zug und Abscheren beanspruchten Schrauben ist ein Interaktionsnachweis zu führen. Bei zugbeanspruchten Bauteilen sind Querschnittsschwächungen zu berücksichtigen. Die Grenztragfähigkeit eines geschraubten Anschlusses ergibt sich aus Tragfähigkeit der Bauteile und der Schrauben. Der kleinere Wert ist entscheidend. Die Grenzabscherkräfte und Grenzlochleibungskräfte innerhalb eines Anschlusses dürfen addiert werden. Mit der Annahme gleichmäßiger Verteilung der Schraubenkräfte in einem Anschluss liegt man auf der sicheren Seite.

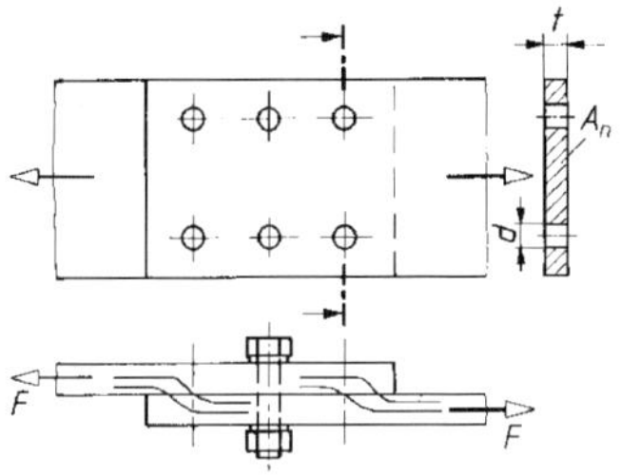

Zug- und Druckstabanschlüsse im Stahlbau

Scher-Lochleibungsverbindungen

45 Abscherspannung

$$\tau_a = \frac{F}{A} \leq \tau_{a\,zul}$$

46 Lochleibungsdruck

$$\sigma_l = \frac{F}{d_{Sch} \cdot t_{min}} \leq \sigma_{l\,zul}$$

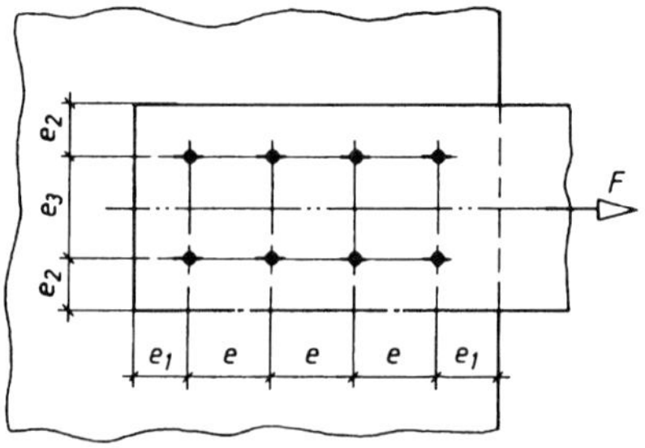

Nr.	Formel	Hinweise
47	zulässige Abscherspannung $\tau_{a\,zul} = \alpha_a \cdot R_m / S_M$	Bei Senkschrauben für t_{min} den größeren der beiden Werte $0{,}8t$ oder t_s (zylindrische Länge des Schaftbereiches, ohne Kopfhöhe) setzen.
48	zulässiger Lochleibungsdruck $\sigma_{l\,zul} = \alpha_l \cdot R_e / S_M$	
49	Zugbeanspruchung in Richtung der Schraubenachse $\sigma_z = \dfrac{F}{A} \leq \sigma_{z\,zul}$	Kranbau, Alu-Konstruktionen: – $A \mathrel{\hat{=}} A_3$ bei Zugspannung – $\tau_{a\,zul}$, $\sigma_{l\,zul}$, $\sigma_{z\,zul}$ nach TB 3-3b bzw. TB 3-4
50	zulässige Zugspannung (Stahlbau) $\sigma_{z\,zul} = R_e/(1{,}1 \cdot S_M)$ bzw. $\sigma_{z\,zul} = R_m/(1{,}25 \cdot S_M)$ (der kleinere der beiden Werte)	Stahlbau: – $A \mathrel{\hat{=}} A_s$ oder A_{Sch} bei Zug – R_e, R_m nach TB 8-4 – $S_M = 1{,}1$

Festigkeitsklasse	α_a
4.6, 5.6, 8.8	0,60
10.9	0,55
10.9 (Scherfuge im Gewinde)	0,44

Randabstand in Kraftrichtung ist maßgebend	
$e_2 \geq 1{,}5d$ und $e_3 \geq 3{,}0d$	$\alpha_l = 1{,}1\,\dfrac{e_1}{d} - 0{,}3$
$e_2 = 1{,}2d$ und $e_3 = 2{,}4d$	$\alpha_l = 0{,}73\,\dfrac{e_1}{d} - 0{,}2$
Lochabstand in Kraftrichtung ist maßgebend	
$e_2 \geq 1{,}5d$ und $e_3 \geq 3{,}0d$	$\alpha_l = 1{,}08\,\dfrac{e}{d} - 0{,}77$
$e_2 = 1{,}2d$ und $e_3 = 2{,}4d$	$\alpha_l = 0{,}72\,\dfrac{e}{d} - 0{,}51$

Bei gleichzeitiger Beanspruchung auf Zug und Abscheren sind getrennte Nachweise nach Nr. 49 und 51 erforderlich.

Nr.	Formel	Hinweise
51	Interaktionsnachweis $(\sigma_z/\sigma_{z\,zul})^2 + (\tau_a/\tau_{a\,zul})^2 \leq 1$	

Nr.	Formel	Hinweise
	Verbindungen mit hochfesten Schrauben	
52	zulässige übertragbare Kraft einer Schraube je Reibungs- bzw. Scherfläche senkrecht zur Schraubenachse – in GV-Verbindungen $F_{zul} = \mu \dfrac{F_V}{1{,}15 \cdot S_M}$	F_V nach TB 8-17 $\mu = 0{,}5$ bei entsprechender Reibflächenvorbereitung $S_M = 1{,}0$
53	– in gleichzeitig zugbeanspruchten GV- bzw. GVP-Verbindungen $F_{zul} = \mu \dfrac{F_V - F_z}{1{,}15 \cdot S_M}$	
54	erforderliche Schraubenanzahl $n \geq \dfrac{F}{F_V} \cdot \dfrac{1{,}15 \cdot S_M}{\mu \cdot m}$	
	Berechnung der Bauteile	
55	Zugspannung im gelochten Stab $\sigma_z = \dfrac{F}{A_n} \leq \sigma_{z\,zul}$	Bei GV-Verbindungen und Einschrauben-Anschlüssen beachte Hinweise im Lehrbuch
56	erforderliche ungeschwächte Stabquerschnittsfläche $A \approx \dfrac{F}{v \cdot \sigma_{z\,zul}}$	$v \approx 0{,}8$ $\sigma_{z\,zul}$ Kranbau nach TB 3-3a Stahlbau $= R_e/S_M$ mit R_e nach TB 6-5 und $S_M = 1{,}1$ nicht geregelter Bereich $= R_m/S$ mit R_m nach TB 1-1a und $S \approx 2{,}0$ Berechnung der Zug- und Druckstäbe s. unter 6. Schweißverbindungen, Nr. 1 bis 8

Nr.	Formel	Hinweise
	Moment(schub)belastete Anschlüsse	
57	Für die am höchsten belastete äußere Schraube beträgt – die tangential gerichtete Schraubenkraft $F_{max} = F_1 = \frac{M_S \cdot r_{max}}{\Sigma r^2} = \frac{M_S \cdot r_{max}}{\Sigma (x^2 + y^2)}$	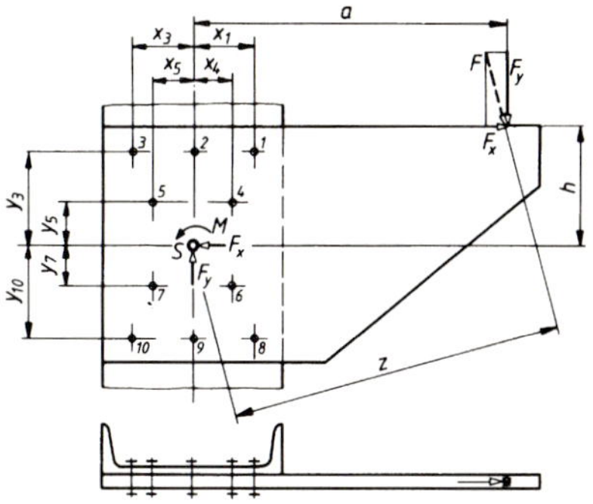
58	– die waagerechte Komponente der Schraubenkraft $F_{x\,ges} = F_{max} \cdot \frac{y_{max}}{r_{max}} + \frac{F_x}{n} = \frac{M_S \cdot y_{max}}{\Sigma (x^2 + y^2)} + \frac{F_x}{n}$	
59	– die senkrechte Komponente der Schraubenkraft $F_{y\,ges} = F_{max} \cdot \frac{x_{max}}{r_{max}} + \frac{F_y}{n} = \frac{M_S \cdot x_{max}}{\Sigma (x^2 + y^2)} + \frac{F_y}{n}$	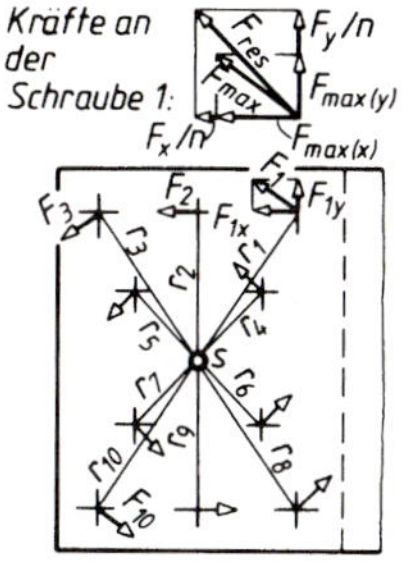
60	– die resultierende Schraubenkraft $F_{res} = \sqrt{F_{x\,ges}^2 + F_{y\,ges}^2}$	
	Konsolanschlüsse	
61	größte Zugkraft in einer Schraube $F_{max} = \frac{M_b}{z} \cdot \frac{l_1}{l_1^2 + l_2^2 + \ldots + l_n^2}$	$\sigma_{z\,zul}$ nach Nr. 49 bzw. 50 A nach Nr. 49 $M_b = F \cdot l_a$ 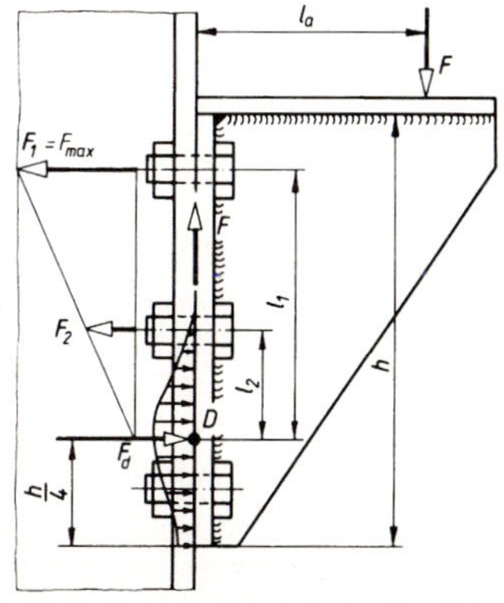
62	größte Zugbeanspruchung in einer Schraube $\sigma_z = \frac{F_{max}}{A} \leq \sigma_{z\,zul}$	

Bewegungsschrauben		
Formelzeichen	Einheit	Benennung
A_3	mm^2	Kernquerschnitt des Schraubengewindes
d_2	mm	Flankendurchmesser des Schraubengewindes
d_3	mm	Kerndurchmesser des Schraubengewindes
E	N/mm^2	Elastizitätsmodul des Schraubenwerkstoffes
F	N	Druck-(Zug-)kraft in der Spindel
H_1	mm	Flankenüberdeckung des Gewindes
l_k	mm	rechnerische Knicklänge
l_1	mm	Länge des Muttergewindes
n	1	Gangzahl
P	mm	Steigung bei eingängigen Gewinden bzw. Teilung bei mehrgängigen Gewinden
P_h	mm	Steigung bei mehrgängigen Gewinden
p	N/mm^2	Flächenpressung
p_{zul}	N/mm^2	zulässige Flächenpressung der Gewindeflanken
$R_{p0,2}$, R_e	N/mm^2	0,2 %-Dehngrenze bzw. Streckgrenze des Schraubenwerkstoffes
S	1	Sicherheit
S_{erf}	1	erforderliche Sicherheit
T	Nm	Torsionsmoment, Drehmoment
W_p	mm^3	polares Widerstandsmoment
α_0	1	Anstrengungsverhältnis
η	1	Wirkungsgrad der Schraube
λ	1	Schlankheitsgrad der Gewindespindel
λ_0	1	Grenzschlankheit (Übergang vom elastischen in den unelastischen Bereich)
ϱ'	°	Reibungswinkel des Gewindes
$\sigma_{d(z)}$, $\sigma_{d(z)\,zul}$	N/mm^2	Druck-(Zug-)spannung, zulässige Druck-(Zug-)spannung
σ_K	N/mm^2	Knickspannung
σ_v	N/mm^2	Vergleichsspannung
σ_{vorh}	N/mm^2	vorhandene Spannung
σ_z, $\sigma_{z\,zul}$	N/mm^2	Zugspannung, zulässige Zugspannung
τ_t, $\tau_{t\,zul}$	N/mm^2	Verdrehspannung, zulässige Verdrehspannung
φ	°	Steigungswinkel des Schraubengewindes; Faktor für Anstrengungsverhältnis

Nr.	Formel	Hinweise
	Bewegungsschrauben Bewegungsschrauben müssen auf Festigkeit (Zug/Druck und Verdrehung) und Knickung überprüft werden. Beim Festigkeitsnachweis kann zweckmäßig zwischen Beanspruchungsfall 1 (linkes Bild) und 2 (rechtes Bild) unterschieden werden. Beanspruchungsfall 1 liegt vor, wenn die Reibung an der Auflage A sehr klein ist, wodurch das Verdrehmoment vernachlässigbar wird. 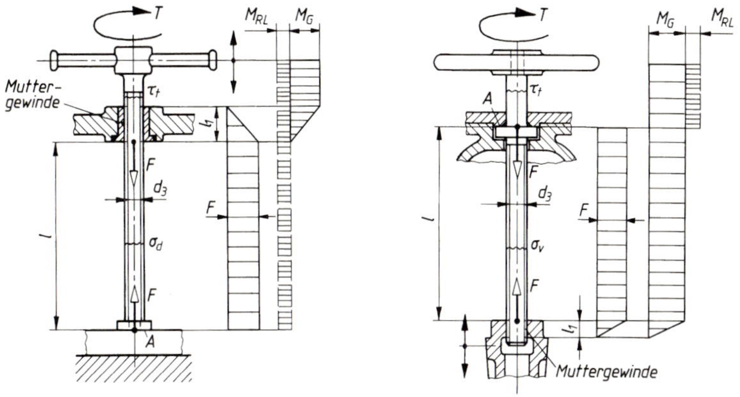	
	Entwurf	
63	erforderlicher Kernquerschnitt nicht knickgefährdeter Schrauben $A_3 \geq \dfrac{F}{\sigma_{d(z)\,zul}}$	ruhende Belastung: $\sigma_{d(z)\,zul} = R_e(R_{p0,2})/1{,}5$ Schwellbelastung: $\sigma_{d(z)\,zul} = \sigma_{zd\,Sch}/2$ Wechselbelastung: $\sigma_{d(z)\,zul} = \sigma_{z\,dW}/2$ R_e bzw. $R_{p0,2}$ nach TB 1-1 bzw. TB 8-4 $\sigma_{zd\,Sch}$ und $\sigma_{z\,dW}$ nach TB 1-1
64	erforderlicher Kerndurchmesser langer, druckbeanspruchter Schrauben $d_3 = \sqrt[4]{\dfrac{64 \cdot F \cdot S \cdot l_k^2}{\pi^3 \cdot E}}$	$S \approx 6 \ldots 8$ $l_k \approx 0{,}7 \cdot l$ (Euler-Knickfall 3) bei geführten Spindeln Gewindegröße z. B. nach TB 8-3 wählen
	Nachprüfung auf Festigkeit (s. auch Ablaufplan A 8-6)	
65	Verdrehspannung $\tau_t = \dfrac{T}{W_t} \leq \tau_{t\,zul}$	ruhende Belastung: $\tau_{t\,zul} = \tau_{tF}/1{,}5$ Schwellbelastung: $\tau_{t\,zul} = \tau_{t\,Sch}/2$ Wechselbelastung: $\tau_{t\,zul} = \tau_{t\,W}/2$ $\tau_{t\,F} \approx 1{,}2 R_{p0,2}/\sqrt{3}$ $\tau_{t\,Sch}$ und $\tau_{t\,W}$ nach TB 1-1 $W_t = \dfrac{\pi}{16} \cdot d_3^3$
66	Druck-(Zug-)spannung $\sigma_{d(z)} = \dfrac{F}{A_3} \leq \sigma_{d(z)\,zul}$	$\sigma_{d(z)\,zul}$ wie zu Nr. 63

<table>
<tr><th>Nr.</th><th>Formel</th><th>Hinweise</th></tr>
<tr><td>67</td><td>Vergleichsspannung
$\sigma_v = \sqrt{\sigma_{d(z)}^2 + 3\left(\frac{\sigma_{d(z)\,zul}}{\varphi \cdot \tau_{t\,zul}} \cdot \tau_t\right)^2}$
$\sigma_v = \sqrt{\sigma_{d(z)}^2 + 3\,(\alpha_0 \cdot \tau_t)^2} \leq \sigma_{d(z)\,zul}$</td><td>$\alpha_0 = 1$, wenn $\sigma_{d(z)}$ und τ_t im gleichen Belastungsfall
$\varphi = 1{,}73$
$\sigma_{d(z)\,zul}/\tau_{t\,zul} \approx 1{,}73$ Regelfall
$\sigma_{d(z)\,zul}$ wie zu Nr. 63</td></tr>
<tr><td>68</td><td>erforderliches Drehmoment (Gewindemoment)
$T = F \cdot d_2/2 \cdot \tan(\varphi \pm \varrho')$</td><td><table>
<tr><th colspan="2">Werkstoff der Mutter (Spindel: St)</th><th>ϱ'</th></tr>
<tr><td rowspan="2">Gusseisen</td><td>trocken</td><td>12°</td></tr>
<tr><td>geschmiert</td><td>6°</td></tr>
<tr><td rowspan="2">CuZn- und CuSn-Leg.</td><td>trocken</td><td>10°</td></tr>
<tr><td>geschmiert</td><td>6°</td></tr>
<tr><td rowspan="2">Spezialkunststoff</td><td>trocken</td><td>6°</td></tr>
<tr><td>geschmiert</td><td>2,5°</td></tr>
</table>
φ nach Nr. 1</td></tr>
<tr><td></td><td colspan="2">**Nachprüfung auf Knickung** (s. auch Ablaufplan A 8-7)</td></tr>
<tr><td>69</td><td>Schlankheitsgrad der Spindel
$\lambda = \frac{4 \cdot l_k}{d_3}$</td><td></td></tr>
<tr><td>70</td><td>Knickspannung nach Euler
$\sigma_K = \frac{E \cdot \pi^2}{\lambda^2} \approx \frac{12 \cdot 10^5}{\lambda^2}$</td><td>gilt wenn $\lambda \geq 105$ (E235) bzw. $\lambda \geq 89$ (E295 und E335)</td></tr>
<tr><td>71</td><td>Knickspannung nach Tetmajer für E235 ($\lambda < 105$)
$\sigma_K = 310 - 1{,}14 \cdot \lambda$</td><td>in N/mm^2</td></tr>
<tr><td>72</td><td>Knickspannung nach Tetmajer für E295 und E335 ($\lambda < 89$)
$\sigma_K = 335 - 0{,}62 \cdot \lambda$</td><td>in N/mm^2</td></tr>
<tr><td>73</td><td>Sicherheit gegen Knicken
$S = \frac{\sigma_K}{\sigma_{vorh}} \geq S_{erf}$</td><td>$S_{erf} \approx 3 \ldots 6$ bei σ_K nach Nr. 70
$S_{erf} \approx 4 \ldots 2$ bei σ_K nach Nr. 71 und Nr. 72
(je schlanker die Spindel umso höher die erforderliche Sicherheit)</td></tr>
<tr><td>74</td><td>Flächenpressung des Gewindes
$p = \frac{F \cdot P}{l_1 \cdot d_2 \cdot \pi \cdot H_1} \leq p_{zul}$</td><td>$P$ = Gewindeteilung (bei mehrgängigen Gewinden ist $P = P_h/n$)
$l_1 \leq 2{,}5d$ einhalten
H_1 z. B. nach TB 8-3
p_{zul} nach TB 8-18</td></tr>
<tr><td>75</td><td>Wirkungsgrad
$\eta = \frac{\tan\varphi}{\tan(\varphi + \varrho')}$</td><td>$\varphi$ nach Nr. 1
ϱ' wie zu Nr. 68</td></tr>
</table>

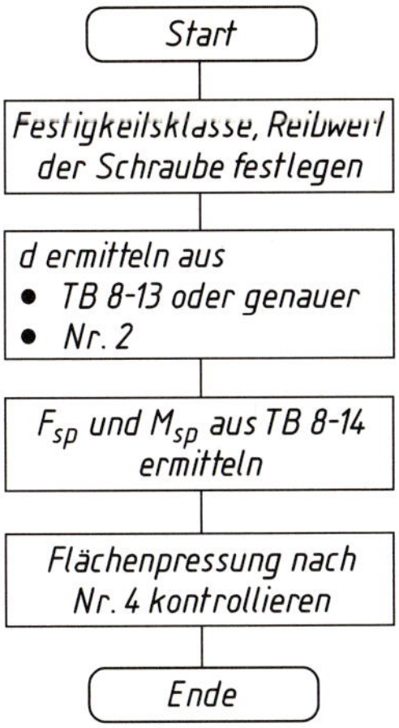

A 8-1 Vorgehensweise beim Entwurf von Befestigungsschrauben

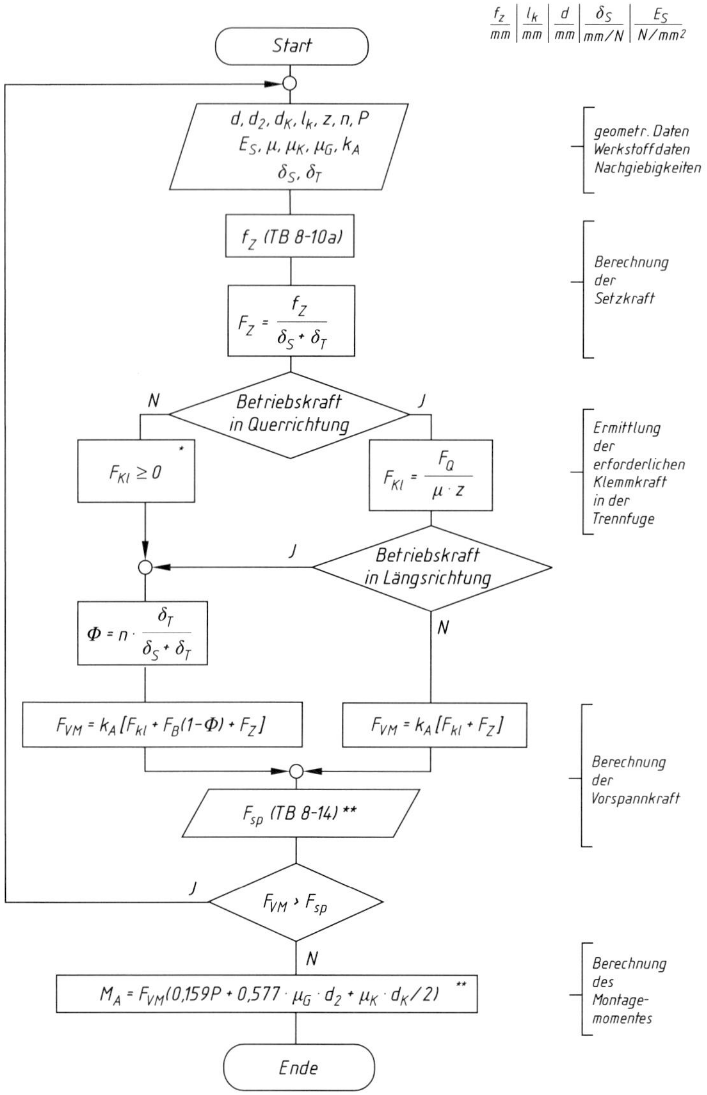

* Hat die Schraubenverbindung eine Dichtfunktion zu erfüllen, z. B. bei Druckbehälterverschraubungen, so ergibt sich die Klemmkraft aus der für die Dichtfunktion erforderlichen Kraft.

** In der Regel sollte $F_{VM} = F_{sp}$ gewählt werden, auch wenn die berechnete Montagevorspannkraft F_{VM} viel kleiner als F_{sp} ist. Dann ist $M_A = M_{sp}$ aus TB 8-14.
Bei anderen Ausnutzungsgraden ν als 90% der Mindestdehngrenze $R_{p0,2}$ (z. B. bei drehwinkelgesteuertem Anziehen $\nu = 1{,}0$) sind die Tabellenwerte aus TB 8-14 mit $\nu/0{,}9$ zu multiplizieren.

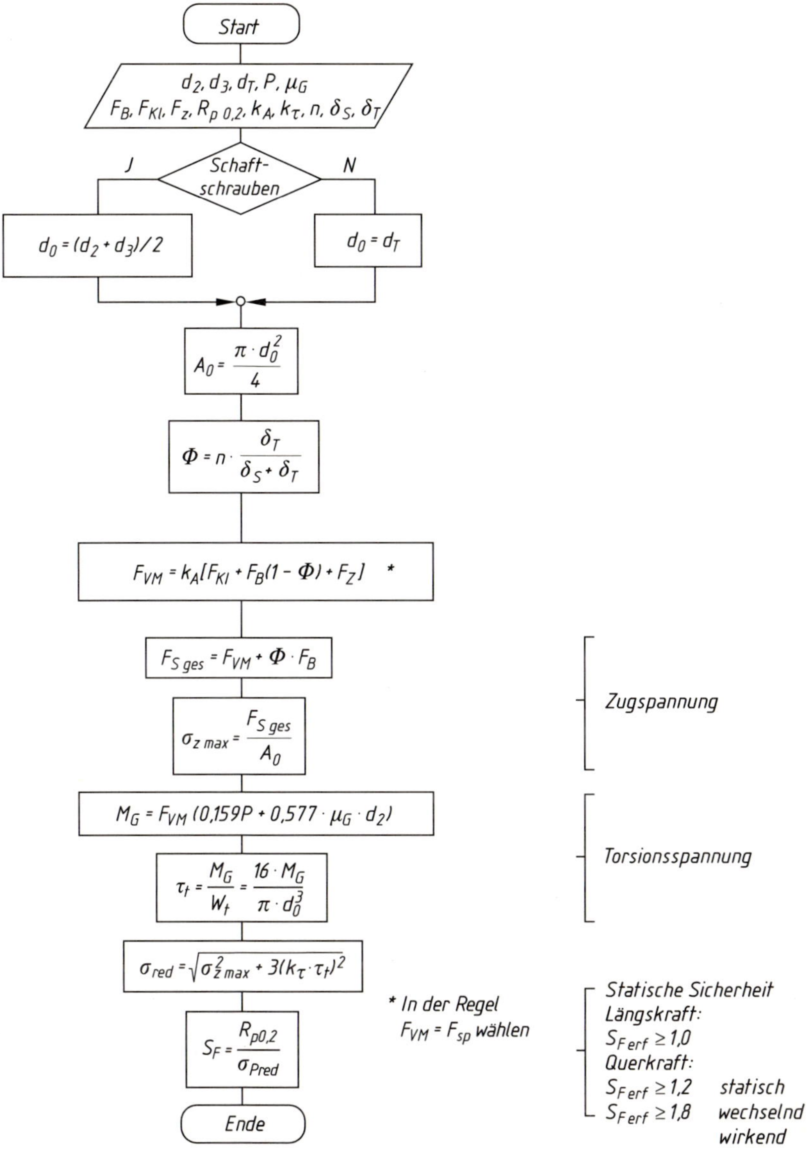

A 8-3 Ablaufplan zur Berechnung der statischen Sicherheit (bei Normschrauben genügt in der Regel der Nachweis nach A 8-4)

◄

A 8-2 Ablaufplan zur Berechnung der erforderlichen Schrauben-Vorspannkraft und des erforderlichen Anziehmomentes

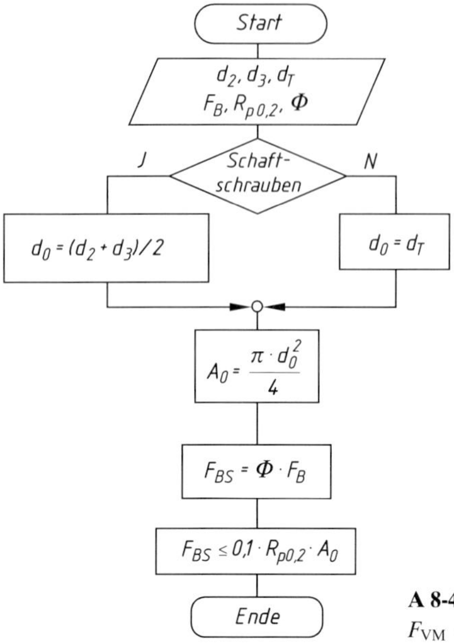

A 8-4 Ablaufplan für den statischen Nachweis bei $F_{VM} \approx F_{sp}$[1)]

[1)] F_{sp} nach TB 8-14 bei 90 % iger Ausnutzung der Streckgrenze durch F_{VM}

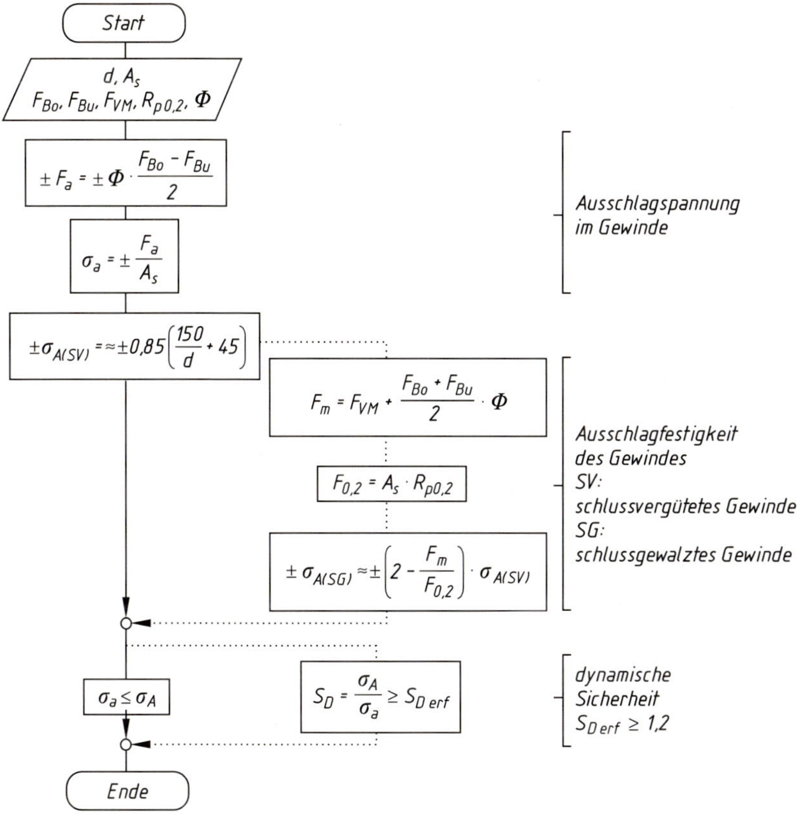

A 8-5 Ablaufplan für den dynamischen Nachweis

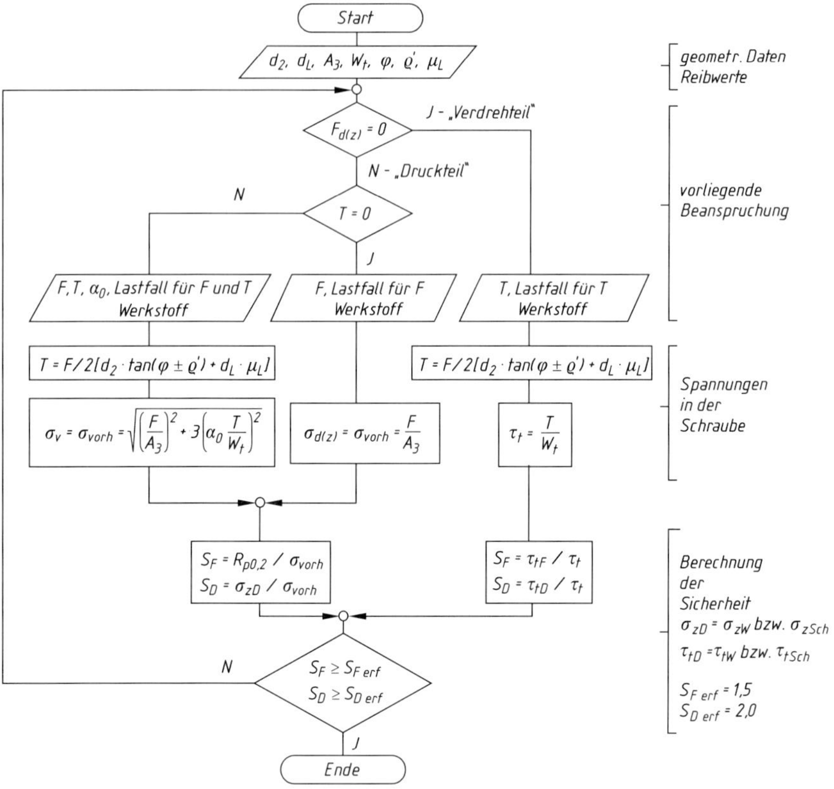

A 8-6 Ablaufplan zur Festigkeitsberechnung von Bewegungsschrauben

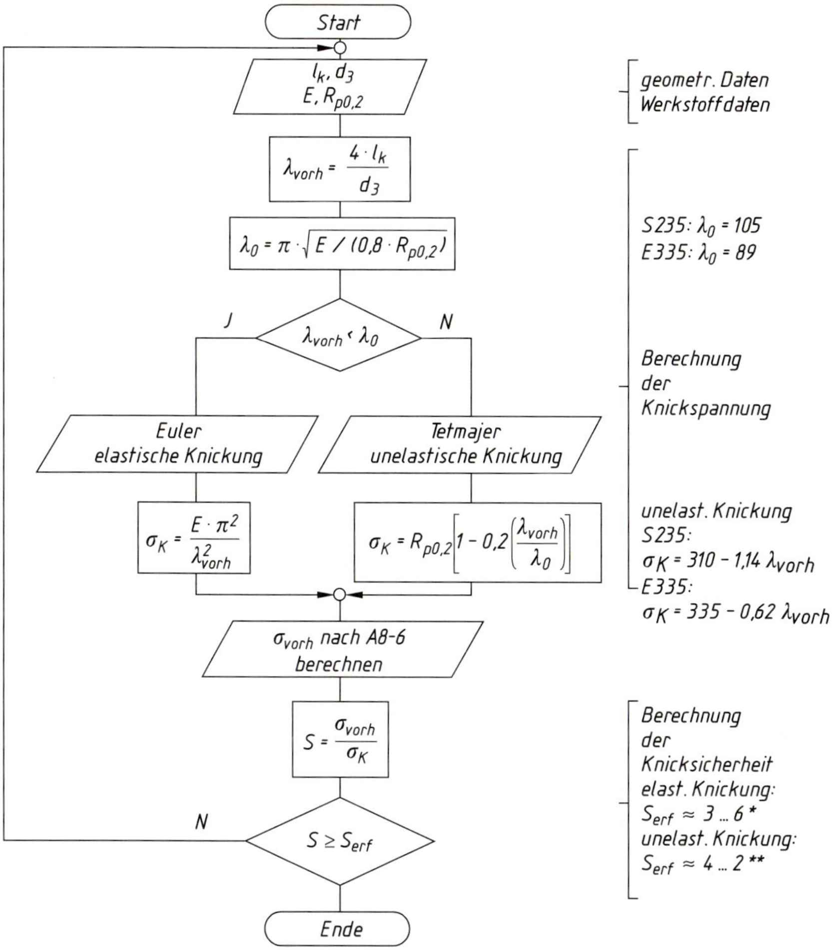

* mit zunehmendem Schlankheitsgrad

** mit abnehmendem Schlankheitsgrad

A 8-7 Ablaufplan zur Stabilitätsberechnung von Bewegungsschrauben

Technische Regeln (Auswahl)

Technische Regeln		Titel
		Grundnormen
DIN 74-1	12.80	Senkungen für Senkschraube
DIN 76-1	12.83	Gewindeausläufe, Gewindefreistiche für Metrisches ISO-Gewinde nach DIN 13
DIN 78	12.83	Gewindeenden, Schraubenüberstände für Metrische ISO-Gewinde nach DIN 13
DIN 267-2 ... 30	11.84	Mechanische Verbindungselemente; Technische Lieferbedingungen
DIN 475-1	01.84	Schlüsselweiten für Schrauben, Armaturen, Fittings
DIN 918	09.79	Mechanische Verbindungselemente; Begriff, Schreibweise der Benennungen, Abkürzungen
DIN 962	09.90	Schrauben und Muttern; Bezeichnungsangaben; Formen und Ausführungen
DIN 974-1	05.91	Senkdurchmesser für Schrauben mit Zylinderkopf; Konstruktionsmaße
DIN 974-2	05.91	Senkdurchmesser für Sechskantschrauben und Sechskantmuttern; Konstruktionsmaße
DIN EN 20273	02.92	Mechanische Verbindungselemente; Durchgangslöcher für Schrauben
DIN EN ISO 898-1	11.99	Mechanische Eigenschaften von Verbindungselementen; Schrauben
DIN EN 20898-2	02.94	– –; Muttern mit festgelegten Prüfkräften; Regelgewinde
DIN EN ISO 898-5	10.98	– –; Gewindestifte und ähnliche nicht auf Zug beanspruchte Verbindungselemente
DIN ISO 272	10.79	Mechanische Verbindungselemente; Schlüsselweiten für Sechskantschrauben und -muttern
DIN ISO 1891	09.79	Mechanische Verbindungselemente; Schrauben, Muttern und Zubehör, Benennungen
DIN ISO 8992	12.92	Verbindungselemente; Allgemeine Anforderungen für Schrauben und Muttern
VDI 2230	10.01	Systematische Berechnung hochbeanspruchter Schraubenverbindungen; Zylindrische Enschraubenverbindungen
		Gewinde
DIN 13-1	11.99	Metrisches ISO-Gewinde allgemeiner Anwendung; Nennmaße für Regelgewinde; Gewinde-Nenndurchmesser von 1 bis 68 mm
DIN 13-2 ... 11	11.99	– –; Nennmaße für Feingewinde
DIN 13-28	09.75	– –; Regel- und Feingewinde von 1 bis 250 mm Gewindedurchmesser, Kernquerschnitte, Spannungsquerschnitte und Steigungswinkel

Technische Regeln		Titel
DIN 103-1	04.77	Metrisches ISO-Trapezgewinde; Gewindeprofile
DIN 103-4	04.77	– –; Nennmaße
DIN 202	11.99	Gewinde; Übersicht
DIN 380-2	04.85	Flaches Metrisches Trapezgewinde; Gewindereihen
DIN 405-1	11.97	Rundgewinde allgemeiner Anwendung; Gewindeprofile, Nennmaße
DIN 513-2	04.85	Metrisches Sägengewinde; Gewindereihen
DIN 2244	01.77	Gewinde; Begriffe
DIN 2781	09.90	Werkzeugmaschinen; Sägengewinde 45°, eingängig, für hydraulische Pressen
DIN 2999-1	07.83	Whitworth-Rohrgewinde für Gewinderohre und Fittings; Zylindrisches Innengewinde und kegeliges Außengewinde; Gewindemaße
DIN 3858	01.88	Whitworth-Rohrgewinde für Rohrverschraubungen; Zylindrisches Innengewinde und kegeliges Außengewinde; Gewindemaße
DIN 15403	12.69	Lasthaken für Hebezeuge; Rundgewinde
DIN 20400	01.90	Rundgewinde für den Bergbau; Gewinde mit großer Tragtiefe
DIN 20401-1	05.84	Sägengewinde mit Steigung 0,8 bis 2 mm; Nennmaße
DIN 30295-1	05.73	Gerundetes Trapezgewinde; Nennmaße
DIN ISO 228-1	12.94	Rohrgewinde für nicht im Gewinde dichtende Verbindungen; Maße, Toleranzen und Bezeichnung
DIN ISO 262	11.99	Metrisches ISO-Gewinde; Auswahlreihen für Schrauben, Bolzen und Muttern
		Schrauben
DIN 261	01.87	Hammerschrauben
DIN 316	07.98	Flügelschrauben, runde Flügelform
DIN 427	09.86	Schaftschrauben mit Schlitz und Kegelkuppe
DIN 444	04.83	Augenschrauben
DIN 478	02.85	Vierkantschrauben mit Bund
DIN 529	12.86	Steinschrauben
DIN 571	12.86	Sechskant-Holzschrauben
DIN 580	03.72	Ringschrauben
DIN 603	10.81	Flachrundschrauben mit Vierkantansatz
DIN 609	02.95	Sechskant-Passschrauben mit langem Gewindezapfen
DIN 913	12.80	Gewindestifte mit Innensechskant und Kegelkuppe
DIN 938	02.95	Stiftschrauben, Einschraubende ≈ 1 d
DIN 939	02.95	Stiftschrauben, Einschraubende ≈ 1,25 d
DIN 940	02.95	Stiftschrauben, Einschraubende ≈ 2,5 d
DIN 2509	09.86	Schraubenbolzen
DIN 2510-1	09.74	Schraubenverbindungen mit Dehnschaft; Übersicht, Anwendungsbereich und Einbaubeispiele
DIN 6900-2 ... 5	12.90	Kombi-Schrauben mit Regelgewinde

Technische Regeln		Titel
DIN 6912	05.85	Zylinderschrauben mit Innensechskant, niedriger Kopf mit Schlüsselführung
DIN 6914	10.89	Sechskantschrauben mit großen Schlüsselweiten; HV-Schrauben in Stahlkonstruktionen
DIN 7500-1	01.00	Gewindefurchende Schrauben für metrisches ISO-Gewinde; Formen, Bezeichnung, Anforderungen
DIN 7513	09.95	Gewinde-Schneidschrauben; Sechskantschrauben, Schlitzschrauben; Maße, Anforderungen, Prüfungen
DIN 7968	12.99	Sechskant-Passschrauben mit Sechskantmutter für Stahlkonstruktionen
DIN 7984	05.85	Zylinderschrauben mit Innensechskant und niedrigem Kopf
DIN 7990	12.99	Sechskantschrauben mit Sechskantmuttern für Stahlkonstruktionen
DIN EN 1665	11.98	Sechskantschrauben mit Flansch, schwere Reihe
DIN EN 24014	02.92	Sechskantschrauben mit Schaft; Produktklassen A und B
DIN EN 24016	02.92	Sechskantschrauben mit Schaft; Produktklasse C
DIN EN 24017	02.92	Sechskantschrauben mit Gewinde bis Kopf; Produktklassen A und B
DIN EN 27435	10.92	Gewindestifte mit Schlitz und Spitze
DIN EN 28676	02.92	Sechskantschrauben mit Gewinde bis Kopf; Metrisches Feingewinde; Produktklassen A und B
DIN EN 28765	02.92	– – Schaft; Metrisches Feingewinde; Produktklassen A und B
DIN EN ISO 1207	10.94	Zylinderschrauben mit Schlitz; Produktklasse A
DIN EN ISO 1580	10.94	Flachkopfschrauben mit Schlitz; Produktklasse A
DIN EN ISO 2009	10.94	Senkschrauben mit Schlitz (Einheitskopf) – Produktklasse A
DIN EN ISO 4762	02.98	Zylinderschrauben mit Innensechskant
DIN EN ISO 7046-1 ... 2	10.94	Senkschrauben (Einheitskopf) mit Kreuzschlitz
DIN EN ISO 10642	02.98	Senkschrauben mit Innensechskant
DIN EN ISO 10666	02.00	Bohrschrauben mit Blechschraubengewinde; Mechanische und funktionelle Eigenschaften
DIN EN ISO 10666	02.00	Sechskant-Bohrschrauben mit Bund mit Blechschraubengewinde
		Muttern
DIN 546	09.86	Schlitzmuttern
DIN 547	09.86	Zweilochmuttern
DIN 548	09.86	Kreuzlochmuttern
DIN 557	01.94	Vierkantmuttern; Produktklasse C
DIN 582	04.71	Ringmuttern
DIN 929	01.00	Sechskant-Schweißmuttern

Technische Regeln		Titel
DIN 935-1	02.00	Kronenmuttern; Metrisches Regel- und Feingewinde; Produktklassen A und B
DIN 1480	09.75	Spannschlösser, geschmiedet (offene Form)
DIN 1587	02.00	Sechskant-Hutmuttern, hohe Form
DIN 1804	03.71	Nutmuttern; Metrisches ISO-Feingewinde
DIN 1816	03.71	Kreuzlochmuttern; Metrisches ISO-Feingewinde
DIN 6915	12.99	Sechskantmuttern mit großen Schlüsselweiten für Verbindungen mit HV-Schrauben in Stahlkonstruktionen
DIN EN 1661	02.98	Sechskantmuttern mit Flansch
DIN EN 24032	02.92	Sechskantmuttern, Typ 1; Produktklassen A und B
DIN EN 24035	02.92	Sechskantmuttern, niedrige Form (mit Fase); Produktklassen A und B
DIN EN 28673	02.92	Sechskantmuttern, Typ 1; mit metrischem Feingewinde, Produktklassen A und B
DIN EN 28675	02.92	Niedrige Sechskantmuttern mit metrischem Feingewinde; Produktklassen A und B
DIN EN ISO 7040	02.98	Sechskantmuttern mit Klemmteil (mit nichtmetallischem Einsatz), Typ 1 – Festigkeitsklasen 5, 8 und 10
DIN EN ISO 7042	02.98	– – (Ganzmetallmuttern), Typ 2 – Festigkeitsklassen 5, 8 und 10
		Mitverspannte Zubehörteile
DIN 93	07.74	Scheiben mit Lappen (Sicherungsbleche mit Lappen)
DIN 125-1	03.90	Scheiben; Produktklasse A, bis Härte 250 HV, vorzugsweise für Sechskantschrauben und -muttern (bis Festigkeitsklasse 8.8)
DIN 125-2	03.90	Scheiben; Produktklasse A, ab Härte 300 HV, vorzugsweise für Sechskantschrauben und -muttern (harte Scheiben)
DIN 126	03.90	Scheiben; Produktklasse C, vorzugsweise für Sechskantschrauben und -muttern
DIN 128	10.94	Federringe, gewölbt
DIN 137	05.94	Federscheiben, gewellt
DIN 432	11.83	Scheiben mit Außennase (Sicherungsbleche mit Nase)
DIN 434	04.00	Scheiben, vierkant, keilförmig für U-Träger
DIN 435	01.00	Scheiben, vierkant, keilförmig, für I-Träger
DIN 463	07.74	Scheiben mit zwei Lappen (Sicherungsbleche mit zwei Lappen)
DIN 6796	10.87	Spannscheiben für Schraubenverbindungen
DIN 6797	07.88	Zahnscheiben
DIN 6798	07.88	Fächerscheiben
DIN 6916	10.89	Scheibe, rund, für HV-Schrauben in Stahlkonstruktionen
DIN 7349	07.74	Scheiben für Schrauben mit schweren Spannhülsen
DIN 7989	07.74	Scheiben für Stahlkonstruktionen

9 Bolzen-, Stiftverbindungen, Sicherungselemente

Formelzeichen	Einheit	Benennung
A_{proj}	mm^2	Projektionsfläche zur Berechnung der mittleren Flächenpressung
A_S	mm^2	Querschnittsfläche des Bolzens
a	mm	Scheitelhöhe beim Augenstab
c	mm	Wangenbreite beim Augenstab
d	mm	Bolzen- bzw. Stiftdurchmesser
d_L	mm	Lochdurchmesser
d_W	mm	Wellendurchmesser
F_{nenn}	N	Nenn-Betriebskraft senkrecht zur Bolzen- bzw. Stiftachse
k	1	Einspannfaktor, abhängig vom Einbaufall
K_A	1	Anwendungsfaktor zur Berücksichtigung stoßartiger Belastung
l	mm	Hebelarm der Biegekraft, tragende Stiftlänge bei Längsstiftverbindungen
$M_{b\,nenn}$, $M_{b\,max}$	Nmm	Nenn-Biegemoment, maximales Biegemoment
p, p_{max}	N/mm^2	mittlere Flächenpressung
p_N, p_W	N/mm^2	mittlere Flächenpressung in der Naben- bzw. Wellenbohrung bei Querstift-Verbindungen
p_{zul}	N/mm^2	zulässige mittlere Flächenpressung
R_e	N/mm^2	Streckgrenze des Bauteilwerkstoffes
R_m	N/mm^2	Mindestzugfestigkeit des Bauteilwerkstoffes
s	mm	Nabendicke, Einstecktiefe, Laschenspiel
t_M, t_A	mm	Dicke der Mittel- bzw. Außenlaschen
t_S, t_G	mm	Dicke des Stangen- bzw. Gabelauges
T_{nenn}	Nmm	Nenn-Torsionsmoment
W	mm^3	Widerstandsmoment
S_M	1	Teilsicherheitsbeiwert für die Widerstandsgrößen (Stahlbau)
σ_b	N/mm^2	Biegespannung
$\sigma_{b\,zul}$	N/mm^2	zulässige Biegespannung

Formelzeichen	Einheit	Benennung
σ_l	N/mm^2	Lochleibungsspannung
$\sigma_{l\,zul}$	N/mm^2	zulässige Lochleibungsspannung
σ_{zul}	N/mm^2	zulässige Normalspannung
τ_a	N/mm^2	mittlere Scherspannung (Schubspannung) im Bolzen- bzw. Stiftquerschnitt
$\tau_{a\,zul}$	N/mm^2	zulässige Scherspannung
τ_{max}	N/mm^2	größte Schubspannung in der Nulllinie

Nr.	Formel	Hinweise

Bolzenverbindungen im Maschinenbau

Die Bolzenverbindungen werden im Prinzip wie im Bild dargestellt, gestaltet. Die Bolzen werden dabei auf Biegung, Schub und Flächenpressung beansprucht.
Die Fügebedingungen des Bolzens in der Gabel und in der Stange haben einen erheblichen Einfluss auf die Größe der im Bolzen auftretenden Biegemomente.

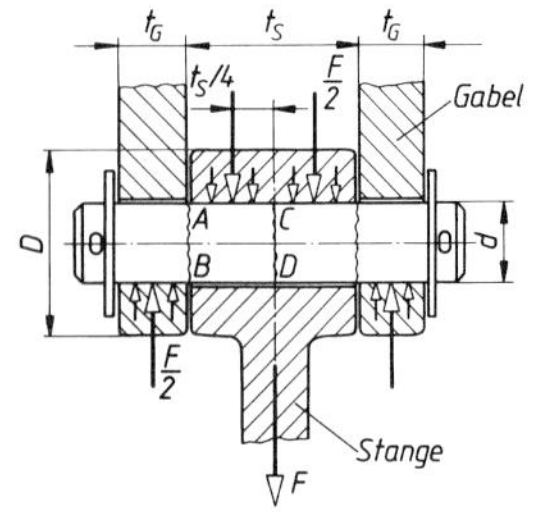

Entsprechend der Fügebedingungen werden unterschieden:

Einbaufall 1: Der Bolzen sitzt in der Gabel und in der Stange mit einer Spielpassung.
1: Bolzen als frei aufliegender Träger
2: Querkraftfläche
3: Momentenfläche
Größtes Biegemoment im Bolzenquerschnitt:

– $$M_{\mathrm{b\,max}} = \frac{F \cdot (t_S + 2 \cdot t_G)}{8}$$

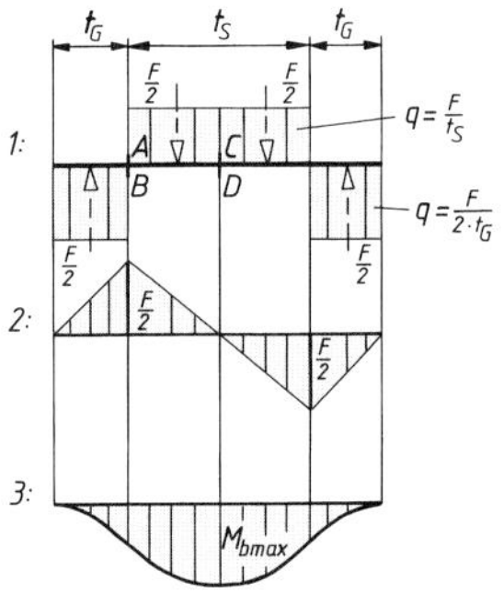

Einbaufall 2: Der Bolzen sitzt in der Gabel mit einer Übermaßpassung und in der Stange mit einer Spielpassung.
4: Bolzen als beidseitig eingespannter Träger
5: Querkraftfläche im Bereich der Stange
6: Momentenfläche im Bereich der Stange
Gleichgroßes Biegemoment in den Bolzenquerschnitten $A-B$ und $A-D$

– $$M_{\mathrm{b\,max}} = \frac{F \cdot t_S}{8}$$

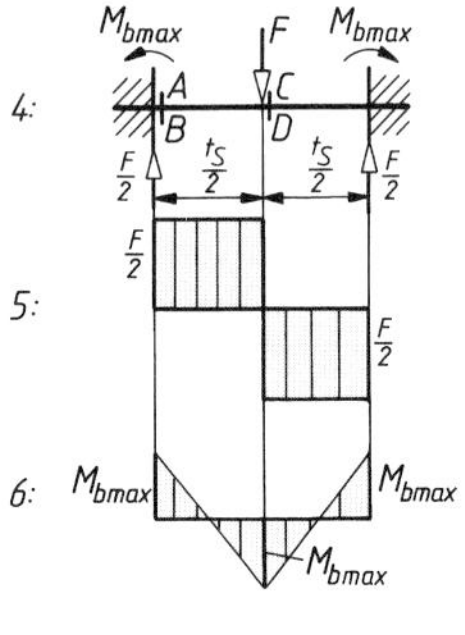

Einbaufall 3: Der Bolzen sitzt in der Stange mit einer Übernasspassung und in der Gabel mit einer Spielpassung.
7: Bolzen als mittig eingespannter Träger
8: Querkraftfläche im Bereich der Gabel
9: Momentenfläche im Bereich der Gabel
Größtes Biegemoment in den Einspannquerschnitten $A-B$

– $$M_{\mathrm{b\,max}} = \frac{F \cdot t_G}{4}$$

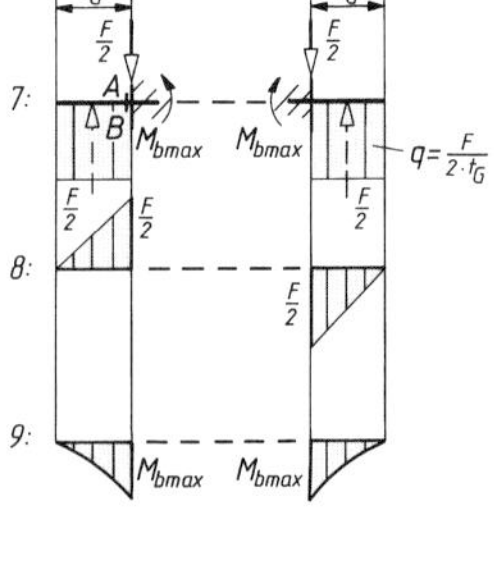

Nr.	Formel	Hinweise

1 Bolzendurchmesser (Entwurfsberechnung)

$$d \approx k \cdot \sqrt{\frac{K_A \cdot F_{nenn}}{\sigma_{b\,zul}}}$$

Bolzen sitzt	Einbaufall	k Flächen nicht gleitend	gleitend
lose	1	1,6	1,9
fest in Gabel	2	1,1	1,4
fest in Stange	3	1,1	1,2

	t_S/d	t_G/d
nicht gleitende Flächen	1,0	0,5
gleitende Flächen	1,6	0,6

2 Biegespannung (Vollbolzen)

$$\sigma_b = \frac{K_A \cdot M_{b\,nenn}}{W} \approx \frac{K_A \cdot M_{b\,nenn}}{0{,}1 \cdot d^3} \leq \sigma_{b\,zul}$$

Belastung	ruhend	schwellend	wechselnd
$\sigma_{b\,zul}$	$0{,}3R_m$	$0{,}2R_m$	$0{,}15R_m$

K_A nach TB 3-5
R_m nach TB 1-1

3 größte Schubspannung in der Nulllinie (Vollbolzen)

$$\tau_{max} \approx \frac{4}{3} \cdot \frac{K_A \cdot F_{nenn}}{2 \cdot A_S} \leq \tau_{a\,zul}$$

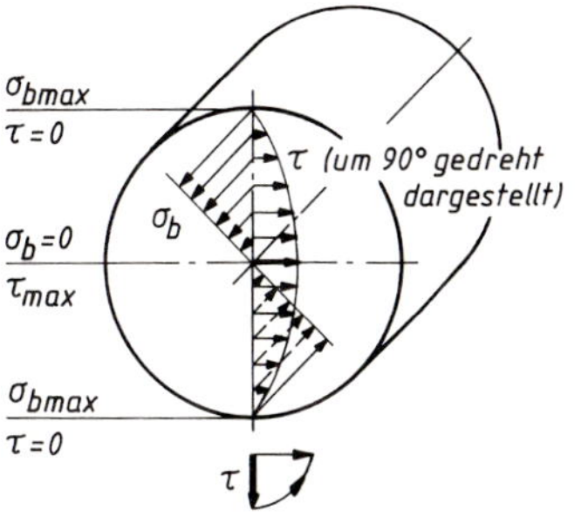

Hohlbolzen ($t > d/6$):
$\tau_{max} = 2 \cdot \tau_m \approx K_A \cdot F_{nenn}/A_S$
τ_{max} bei Einbaufall 3 stets nachprüfen.

Belastung	ruhend	schwellend	wechselnd
$\tau_{a\,zul}$	$0{,}2R_m$	$0{,}15R_m$	$0{,}1R_m$

4 mittlere Flächenpressung

$$p = \frac{K_A \cdot F_{nenn}}{A_{proj}} \leq p_{zul}$$

Stangenkopf: $A_{proj} = d \cdot t_S$
Gabel: $A_{proj} = 2 \cdot d \cdot t_G$

Belastung	ruhend	schwellend	gleitend
p_{zul}	$0{,}35R_m$	$0{,}25R_m$	nach TB 9-1

5 größte Normalspannung im Wangenquerschnitt des Stangenkopfes

$$\sigma = \frac{K_A \cdot F_{nenn}}{2 \cdot c \cdot t} \cdot \left[1 + \frac{3}{2} \cdot \left(\frac{d_L}{c} + 1\right)\right] \leq \sigma_{zul}$$

Werkstoff	St, GS		GJL, G	
Belastung	stat.	dyn.	stat.	dyn.
σ_{zul}	$0{,}5R_e$	$0{,}2R_m$	$0{,}5R_m$	$0{,}2R_m$

R_m und R_e nach TB 1-1

Nr.	Formel	Hinweise
	Bolzenverbindungen im Stahlbau Im Stahlbau werden Laschenstäbe (Augenstäbe) mit Bolzen verbunden, wenn häufiges und einfaches Lösen der Verbindung verlangt (z. B. Gerüste) oder wenn eine Drehfähigkeit gefordert wird (z. B. Zugstangen). Die Stahlbaunorm DIN 18800 T1 gibt für übliche Verbindungen mit Bolzen- und Laschenspiel Richtwerte für Grenzabmessungen an, mit deren Einhaltung ausgewogene Beanspruchungsverhältnisse erreicht werden. Diese Form der Bolzenverbindung ist auch im Maschinenbau als Leichtbauausführung anwendbar.	
6	Dicke der Mittellasche $t_M \geq 0{,}7 \cdot \sqrt{\dfrac{F}{R_e/S_M}}$	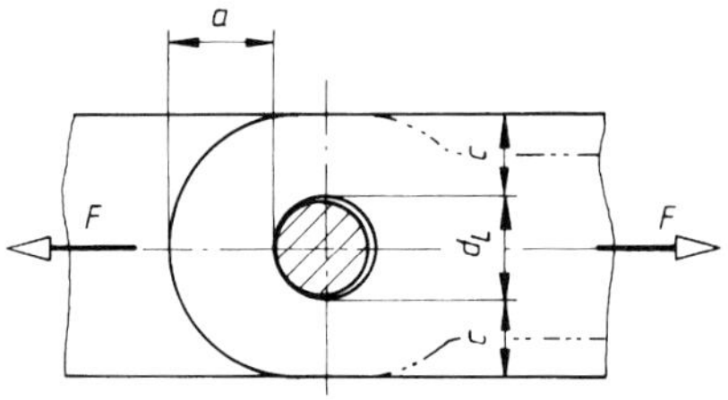
7	Lochdurchmesser im Augenstab $d_L \geq 2{,}5 \cdot t_M$	
8	Scheitelhöhe des Augenstabes $a \geq \dfrac{F}{2 \cdot t_M \cdot R_e/S_M} + \dfrac{2}{3} \cdot d_L$	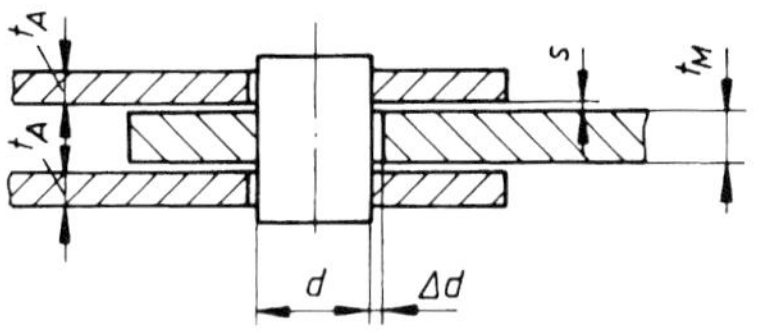
9	Wangenbreite des Augenstabes $c \geq \dfrac{F}{2 \cdot t_M \cdot R_e/S_M} + \dfrac{d_L}{3}$	Richtwerte: $c/d_L = 0{,}73$, $a/d_L = 1{,}06$, $d_L = 2{,}5 \cdot t_M$ R_e nach TB 1-1 bzw. DIN 18800 T1 $S_M = 1{,}1$ nach DIN 18800 T1
	Festigkeitsnachweis für zweischnittige Bolzen bei $0{,}1 \cdot d_L \leq \Delta d \leq 3$ mm	
10	– maximales Biegemoment $M_{b\,max} = F \cdot \dfrac{t_M + 2 \cdot t_A + 4 \cdot s}{8}$	
11	– auf Biegung $\sigma_b = \dfrac{M_{b\,max}}{W} \leq \sigma_{b\,zul}$	$\sigma_{b\,zul} = 0{,}8 \cdot R_e/S_M$
12	– auf Abscheren $\tau_a = \dfrac{F}{2 \cdot A_S} \leq \tau_{a\,zul}$	$\tau_{a\,zul} = 0{,}6 \cdot R_m/S_M$
13	– auf Lochleibung $\sigma_l = \dfrac{F}{d \cdot t_M}$ bzw. $\dfrac{F}{2 \cdot d \cdot t_A} \leq \sigma_{l\,zul}$	$\sigma_{l\,zul} = 1{,}5 \cdot R_e/S_M$ R_e und R_m nach TB 1-1 bzw. DIN 18800 T1 $S_M = 1{,}1$ nach DIN 18800 T1

Nr.	Formel	Hinweise
14	– auf Biegung und Abscheren in den maßgebenden Schnitten $\left(\frac{\sigma_b}{\sigma_{b\,zul}}\right)^2 + \left(\frac{\tau_a}{\tau_{a\,zul}}\right)^2 \leq 1$	Es sind nur die im gleichen Querschnitt auftretenden Wertepaare einzusetzen.
	Querstiftverbindungen Querstiftverbindungen, die ein Drehmoment zu übertragen haben, wie z. B. Hebelnaben, werden bei größeren Kräften auf Flächenpressung und auf Abscheren nachgeprüft.	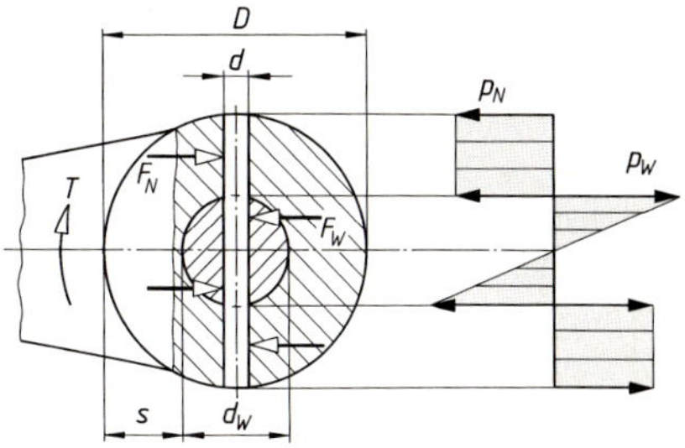
15	mittlere Flächenpressung (Nabe) $p_N = \frac{K_A \cdot T_{nenn}}{d \cdot s \cdot (d_W + s)} \leq p_{zul}$	$d = (0{,}2 \ldots 0{,}3) \cdot d_W$ $s = (0{,}25 \ldots 0{,}5) \cdot d_W$ für Stahl- und Stahlguss-Naben $s \approx 0{,}75 \cdot d_W$ für Grauguss-Naben
16	maximale mittlere Flächenpressung (Welle) $p_W = \frac{6 \cdot K_A \cdot T_{nenn}}{d \cdot d_W^2} \leq p_{zul}$	p_{zul} und $\tau_{a\,zul}$ s. Nr. 3 und 4, Hinweise. Für Kerbstifte gelten die 0,7fache bzw. 0,8fache Werte.
17	Scherspannung im Stift $\tau_a = \frac{4 \cdot K_A \cdot T_{nenn}}{d^2 \cdot \pi \cdot d_W} \leq \tau_{a\,zul}$	
	Steckstiftverbindungen Bei Steckstiftverbindungen entsprechend Bild wird der Stift durch das Moment $M = F \cdot l$ auf Biegung und durch F als Querkraft auf Schub, der jedoch vernachlässigt werden kann, sowie auf Flächenpressung beansprucht.	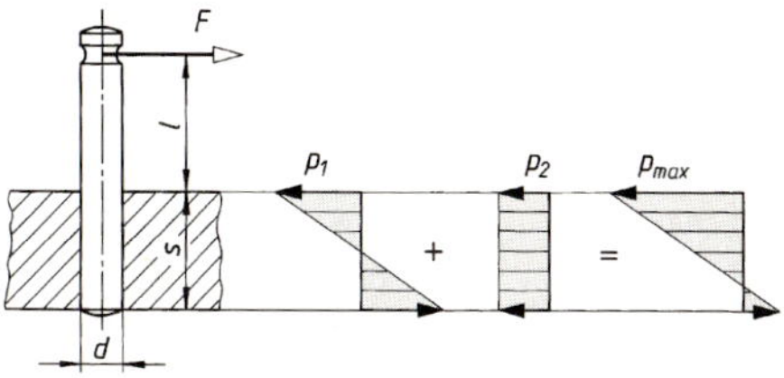
18	Biegespannung $\sigma_b = \frac{K_A \cdot M_b}{W} \approx \frac{K_A \cdot M_b}{0{,}1 \cdot d^3} \leq \sigma_{b\,zul}$	$\sigma_{b\,zul}$, p_{zul} s. Nr. 2 und 4, Hinweise. für Kerbstifte gelten die 0,8fache bzw. 0,7fache Werte
19	Maximale mittlere Flächenpressung $p_{max} = \frac{K_A \cdot F_{nenn} \cdot (6 \cdot l + 4 \cdot s)}{d \cdot s^2} \leq p_{zul}$	

Nr.	Formel	Hinweise
	Längsstiftverbindungen Längsstiftverbindungen, die entsprechend Bild ein Drehmoment zu übertragen haben, werden auf Flächenpressung und Abscheren des Stiftes beansprucht. Da rechnerisch die mittlere Flächenpressung doppelt so groß wie die Abscherspannung ist, kann die Scherbeanspruchung in Vollstiften vernachlässigt werden, solange $2 \cdot \tau_{a\,zul} \geq p_{zul}$ ist, was für alle üblichen Werkstoffpaarungen zutrifft	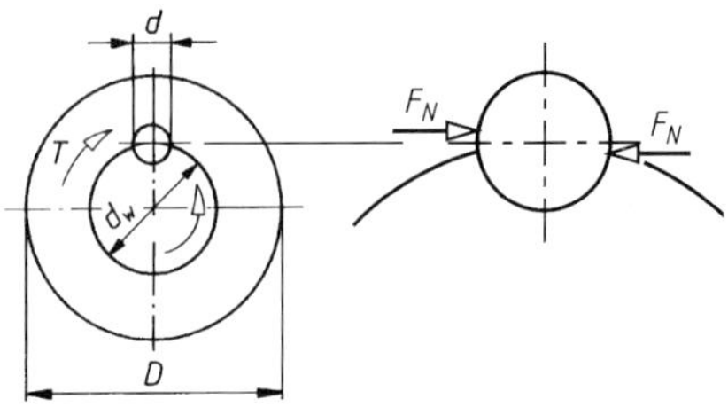
20	mittlere Flächenpressung $p = \frac{4 \cdot K_A \cdot T_{nenn}}{d \cdot d_W \cdot l} \leq p_{zul}$	$d = (0{,}15 \ldots 0{,}2) \cdot d_W$ $l = (1 \ldots 1{,}5) \cdot d_W$ p_{zul} s. Nr. 4, Hinweise. Für Kerbstifte gelten die 0,7fache Werte.

Technische Regeln (Auswahl)

Technische Regeln		Titel
DIN EN ISO 1234	02.98	Splinte
DIN 471	09.81	Sicherungsringe (Halteringe) für Wellen; Regelausführung und schwere Ausführung
DIN 472	09.81	Sicherungsringe (Halteringe) für Bohrungen; Regelausführung und schwere Ausführung
DIN 648	08.87	Gelenklager, Gelenkköpfe; Maßpläne, Toleranzen
DIN 705	10.79	Stellringe
DIN 983	09.81	Sicherungsringe mit Lappen (Halteringe) für Wellen
DIN 984	09.81	Sicherungsringe mit Lappen (Halteringe) für Bohrungen
DIN 988	03.90	Passscheiben und Stützscheiben
DIN 1442	03.63	Schmierlöcher für Bolzen; Baumaße
DIN 1445	02.77	Bolzen mit Kopf und Gewindezapfen
DIN 1469	11.78	Passkerbstifte mit Hals
DIN 1498	08.65	Einspannbuchsen für Lagerungen
DIN 1499	08.65	Aufspannbuchsen für Lagerungen

Technische Regeln		Titel
DIN 5417	12.76	Befestigungsteile für Wälzlager; Sprengringe für Lager mit Ringnut
DIN 6799	09.81	Sicherungsscheiben (Haltescheiben) für Wellen
DIN 7993	04.70	Runddraht-Sprengringe und -Sprengringnuten für Wellen und Bohrungen
DIN 11024	01.73	Federstecker
DIN 15058	08.74	Hebezeuge, Achshalter
DIN 18800-1	11.90	Stahlbauten; Bemessung und Konstruktion
DIN EN ISO 2338	02.98	Zylinderstifte, ungehärtet
DIN EN 22339	10.92	Kegelstifte, ungehärtet
DIN EN 22340	10.92	Bolzen ohne Kopf
DIN EN 22341	10.92	Bolzen mit Kopf
DIN EN ISO 8733	03.98	Zylinderstifte mit Innengewinde; ungehärtet
DIN EN ISO 8734	03.98	Zylinderstifte; gehärtet
DIN EN ISO 8735	03.98	Zylinderstifte mit Innengewinde; gehärtet
DIN EN 28736	10.92	Kegelstifte mit Innengewinde; ungehärtet
DIN EN 28737	10.92	Kegelstifte mit Gewindezapfen; ungehärtet
DIN EN 28738	10.92	Scheiben für Bolzen; Produktklasse A
DIN EN ISO 8739	03.98	Zylinderkerbstifte mit Einführende
DIN EN ISO 8740	03.98	Zylinderkerbstifte mit Fase
DIN EN ISO 8741	03.98	Steckkerbstifte
DIN EN ISO 8742	03.98	Knebelkerbstifte; 1/3 der Länge gekerbt
DIN EN ISO 8743	03.98	Knebelkerbstifte; halbe Länge gekerbt
DIN EN ISO 8744	03.98	Kegelkerbstifte
DIN EN ISO 8745	03.98	Passkerbstifte
DIN EN ISO 8746	03.98	Halbrundkerbnägel
DIN EN ISO 8747	03.98	Senkkerbnägel
DIN EN ISO 8748	03.98	Spiralspannstifte; schwere Ausführung
DIN EN ISO 8750	03.98	Spiralspannstifte; Regelausführung
DIN EN ISO 8751	03.98	Spiralspannstifte; leichte Ausführung
DIN EN ISO 8752	03.98	Spannstifte, geschlitzt, schwere Ausführung
DIN EN ISO 13337	02.98	Spannstifte, geschlitzt, leichte Ausführung

10 Elastische Federn

Federrate; Federkennlinien		
Formelzeichen	Einheit	Benennung
F; $F_1, F_2, \ldots \Delta F$	N	Federkraft; zugeordnet den Federwegen $s_1, s_2, \ldots$ bzw. Differenzkraft
T; $T_1, T_2, \ldots \Delta T$	Nmm	Federmoment; zugeordnet den Verdrehwinkeln $\varphi_1, \varphi_2, \ldots$ bzw. Differenzmoment
R, R_{ges}	N/mm	Federrate der Einzelfeder bzw. des Federsystems
R_φ, $R_{\varphi\,ges}$	Nmm/°	Federrate der Einzelfeder bzw. des Federsystems bei Verdrehfedern
$s, s_1, s_2 \ldots \Delta s$	mm	Federweg bzw. Durchbiegung; zugeordnet den Federkräften $F_1, F_2, \ldots$ bzw. Federhub ΔF
$\varphi, \varphi_1, \varphi_2 \ldots \Delta\varphi$	°	Verdrehwinkel; zugeordnet den Federmomenten $T_1, T_2, \ldots$ bzw. Federhub ΔT

Nr.	Formel	Hinweise

Die Federkennlinie als charakteristische Größe beschreibt das Kraft-Weg-Verhalten der Feder. Sie ist in der Regel durch die Aufgabenstellung vorgegeben. Der Kennlinienverlauf ist von der Federart abhängig und kann *linear*, *progressiv* oder *degressiv* sein. Je steiler der Kennlinienverlauf ist, desto steifer (härter) ist die Feder. Das Verhältnis aus Federkraft und Federweg (oder Moment und Verdrehwinkel) wird als *Federrate* R (R_φ) bezeichnet. Werden mehrere Federn zu einem Federsystem zusammengeschaltet, so ergibt sich aus den Einzelfederraten R_1, R_2, $R_3 \ldots$ je nach Art des Zusammenschaltens (parallel, in Reihe oder auch gemischt) eine Federrate R_{ges} ($R_{\varphi\,ges}$) des Federsystems.

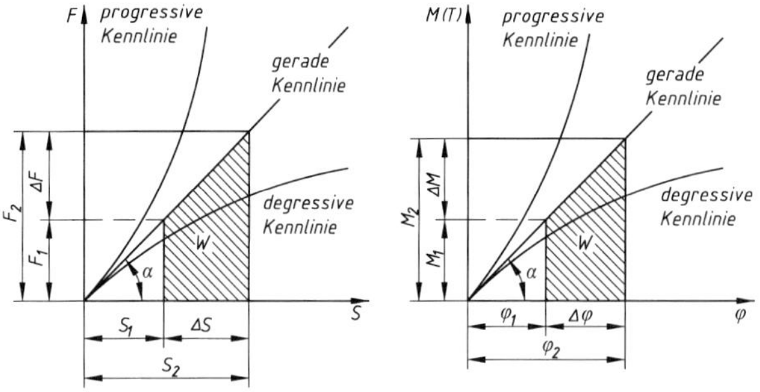

Nr.	Formel	Hinweise
1	*allgemein* $R = \tan\alpha = \dfrac{\Delta F}{\Delta s}$; $R_\varphi = \tan\alpha = \dfrac{\Delta T}{\Delta\varphi}$	das Moment T kann auch durch M ausgedrückt werden
2	für die *lineare* Kennung $R = \tan\alpha = \dfrac{F_1}{s_1} = \dfrac{F_2}{s_2} = \dfrac{F_2 - F_1}{s_2 - s_1} = \dfrac{\Delta F}{\Delta s}$ $R_\varphi = \tan\alpha = \dfrac{T_1}{\varphi_1} = \dfrac{T_2}{\varphi_2} = \dfrac{T_2 - T_1}{\varphi_2 - \varphi_1} = \dfrac{\Delta T}{\Delta\varphi}$	
3	für ein Federsystem aus *parallel* geschalteten Federn mit jeweils linearer Kennung $R_{ges} = R_1 + R_2 + \ldots R_n$ $R_{\varphi\,ges} = R_{\varphi 1} + R_{\varphi 2} + \ldots R_{\varphi n}$	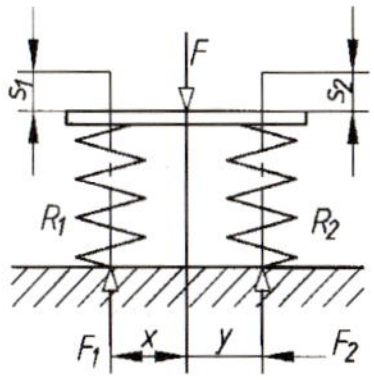
4	für ein Federsystem aus *hintereinander* geschalteten Federn mit jeweils linearer Kennung $\dfrac{1}{R_{ges}} = \dfrac{1}{R_1} + \dfrac{1}{R_2} + \ldots \dfrac{1}{R_n}$ $\dfrac{1}{R_{\varphi\,ges}} = \dfrac{1}{R_{\varphi 1}} + \dfrac{1}{R_{\varphi 2}} + \ldots \dfrac{1}{R_{\varphi n}}$	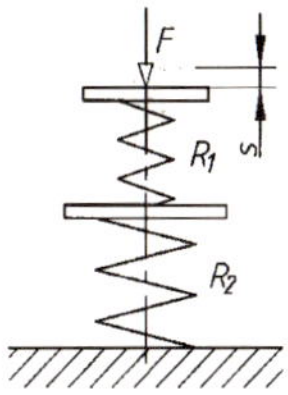
5	für ein Mischsystem aus parallel- und in Reihe geschalteten Einzelfedern $\dfrac{1}{R_{ges}} = \dfrac{1}{R_1 + R_2} + \dfrac{1}{R_3}$ $\dfrac{1}{R_{\varphi\,ges}} = \dfrac{1}{R_{\varphi 1} + R_{\varphi 2}} + \dfrac{1}{R_{\varphi 3}}$	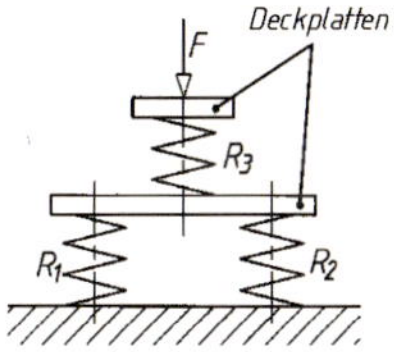

Formelzeichen	Einheit	Benennung
n	1	Anzahl der federnden Windungen
q	1	Spannungsbeiwert (infolge Drahtkrümmung), abhängig vom Drahtdurchmesser
$w = D/d$	1	Wickelverhältnis
$\varphi_1, \varphi_2, \Delta\varphi$	°	Drehwinkel; zugeordnet den Federmomenten M_1, M_2, ΔM
σ_q, σ_i	N/mm²	Biegespannung mit und ohne Berücksichtigung der Drahtkrümmung

Nr.	Formel	Hinweise
	Drehfedern werden hauptsächlich als Scharnier-, Rückstell- und Andrückfedern verwendet. Ihre Kennlinie ist eine Gerade, die anstelle der Kraft-Weg-Linie durch den Verlauf des Kraftmoments M in Abhängigkeit vom Drehwinkel φ im Federdiagramm dargestellt wird. Drehfedern werden auf Biegung beansprucht. Bei der Festigkeitsberechnung ist die ungleichmäßige Spannungsverteilung infolge der Drahtkrümmung durch den Spannungsbeiwert q zu berücksichtigen.	
	Entwurfsberechnung	
12	Drahtdurchmesser d (überschlägige Ermittlung) $d \approx 0{,}23 \cdot \frac{\sqrt[3]{F \cdot H}}{1-k} = 0{,}23 \cdot \frac{\sqrt[3]{M}}{1-k}$ mit $k \approx 0{,}06 \frac{\sqrt[3]{F \cdot H}}{D_i}$ bzw. $k \approx 0{,}06 \frac{\sqrt[3]{M}}{D_i}$	d nach DIN 2076 (TB 10-2) vorläufig festlegen. Ein anschließender Spannungsnachweis und evtl. Korrektur des Drahtdurchmessers ist erforderlich. 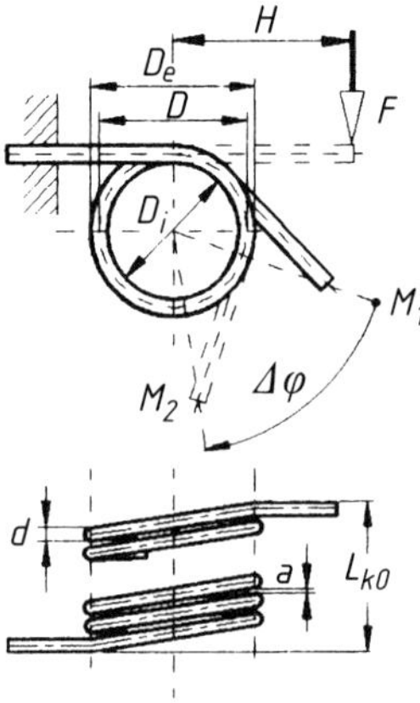

Nr.	Formel	Hinweise
13	Anzahl der federnden Windungen $n \approx \dfrac{\varphi^\circ \cdot E \cdot d^4}{3667^\circ \cdot M \cdot D}$ mit $M = F \cdot H$	Windungszahl je nach geforderter Schenkelstellung sinnvoll auf $n = \ldots,0; \ldots,25; \ldots,5; \ldots,75$ runden 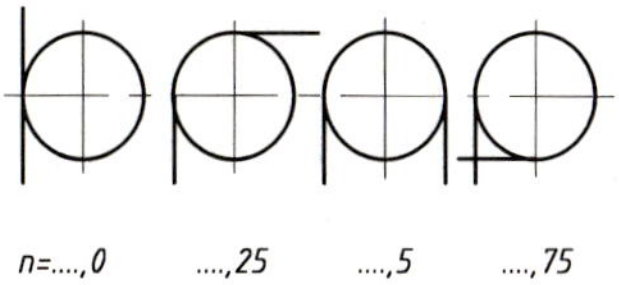
14	Länge des unbelasteten Federkörpers a) bei *anliegenden* Windungen $L_{K0} = (n + 1{,}5) \cdot d$	
15	b) bei *Windungsabstand* $L_{K0} = n \cdot (a + d) + d$	
16	gestreckte Drahtlänge des Federkörpers (ohne Schenkel) $l = D \cdot \pi \cdot n$ bei $(a + d) \leq D/4$ $l = n \cdot \sqrt{(D \cdot \pi)^2 + (a + d)^2}$ bei $(a + d) > D/4$	$D = D_i + d = D_e - d$
17	Biegespannung unter Berücksichtigung der Spannungserhöhung durch die Drahtkrümmung $\sigma_q = q \cdot \sigma_i = \dfrac{q \cdot M}{(\pi/32) \cdot d^3}$ $= \dfrac{q \cdot F \cdot H}{(\pi/32) \cdot d^3} \leq \sigma_{b\,zul}$	$\sigma_{b\,zul}$ zulässige Spannung für kaltgeformte Drehfedern nach TB 10-3; E Elastizitätsmodul nach TB 10-1 $q = f(w = D_m/d)$ Spannungskorrekturbeiwert nach TB 10-4
18	Drehwinkel $\varphi^\circ = \dfrac{180^\circ}{\pi} \cdot \dfrac{M \cdot l}{E \cdot (\pi/64) \cdot d^4}$ $\approx \dfrac{1167^\circ \cdot M \cdot l}{E \cdot d^4}$	
19	mit l für $(a + d) \leq D/4$ $\varphi^\circ \approx \dfrac{3667^\circ \cdot F \cdot H \cdot D \cdot n}{E \cdot d^4}$ $\approx \dfrac{360^\circ \cdot \sigma_i \cdot D \cdot n}{E \cdot d}$	

Tellerfeder		
Formelzeichen	Einheit	Benennung
D_e, D_i	mm	Außen-, Innendurchmesser der Tellerfeder (Einzelteller)
E	N/mm^2	Elastizitätsmodul des Federwerkstoffes
F; F_{ges}	N	Federkraft, Gesamtfederkraft des Einzeltellers bzw. des Federpaketes
$F_{0,25}$, $F_{0,5}$, $F_{0,75}$	N	Federkraft zugeordnet den Federwegen s; $s_{0,25} = 0{,}25 \cdot h_0$, $s_{0,5} = 0{,}5 \cdot h_0$, $s_{0,75} = 0{,}75 \cdot h_0$
F_B, F_E	N	Belastungs-, Entlastungskraft
$F_{ges\,R}$	N	Gesamtfederkraft unter Berücksichtigung der Reibung
F_c	N	(errechnete) Federkraft im plattgedrückten Zustand (Planlage)
h_0	mm	theoretischer Federweg bis zur Planlage ($s = h_0$)
i	1	Anzahl der wechselsinnig ineinandergereihten Einzelteller (oder Federpakete) zu einer Federsäule
K_1, K_2, K_3	1	Berechnungsfaktoren
L_0	mm	Länge der unbelasteten Säule oder des Paketes
L_1, $L_2 \ldots$	mm	Länge der belasteten Säule oder des Paketes
l_0	mm	Bauhöhe des unbelasteten Einzeltellers
n	1	Anzahl der gleichsinnig geschichteten Einzelteller zu einem Federpaket
R	N/mm	Federrate
s; s_1, $s_2 \ldots$	mm	Federweg; zugeordnet F_1, $F_2 \ldots$
$\Delta s = s_2 - s_1$	mm	Federhub
$s_{0,25}$, $s_{0,5}$, $s_{0,75}$	mm	Federweg bei $0{,}25 \cdot h_0$, $0{,}5 \cdot h_0$, $0{,}75 \cdot h_0$
s_{ges}	mm	Federweg der Säule (oder des Paketes)
t, t'	mm	Dicke des Einzeltellers, reduzierte Dicke bei Federn mit Auflageflächen
w_M, w_R	1	Reibungsfaktoren (Mantel-, Randreibung)
$\delta = D_e/D_i$	1	Durchmesserverhältnis
σ, σ_1, $\sigma_2 \ldots$	N/mm^2	rechnerische Spannung; Vorspannung bzw. Unterspannung, Oberspannung zugeordnet s_1, $s_2 \ldots$
$\sigma_{0,25}$, $\sigma_{0,5}$, $\sigma_{0,75}$	N/mm^2	Spannung; zugeordnet $s_{0,25}$, $s_{0,5}$, $s_{0,75}$
σ_C	N/mm^2	rechnerische Spannung bei Planlage ($s = h_0$)
σ_I, $\sigma_{II} \ldots$	N/mm^2	rechnerische Spannung für die Stelle I, II... (negative Werte zeigen Druck-, positive Werte Zugspannungen an)
σ_{OM}	N/mm^2	rechnerische Spannung an der oberen Mantelfläche
μ	1	Poissonzahl

Nr.	Formel	Hinweise
	Tellerfedern sind kegelförmige Ringschalen, die als Einzelteller oder kombiniert zu Federpaketen und Federsäulen in axialer Richtung belastet werden. Die nach DIN 2093 genormten Federn werden entsprechend den Verhältnissen h_0/t und D_e/t eingeteilt in drei Reihen: *Reihe A* (harte Feder mit annähernd linearer Kennlinie), *Reihe B* (weiche Feder) und *Reihe C* (besonders weiche Feder mit degressivem Kennlinienverlauf). Zusätzlich werden entsprechend der Tellerdicke t und der Herstellungsart (kalt- oder warmgeformt, bearbeitet) die Gruppen 1, 2 (ohne Auflageflächen) und 3 (mit Auflageflächen) unterschieden. Nachfolgend aufgeführte Berechnungsgleichungen gelten für Tellerfedern der Gruppen 1 und 2.	
20	**Entwurfsberechnung** (ohne Berücksichtigung der Reibung) Tellerzahl je Federpaket $n = \dfrac{F_{ges}}{F_{0,75}}$	folgende Grenzwerte sollten eingehalten werden: $n = 1 \ldots 4$, $i < 20$, $F_{max} \leq F_{0,75}$, $s_{max} \leq s_{0,75}$; die Planlage ($s = h_0$) ist zu vermeiden Werte für $F_{0,75}$, $s_{0,75}$ nach TB 10-6
21	Paketzahl der Federsäule $i = \dfrac{s_{ges}}{s_{0,75}}$	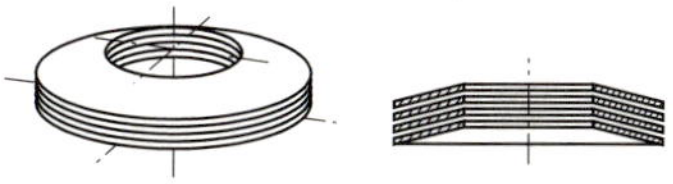 Tellerfederpaket aus vier Einzeltellern
22	Länge der Federsäule a) *unbelastet* $L_0 = i \cdot [l_0 + (n-1) \cdot t]$ $= i \cdot (h_0 + n \cdot t)$ b) *belastet* $L = L_0 - s_{ges} = i \cdot [l_0 + (n-1) \cdot t - s]$ $= i \cdot (h_0 + n \cdot t - s)$	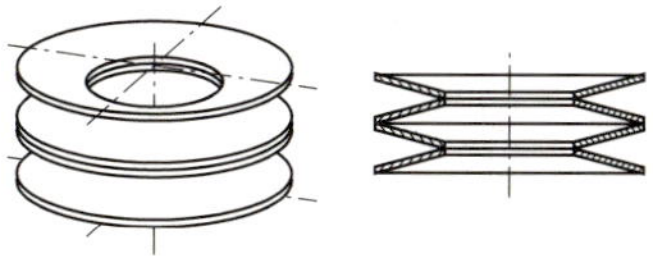 Tellerfedersäule aus vier Einzeltellern
23	rechnerische Federkraft a) *für den Federweg s* $F = \dfrac{4 \cdot E}{(1-\mu^2)} \cdot \dfrac{t^4}{K_1 \cdot D_e^2} \cdot \dfrac{s}{t} \times \left[\left(\dfrac{h_0}{t} - \dfrac{s}{t}\right) \cdot \left(\dfrac{h_0}{t} - \dfrac{s}{2 \cdot t}\right) + 1\right]$	$s_{max} = s_{0,75} = 0{,}75 \cdot h_0$ h_0, t, D_e nach TB 10-6 K_1, K_2, K_3 nach TB 10-8a, b E nach TB 10-1 $\mu = \varepsilon_q/\varepsilon \approx 0{,}3$ für Federstahl
24	b) im *plangedrückten Zustand* ($s = h_0$) $F_c = \dfrac{4 \cdot E}{(1-\mu^2)} \cdot \dfrac{h_0 \cdot t^3}{K_1 \cdot D_e^2}$	Mit dem Verhältnis F/F_c kann für die jeweilige Kraft F' der zugehörige Federweg s' oder umgekehrt für jeden Federweg s' die erforderliche Federkraft F' nach TB 10-8c ermittelt werden.

Nr.	Formel	Hinweise
25	*Federrate* $\Delta F/\Delta s$ $R = \frac{4 \cdot E}{(1-\mu^2)} \cdot \frac{t^3}{K_1 \cdot D_e^2} \times \left[\left(\frac{h_0}{t}\right)^2 - 3 \cdot \frac{h_0}{t} \cdot \frac{s}{t} + \frac{3}{2} \cdot \left(\frac{s}{t}\right)^2 + 1\right]$	
26	rechnerische Lastspannungen a) *an der oberen Mantelfläche* $\sigma_{OM} = -\frac{4 \cdot E}{1-\mu^2} \cdot \frac{t^2}{K_1 \cdot D_e^2} \cdot \frac{s}{t} \cdot \frac{3}{\pi}$	D_e, t, h_0 nach TB 10-6; $s \leq 0{,}75 \cdot h_0$ $E = 206 \cdot 10^3$ N/mm^2 für Federstahl nach TB 10-1 $\mu = \varepsilon_q/\varepsilon \approx 0{,}3$ für Stahl die größte Zugspannung ist für den Festigkeitsnachweis maßgebend. Bei dynamischer Belastung muss die Bedingung erfüllt sein, dass $\sigma_{max} \leq \sigma_O$ und $\sigma_h = \sigma_o - \sigma_u \leq \sigma_H$ mit σ_O und σ_H nach TB 10-9 Setzt man in die Gleichung zur Ermittlung von σ_I für $s = h_0$, so ergibt sich die Spannung σ_C bei Planlage der Feder. Für den Federweg $0 < s \leq h_0$ können nach TB 10-8d die Spannungen ermittelt werden. K_1, K_2, K_3 nach TB 10-8a, b
27	b) *an der Stelle I* $\sigma_I = -\frac{4 \cdot E}{1-\mu^2} \cdot \frac{t^2}{K_1 \cdot D_e^2} \cdot \frac{s}{t} \times \left[K_2 \cdot \left(\frac{h_0}{t} - \frac{s}{2 \cdot t}\right) + K_3\right]$	
28	c) *an der Stelle II* $\sigma_{II} = -\frac{4 \cdot E}{1-\mu^2} \cdot \frac{t^2}{K_1 \cdot D_e^2} \cdot \frac{s}{t} \times \left[K_2 \cdot \left(\frac{h_0}{t} - \frac{s}{2 \cdot t}\right) - K_3\right]$	
29	d) *an der Stelle III* $\sigma_{III} = -\frac{4 \cdot E}{1-\mu^2} \cdot \frac{t^2}{K_1 \cdot D_e^2} \cdot \frac{s}{t} \cdot \frac{1}{\delta} \times \left[(K_2 - 2 \cdot K_3) \cdot \left(\frac{h_0}{t} - \frac{s}{2 \cdot t}\right) - K_3\right]$	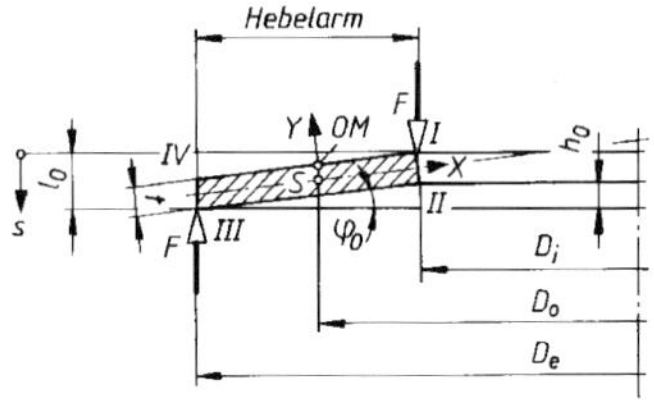
30	e) *an der Stelle IV* $\sigma_{IV} = -\frac{4 \cdot E}{1-\mu^2} \cdot \frac{t^2}{K_1 \cdot D_e^2} \cdot \frac{s}{t} \cdot \frac{1}{\delta} \times \left[(K_2 - 2 \cdot K_3) \cdot \left(\frac{h_0}{t} - \frac{s}{2 \cdot t}\right) + K_3\right]$	$\delta = D_e/D_i$
31	*Federungsarbeit* $W = \frac{2 \cdot E}{1-\mu^2} \cdot \frac{t^5}{K_1 \cdot D_e^2} \cdot \left(\frac{s}{t}\right)^2 \times \left[\left(\frac{h_0}{t} - \frac{s}{2 \cdot t}\right) + 1\right]$	D_e, t nach TB 10-6; $s \leq 0{,}75 \cdot h_0$ $E = 206 \cdot 10^3$ N/mm^2 für Federstahl nach TB 10-1 $\mu = \varepsilon_q/\varepsilon \approx 0{,}3$ für Stahl

Nr.	Formel	Hinweise
32	Der dauerfeste Arbeitsbereich der Feder und der zulässige Federhub Δs_{zul} kann aus der F-s- und der σ-s-Kennlinie bestimmt werden. Mit den Werten für $F_{0,25}$, $F_{0,5}$ und $F_{0,75}$ sowie $\sigma_{0,25} = 0{,}25 \cdot h_0$, $\sigma_{0,5} = 0{,}5 \cdot h_0$ und $\sigma_{0,75} = 0{,}75 \cdot h_0$ aus TB 10-6 wird für den jeweiligen Federweg $s_{0,25}$, $s_{0,5}$ und $s_{0,75}$ die Federkraft- und die Spannungskennlinie im Diagramm dargestellt. Wird die Oberspannung σ_O der Dauerschwingfestigkeit für die Lastspielzahl N nach TB 10-9a, b, c eingetragen, dann liegt auch der maximal zulässige Federweg s_{max} für die Federkraft F_{max} fest und damit auch der zulässige Hub $s_{h\,zul} \mathrel{\hat{=}} s_H$. Die Dauerhaltbarkeit der Feder ist gewährleistet, wenn $s_2 < s_{max}$ oder $\Delta s < \Delta s_{zul}$ ist.	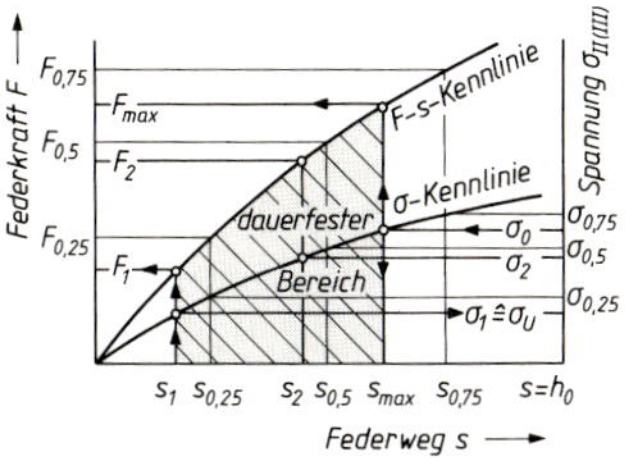

Drehstabfeder		
Formelzeichen	Einheit	Benennung
d	mm	Stab- bzw. Schaftdurchmesser (zylindrischer Teil des Stabes)
d_a	mm	Kopfkreisdurchmesser
d_f	mm	Fußkreisdurchmesser des Kopfprofils
G	N/mm²	Schub-(Gleit-)modul
L	mm	Gesamtlänge des Drehstabes
l	mm	freie Schaftlänge (des zylindrischen Teils mit $2 \cdot l_h$)
l_e	mm	Ersatzlänge
l_f	mm	federnde Länge
l_h	mm	Hohlkehlenlänge
l_k	mm	Kopflänge
p, p_{zul}	N/mm²	Flächenpressung, zulässige Flächenpressung
R	Nmm/°	Federrate

Formelzeichen	Einheit	Benennung
r	mm	Hohlkehlenradius
T	Nmm	wirkendes Drehmoment
W_p	mm^3	polares Widerstandsmoment
z	1	Zähnezahl der verzahnten Köpfe
$\varphi°$, φ	°, rad	Verdrehwinkel; Winkelmaß, Bogenmaß
τ_t, τ_{zul}	N/mm^2	rechnerische Schubspannung, zulässige Schubspannung
v	1	Verhältniswert

Nr.	Formel	Hinweise
	Drehstabfedern werden u. a. in Drehkraftmessern, in nachgiebigen Kupplungen und als Tragfedern im Kfz-Fahrgestell eingesetzt. Sie sind wegen der leichten Bearbeitung mit optimaler Oberflächenqualität (schälen, schleifen, polieren) und der besseren Werkstoffausnutzung meist Rundstäbe aus warmgewalztem vergütbaren Stahl, die vorwiegend auf Verdrehen beansprucht werden. Die Kennlinie für die Drehstabfeder mit der Federrate $R_\varphi = T/\varphi$ ist eine Gerade.	
	Entwurfsberechnung	
33	*erforderliche Stabdurchmesser* $d \approx \sqrt[3]{\dfrac{T}{(\pi/16) \cdot \tau_{t\,zul}}}$	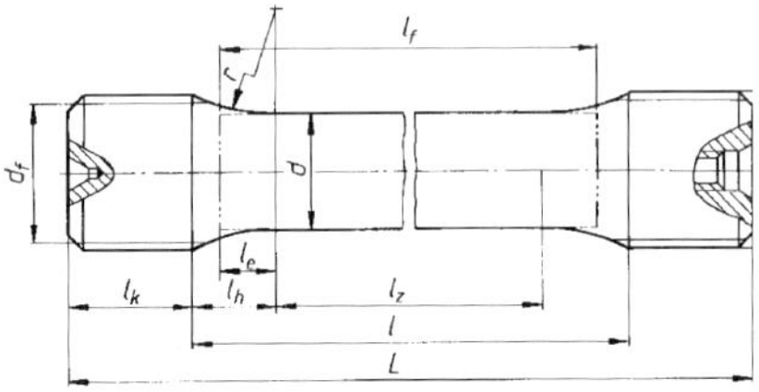
34	*Schub- bzw. Verdrehspannung* $\tau_t = \dfrac{T}{W_p} = \dfrac{T}{(\pi/16) \cdot d^3} \leq \tau_{t\,zul}$	
35	*Verdrehwinkel* $\varphi° = \left(\dfrac{180°}{\pi}\right) \cdot \varphi = \dfrac{(180°/\pi) \cdot T \cdot l_f}{(\pi/32) \cdot d^4 \cdot G} = \dfrac{(360°/\pi) \cdot \tau_t \cdot l_f}{G \cdot d}$	Eine hohe Lebensdauer ist zu erwarten, wenn für $d_f/d \geq 1{,}3$ die Kopflänge $0{,}5 \cdot d_f < l_k < 1{,}5 \cdot d_f$ und die Hohlkehlenlänge $l_h = 0{,}5 \cdot (d_f - f) \cdot \sqrt{\dfrac{4 \cdot r}{(d_f - d) - 1}}$ beträgt.
36	*Federrate* $R = \dfrac{T}{\varphi°} = \dfrac{(\pi/32) \cdot G \cdot d^4}{(180°/\pi) \cdot l_f}$	Bei der freien Schaftlänge l gilt für die federnde Länge $l_f = l - 2(l_h - l_e)$ für die Ersatzlänge $l_e = v \cdot l_h$, wenn v abhängig von r/d und d_f/d aus TB 10-10a abgelesen wird.

Nr.	Formel	Hinweise
37	Flächenpressung für *verzahnte Köpfe* $p \approx \dfrac{12 \cdot d_a \cdot T}{z \cdot l_k \cdot (d_a^3 - d_f^3)} \leq p_{zul}$	d_a: 10, 12, 14, 17, 20, 24, 30, 34, 40 z: 28, 30, 31, 32, 33, 34, 35, 36, 37 Anhaltswerte p_{zul} aus TB 12-1b Kopflänge $0{,}5 \cdot d_f < l_k < 1{,}5 \cdot d_f$; d_f Fusskreisdurchmesser ca. $d_f = 0{,}927 \cdot d_a - 1{,}1389$
38	*Sechskantköpfe* $p \approx \dfrac{6 \cdot T}{l_k \cdot d_f^2} \leq p_{zul}$	
39	*Vierkantköpfe* $p \approx \dfrac{3 \cdot T}{l_k \cdot d_f^2} \leq p_{zul}$	

Zylindrische Schraubenfedern mit Kreisquerschnitt

Formelzeichen	Einheit	Benennung
D_e, D_i	mm	äußerer, innerer Windungsdurchmesser
$D = 0{,}5(D_e + D_i)$	mm	mittlerer Windungsdurchmesser
d	mm	Drahtdurchmesser
$F, \Delta F = F_2 - F_1$	N	Federkraft; zugeordnet Δs
$F_1, F_2 \ldots; F_n$	N	Federkraft; zugeordnet s_1, s_2, s_n bzw. L_1, L_2, L_n
F_0	N	innere Vorspannkraft
F_c	N	Blockkraft (theoretische Federkraft; zugeordnet s_c bzw. L_c)
G	N/mm²	Schub-(Gleit-)modul
n	1	Anzahl der federnden Windungen
n_t	1	Gesamtwindungszahl
k	1	Beiwert zur Berücksichtigung der Spannungserhöhung infolge der Drahtkrümmung
k_1, k_2	1	Beiwert zur angenäherten Vorwahl der Drahtstärke d
L_0	mm	Länge der unbelasteten Feder
$L_1, L_2 \ldots$	mm	Länge der belasteten Feder zugeordnet $F_1, F_2 \ldots$
L_c	mm	Blocklänge der Feder (alle Windungen liegen aneinander)
L_H	mm	Abstand der Ösenkante vom Federkörper

Formelzeichen	Einheit	Benennung
L_K	mm	Länge des unbelasteten Federkörpers mit eingewundener Vorspannung
L_n	mm	kleinste zulässige Federlänge
N	1	Lastspielzahl
R	N/mm	Federrate
Sa, Sa'	mm	Summe der Mindestabstände zwischen den einzelnen federnden Windungen
$s, s_{max}, s_1, s_2 \ldots$	mm	Federweg, maximal; zugeordnet F_1, F_2 ...
$\Delta s = s_2 - s_1$	mm	Hub (Arbeitsweg)
$s_c = L_0 - L_c$	mm	Federweg zugeordnet F_c
V	mm^3	Federvolumen
W	Nmm	Federungsarbeit
$w = D/d$	1	Wickelverhältnis
α	1	Korrekturfaktor zur Berücksichtigung des Herstellverfahrens (Zugfeder)
τ, τ_1, τ_2	N/mm^2	vorhandene Schubspannung, zugeordnet F_1, F_2 ... (ohne Berücksichtigung der Drahtkrümmung)
$\tau_k; \tau_{k1}, \tau_{k2}$	N/mm^2	vorhandene Schubspannung, zugeordnet F_1, F_2 ... (unter Berücksichtigung der Drahtkrümmung)
$\tau_0, \tau_{0\,zul}$	N/mm^2	innere Schubspannung, zulässige Schubspannung für Zugfedern
τ_c, τ_{zul}	N/mm^2	Schubspannung, zugeordnet F_c; zulässige Schubspannung
$\tau_{kH} = \tau_O - \tau_U$	N/mm^2	Dauerhubfestigkeit, vorhandene Hubspannung zugeordnet Δs bei Berücksichtigung der Drahtkrümmung
$\tau_{kh} = \tau_{k2} - \tau_{k1}$	N/mm^2	vorhandene Hubspannung zugeordnet Δs bei Berücksichtigung der Drahtkrümmung
τ_{kU}, τ_{kO}	N/mm^2	Unter-, Oberspannung der Dauerfestigkeit
ω_e	1/s	niedrigste Eigenfrequenz

Nr.	Formel	Hinweise
	Schraubenfedern sind schraubenförmig um einen Dorn gewickelte Drehstabfedern; sie werden meist aus Runddraht hergestellt. Sie zeichnen sich durch eine hohe Werkstoffausnutzung aus und weisen deshalb ein geringes Federgewicht auf. Neben der Verwendung im Maschinenbau werden Schraubenfedern (Druckfedern) bevorzugt im Fahrzeugbau (Tragfedern im PKW) eingesetzt und haben in dieser Funktion die Blattfedern fast gänzlich abgelöst. Je nach Windungsabstand $a \geq 0$ können die Schraubenfedern auf Druck und/oder Zug belastet werden. Die Kennlinie ist eine Gerade.	
	Schraubendruckfedern	
40	**Entwurfsberechnung** *Drahtdurchmesser*, Vorwahl $d \approx k_1 \cdot \sqrt[3]{F \cdot D_e}$ $d \approx k_1 \cdot \sqrt[3]{F \cdot D_i} + k_2$ mit $k_2 \approx \dfrac{2 \cdot (k_1 \cdot \sqrt[3]{F \cdot D_i})^2}{3 \cdot D_i}$	für Drahtsorten A, B, C, D wird $k_1 = 0{,}15$ bei $d < 5$ mm $k_1 = 0{,}16$ bei $d = 5 \ldots 14$ mm für Drahtsorten FD, VD wird $k_1 = 0{,}17$ bei $d < 5$ mm $k_1 = 0{,}18$ bei $d = 5 \ldots 14$ mm Vorzugsdurchmesser d nach TB 10-2 und Windungsdurchmesser $D = D_e - d = D_i + d$ nach DIN 323 (TB 1-16) festlegen, Werte für G aus TB 10-1.
41	*Anzahl der wirksamen Windungen* $n' = \dfrac{G}{8} \cdot \dfrac{d^4}{D^3 \cdot R_{(soll)}}$	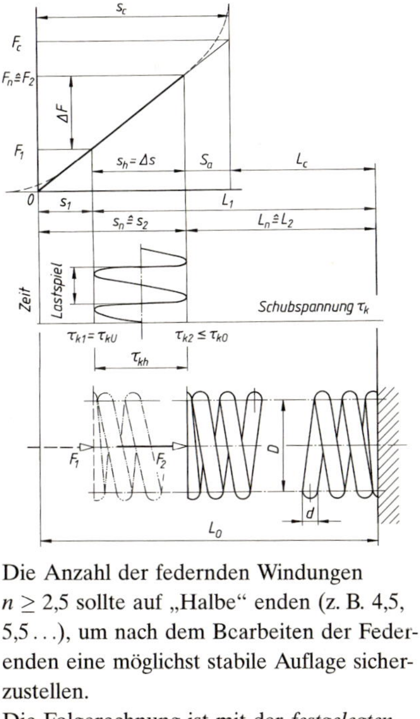
42	Gesamtzahl der Windungen a) *kaltgeformt* $n_t = n + 2$ b) *warmgeformt* $n_t = n + 1{,}5$	Die Anzahl der federnden Windungen $n \geq 2{,}5$ sollte auf „Halbe" enden (z. B. 4,5, 5,5 ...), um nach dem Bearbeiten der Federenden eine möglichst stabile Auflage sicherzustellen. Die Folgerechnung ist mit der *festgelegten* Windungszahl n zu führen

Nr.	Formel	Hinweise
43	*Summe der Mindestabstände* zwischen den einzelnen Windungen a) bei *statischer* Beanspruchung *kaltgeformt* $S_a = [0{,}0015 \cdot (D^2/d) + 0{,}1 \cdot d] \cdot n$ *warmgeformt* $S_a = 0{,}02 \cdot (D + d) \cdot n$	S_a muss selbst bei der größten Belastung der Feder sichergestellt sein, um die Funktion nicht in Frage zu stellen. Ein evtl. „Aufsetzen" der Feder ist durch entsprechende konstruktive Maßnahmen zu verhindern. Der Drahtdurchmesser d wird zunächst überschlägig ermittelt und nach vorläufiger Festlegung der Federabmessungen muss der Spannungsnachweis geführt (u. U. ist eine wiederholte Korrektur der vorgewählten Abmessungen erforderlich).
44	b) bei *dynamischer* Beanspruchung *kaltgeformt* $S'_a \approx 1{,}5 \cdot S_a$ *warmgeformt* $S'_a \approx 2 \cdot S_a$	
45	Blocklänge; *kaltgeformt*; Federenden *angelegt* und *planbearbeitet* $L_c \leq n_t \cdot d_{max}$ Federenden *angelegt* und *unbearbeitet* $L_c \leq (n_t + 1{,}5) \cdot d_{max}$	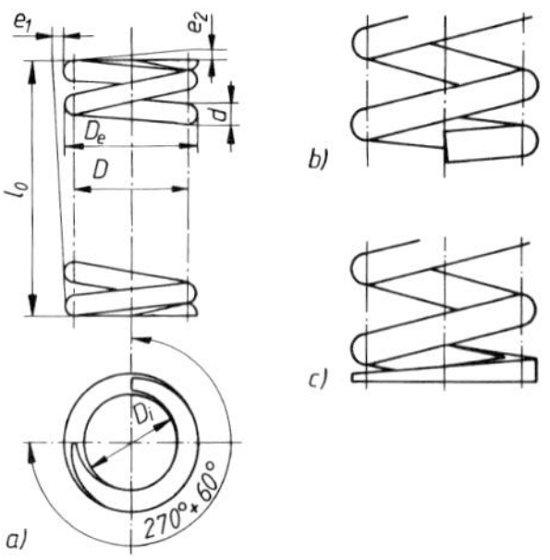
46	Blocklänge, *warmgeformt*; Federenden *angelegt* und *planbearbeitet* $L_c \leq (n_t - 0{,}3) \cdot d_{max}$ Federenden *unbearbeitet* $L_c \leq (n_t + 1{,}1) \cdot d_{max}$	a) unbelastete Feder mit angelegten Federenden, geschliffen b) angelegtes, unbearbeitetes Federende c) angelegtes geschmiedetes Federende
47	kleinste zulässige Federlänge $L_n = L_c + S_a$	
48	Länge der unbelasteten Feder $L_0 = s_c + L_c = s_n + S_a + L_c$	

Nr.	Formel	Hinweise
49	Schubspannungsnachweis a) bei *statischer* Beanspruchung $\tau_{1,2}$ bzw. $\tau_{u,o} = \dfrac{F_{1,2} \cdot D}{0{,}4 \cdot d^3} \leq \tau_{zul}$	die zulässige Schubspannung τ_{zul} aus TB 10-11a
50	b) bei *dynamischer* Beanspruchung $\tau_{k\,1,2} = k \cdot \tau_{1,2} \leq \tau_{kO}$	Spannungskorrekturfaktor k abhängig vom Wickelverhältnis $w = D/d$ nach TB 10-11d τ_{kO} aus TB 10-13 bis TB 10-16
51	*Hubspannung* $\tau_{kh} = \tau_{k2} - \tau_{k1} \leq \tau_{kH}$	die Hubfestigkeit τ_{kH} aus TB 10-13 bis TB 10-16
52	*Schubspannung bei Blocklänge* $\tau_c = \dfrac{F_c \cdot D}{0{,}4 \cdot d^3} \leq \tau_{c\,zul}$	die theoretische Blockkraft F_c ist erforderlich, um die Feder auf Blocklänge L_c zusammenzudrücken (Windungen liegen aneinander) $\tau_{c\,zul}$ aus TB 10-11b, c
53	*Federrate* $R_{ist} = \dfrac{G}{8} \cdot \dfrac{d^4}{D^3 \cdot n}$	Da in den meisten Fällen $R_{(ist)}$ von $R_{(soll)}$ abweicht, ist entweder bei F = konstant der Federweg s zu korrigieren oder umgekehrt bei s = konstant die zugehörige Federkraft F, Werte für G aus TB 10-1
54	für den Federweg s aufzubringende *Federkraft* $F = R_{ist} \cdot s = \dfrac{G}{8} \cdot \dfrac{d^4 \cdot s}{D^3 \cdot n}$	
55	Federweg durch die Federkraft F $s = \dfrac{F}{R_{ist}} = \dfrac{8}{G} \cdot \dfrac{D^3 \cdot n \cdot F}{d^4}$	
56	Federarbeit $W = \dfrac{F \cdot s}{2} = \dfrac{1}{4} \cdot \dfrac{V \cdot \tau^2}{G}$	das Federvolumen aus $V \approx (d^2 \cdot \pi/4) \cdot D \cdot \pi \cdot n$
57	Eigenkreisfrequenz (niedrigster Wert) bei schwingender Beanspruchung $f_e \approx 3{,}63 \cdot 10^5 \cdot \dfrac{d}{n \cdot D^2}$ $f_e \approx 13{,}7 \cdot \dfrac{\tau_{kh}}{k \cdot \Delta s}$	f_e in 1/s; $d, D, \Delta s$ in mm; n, k in 1; τ_{kh} in N/mm²

f_e	$d, D, \Delta s$	n, k	τ_{kh}
1/s	mm	1	N/mm²

Nr.	Formel	Hinweise
	Schraubenzugfedern	

Zur Vermeidung des gegenüber den Druckfedern meist größeren Einbauraumes (bedingt durch entsprechende Ausführung der Federenden) werden die Zugfedern zur Verringerung des Vorspannfederweges vielfach mit innerer Vorspannung kaltgewickelt (bis $d = 17$ mm). Federn mit $d > 17$ mm werden warmgewickelt und sind somit ohne Vorspannung. Zur Überleitung der Federkraft dienen die Ösen in verschiedenen Ausführungsformen. Schraubenzugfedern sollten nur statisch beansprucht werden, da aufgrund der angebogenen Ösen bzw. Haken eine rechnerische Erfassung der wirklichen Spannungsverhältnisse nicht möglich ist.

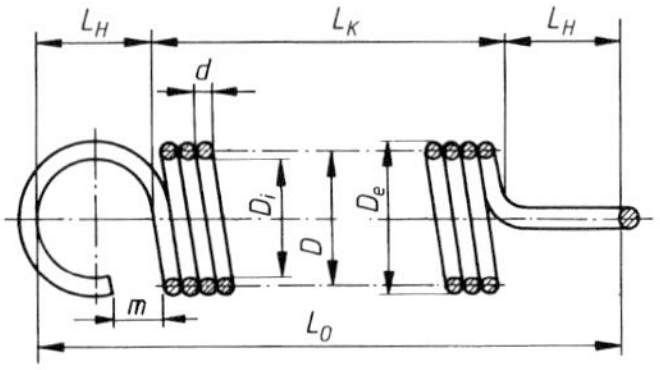

Nr.	Formel	Hinweise
58	**Entwurfsberechnung** *Drahtdurchmesser*, Vorwahl a) D_e ist vorgegeben $d \approx k_1 \cdot \sqrt[3]{F_{max} \cdot D_e}$ b) D_i ist vorgegeben $d \approx k_1 \cdot \sqrt[3]{F_{max} \cdot D_i} + k_2$ mit $k_2 \approx \frac{2 \cdot (k_1 \cdot \sqrt[3]{F_{max} \cdot D_i})^2}{3 \cdot D_i}$	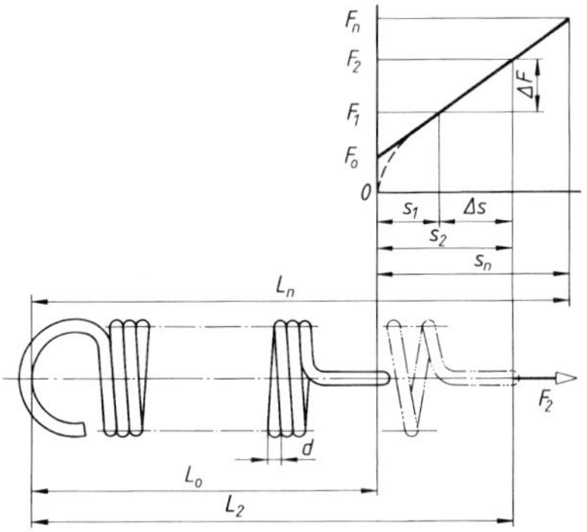 für Drahtsorten A, B, C, D wird $k_1 = 0{,}15$ bei $d < 5$ mm $k_1 = 0{,}16$ bei $d = 5 \ldots 14$ mm für Drahtsorten FD, VD wird $k_1 = 0{,}17$ bei $d < 5$ mm $k_1 = 0{,}18$ bei $d = 5 \ldots 14$ mm Vorzugsdurchmesser d nach TB 10-2 und Windungsdurchmesser $D = D_e - d = D_i + d$ nach DIN 323 (TB 1-14) festlegen.

Nr.	Formel	Hinweise
59	Anzahl der federnden Windungen $n = \dfrac{G \cdot d^4 \cdot s}{8 \cdot D^3 \cdot (F - F_0)}$	
60	Gesamtzahl der Windungen bei gegebener Länge des Federkörpers $n_t = \dfrac{L_K}{d} - 1$	$n_t = n$ mit angebogenen Ösen $n < n_t$ mit eingerollten Haken oder Einschraubstücken je nach Stellung der Ösen zueinander festlegen (auf ...,0 ...,25...,5 ...,75 endend) $L_H \approx (0{,}8 \ldots 1{,}1) \cdot D_i$ für eine „ganze Deutsche Öse“
61	Länge des unbelasteten Federkörpers $L_K \approx (n_t + 1) \cdot d_{max}$	$d_{max} = d + es$ Höchstmaß des Drahtdurchmessers mit *es* nach TB 10-2;
62	Länge der unbelasteten Feder zwischen den Öseinnenkanten $L_0 \approx L_K + 2 \cdot L_H$	
63	Federrate $R_{soll} = \dfrac{\Delta F}{\Delta s} = \dfrac{F - F_0}{s}$ $R_{ist} = \dfrac{G \cdot d^4}{8 \cdot D^3 \cdot n}$	
64	innere Vorspannkraft, zum Öffnen der Feder erforderliche $F_0 = F - R \cdot s = F - \dfrac{G \cdot d^4 \cdot s}{8 \cdot D^3 \cdot n}$	es ist zu unterscheiden zwischen $R_{(ist)}$ und $R_{(soll)}$
65	innere Vorspannkraft, maximal erreichbare $F_0 \leq \tau_{0\,zul} \cdot \dfrac{0{,}4 \cdot d^3}{D}$	$\tau_{0\,zul} = \alpha \cdot \tau_{zul}$ mit dem Korrekturfaktor α entsprechend dem Herstellverfahren nach TB 10-19b
66	vorhandene Schubspannung a) *ohne* innere Vorspannkraft $\tau = \dfrac{8 \cdot F \cdot D}{\pi \cdot d^3} \leq \tau_{zul}$	die zulässige Spannung $\tau_{zul} = 0{,}56 \cdot R_m$ entsprechend der Drahtsorte nach TB 10-19a
67	b) *mit* innerer Vorspannkraft $\tau_0 = \dfrac{8 \cdot F_0 \cdot D}{\pi \cdot d^3} \leq \tau_{0\,zul}$	$\tau_{0\,zul} = \alpha \cdot \tau_{zul}$ mit dem Korrekturfaktor α entsprechend dem Herstellverfahren nach TB 10-19b

Federn aus Gummi		
Formelzeichen	Einheit	Benennung
A	mm^2	Bindungsfläche zwischen Gummi und Metall
d	mm	innerer Durchmesser des Gummielements
D	mm	äußerer Durchmesser des Gummielements
E	N/mm^2	Elastizitätsmodul des Gummiwerkstoffes
F	N	Federkraft
G	N/mm^2	Schubmodul des Gummiwerkstoffes
h	mm	federnde Gummihöhe
$r = d/2$	mm	innerer Radius des Gummielements
$R = D/2$	mm	äußerer Radius des Gummielements
s	mm	Federweg
T	Nmm	aufzunehmendes Federmoment
γ	°	Verschiebewinkel
σ	N/mm^2	Normalspannung (Druckspannung)
τ	N/mm^2	Schubspannung
ε	1	Dehnung
φ	°	Verdrehwinkel

Nr.	Formel	Hinweise
	Gummifedern werden in Form einbaufertiger Konstruktionselemente verwendet. Bei diesen werden die Kräfte reibungsfrei und gleichmäßig in den Gummi eingeleitet. Gummifedern werden hauptsächlich als Druck- und Schubfedern zur Abfederung von Maschinen und Maschinenteilen, zur Dämpfung von Stößen und Schwingungen sowie zur Verminderung von Geräuschen eingesetzt.	
	Schubscheibenfeder	
68	*Schubspannung* $\tau = \frac{F}{A} = \gamma \cdot G \leq \tau_{zul}$	Werte für G aus TB 10-1 Werte für τ_{zul} aus TB 10-1
69	*Verschiebewinkel* ($\gamma \leq 20°$) $\gamma° = \frac{180°}{\pi} \cdot \frac{\tau}{G}$	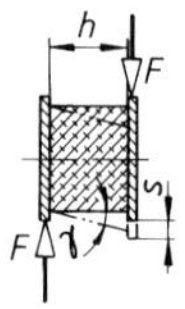

Nr.	Formel	Hinweise
70	*Federweg* $s = h \cdot \tan\gamma$	$s < 0{,}35 \cdot h$
	Schub-Hülsenfeder	
71	*Schubspannung* $\tau = \dfrac{F}{A_\mathrm{i}} \leq \tau_\mathrm{zul}$	Werte für τ_zul aus TB 10-1 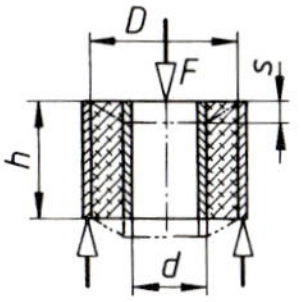 $s < 0{,}2(D - d)$
72	*Verschiebeweg* $s = \ln\left(\dfrac{D}{d}\right) \cdot \dfrac{F}{2 \cdot \pi \cdot h \cdot G}$	
	Drehschubfeder	
73	*Schubspannung* $\tau = \dfrac{T}{A_\mathrm{i} \cdot r} \leq \tau_\mathrm{zul}$	Werte für τ_zul aus TB 10-1 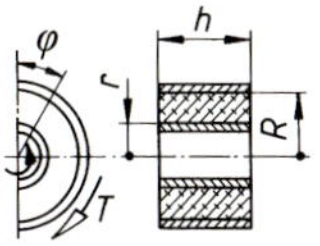
74	*Verdrehwinkel* ($\varphi \leq 40°$) $\varphi° = \dfrac{180°}{\pi} \cdot \dfrac{T}{4 \cdot \pi \cdot h \cdot G} \cdot \left(\dfrac{1}{r^2} - \dfrac{1}{R^2}\right);$ $\varphi_\mathrm{max} \leq 40°$	
	Drehschub-Scheibenfeder	
75	*Schubspannung* $\tau = \dfrac{2}{\pi} \cdot \dfrac{T \cdot R}{R^4 - r^4} \leq \tau_\mathrm{zul}$	Werte für τ_zul aus TB 10-1 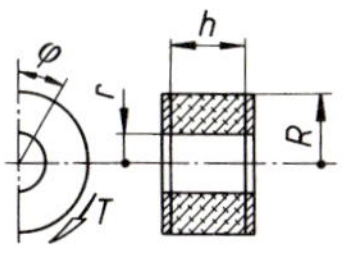
76	*Verdrehwinkel* ($\varphi \leq 20°$) $\varphi° \approx \dfrac{360°}{\pi^2} \cdot \dfrac{T \cdot h}{(R^4 - r^4) \cdot G}; \ \varphi_\mathrm{max} \leq 20°$	
	Druckfeder	
77	*Druckspannung* $\sigma_\mathrm{d} = \dfrac{F}{A} = \dfrac{4 \cdot F}{\pi \cdot d^2} \leq \sigma_\mathrm{d\,zul}$	Werte für $\sigma_\mathrm{d\,zul}$ aus TB 10-1 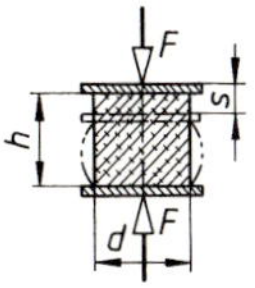
78	*Federweg* ($s \leq 0{,}2 \cdot h$) $s = \dfrac{F \cdot h}{A \cdot E} = \dfrac{4 \cdot F \cdot h}{\pi \cdot d^2 \cdot E}; \ s_\mathrm{max} \leq 0{,}2 \cdot h$	

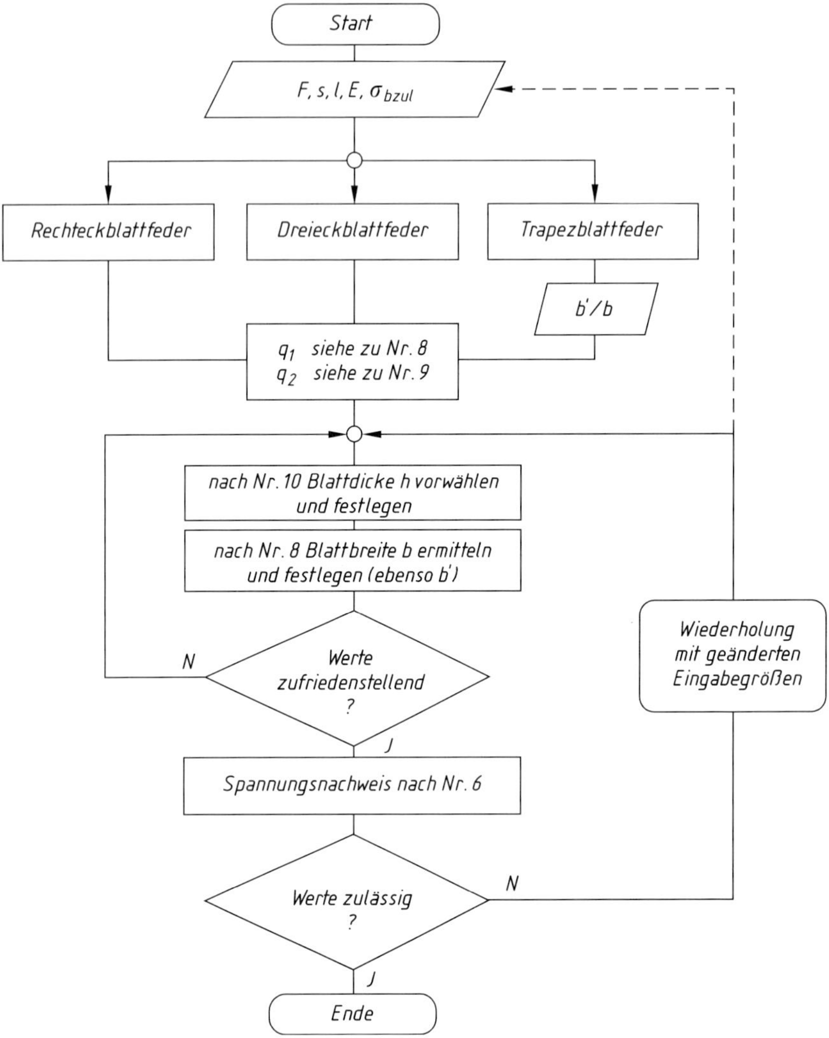

A 10-1 Mögliche Vorgehensweise bei der Auslegung von Blattfedern

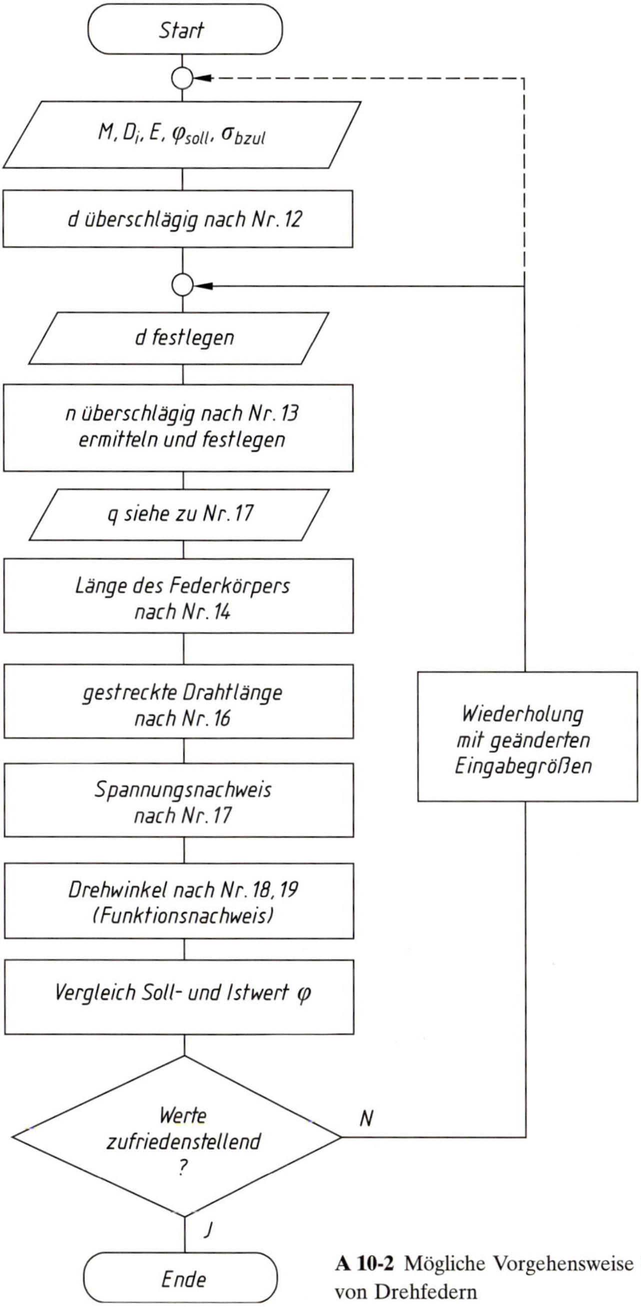

A 10-2 Mögliche Vorgehensweise bei der Auslegung von Drehfedern

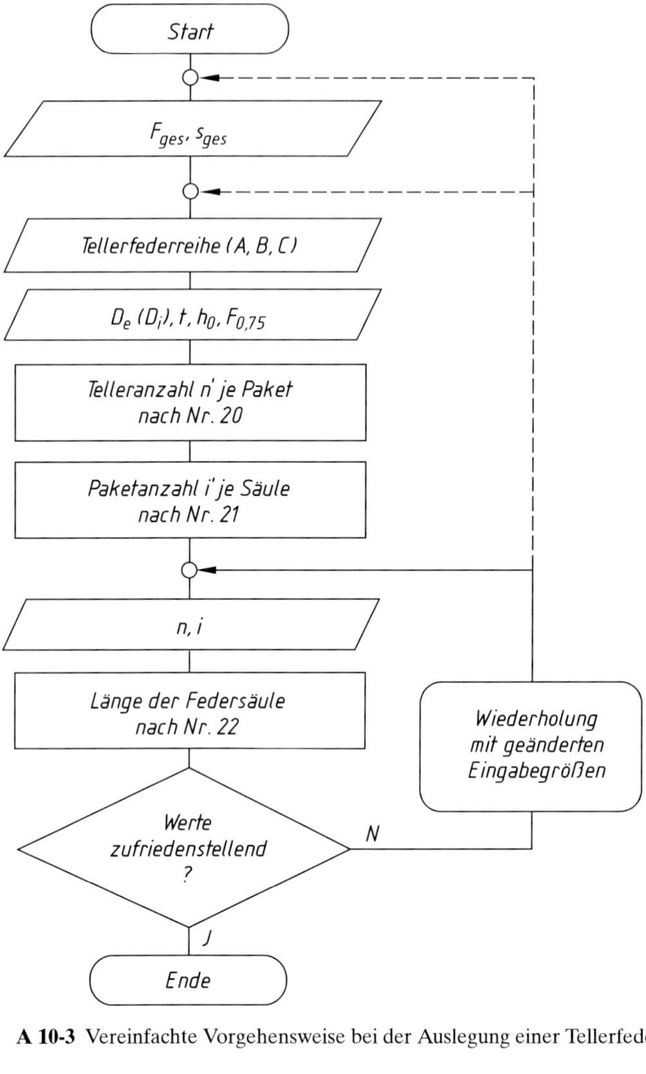

A 10-3 Vereinfachte Vorgehensweise bei der Auslegung einer Tellerfedersäule

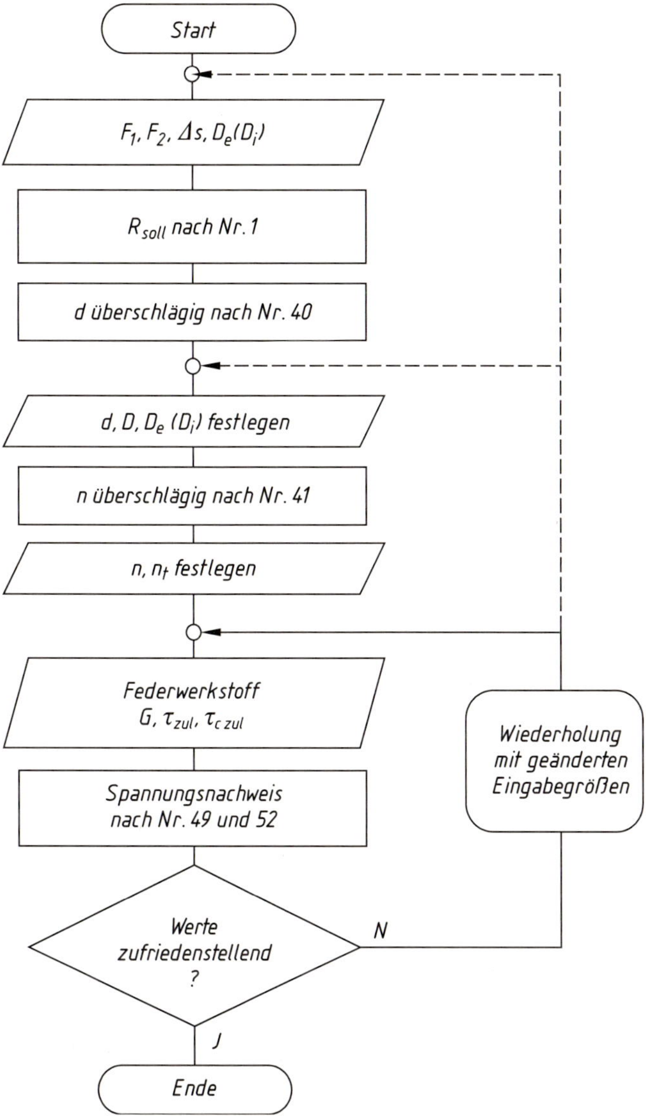

A 10-4 Mögliche Vorgehensweise bei der Auslegung von statisch belasteten Schraubendruckfedern

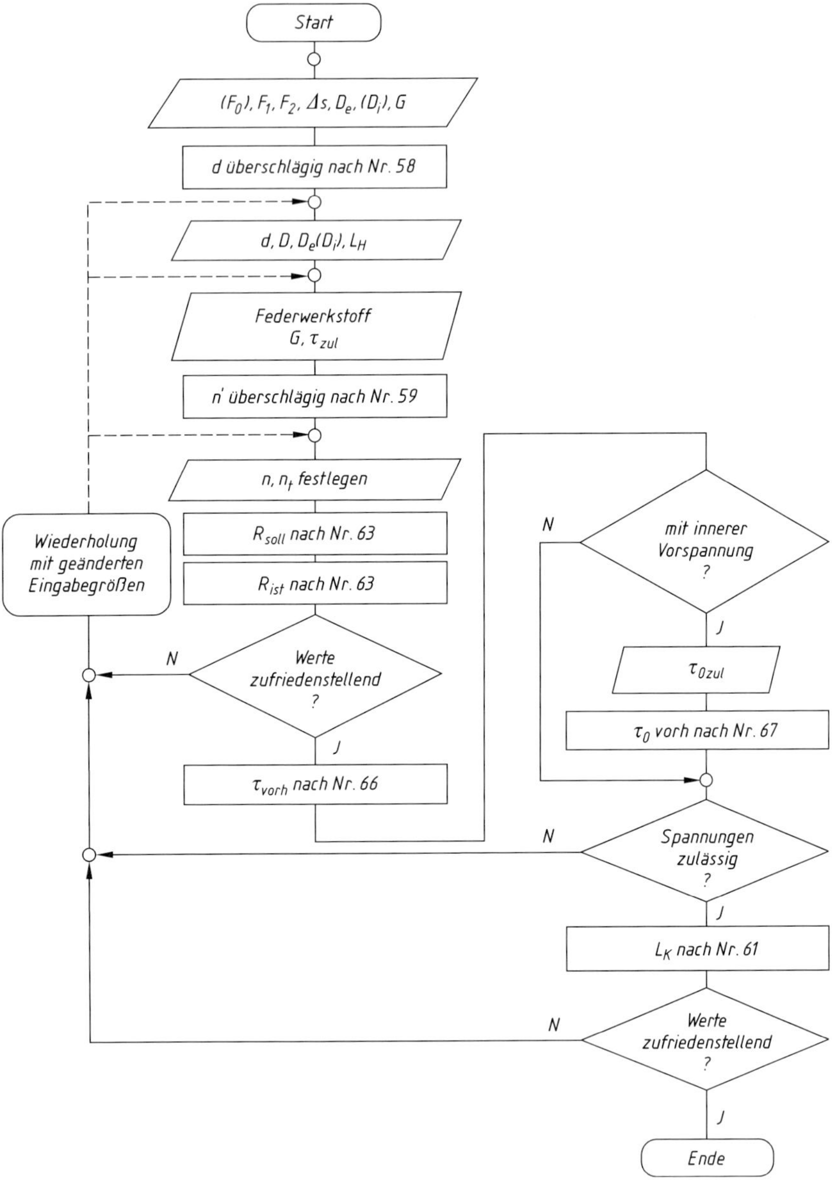

A 10-5 Mögliche Vorgehensweise bei der Auslegung von statisch belasteten Schraubenzugfedern

Technische Regeln (Auswahl)

Technische Regel		Titel
DIN 1570	02.79	Warmgewalzter gerippter Federstahl; Maße, Maßabweichungen
DIN 2076	12.84	Runder Federdraht; Maße, Maßabweichungen
DIN 2077	02.79	Federstahl, rund, warmgewalzt; Maße, Maßabweichungen
DIN 2088	07.69	Zylindrische Schraubenfedern; Berechnung und Konstruktion von Drehfedern
DIN 2089-1 ... 2	12.84	Zylindrische Schraubendruckfedern; Berechnung und Konstruktion
DIN 2090	01.71	Zylindrische Schraubendruckfedern aus Flachstahl; Berechnung
DIN 2091	06.81	Drehstabfedern mit rundem Querschnitt; Berechnung und Konstruktion
DIN 2092	01.92	Tellerfedern; Berechnung
DIN 2093	01.92	– –; Maße, Qualitätsanforderungen
DIN 2094 E	04.00	Blattfedern für Straßenfahrzeuge; Anforderungen, Prüfung
DIN 2095	05.73	Zylindrische Schraubenfedern aus runden Drähten; Gütevorschriften für kaltgeformte Druckfedern
DIN 2096-1	11.81	Zylindrische Schraubendruckfedern aus runden Drähten und Stäben; Güteanforderungen bei warmgeformten Druckfedern
DIN 2096-2 E	12.88	Zylindrische Schraubendruckfedern aus runden Stäben; Güteanforderungen für Großserienfertigung
DIN 2097	05.73	Zylindrische Schraubenfedern aus runden Drähten; Gütevorschriften für kaltgeformte Zugfedern
DIN 2098-1	10.68	– –; Baugrößen für kaltgeformte Druckfedern ab 0,5 mm Drahtdurchmesser
DIN 2098-2	08.70	– –; Baugrößen für kaltgeformte Druckfedern unter 0,5 mm Drahtdurchmesser
DIN 2099-1	02.03	Zylindrische Schraubenfedern aus runden Drähten und Stäben; Angaben für kaltgeformte Druckfedern, Vordruck A
DIN 2099-2 E	09.02	– –; Angaben für kaltgeformte Zugfedern, Vordruck B
DIN 2192	08.02	Flachfedern; Güteanforderungen
DIN 2194	08.02	Zylindrische Schraubenfedern aus runden Drähten und Stäben; Gütevorschrift für kaltgeformte Drehfedern (Schenkelfedern)
DIN 4000-11	04.87	Sachmerkmal-Leisten für Federn
DIN 4621	12.95	Geschichtete Blattfedern; Federklammern
DIN 5544-1	02.85	Parabelfedern für Schienenfahrzeuge; Hauptmaße, Ausführung, Anforderung, Prüfung

Technische Regel		Titel
DIN 9835	03.87	Elastomer-Druckfedern für Werkzeuge der Stanztechnik
DIN 17221	12.88	Warmgewalzte Stähle für vergütbare Federn; Technische Lieferbedingungen
DIN 17222	08.79	Kaltgewalzte Stahlbänder für Federn; Technische Lieferbedingungen
DIN 17223-1	12.84	Runder Federdraht; Patentiert-gezogener Federdraht aus unlegierten Stählen
DIN 17223-2	09.90	– –; ölschlussvergüteter Federdraht aus legierten und unlegierten Stählen
DIN 17224	02.82	Federdraht und Federband aus nicht rostenden Stählen
DIN 17670-1 ... 2	12.83	Bänder und Bleche aus Kupfer und Kupferknetlegierungen
DIN 17672-1 ... 2	12.83	Stangen aus Kupfer und Kupferknetlegierungen
DIN 17677-1	12.83	Drähte aus Kupfer und Kupferknetlegierungen
DIN 17682	08.79	Runde Federdrähte aus Kupfer-Knetlegierungen; Festigkeitseigenschaften
DIN ISO 2162-1 ... 3	09.91	Technische Produktdokumentation Federn
VDI/VDE 2255-1 ... 2	08.82	Feinwerkelemente; Energiespeicherelemente

11 Achsen, Wellen und Zapfen

Formelzeichen	Einheit	Benennung
$a_1, a_2 \dots$	mm	Abstände zu den Lagerstellen
$b_1, b_2 \dots$	mm	Abstände zu den Lagerstellen
c	N/m	Federsteife für elastische Biegung
c_t	Nm/rad	Drehfedersteife
d, d'	mm	Wellen- bzw. Achsdurchmesser
$d_1, d_2 \dots$	mm	Durchmesser der betreffenden Teillängen
d_a, d'_a	mm	Außendurchmesser der Hohlwelle bzw. -achse
$d_{a1}, d_{a2} \dots$	mm	Durchmesser der Wellenabsätze
$d_{b1}, d_{b2} \dots$	mm	Durchmesser der Wellenabsätze
d_i	mm	Innendurchmesser der Hohlwelle bzw. -achse
F_A, F_B	N	Auflagerkräfte
f	mm	Durchbiegung
f_A, f_B	mm	durch die Lagerkraft hervorgerufene Durchbiegung
f_{max}	mm	maximale Durchbiegung an den Stellen der umlaufenden Massen (nicht identisch mit der maximalen Durchbiegung der Welle)
f_{res}	mm	resultierende Durchbiegung
E	N/mm²	Elastizitätsmodul
G	N/mm²	Schubmodul
I_t	mm⁴	polares Flächenmoment 2. Grades
J, J_1, J_2	kgm²	Massenmoment 2. Grades (Trägheitsmoment)
k	1	Korrekturfaktor zur Berücksichtigung der Einspannung; Durchmesserverhältnis $k = d_i/d_a$
K_A	1	Anwendungsfaktor zur Berücksichtigung stoßartiger Belastung
l, l_1, l_2	mm	Länge bzw. Teillänge
M	Nmm, Nm	Biegemoment
M_{eq}	Nmm, Nm	äquivalentes Biegemoment
M_v	Nmm, Nm	Vergleichsmoment (vergleichbares Biegemoment)

Formelzeichen	Einheit	Benennung
m	kg	Masse der umlaufenden Scheibe
n	min^{-1}	Drehzahl
$n_{\text{kb}}, n_{\text{kt}}$	min^{-1}	biegekritische bzw. verdrehkritische Drehzahl
P	kW	von der Welle zu übertragende Leistung
T	Nmm, Nm	Drehmoment
T_{eq}	Nmm, Nm	äquivalentes Drehmoment
T_{nenn}	Nmm, Nm	Nenndrehmoment
$\alpha_x, \alpha_y, \alpha_{\text{res}}$	°	Neigungswinkel
β, β'	°	Neigungswinkel
α_0	1	Anstrengungsverhältnis
S_{D}	1	vorhandene Sicherheit gegen Dauerbruch
$S_{\text{D erf}}$	1	erforderliche Sicherheit gegen Dauerbruch
S_{F}	1	vorhandene Sicherheit gegen Fließen
$S_{\text{F min}}$	1	Mindestsicherheit gegen Fließen
S_z	1	Sicherheitsfaktor zur Kompensierung der Berechnungsvereinfachung
σ_{ba}	N/mm^2	Biegeausschlagspannung
σ_{b}	N/mm^2	Biegespannung
σ_{bD}	N/mm^2	Biegedauerfestigkeit des Probestabes entsprechend Beanspruchungsfall
σ_{bF}	N/mm^2	Biegefließgrenze
$\sigma_{\text{GD}}, \sigma_{\text{GW}}$	N/mm^2	Dauergestaltfestigkeit, Gestaltwechselfestigkeit
τ_{tF}	N/mm^2	Torsionsfließgrenze
$\tau_{\text{GD}}, \tau_{\text{GW}}$	N/mm^2	Dauergestaltfestigkeit, Gestaltwechselfestigkeit
τ_{t}	N/mm^2	Verdrehspannung, Torsionsspannung
τ_{ta}	N/mm^2	Torsionsausschlagspannung
τ_{tD}	N/mm^2	Torsionsdauerfestigkeit des Probestabes entsprechend Beanspruchungsfall
φ	1	Faktor für Anstrengungsverhältnis
φ	°	Verdrehwinkel
ω_{k}	s^{-1}	Eigenkreisfrequenz

Nr.	Formel	Hinweise
	Achsen (Durchmesserermittlung) *Achsen* sind Elemente zum Tragen und Lagern von Laufrädern, Seilrollen und ähnlichen Bauteilen. Sie werden im Wesentlichen durch Querkräfte auf *Biegung*, seltener durch Längskräfte zusätzlich noch auf Zug oder Druck beansprucht. Achsen übertragen kein Drehmoment. Für jeden Querschnitt ist nachzuweisen, dass die vorhandene Spannung den zulässigen Wert nicht überschreitet. 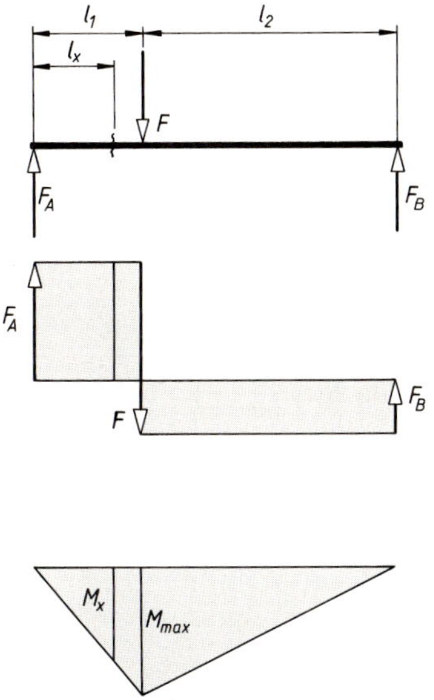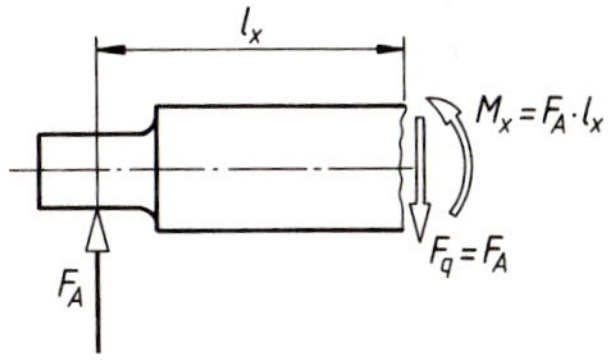	
1	Überschlägige Ermittlung des Durchmessers einer Achse mit Kreisquerschnitt $d' \approx 3{,}4 \cdot \sqrt[3]{M/\sigma_{bD}}$	$M = M_{eq} = K_A \cdot M_{nenn}$ $\sigma_{bD} \approx \sigma_{bSch\,N}$ bzw. $\sigma_{bW\,N}$ $\sigma_{bSch\,N}$ bzw. $\sigma_{bW\,N}$ nach TB 1-1
2	Überschlägige Ermittlung des Außendurchmessers der Hohlachse mit Kreisquerschnitt $d_a \approx 3{,}4 \cdot \sqrt[3]{\dfrac{M}{(1-k^4)\cdot\sigma_{bD}}}$	eventuelle Querschnittsschwächungen sind zu berücksichtigen $k = d_i/d_a$ $0 < k < 1$; günstig $k < 0{,}6$
3	Innendurchmesser $d_i \leq k \cdot d_a$	zu 1 bis 3 s. auch Ablaufplan A 11-2

Nr.	Formel	Hinweise
4	Überschlägige Ermittlung des Durchmessers an beliebiger Stelle x $d_x \approx 3{,}4 \cdot \sqrt[3]{\frac{F_A \cdot x}{\sigma_{bD}}}$	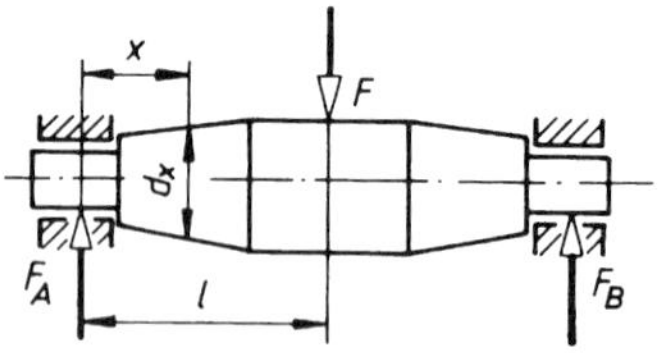

Wellen (Durchmesserermittlung)

Wellen laufen ausschließlich um und dienen dem Übertragen von Drehmomenten, die durch Zahnräder, Riemenscheiben, Kupplungen u. dgl. ein- und weitergeleitet werden. Sie werden auf *Torsion* und vielfach durch Querkräfte zusätzlich auf *Biegung* beansprucht. Längskräfte treten auf, wenn auf der Welle z. B. Kegelräder, schrägverzahnte Stirnräder oder ähnliche Bauteile angeordnet sind.
Für jeden Querschnitt ist nachzuweisen, dass die vorhandene Spannung den zulässigen Wert nicht überschreitet.

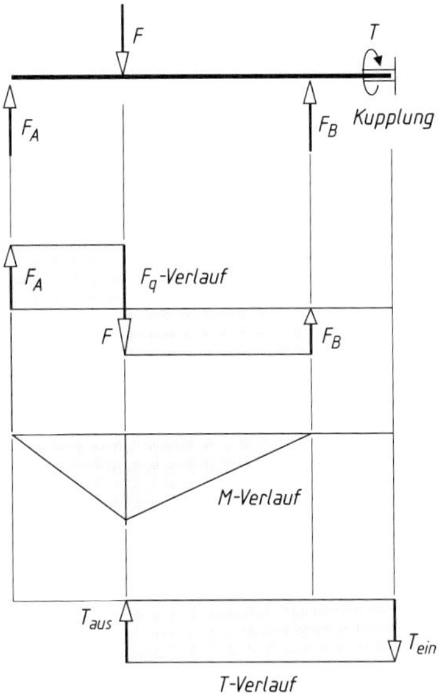

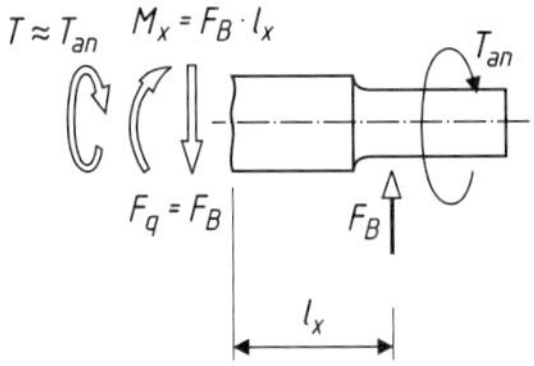

Nr.	Formel	Hinweise
5	**a) reine Verdrehbeanspruchung** von der Welle zu übertragendes Nenndrehmoment $T_{nenn} = \frac{P}{2 \cdot \pi \cdot n}$	

<table>
<tr><th>Nr.</th><th>Formel</th><th>Hinweise</th></tr>
<tr><td>6</td><td>das für die Berechnung maßgebende Drehmoment
$T_{eq} = K_A \cdot T_{nenn} \approx 9550 \cdot \frac{K_A \cdot P}{n}$</td><td><table><tr><th>$T_{nenn}, T_{eq}$</th><th>$K_A$</th><th>$P$</th><th>$n$</th></tr><tr><td>Nm</td><td>1</td><td>kW</td><td>min^{-1}</td></tr></table>K_A nach TB 3-5
bei statischer Beanspruchung ist T_{max} anstatt T_{eq} maßgebend</td></tr>
<tr><td>7</td><td>Überschlägige Ermittlung des Durchmessers für die Vollwelle mit Kreisquerschnitt
$d' \approx 2{,}7 \cdot \sqrt[3]{\frac{T}{\tau_{tD}}}$
bzw.</td><td rowspan="2"><table><tr><th>d'</th><th>K_A</th><th>P</th><th>T</th><th>n</th><th>τ_{tD}</th></tr><tr><td>mm</td><td>1</td><td>kW</td><td>Nmm</td><td>min^{-1}</td><td>N/mm^2</td></tr></table>$T = T_{eq}$ nach Nr. 6 bzw. T_{max}
$\tau_{tD} \approx \tau_{tSch\,N}$ bzw. $\tau_{tW\,N}$
$\tau_{tSch\,N}$ bzw. $\tau_{tW\,N}$ nach TB 1-1
bei statischer Beanspruchung ist
$\tau_{tF} \approx 1{,}2 \cdot R_{p0,2\,N}/\sqrt{3}$ für τ_{tD} zu setzen</td></tr>
<tr><td>8</td><td>$d' \approx 570 \cdot \sqrt[3]{\frac{K_A \cdot P}{n \cdot \tau_{tD}}}$</td></tr>
<tr><td>9</td><td>Überschlägige Ermittlung des Außendurchmessers für die Hohlwelle mit Kreisringquerschnitt
$d'_a \approx 2{,}7 \cdot \sqrt[3]{\frac{T}{(1 - k^4) \cdot \tau_{tD}}}$
bzw.</td><td><table><tr><th>d'_a</th><th>k</th><th>K_A</th><th>P</th><th>T</th><th>n</th><th>τ_{tD}</th></tr><tr><td>mm</td><td>1</td><td>1</td><td>kW</td><td>Nmm</td><td>min^{-1}</td><td>N/mm^2</td></tr></table>T und τ_{tD} wie bei Nr. 7</td></tr>
<tr><td>10</td><td>$d'_a \approx 570 \cdot \sqrt[3]{\frac{K_A \cdot P}{n \cdot (1 - k^4) \cdot \tau_{tD}}}$</td><td>$k = d_i/d_a$
$0 < k < 1$; günstig $k < 0{,}6$
eventuelle Querschnittsschwächungen sind zu berücksichtigen</td></tr>
<tr><td>11</td><td>Innendurchmesser
$d_i \leq k \cdot d_a$</td><td></td></tr>
<tr><td></td><td>b) gleichzeitig verdreh- und biegebeanspruchte Welle</td><td></td></tr>
<tr><td>12</td><td>Überschlägige Ermittlung des erforderlichen Durchmessers für die Vollwelle mit Kreisquerschnitt bei bekanntem Biegemoment
$d' \approx 3{,}4 \cdot \sqrt[3]{\frac{M_v}{\sigma_{bD}}}$</td><td>$\sigma_{bD} \approx \sigma_{bSch\,N}$ bzw. $\sigma_{bW\,N}$
$\sigma_{bSch\,N}$ bzw. $\sigma_{bW\,N}$ nach TB 1-1
eventuelle Querschnittsschwächungen sind zu berücksichtigen</td></tr>
</table>

Nr.	Formel	Hinweise
13	das für die Berechnung maßgebende Vergleichsmoment $M_v = \sqrt{M^2 + \left(\frac{\sigma_{bD}}{2 \cdot \tau_{tD}} \cdot T\right)^2}$ $M_v = \sqrt{M^2 + 0{,}75 \cdot \left(\frac{\sigma_{bD}}{\varphi \cdot \tau_{tD}} \cdot T\right)^2}$	$M = M_{eq} = K_A \cdot M_{res}$ $\varphi = 1{,}75$ $\sigma_{bD}/(\varphi \cdot \tau_{tD}) \approx 0{,}7$, wenn Biegung wechselnd und Torsion statisch oder schwellend $\sigma_{bD}/(\varphi \cdot \tau_{tD}) = 1$, wenn Biegung und Torsion im *gleichen* Lastfall $\sigma_{bD}/(\varphi \cdot \tau_{tD}) \approx 1{,}6$, wenn Torsion wechselnd und Biegung statisch oder schwellend
14	Überschlägige Ermittlung des erforderlichen Durchmessers für die Vollwelle mit Kreisquerschnitt bei unbekanntem Biegemoment a) bei relativ kleinem Lagerabstand $d' \approx 3{,}4 \cdot \sqrt[3]{\frac{M_V}{\sigma_{bD}}}$ bzw.	$T = T_{eq}$ nach Nr. 6 bzw. T_{max} $M_V \approx 1{,}17 \cdot T$
15	$d' \approx 760 \cdot \sqrt[3]{\frac{K_A \cdot P}{n \cdot \sigma_{bD}}}$	σ_{bD} wie bei Nr. 12 P, n s. zu Nr. 7
16	b) bei relativ großem Lagerabstand $d' \approx 3{,}4 \cdot \sqrt[3]{\frac{M_V}{\sigma_{bD}}}$ bzw.	$M_V \approx 2{,}1 \cdot T$
17	$d' \approx 920 \cdot \sqrt[3]{\frac{K_A \cdot P}{n \cdot \sigma_{bD}}}$	
18	Überschlägige Ermittlung des erforderlichen Außendurchmessers für die Hohlwelle mit Kreisquerschnitt bei bekanntem Biegemoment $d'_a \approx 3{,}4 \cdot \sqrt[3]{\frac{M_V}{(1 - k^4) \cdot \sigma_{bD}}}$	k s. zu Nr. 10 Innendurchmesser d_i nach Nr. 11 zu 7 … 18 s. auch Ablaufplan A 11-2
	Festigkeitsnachweis Nach dem Entwurf und der Gestaltung der Achsen und Wellen ist für die *kritischen Querschnitte*, z. B. Wellenabsätze, Eindrehungen, Gewindefreistiche u. a. als auch für die Querschnitte mit *maximaler Belastung*, der *statische* (auch bei dynamischer Belastung) und der *dynamische Sicherheitsnachweis* zu führen.	
19	Nachweis der statischen Sicherheit $S_F = \frac{1}{\sqrt{\left(\frac{\sigma_{b\,max}}{\sigma_{bF}}\right)^2 + \left(\frac{\tau_{t\,max}}{\tau_{tF}}\right)^2}} \geq S_{F\,min}$	s. Ablaufplan A 11-3 $\sigma_{b\,max}$, $\tau_{t\,max}$ nach den Gesetzen der Technischen Mechanik mit F_{max} bzw. T_{max} bestimmen $\sigma_{bF} \approx 1{,}2 \cdot R_{p0,2\,N} \cdot K_t$ $\tau_{tF} \approx 1{,}2 \cdot R_{p0,2\,N} \cdot K_t/\sqrt{3}$ $R_{p0,2\,N}$ nach TB 1-1 K_t nach TB 3-11a für Streckgrenze

<table>
<tr><th>Nr.</th><th>Formel</th><th>Hinweise</th></tr>
<tr><td>20</td><td>Vereinfachter Nachweis der dynamischen Sicherheit
$$S_D = \frac{1}{\sqrt{\left(\frac{\sigma_{ba}}{\sigma_{bGW}}\right)^2 + \left(\frac{\tau_{ta}}{\tau_{tGW}}\right)^2}} \geq S_{D\,erf} = S_{D\,min} \cdot S_z$$</td><td>s. Ablaufplan A 11-3
Genauerer dynamischer Nachweis nach Kapitel 3
σ_{ba}, τ_{ta} nach den Gesetzen der technischen Mechanik mit F_{eq} bzw. T_{eq} bestimmen
$\sigma_{bGW} = \sigma_{bWN} \cdot K_t / K_{Db}$
$\tau_{tGW} = \tau_{tWN} \cdot K_t / K_{Dt}$
σ_{bWN}, τ_{tWN} nach TB 1-1
K_t nach TB 3-11 a für Zugfestigkeit
K_{Db}, K_{Dt} s. Ablaufplan A 3-3
$S_{D\,min}$, S_z nach TB 3-14</td></tr>
<tr><td></td><td colspan="2">Kontrolle der elastischen Verformungen der Achsen und Wellen
Bei Torsionsbelastung ist die zulässige Verdrehung, bei Belastung durch Querkräfte sind die zulässige Durchbiegung und Schiefstellung an kritischen Schnittstellen und die zulässigen Neigungen in den Lagerstellen, zu kontrollieren.</td></tr>
<tr><td>21</td><td>a) Verformung bei Torsionsbeanspruchung
Verdrehwinkel für glatte Wellen
$$\varphi^\circ = \frac{180^\circ}{\pi} \cdot \frac{l \cdot \tau_t}{r \cdot G} = \frac{180^\circ}{\pi} \cdot \frac{T \cdot l}{G \cdot I_t}$$</td><td>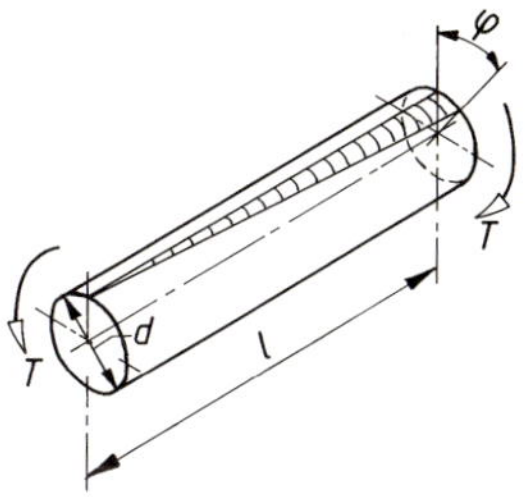
</td></tr>
<tr><td>22</td><td>erforderlicher Durchmesser der glatten Welle aus Stahl für einen zulässigen Verdrehwinkel $\varphi = 0{,}25^\circ/\text{m}$
$$d = 2{,}32 \cdot \sqrt[4]{T} \approx 129 \cdot \sqrt[4]{\frac{K_A \cdot P}{n}}$$</td><td>T nach Nr. 5
G nach TB 1-1
$I_t = I_p$ nach TB 11-3
Richtwerte für φ_{zul}: 0,25 … 0,5°/m Wellenlänge
<table><tr><th>d</th><th>T</th><th>K_A</th><th>P</th><th>n</th></tr><tr><td>mm</td><td>Nmm</td><td>1</td><td>kW</td><td>min^{-1}</td></tr></table></td></tr>
</table>

Nr.	Formel	Hinweise
23	für abgesetzte Wellen mit den Durchmessern $d_1, d_2 \ldots d_n$ und den zugehörigen Längen $l_1, l_2 \ldots l_n$ $\varphi^\circ \approx \frac{180^\circ}{\pi}\cdot\frac{(32/\pi)\cdot T}{G}\cdot\Sigma\left(\frac{l}{d^4}\right)$	Welle mit drei Absätzen und mit Antriebs- und Abtriebszapfen 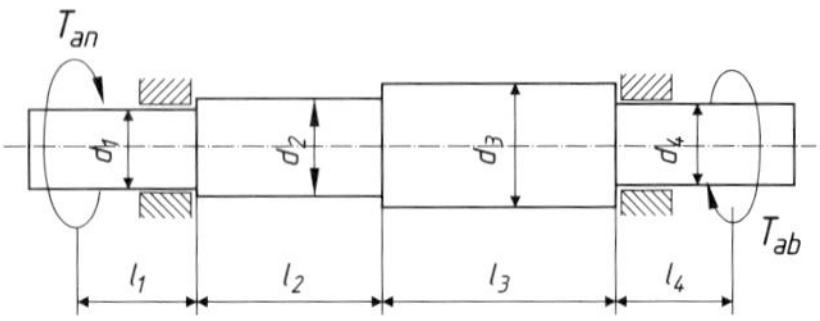
	b) Verformung bei Biegebeanspruchung Zweifach gelagerte Welle (Achse) mit *gleichbleibenden* Querschnitt u. einer angreifenden Kraft F:	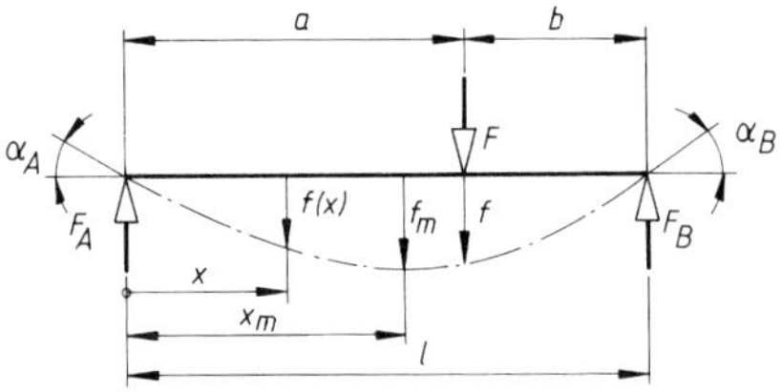
24	Durchbiegung unter der Kraft F: $f = \frac{F\cdot a^2\cdot b^2}{3\cdot E\cdot I\cdot l}$	
25	Maximale Durchbiegung: bei $a > b$: $f_m = \frac{F\cdot b\cdot\sqrt{(l^2-b^2)^3}}{9\cdot\sqrt{3}\cdot E\cdot I\cdot l}$	E nach TB 1-1 I nach TB 11-3
26	im Abstand $x_m = \sqrt{(l^2-b^2)/3}$ bei $a < b$: $f_m = \frac{F\cdot a\cdot\sqrt{(l^2-a^2)^3}}{9\cdot\sqrt{3}\cdot E\cdot I\cdot l}$	Richtwerte für zulässige Verformungen nach TB 11-5
27	im Abstand $x_m = l - \sqrt{(l^2-a^2)/3}$ Durchbiegung an der Stelle x, wenn $0 \le x \le a$: $f_{(x)} = \frac{F\cdot a\cdot b^2}{6\cdot E\cdot I}\cdot\left[\left(1+\frac{l}{b}\right)\cdot\frac{x}{l}-\frac{x^3}{a\cdot b\cdot l}\right]$	

Nr.	Formel	Hinweise
28	wenn $a \leq x \leq l$: $$f_{(x)} = \frac{F \cdot a^2 \cdot b}{6 \cdot E \cdot I} \cdot \left[\left(1 + \frac{l}{a}\right) \cdot \frac{l-x}{l} - \frac{(l-x)^3}{a \cdot b \cdot l}\right]$$	
29	Neigungen: $$\tan \alpha_A = \frac{F \cdot a \cdot b \cdot (l+b)}{6 \cdot E \cdot I \cdot l}$$	Richtwerte für zulässige Neigungen nach TB 11-5
30	$$\tan \alpha_B = \frac{F \cdot a \cdot b \cdot (l+a)}{6 \cdot E \cdot I \cdot l}$$	Weitere Belastungsfälle s. TB 11-6
	Zweifach gelagerte, abgesetzte Welle (Achse) mit Kreisquerschnitt und einer wirkenden Kraft F	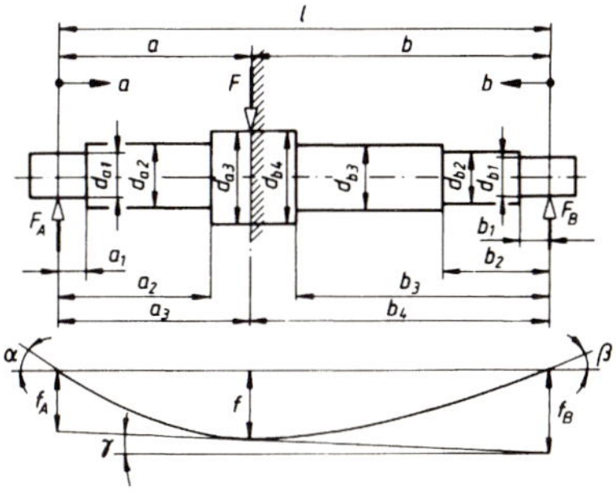
31	Durchbiegung unter der Kraft F $$f_A = \frac{6{,}79 \cdot F_A}{E} \cdot \left(\frac{a_1^3}{d_{a1}^4} + \frac{a_2^3 - a_1^3}{d_{a2}^4} + \frac{a_3^3 - a_2^3}{d_{a3}^4} + \ldots\right)$$	
32	$$f_B = \frac{6{,}79 \cdot F_B}{E} \cdot \left(\frac{b_1^3}{d_{b1}^4} + \frac{b_2^3 - b_1^3}{d_{b2}^4} + \frac{b_3^3 - b_2^3}{d_{b3}^4} + \ldots\right)$$	
33	$$f = f_A + \frac{a}{l} \cdot (f_B - f_A)$$	
34	Neigungen in den Zapfen $$\tan \alpha' \approx \frac{10{,}19 \cdot F_A}{E} \cdot \left(\frac{a_1^2}{d_{a1}^4} + \frac{a_2^2 - a_1^2}{d_{a2}^4} + \ldots\right)$$	
35	$$\tan \beta' \approx \frac{10{,}19 \cdot F_B}{E} \cdot \left(\frac{b_1^2}{d_{b1}^4} + \frac{b_2^2 - b_1^2}{d_{b2}^4} + \ldots\right)$$	
36	$$\tan \alpha \approx \alpha' + \frac{f_B - f_A}{l}$$	
37	$$\tan \beta \approx \beta' - \frac{f_B - f_A}{l}$$	

Nr.	Formel	Hinweise
38	resultierende Durchbiegung (aus Durchbiegungen in x- und y-Ebene) $f_{res} = \sqrt{f_x^2 + f_y^2}$	f_x bzw. f_y s. Nr. 24ff. bzw. nach TB 11-6 allgemein $f \leq l_a/3000$ mit Lagerabstand l_a in mm
39	resultierende Neigung $\tan\alpha_{res} = \sqrt{\tan^2\alpha_x + \tan^2\alpha_y}$	$\tan\alpha$ s. Nr. 29, 30 bzw. nach TB 11-6 ($\tan\beta$ analog)
40	$\tan\beta_{res} = \sqrt{\tan^2\beta_x + \tan^2\beta_y}$	
	Kontrolle der kritischen Drehzahl An Wellen können erzwungene Schwingungen als Biege- und Torsionsschwingungen (bei umlaufenden Achsen nur Biegeschwingungen) auftreten. Ursache hierfür sind dynamisch wirkende Momente. Stimmt dabei die Erregerfrequenz ω der erzwungenen Schwingung mit der Eigenkreisfrequenz ω_0 der Welle (Achse) überein, kommt es zur Resonanz, in deren Folge sehr große Durchbiegungen und Verdrehwinkel an der Welle (Achse) auftreten, die zu Brüchen führen können. Die Betriebsdrehzahl n sollte deshalb stets kleiner oder größer sein als die kritische Drehzahl n_{kr}.	
	a) biegekritische Drehzahl	
41	Eigenkreisfrequenz allgemein $\omega_k = \sqrt{\dfrac{c}{m}}$	
42	biegekritische Drehzahl bei zweifach gelagerten Wellen (umlaufenden Achsen) mit mehreren Einzelmassen $n_{kb} \approx 946 \cdot \sqrt{\dfrac{1}{f_{max}}}$	n_{kb} | k | f — min^{-1} | 1 | mm f Durchbiegung durch Massen (Gewichtskräfte), nicht durch äußere Kräfte
43	biegekritische Drehzahl unter Berücksichtigung der Lagerung bzw. Einspannung $n_{kb} \approx k \cdot 946 \cdot \sqrt{\dfrac{1}{f}}$	Einspannung: frei gelagerte umlaufende Achsen und Wellen (Normalfall) — k = 1 Einspannung: an den Enden eingespannte feststehende Achsen — k = 1,3

Nr.	Formel	Hinweise
	b) verdrehkritische Drehzahl	
44	Fall 1: Torsionspendel Eigenkreisfrequenz $\omega_k = \sqrt{\frac{c_t}{J}}$	

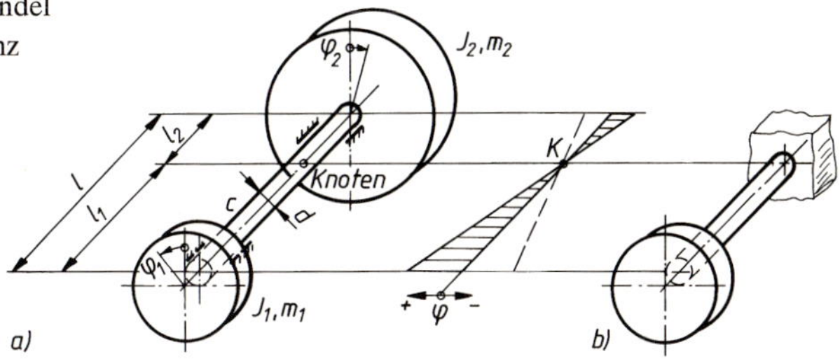

Nr.	Formel	Hinweise
45	verdrehkritische Drehzahl $n_{kt} = \frac{30}{\pi} \cdot \sqrt{\frac{c_t}{J}} \approx 72{,}3 \cdot \sqrt{\frac{T}{\varphi \cdot J}}$	Drehschwinger a) mit zwei Scheibenmassen (Zweimassensystem), b) Torsionspendel (ein Wellenende fest eingespannt)
46	Fall 2: Welle mit zwei Massen Eigenkreisfrequenz $\omega_k = \sqrt{c_t \cdot \left(\frac{1}{J_1} + \frac{1}{J_2}\right)}$	
47	verdrehkritische Drehzahl $n_{kt} = \frac{30}{\pi} \cdot \sqrt{c_t \cdot \left(\frac{1}{J_1} + \frac{1}{J_2}\right)}$ $\approx 72{,}3 \cdot \sqrt{\frac{T}{\varphi} \cdot \left(\frac{1}{J_1} + \frac{1}{J_2}\right)}$	*T* nach Nr. 5

n_{kt}	T	φ	J	c_t
min^{-1}	Nm	°	kgm^2	Nm

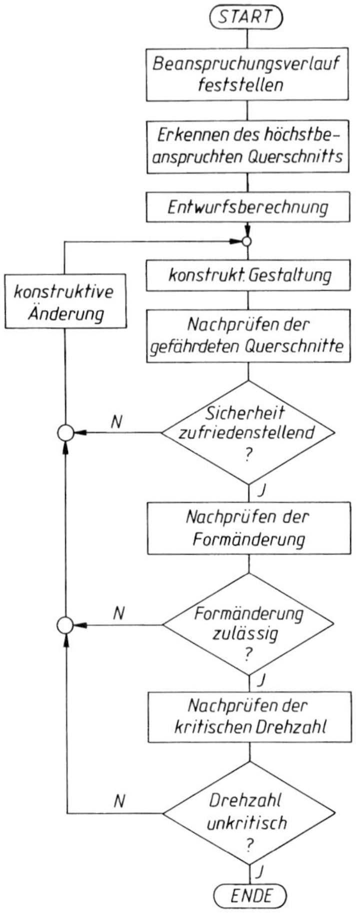

A 11-1 Vorgehensweise zur Berechnung von Achsen und Wellen

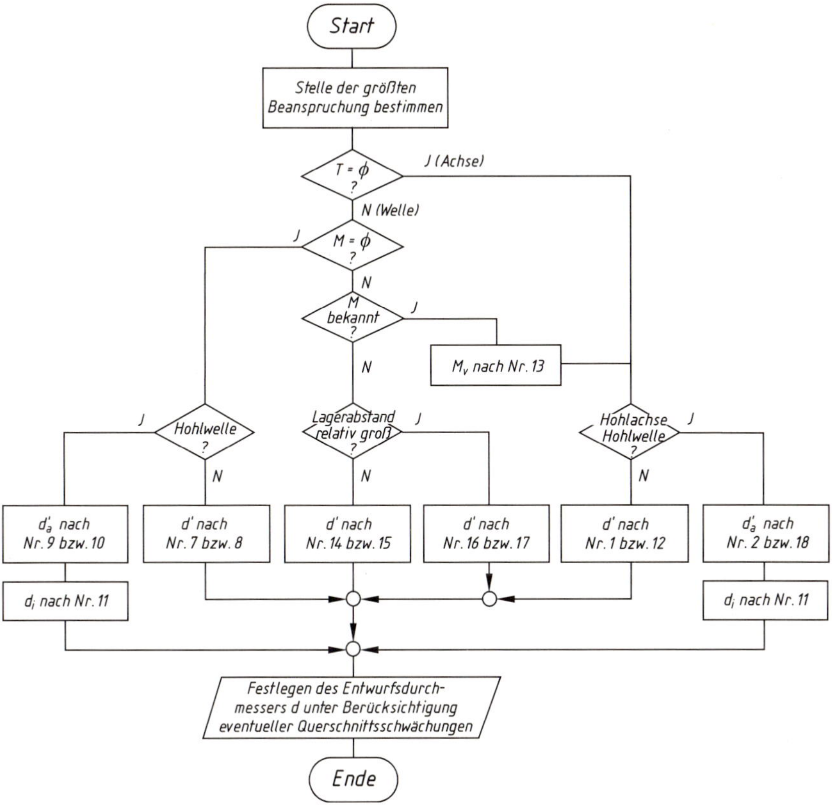

A 11-2 Ermittlung des Richtdurchmessers für Achsen und Wellen

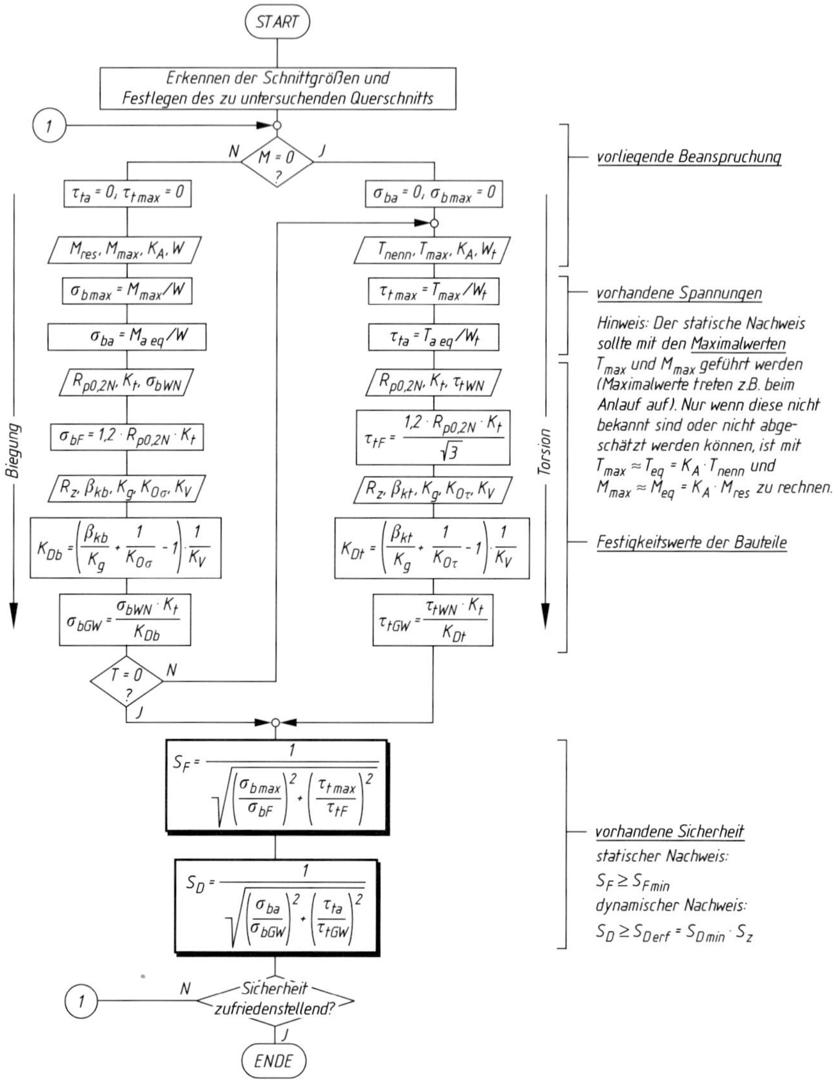

A 11-3 Vereinfachter Nachweis der statischen und dynamischen Sicherheit

Technische Regeln (Auswahl)

Technische Regeln		Titel
DIN 250	07.72	Rundungshalbmesser
DIN 509	08.66	Freistiche
DIN 668	10.81	Blanker Rundstahl; Maße, zulässige Abweichungen nach ISO-Toleranzfeld h 11
DIN 669	10.81	Blanke Stahlwellen; Maße, zulässige Abweichungen nach ISO-Toleranzfeld h 9
DIN 670	10.81	Blanker Rundstahl; Maße, zulässige Abweichungen nach ISO-Toleranzfeld h 8
DIN 671	10.81	–; Maße, zulässige Abweichungen nach ISO-Toleranzfeld h 9
DIN 743-1	10.00	Tragfähigkeitsberechnung von Wellen und Achsen; Einführung, Grundlagen
DIN 743-2	10.00	–; Formzahlen und Kerbwirkungszahlen
DIN 743-3	10.00	–; Werkstoff-Festigkeitswerte
DIN 748-1	01.70	Zylindrische Wellenenden; Abmessungen, Nenndrehmomente
DIN 1013-1	11.76	Stabstahl; Warmgewalzter Rundstahl für allgemeine Verwendung; Maße, zulässige Maß- und Formabweichungen
DIN 1013-2	11.76	–; Warmgewalzter Rundstahl für besondere Verwendung; Maße, zulässige Maß- und Formabweichungen
DIN 1448-1	01.70	Kegelige Wellenenden mit Außengewinde; Abmessungen
DIN 1449	01.70	Kegelige Wellenenden mit Innengewinde; Abmessungen
DIN 1651	04.88	Automatenstähle; Technische Lieferbedingungen
DIN 1652-1	11.90	Blankstahl; Technische Lieferbedingungen; Allgemeines
DIN 1652-2	11.90	–; Technische Lieferbedingungen; Blankstahl aus Einsatzstählen
DIN 1652-3	11.90	–; Technische Lieferbedingungen; Blankstahl aus Vergütungsstählen
DIN 5418	02.93	Wälzlager; Maße für den Einbau
DIN 59 360	10.81	Geschliffen-polierter blanker Rundstahl; Maße, zulässige Abweichungen nach ISO-Toleranzfeld h 7
DIN 59 361	10.81	–; Maße, zulässige Abweichungen nach ISO-Toleranzfeld h 6
DIN 75 532-2	04.79	Übertragung von Drehbewegungen; Biegsame Wellen
VDI 3840	01.89	Schwingungen von Wellensträngen; Erforderliche Berechnung

12 Elemente zum Verbinden von Wellen und Naben

Formelzeichen	Einheit	Benennung
A_F	mm²	Fugenfläche
A_{proj}	mm²	projizierte Fläche
a_{min}, a_{max}	μm	Mindest-, Höchstaufschubweg
C	1	Kegelverhältnis
D, D_1, D_2	mm	Durchmesser
D_A, D_I	mm	Durchmesser des Außen- bzw. Innenteils
D_F	mm	Fugendurchmesser
D_{Fm}	mm	mittlerer Fugendurchmesser
d, d_r	mm	Durchmesser, rechnerischer Durchmesser
d_m	mm	mittlerer Profildurchmesser
E_A, E_I	N/mm²	E-Modul des Außen- bzw. Innenteils
F_a	N, kN	Axialkraft
F_e	N, kN	Einpresskraft
F_{Kl}	N, kN	Klemmkraft
F_l	N	Längskraft
F_N, F'_N	N	Anpresskraft (Normalkraft)
F_R	N	Reibkraft, Rutschkraft
F_{Rl}	N	Rutschkraft in Längsrichtung
F_{Rt}	N	Rutschkraft in Umfangsrichtung
$F_{R\,res}$	N	resultierende Rutschkraft aus Längs- und Umfangskraft
F_{res}	N	resultierende Kraft aus Längs- und Tangentialkraft
F_S, F'_S	N	erforderliche Spannkraft
F_t	N	Tangentialkraft (Umfangskraft)
$F_{t\,eq}$	N	äquivalente Tangentialkraft am Fugendurchmesser d
F_{VM}	N	Montagevorspannkraft der Schraube
f_n	1	Anzahlfaktor bei Spannelementen
G	μm	Glättungstiefe
h'	mm	tragende Passfederhöhe, -Profilhöhe

Formelzeichen	Einheit	Benennung
K	1	Hilfsgröße zur Berücksichtigung des elastischen Verhaltens; Korrekturfaktor für die Flächenpressung
K_A	1	Anwendungsfaktor
L	mm	Nabenlänge
l, l_1, l_2	mm	Längen- bzw. Wirkabstände
l_F	mm	Fugenlänge
l'	mm	tragende Passfederlänge, -Profillänge
n	1, min^{-1}	Anzahl, Betriebsdrehzahl
n_g	min^{-1}	Grenzdrehzahl für den Fugendruck $p_F = 0$
P_T	µm	Passtoleranz
p_F, p_m	N/mm²	Fugendruck, mittlere Flächenpressung
p_{Fg}, p_{Fk}	N/mm²	größter bzw. kleinster Fugendruck
$p_{F\,zul}, p_{zul}$	N/mm²	zulässiger Fugendruck, zulässige Flächenpressung
p_N, p_W	N/mm²	Fugendruck auf die Nabe, – Welle bei Spannelementen
Q_A, Q_I	1	Durchmesserverhältnis
R_{eA}, R_{eI}	N/mm²	Streckgrenze des Außenteil- bzw. Innenteilwerkstoffes
R_m	N/mm²	Zugfestigkeit
R_{zAi}, R_{zIa}	µm	gemittelte Rautiefe der Fugenflächen des Außenteils innen bzw. des Innenteiles außen
S_H	1	Haftsicherheit
S_p	1	Sicherheit gegen plastische Verformung
S_u	µm	Einführspiel
T_B, T_W	µm	Toleranz der Bohrung, – der Welle
T_{eq}	Nmm, Nm	äquivalentes Nenndrehmoment
T_n	Nmm, Nm	übertragbares Drehmoment bei der Betriebsdrehzahl n
T_{nenn}	Nmm, Nm	Nenndrehmoment
T_{Tab}	Nm	von einem Spannelement übertragbares Drehmoment bei einer Fugenpressung p_W bzw. p_N (Tabellenwert)
$\ddot{U}_o, \ddot{U}_u$	µm	Höchst- bzw. Mindestübermaß
Z_g, Z_k	µm	größtes bzw. kleinstes Haftmaß
α	°	Kegelwinkel, Einstellwinkel

Formelzeichen	Einheit	Benennung
α_A, α_I	K^{-1}	Längenausdehnungskoeffizient des Außen- bzw. Innenteiles
ϑ	°C, K	Raumtemperatur
ϑ_A, ϑ_I	°C, K	Fügetemperatur des Außen- bzw. Innenteiles
μ	1	Reibungszahl, Haftbeiwert
μ_e	1	Einpress-Haftbeiwert
ν_A, ν_I	1	Querdehnzahl für das Außen- bzw. Innenteil
ϱ	kg/m^3, 1	Dichte, Reibungswinkel
σ_{tAa}, σ_{tAi}	N/mm^2	Tangentialspannung im Außenteil außen bzw. innen
σ_{tIa}, σ_{tIi}	N/mm^2	Tangentialspannung im Innenteil außen bzw. innen
σ_{rAi}	N/mm^2	Radialspannung im Außenteil innen
σ_{rIa}	N/mm^2	Radialspannung im Innenteil außen
σ_{vAi}, σ_{vIi}	N/mm^2	Vergleichsspannung im Außenteil innen bzw. Innenteil innen
φ	1	Tragfaktor zur Berücksichtigung der Passfederanzahl

Nr.	Formel	Hinweise

Passfederverbindungen

Passfederverbindungen brauchen im Allgemeinen nur bei kurzen Federn ($l < 0{,}8 \cdot d$) an den Seitenflächen (Tragflächen) der Nuten des festigkeitsmäßig schwächeren Teiles (meist Nabe) auf Flächenpressung nachgerechnet werden. Die ebenfalls auftretende Scherspannung ist bei Normabmessungen unkritisch. Die Berechnung gilt für einseitig wirkende Betriebskraft und annähernd gleichmäßiger Pressungsverteilung über der Passfederlänge. Bei anderen Kraftverteilungen oder wechselnder Betriebskraft sollte nach DIN 6892, Methode B, gerechnet werden.

Nr.	Formel	Hinweise
1	*Flächenpressung* auf die Seitenflächen von Welle, Nabe bzw. Passfeder $p_m \approx \dfrac{F_{t,eq}}{h' \cdot l' \cdot n \cdot \varphi} \approx \dfrac{2 \cdot K_A \cdot T_{nenn}}{d \cdot h' \cdot l' \cdot n \cdot \varphi} \leq p_{zul}$	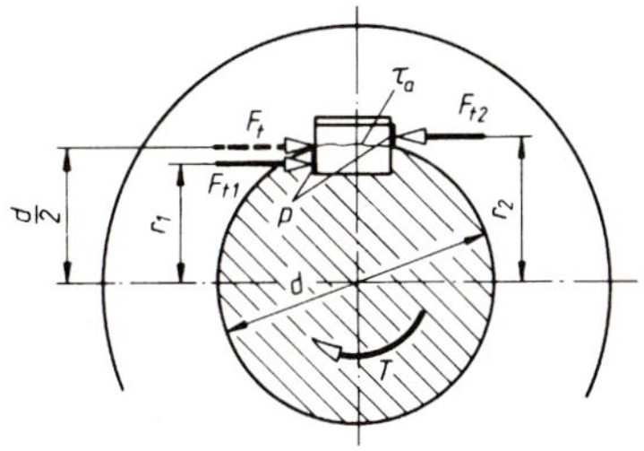
2	*erforderliche Mindestlänge* zur Übertragung des Drehmomentes $l' \geq \dfrac{F_{t,eq}}{h' \cdot n \cdot \varphi \cdot p_{zul}} \approx \dfrac{2 \cdot K_A \cdot T_{nenn}}{d \cdot h' \cdot n \cdot \varphi \cdot p_{zul}}$ Hinweis: Aufgrund der ungleichmäßigen Flächenpressung wegen der relativen Verdrillung von Welle und Nabe kann nur mit einer tragenden Länge $l' \leq 1{,}3 \cdot d$ gerechnet werden	K_A nach TB 3-5 $T_{nenn} \approx 9550 \dfrac{P}{n}$ (Einheiten: T_{nenn} in Nm, P in kW, n in min^{-1}) Regelfall $n = 1 \rightarrow \varphi = 1$ Ausnahme $n = 2 \rightarrow \varphi = 0{,}75$ $h' \approx 0{,}45 \cdot h$; Werte für h, l, b aus TB 12-2 Richtwerte für p_{zul} nach TB 12-1b (maßgebend ist der „schwächere" Werkstoff, meistens der Nabe) l' tragende Passfederlänge $l' = l - b$ für rundstirnige Formen (A, C, E) $l' = l$ für geradstirnige Formen (B, D, F … J)

Keil- und Zahnwellenverbindungen

Sie sind für größere, wechselnd und stoßhaft wirkende Drehmomente (bei Flankenzentrierung) geeignet. Die Berechnung ist wie bei Passfederverbindungen im Allgemeinen nur bei kurzen Traglängen erforderlich.

Nr.	Formel	Hinweise
3	vorhandene mittlere *Flächenpressung* der *Keilwellenverbindung* $p_m \approx \dfrac{2 \cdot K_A \cdot T_{nenn}}{d_m \cdot L \cdot h' \cdot 0{,}75 \cdot n} \leq p_{zul}$	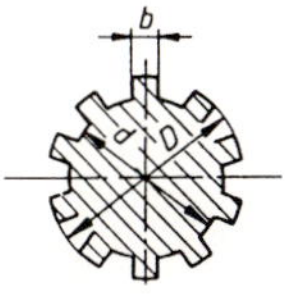 $h' \approx 0{,}4 \cdot (D - d)$; $d_m = (D + d)/2$ mit D und d aus TB 12-3a n aus TB 12-3a K_A, T_{nenn}, p_{zul} wie zu Nr. 1 $L \leq 1{,}3 \cdot d$

Nr.	Formel	Hinweise
4	*Zahnwellenverbindung* – *Kerbzahnprofil* $p_m \approx \dfrac{2 \cdot K_A \cdot T_{nenn}}{d_5 \cdot L \cdot h' \cdot 0{,}75 \cdot n} \leq p_{zul}$	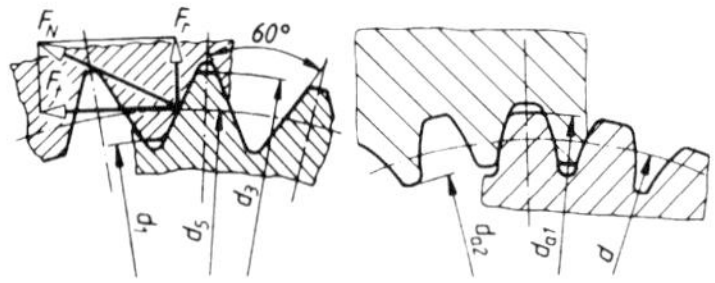 für das Kerbzahnprofil wird $h' \approx 0{,}5(d_3 - d_1)$;
5	– *Evolventenzahnprofil* $p_m \approx \dfrac{2 \cdot K_A \cdot T_{nenn}}{d \cdot L \cdot h' \cdot 0{,}75 \cdot n} \leq p_{zul}$	für das Evolventenzahnprofil $h' \approx 0{,}5[d_{a1} - (d_{a2} + 0{,}16 \cdot m)]$; mit den Werten aus TB 12-4 K_A, T_{nenn}, p_{zul} und L wie zu Nr. 3
	Polygonverbindungen Sie sind zum Übertragen stoßartiger Drehmomente geeignet. Unter Last längsverschiebbar ist nur das P4C-Profil	
6	mittlere Flächenpressung für das Profil – P3G $p_m \approx \dfrac{K_A \cdot T_{nenn}}{l' \cdot (0{,}75 \cdot \pi \cdot e_1 \cdot d_1 + 0{,}05 \cdot d_1^2)}$ $\leq p_{zul}$	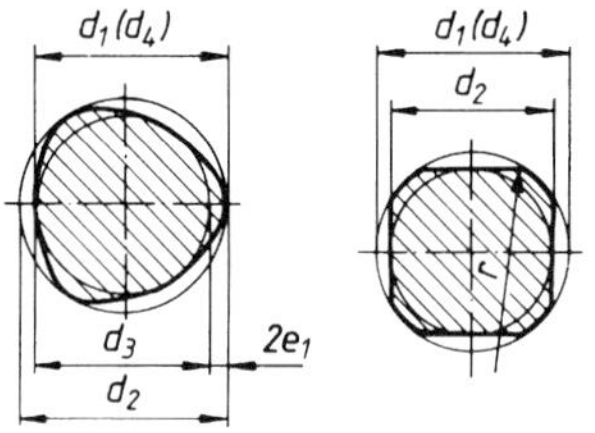 P3G P4C
7	– P4C $p_m \approx \dfrac{K_A \cdot T_{nenn}}{l' \cdot (\pi \cdot e_r \cdot d_r + 0{,}05 \cdot d_r^2)} \leq p_{zul}$	
8	Mindest-Nabenwandstärke $s \geq c \cdot \sqrt{\dfrac{K_A \cdot T_{nenn}}{\sigma_{z\,zul} \cdot L}}$	see below

p, σ	T	l, d, e, s, L	K_A, c
N/mm²	Nmm	mm	1

Profilgrößen aus TB 12-5;
$p_{zul} (\approx \sigma_{z\,zul})$ aus TB 12-1

Richtwerte für Profilfaktor c

d_4	P3G	P4C
≤35	1,44	0,7
>35	1,2	

$e_r = (d_1 - d_2)/4$
$d_r = d_2 + 2e_r$

Nr.	Formel	Hinweise
	Zylindrische Pressverbände Sie können als Quer- oder Längspressverband hergestellt werden, wobei sich ihre Berechnung nur durch die Montagebedingungen – Erwärmung/Unterkühlung um $\Delta\vartheta$ bzw. Einpresskraft F_e – unterscheidet.	
9	Durchmesserverhältnisse $Q_A = \frac{D_F}{D_{Aa}} < 1;\; Q_I = \frac{D_{Ii}}{D_F} < 1$	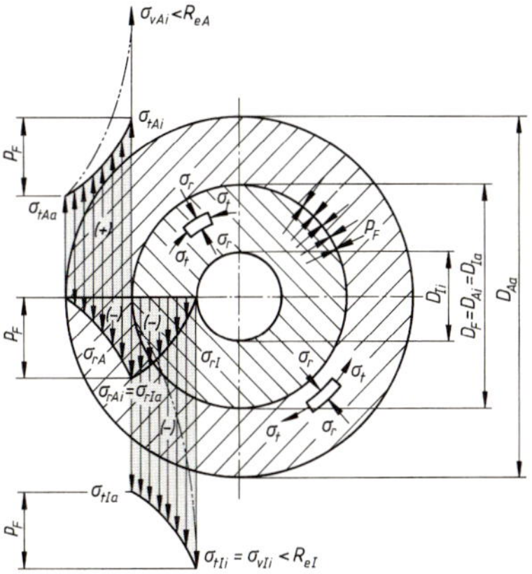 Bedeutung der Indizes: t tangential r radial A_a Außenteil außen A_i Außenteil innen I_a Innenteil außen I_i Innenteil innen
10	auftretende *Spannungen* bei rein elastischer Pressung – Innenteil als *Hohlwelle* $\sigma_{tAi} = p_F \cdot \frac{1 + Q_A^2}{1 - Q_A^2}$ $\sigma_{tAa} = p_F \cdot \frac{1 + Q_A^2}{1 - Q_A^2} - p_F = \sigma_{tAi} - p_F$ $-\sigma_{tIi} = p_F \cdot \frac{1 + Q_I^2}{1 - Q_I^2} + p_F = \frac{2 \cdot p_F}{1 - Q_I^2}$ $-\sigma_{tIa} = p_F \cdot \frac{1 + Q_I^2}{1 - Q_I^2}$ $\lvert\sigma_{rAi}\rvert = \lvert\sigma_{rIa}\rvert = \lvert p_F\rvert$	
11	– Innenteil als Vollwelle ($D_{ii} = 0$) $\sigma_{tIi} = \sigma_{tIa} = -p_F$	
12	Vergleichsspannung an den gefährdeten Stellen $\sigma_{vAi} = \frac{2 \cdot p_F}{1 - Q_A^2} \le \frac{2}{\sqrt{3}} \cdot \frac{R_{eA}\ (\text{bzw. } R_{p0,2\,A})}{S_{FA}}$ $\sigma_{vIi} = \sigma_{tIi} = \left\lvert -\frac{2 \cdot p_F}{1 - Q_I^2} \right\rvert \le \frac{2}{\sqrt{3}} \cdot \frac{R_{eI}\ (\text{bzw. } R_{p0,2\,I})}{S_{FI}}$	$R_{eA} = K_t \cdot R_{eN}$ bzw. $R_{p0,2\,A} = K_t \cdot R_{p0,2\,N}$ R_{eN}, $R_{p0,2\,N}$ nach TB 1-1 bis TB 1-2, bei spröden Werkstoffen (z. B. Grauguss) ist R_{eN} durch R_{mN} zu ersetzen K_t nach TB 3-11a bis b $S_F \approx 1 \ldots 1{,}3$ bei duktilen Werkstoffen $S_F = 2 \ldots 3$ bei spröden Werkstoffen

Nr.	Formel	Hinweise
13	Rutschkraft in Längs-, Umfangs- und resultierender Richtung $F_{\text{Rl}} = (K_A \cdot S_H) \cdot F_l$ $F_{\text{Rt}} = (K_A \cdot S_H) \cdot F_t$ $F_{\text{R res}} = (K_A \cdot S_H) \cdot F_{\text{res}}$	K_A nach TB 3-5 $S_H \approx 1{,}5 \ldots 2$ $F_{\text{res}} = \sqrt{F_l^2 + F_t^2}$
14	erforderliche kleinste Fugenpressung zur Übertragung der Rutschkraft $p_{\text{Fk}} = \dfrac{F_{\text{Rl}}}{A_F \cdot \mu}$ $p_{\text{Fk}} = \dfrac{F_{\text{Rt}}}{A_F \cdot \mu}$ $p_{\text{Fk}} = \dfrac{F_{\text{R res}}}{A_F \cdot \mu}$	$A_F = D_F \cdot \pi \cdot l_F$ μ nach TB 12-6a
15	Hilfsgröße zur Berücksichtigung des elastischen Verhaltens $K = \dfrac{E_A}{E_I}\left(\dfrac{1 + Q_I^2}{1 - Q_I^2} - \nu_I\right) + \dfrac{1 + Q_A^2}{1 - Q_A^2} + \nu_A$	ν_A, ν_I nach TB 12-6b E_A, E_I nach TB 1-1 bis TB 1-3
16	kleinstes erforderliches Haftmaß $Z_k = \dfrac{p_{\text{Fk}} \cdot D_F}{E_A} \cdot K$	
17	beim Fügen auftretende Glättung $G = 0{,}8 \cdot (R_{\text{zAi}} + R_{\text{zIa}})$	R_{zAi}, R_{zIa} aus TB 2-9
18	*kleinstes* messbares erforderliches *Übermaß* (Mindestübermaß) vor dem Fügen $\ddot{U}_u = Z_k + G$	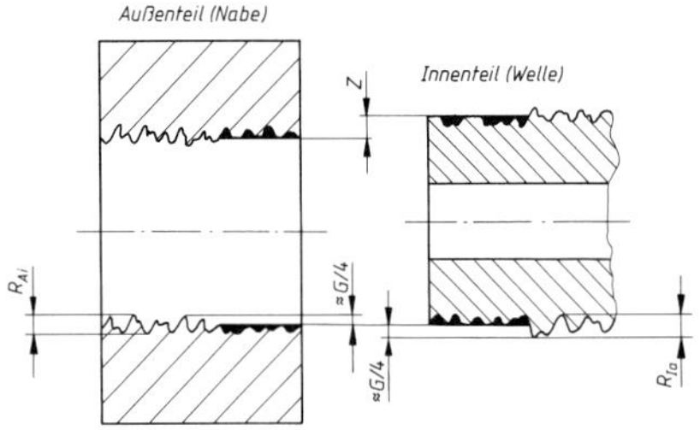
19	größte zulässige Fugenpressung – für die Nabe (Außenteil Innen) $p_{\text{Fg}} \le \dfrac{R_{\text{eA}}}{S_{\text{FA}}} \cdot \dfrac{1 - Q_A^2}{\sqrt{3}}$	
20	–für die Hohlwelle (Innenteil Innen) $p_{\text{FgI}} \le \dfrac{R_{\text{eI}}}{S_{\text{FI}}} \cdot \dfrac{1 - Q_I^2}{\sqrt{3}}$	R_e, S_F siehe zu Nr. 12

Nr.	Formel	Hinweise
21	– für die Vollwelle $p_{FgI} \leq \frac{R_{eI}}{S_{FI}} \cdot \frac{2}{\sqrt{3}}$	Es ist stets der kleinere Wert p_{Fg} oder p_{FgI} maßgebend
22	größtes zulässiges Haftmaß $Z_g = \frac{p_{Fg} \cdot D_F}{E_A} \cdot K$	K siehe zu Nr. 15
23	*größtes* messbares erforderliches *Übermaß* (Höchstübermaß) vor dem Fügen $\ddot{U}_o = Z_g + G$	G siehe zu Nr. 17
24	Passtoleranz $P_T = \ddot{U}_o - \ddot{U}_u$ $P_T = T_B + T_W$	

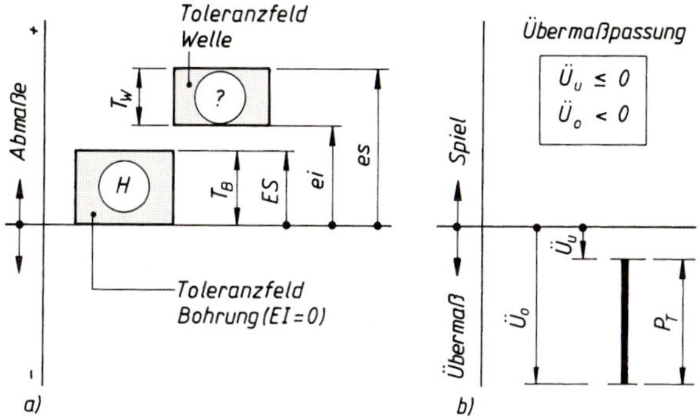

Nr.	Formel	Hinweise
25	max. von der Verbindung *übertragbares Nenn-Drehmoment* unter Ausnutzung des zul. Fugendruckes – bei vollem Außenteil $T_{nenn} \leq \frac{p_{Fg} \cdot D_F^2 \cdot \pi \cdot l_F \cdot \mu}{2 \cdot K_A \cdot S_H}$ – bei unterschiedlichen Außenteildurchmessern $T_{ges} = T_1 + T_2 + \ldots + T_n$ Hinweis: Für jede Teillänge ($l_{F1} \ldots l_{Fn}$) mit dem zugehörigen Außendurchmesser ($D_{Aa1} \ldots D_{Aan}$) des Außenteils wird das übertragbare Moment ($T_1 \ldots T_n$) einzeln ermittelt	für das System *Einheitsbohrung* wird empfohlen 1. Bohrung H6 mit Welle des 5. Toleranzgrades, 2. Bohrung H7 mit Welle des 6. Toleranzgrades, 3. Bohrung H8 mit Welle des 7. Toleranzgrades, 4. Bohrungen H8, H9 usw. mit Wellen der gleichen Toleranzgrade Bei Paarungen 1. bis 3. gilt: $T_B \approx 0{,}6 \cdot P_T$, bei 4: $T_B \approx 0{,}5 \cdot P_T$ A_F s. Nr. 14

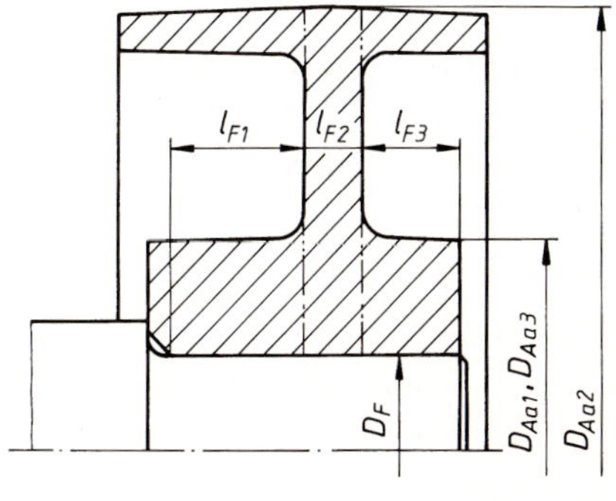

<table>
<tr><th>Nr.</th><th>Formel</th><th>Hinweise</th></tr>
<tr><td>26</td><td>erforderliche Einpresskraft zum Fügen eines Längspressverbandes
$F_e \approx A_F \cdot p'_{Fg} \cdot \mu_e$</td><td>$p'_{Fg} = \frac{(\ddot{U}'_o - G) \cdot p_{Fg}}{Z_g} = \frac{(\ddot{U}'_o - G) \cdot E_A}{D_F \cdot K}$
μ_e nach TB 12-6a</td></tr>
<tr><td>27</td><td>erforderliche Temperaturdifferenz zum Fügen eines Querpressverbandes
$\vartheta_A \approx \vartheta + \frac{\ddot{U}'_o + S_u}{\alpha_A \cdot D_F} + \frac{\alpha_I}{\alpha_A}(\vartheta_I - \vartheta)$</td><td>$\ddot{U}'_o$ als wirkliches Größtübermaß zwischen beiden Teilen
μ_e nach TB 12-6c
$S_u \approx D_F/1000$ oder vorteilhafter
$S_u \approx \ddot{U}'_o/2$
Hinweis: Die Fügetemperatur ϑ_A darf die Werte nach TB 12-6c nicht überschreiten.</td></tr>
<tr><td>28</td><td>Grenzdrehzahl, bei der durch Einfluss der Fliehkraft der Fugendruck aufgehoben wird ($p_F = 0$)
$n_g = \frac{2}{\pi \cdot D_{Aa}} \sqrt{\frac{2 \cdot p'_{Fk}}{(3 + \nu) \cdot (1 - Q_A^2) \cdot \varrho}}$
$\approx 29 \cdot 10^6 \cdot \sqrt{\frac{p'_{Fk}}{D_{Aa}^2 \cdot (1 - Q_A^2) \cdot \varrho}}$</td><td>$\varrho$ nach TB 12-6b
Q_A s. Nr. 9
p'_{Fk} ähnlich wie zu Nr. 26
<table>
<tr><th>n_g</th><th>D_{Aa}</th><th>Q_A</th><th>p'_{Fk}</th><th>ϱ</th></tr>
<tr><td>min^{-1}</td><td>mm</td><td>1</td><td>N/mm^2</td><td>kg/m^3</td></tr>
</table>
(gilt für Zahlenwertgleichung)
Die Gleichung gilt nur für Rotationskörper als Vollscheiben aus Stahl.
Der Einfluss der Fliehkraft ist für „normale" Drehzahlen unbedeutend.</td></tr>
<tr><td>29</td><td>bei der Betriebsdrehzahl n übertragbares Drehmoment
$T_n = T\left[1 - \left(\frac{n}{n_g}\right)^2\right]$</td><td></td></tr>
<tr><td></td><td>Kegelpressverbände</td><td></td></tr>
<tr><td>30</td><td>Kegelverhältnis
$C = \frac{1}{x} = \frac{D_1 - D_2}{l}$</td><td rowspan="2">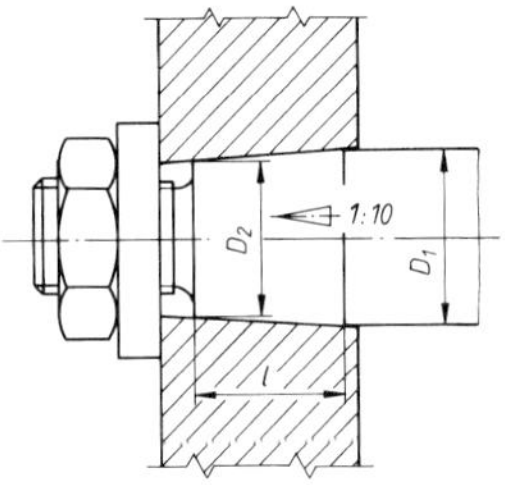
</td></tr>
<tr><td>31</td><td>Kegel-Neigungswinkel (Einstellwinkel)
$\tan\left(\frac{\alpha}{2}\right) = \frac{D_1 - D_2}{2 \cdot l}$</td></tr>
</table>

Nr.	Formel	Hinweise
32	Mindestaufschubweg zur Erzeugung des erforderlichen Fugendruckes $a_{\min} = \dfrac{\ddot{U}_u}{2 \cdot \tan(\alpha/2)} = \dfrac{Z_k + G}{2 \cdot \tan(\alpha/2)}$	C, $(\alpha/2)$ s. TB 12-8 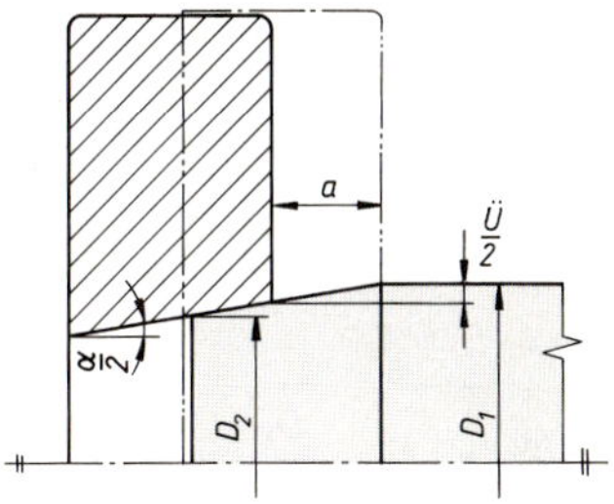
33	maximal zulässiger Aufschubweg $a_{\max} = \dfrac{\ddot{U}_o}{2 \cdot \tan(\alpha/2)} = \dfrac{Z_g + G}{2 \cdot \tan(\alpha/2)}$	
34	kleinstes Haftmaß $Z_k = \dfrac{p_{Fk} \cdot D_{mF} \cdot K}{E_A \cdot \cos(\alpha/2)}$	$D_{mF} = \dfrac{D_1 + D_2}{2}$ K nach Nr. 15
35	größtes zulässiges Haftmaß $Z_g = \dfrac{p_{Fg} \cdot D_{mF} \cdot K}{E_A \cdot \cos(\alpha/2)}$	Hinweis: bei $(\alpha/2) = 0°$ liegen die Verhältnisse des zylindrischen Pressverbandes vor
36	erforderliche *axiale Einpresskraft* zur Übertragung des Drehmoments $F_e \geq \dfrac{2 \cdot K_A \cdot S_H \cdot T_{nenn}}{D_{mF}} \cdot \dfrac{\sin(\varrho + \alpha/2)}{\sin \varrho}$	K_A aus TB 3-5 $S_H \approx 1{,}2 \ldots 1{,}5$ $\varrho = \arctan \mu$ mit $\mu \mathrel{\hat{=}} \mu_e$ aus TB 12-6a
37	erforderliche *kleinste Fugenpressung* zur Übertragung des Drehmoments $p_{Fk} = \dfrac{2 \cdot K_A \cdot S_H \cdot T_{nenn} \cdot \cos(\alpha/2)}{D_{mF}^2 \cdot \pi \cdot \mu \cdot l} \leq p_{Fg}$	l = tragende Kegellänge p_{Fg} nach Nr. 19 bis Nr. 21 mit $Q_A = D_{mF}/D_{Aa}$ und $Q_I = D_{Ii}/D_{mF}$
38	maximal von der Verbindung *übertragbares Nenn-Drehmoment* unter Ausnutzung des zulässigen Fugendruckes $T_{nenn} \leq \dfrac{p_{Fg}}{K_A \cdot S_H} \cdot \dfrac{D_{mF}^2 \cdot \pi \cdot \mu \cdot l}{2 \cdot \cos(\alpha/2)}$	
	Spannelement-Verbindungen Die Auslegung von Spannelement-Verbindungen erfolgt nach Herstellerangaben. Die Hersteller ermitteln in der Regel in Versuchen die übertragbaren Momente bzw. Längskräfte für vorgegebene Fugendrücke. Weicht der erforderliche Fugendruck zur Übertragung des Momentes/der Längskraft bzw. der maximal zulässige Fugendruck von diesen Werten ab, sind die übertragbaren Werte nach Nr. 43 zu korrigieren.	
39	von n Elementen übertragbares äquivalentes Drehmoment $T_{ges} = T_{Tab} \cdot f_n \geq T_{eq} = K_A \cdot T_{nenn}$	T_{Tab}, $F_{a\,Tab}$ Tabellenwerte aus TB 12-9 K_A nach TB 3-5

Nr.	Formel	Hinweise
40	von der Verbindung übertragbare äquivalente Axialkraft $F_{\mathrm{a\,ges}} = F_{\mathrm{a\,Tab}} \cdot f_{\mathrm{n}} \geq F_{\mathrm{a,eq}}$ $= K_{\mathrm{A}} \cdot F_{\mathrm{a\,nenn}}$	Anzahl der Elemente: 1 / 2 / 3 / 4 Faktor f_{n} bei geölten Elementen: 1 / 1,55 / 1,85 / 2,02
41	übertragbares Drehmoment bei gleichzeitig wirkender Axialkraft $T_{\mathrm{ges}} = T_{\mathrm{Tab}} \cdot f_{\mathrm{n}} \geq T_{\mathrm{res}}$ $\approx \sqrt{T_{\mathrm{eq}}^2 + \left(F_{\mathrm{a,eq}} \cdot \frac{D_{\mathrm{F}}}{2}\right)^2}$	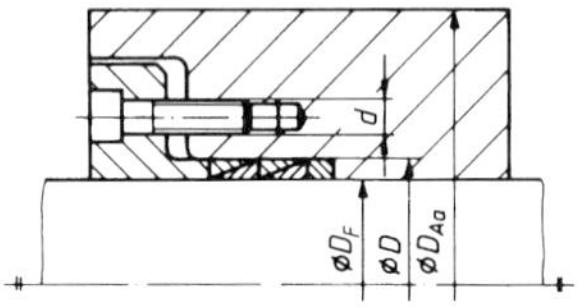
42	erforderlicher Außendurchmesser bzw. Innendurchmesser der Radnabe $D_{\mathrm{Aa}} \geq D \cdot \sqrt{\frac{R_{\mathrm{eA}} + p_{\mathrm{N}} \cdot C}{R_{\mathrm{eA}} - p_{\mathrm{N}} \cdot C}} + d$ $D_{\mathrm{Ii}} \geq D_{\mathrm{F}} \cdot \sqrt{\frac{R_{\mathrm{eI}} - 2p_{\mathrm{W}} \cdot C}{R_{\mathrm{eI}}}} - d$	$C \approx 1$ für Nabenlänge = Spannsatzbreite $C \approx 0{,}6$ für Nabenlänge $\geq 2 \cdot$ Spannsatzbreite und Schrauben in Welle $C \approx 0{,}8$ für Nabenlänge $\geq 2 \cdot$ Spannsatzbreite und Schrauben in Nabe $d \approx$ Gewinde-Nenndurchmesser R_{eA}, R_{eI} aus TB 1-1 bis TB 1-2; bei spröden Werkstoffen ersatzweise $0{,}5 \cdot R_{\mathrm{m}}$ Hinweis: Die Werkstoffkennwerte müssen mit K_{t} aus TB 3-11a bis b auf die Bauteilgröße umgerechnet werden. $p_{\mathrm{N}}, p_{\mathrm{W}}, F_{\mathrm{S}}$ Tabellenwerte aus TB 12-9 $p'_{\mathrm{N}}, p'_{\mathrm{W}}$ tatsächlich realisierte Fugenpressung p_{Fg} nach Nr. 19 bis Nr. 21 mit $Q_{\mathrm{A}} = D_{\mathrm{F}}/D_{\mathrm{Aa}}$ und $Q_{\mathrm{I}} = D_{\mathrm{Ii}}/D_{\mathrm{F}}$ (Bei der Berechnung von p_{Fg} für die Welle gilt $F'_{\mathrm{S}} \leq F_{\mathrm{S}} \cdot p_{\mathrm{Fg}}/p_{\mathrm{W}}$)
43	erforderliche Spannkraft (Anpresskraft) zum Aufbau des Fugendruckes $F'_{\mathrm{S}} = F_{\mathrm{S}} \frac{T_{\mathrm{eq}}}{T_{\mathrm{ges}}} = F_{\mathrm{S}} \frac{p'_{\mathrm{N}}}{p_{\mathrm{N}}}$ $= F_{\mathrm{S}} \frac{p'_{\mathrm{W}}}{p_{\mathrm{W}}} \leq F_{\mathrm{S}} \frac{p_{\mathrm{Fg}}}{p_{\mathrm{N}}}$	

<table>
<tr><th>Nr.</th><th>Formel</th><th>Hinweise</th></tr>
<tr><td></td><td colspan="2">Klemmverbindungen</td></tr>
<tr><td></td><td>geteilte Scheibennabe</td><td rowspan="2">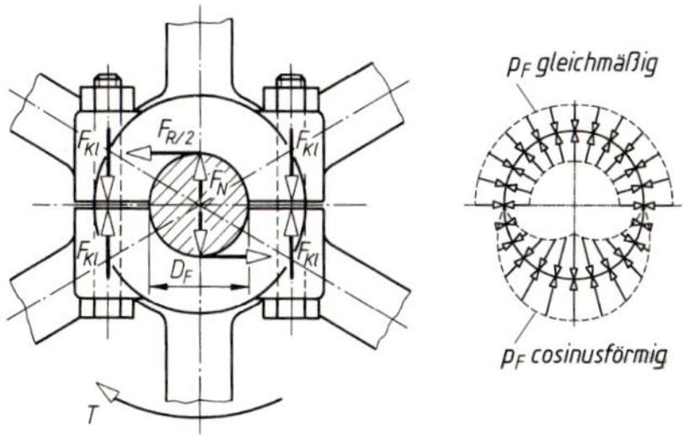
</td></tr>
<tr><td>44</td><td>erforderliche kleinste Fugenpressung zur Übertragung des Drehmomentes
$$p_{Fk} \geq \frac{2 \cdot K_A \cdot T_{nenn} \cdot S_H}{\pi \cdot D_F^2 \cdot l_F \cdot \mu} \cdot K \leq p_{F\,zul}$$</td></tr>
<tr><td>45</td><td>erforderliche Klemmkraft je Schraube
$$F_{Kl} \geq \frac{2 \cdot K_A \cdot T_{nenn} \cdot S_H \cdot K}{n \cdot \pi \cdot D_F \cdot \mu}$$</td><td></td></tr>
<tr><td>46</td><td>tatsächliche mittlere Fugenpressung im Montagezustand
$$p'_F = \frac{n \cdot F_{VM}}{D_F \cdot l_F} \leq p_{F\,zul}$$</td><td>K_A nach TB 3-5
$T_{nenn} \approx 9550 \ \frac{P}{n}$
<table><tr><th>T_{nenn}</th><th>P</th><th>n</th></tr><tr><td>Nm</td><td>kW</td><td>min^{-1}</td></tr></table>
μ aus TB 12-6a (Querpressverband)
$S_H \approx 1{,}5 \ldots 2$
$K = 1$ für gleichmäßige Flächenpressung
$K = \pi^2/8$ für cosinusförmige Flächenpressung
$K = \pi/2$ für linienförmige Berührung
Für genauere Berechnungen cosinusförmige Flächenpressung verwenden
$p_{F\,zul}$ Anhaltswerte nach TB 12-1; der „schwächere“ Werkstoff von Welle bzw. Nabe ist entscheidend
F_{VM} nach Kapitel 8</td></tr>
<tr><td></td><td>geschlitzte Hebelnabe</td><td rowspan="3">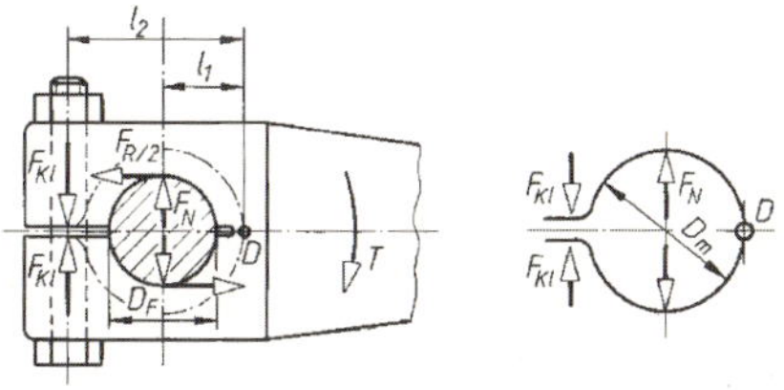
</td></tr>
<tr><td>47</td><td>erforderliche Anpresskraft je Nabenhälfte
$$F_N \geq \frac{K_A \cdot T_{nenn}}{D_F \cdot \mu}$$</td></tr>
<tr><td>48</td><td>erforderliche Klemmkraft je Schraube
$$F_{Kl} \geq \frac{K_A \cdot T_{nenn} \cdot S_H \cdot l_1}{n \cdot D_F \cdot \mu \cdot l_2}$$</td></tr>
<tr><td>49</td><td>tatsächliche mittlere Fugenpressung im Montagezustand
$$p'_F = \frac{n \cdot F_{VM}}{D_F \cdot l_F} \cdot \frac{l_2}{l_1} \leq p_{F\,zul}$$</td><td>K_A, S_H, μ, $p_{F\,zul}$ siehe Nr. 45 und 46
F_{VM} nach Kapitel 8</td></tr>
</table>

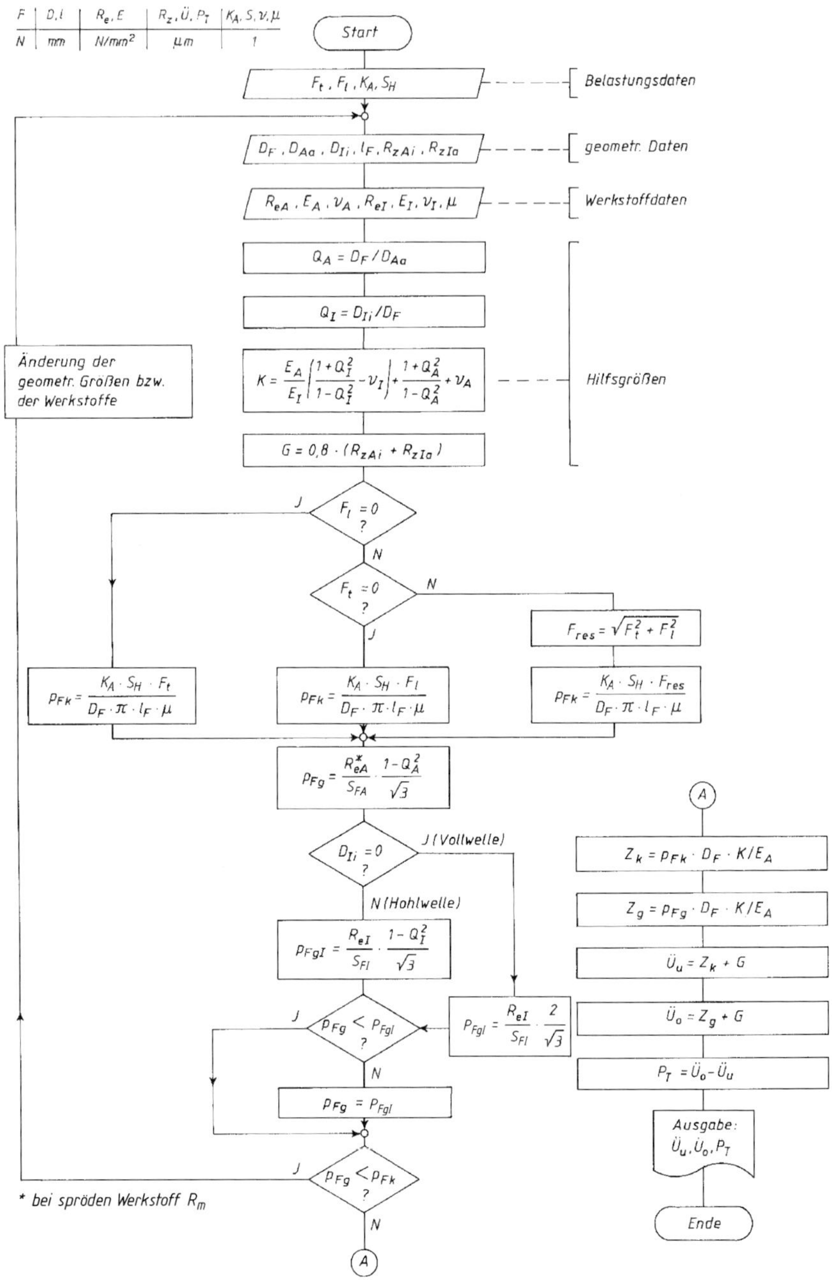

A 12-1 Ablaufplan zur Bestimmung der Übermaße $\ddot{U}_u$ und $\ddot{U}_o$ für elastische Pressverbände

Technische Regeln (Auswahl)

Technische Regel		Titel
DIN 228-1	05.87	Morsekegel und metrische Kegel; Kegelschäfte
DIN 228-2	03.87	– –; Kegelhülsen
DIN 254	06.74	Kegel
DIN 268	09.74	Tangentialkeile und Tangentialkeilnuten für stoßartige Wechselbeanspruchungen
DIN 271	09.74	Tangentialkeile und Tangentialkeilnuten für gleichbleibende Beanspruchungen
DIN 1448-1	01.70	Kegelige Wellenenden mit Außengewinde; Abmessungen
DIN 1449	01.70	Kegelige Wellenenden mit Innengewinde; Abmessungen
DIN 4000-35	10.83	Sachmerkmal-Leisten für Wellen-Naben-Verbindungen
DIN 5464	09.65	Keilwellen-Verbindungen mit geraden Flanken; Schwere Reihe
DIN 5466-1/E	10.97	Tragfähigkeitsberechnung von Zahn- und Keilwellen-Verbindungen; Grundlagen
DIN 5472	12.80	Werkzeugmaschinen; Keilwellen- und Keilnaben-Profile mit 6 Keilen, Innenzentrierung, Maße
DIN 5480-1 ... 16	10.91	Zahnwellen-Verbindungen mit Evolventenflanken
DIN 5481-1	01.52	Kerbzahnnaben- und Kerbzahnwellen-Profile (Kerbverzahnungen)
DIN 6880	04.75	Blanker Keilstahl; Maße, zulässige Abweichungen; Gewichte
DIN 6881	02.56	Spannungsverbindungen mit Anzug; Hohlkeile, Abmessungen und Anwendung
DIN 6883	02.56	– –, Flachkeile, Abmessungen und Anwendung
DIN 6884	02.56	– –, Nasenflachkeile, Abmessungen und Anwendung
DIN 6885-1	08.68	Mitnehmerverbindungen ohne Anzug; Passfedern, Nuten, hohe Form
DIN 6885-2	12.67	– –, Passfedern, Nuten, hohe Form für Werkzeugmaschinen, Abmessungen und Anwendung
DIN 6885-3	02.56	– –, Passfedern, Nuten, niedrige Form, Abmessungen und Anwendung
DIN 6886	12.67	Spannungsverbindungen mit Anzug; Keile, Nuten, Abmessungen und Anwendung
DIN 6887	04.86	– –, Nasenkeile, Nuten, Abmessungen und Anwendung
DIN 6888	08.56	Mitnehmerverbindungen ohne Anzug; Scheibenfedern, Abmessungen und Anwendung
DIN 6889	02.56	Spannungsverbindungen mit Anzug; Nasenhohlkeile, Abmessungen und Anwendung

Technische Regel		Titel
DIN 6892	11.98	Mitnehmerverbindungen ohne Anzug – Passfedern – Berechnung und Gestaltung
DIN 7190	02.01	Pressverbände; Berechnungsgrundlagen und Gestaltungsregeln
DIN 15055	07.82	Hütten- und Walzwerksanlagen; Drucköl-Pressverbände; Anwendung, Maße, Gestaltung
DIN 32711	03.79	Antriebselemente; Polygonprofile P3G
DIN 32712	03.79	– –; Polygonprofile P4C
DIN ISO 14	12.87	Keilwellen-Verbindungen mit geraden Flanken und Innenzentrierung; Maße, Toleranzen, Prüfung

13 Kupplungen und Bremsen

Formelzeichen	Einheit	Benennung
C_a	N/mm	Axialfedersteife
C_r	N/mm	Radialfedersteife
C_w	Nm/rad	Winkelfedersteife
$C_{T\,dyn}$	Nm/rad	dynamische Drehfedersteife der elastischen Kupplung
F_a, F_r	N	axiale bzw. radiale Rückstellkraft
i	1	Übersetzung, Anzahl der Schwingungen je Umdrehung (Ordnungszahl)
J, J_{red}	kgm^2	auf Kupplungswelle reduziertes Trägheitsmoment aller bewegten Massen
J_A, J_L	kgm^2	Summe der Trägheitsmomente auf der Antriebs- bzw. Lastseite, bezogen auf die Brems- bzw. Kupplungswelle
J_0, J_1, J_2	kgm^2	Trägheitsmomente der mit ω_0, ω_1, $\omega_2 \ldots$ umlaufenden Drehmassen
K_A	1	Anwendungsfaktor
ΔK_a, ΔK_r	mm	zulässiger axialer bzw. radialer Versatz der Kupplungshälften
ΔK_w	rad, °	zulässiger winkliger Versatz der Kupplungshälften
M_w	Nm	winkliges Rückstellmoment
$m_1, m_2 \ldots$	kg	geradlinig bewegte Massen der Anlage
n	min^{-1}	Drehzahl
S_A, S_L	1	Stoßfaktor der Antriebs- bzw. Lastseite
S_f, S_t, S_z	1	Frequenzfaktor, Temperaturfaktor, Anlauffaktor
T_A, T_{AN}	Nm	Drehmoment bzw. Nenndrehmoment der Antriebsseite
T_{Ai}, T_{Li}	Nm	erregendes Drehmoment auf der Antriebs- bzw. Lastseite (periodischer Drehmomentausschlag i-ter Ordnung, z. B. bei Dieselmotoren)
T_{AS}, T_{LS}	Nm	Stoßdrehmoment der Antriebs- bzw. Lastseite
T_a	Nm	Beschleunigungsdrehmoment
T_{an}	Nm	Anlaufdrehmoment der Antriebsseite
T_{Br}	Nm	in der Bremse erzeugtes Bremsmoment
T'_{Br}	Nm	erforderliches Bremsmoment

Formelzeichen	Einheit	Benennung
T_K	Nm	Kupplungsdrehmoment
T'_K	Nm	fiktives Drehmoment zur Bestimmung der Kupplungsgröße
$T_{K\,max}$	Nm	von der Kupplung übertragbares Maximaldrehmoment
T_{KN}	Nm	Nenndrehmoment das dauernd übertragen werden kann und die Baugröße der Kupplung abgibt
T_{KNs}	Nm	schaltbares Nenndrehmoment der Reibkupplung
T_{Ks}	Nm	erforderliches schaltbares Drehmoment der Reibkupplung
T_{KW}	Nm	zulässiges Dauerwechseldrehmoment der nachgiebigen Kupplung
T_{ki}	Nm	Kippdrehmoment (Stoßdrehmoment) bei Drehstrom-motoren
T_L, T_{LN}	Nm	Drehmoment bzw. Nenndrehmoment der Lastseite
T_N	Nm	von der Kupplung zu übertragendes Nenndrehmoment
t_a	s	Beschleunigungszeit
t_R	s	Bremszeit; Rutschzeit der Reibkupplung
V	1	Vergrößerungsfaktor
V_R	1	Resonanzfaktor
$v_1, v_2 \dots$	m/s	Geschwindigkeiten der geradlinig bewegten Massen m_1, m_2
W, W_{zul}	Nm, J	Schaltarbeit bzw. zulässige Schaltarbeit bei einmaliger Schaltung
W_h, $W_{h\,zul}$	Nm/h, J/h	bei Dauerschaltung Schaltarbeit pro Stunde bzw. zulässige Schaltarbeit pro Stunde
W_{zul}	Nm, J	zulässige Reibarbeit der Bremse
ΔW_a, ΔW_r	mm	maximal auftretende axiale bzw. radiale Verlagerung der Wellen
ΔW_w	rad	maximal auftretende winklige Verlagerung der Wellen
z_h	1/h	Schaltzahl pro Stunde
α	s^{-2} (rad/s^2)	Winkelbeschleunigung
α	°	Ablenkungswinkel zwischen An- und Abtriebswelle bei Kreuzgelenken
φ_1, φ_2	°	Drehwinkel der An- und Abtriebswelle bei Kreuzgelenken
ω	s^{-1}	Betriebskreisfrequenz

Formelzeichen	Einheit	Benennung
ω_A	s^{-1}	Winkelgeschwindigkeit der Bremswelle bzw. der Kupplungswelle auf der Antriebsseite
ω_{L0}	s^{-1}	Winkelgeschwindigkeit der Bremswelle nach dem Bremsen bzw. der Kupplungswelle auf der Antriebs-(Last-)Seite vor dem Schalten
ω_e	s^{-1}	Eigenkreisfrequenz der Anlage
ω_k	s^{-1}	kritische (Resonanz-)Kreisfrequenz bei Antrieben mit periodischer Drehmomentschwankung
ω_0	s^{-1}	Winkelgeschwindigkeit auf die alle Massen reduziert werden sollen (meist Kupplungswelle)
ω_1, ω_2	s^{-1}	Winkelgeschwindigkeit der Drehmassen $J_1, J_2 \ldots$ bzw. der treibenden und getriebenen Welle oder zu Beginn und am Ende des Beschleunigungsvorganges

Nr.	Formel	Hinweise
1	Anlaufdrehmoment $T_{an} = T_L + T_a$	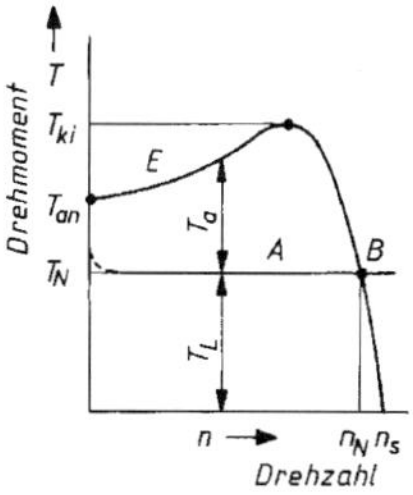
2	Beschleunigungsdrehmoment $T_a = T_{an} - T_L = J \cdot \alpha = J \cdot \dfrac{\omega_2 - \omega_1}{t_a}$	
3	Verhältnis der Winkelgeschwindigkeiten $\dfrac{\omega_1}{\omega_2} = \dfrac{n_1}{n_2} = i \approx \dfrac{T_2}{T_1}$	
4	reduziertes Trägheitsmoment $J_{red} = J_0 + J_1 \left(\dfrac{\omega_1}{\omega_0}\right)^2 + J_2 \left(\dfrac{\omega_2}{\omega_0}\right)^2 + \ldots + m_1 \left(\dfrac{v_1}{\omega_0}\right)^2 + m_2 \left(\dfrac{v_2}{\omega_0}\right)^2 + \ldots$	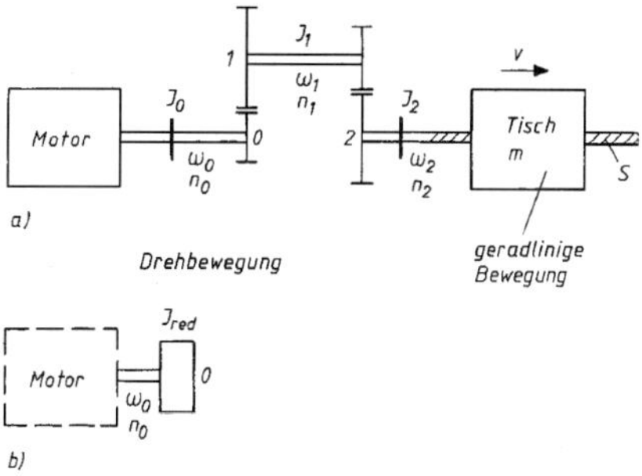 J-Werte von Kupplungen und Motorläufern s. TB 13-1 bis TB 13-7 und TB 16-21 Vollzylinder $J = m \cdot d^2/8$ Hohlzylinder $J = m(d_a^2 + d_i^2)/8$

Nr.	Formel	Hinweise
	Kupplungsdrehmoment (Anlage als Zweimassensystem)	
4	Kupplungsdrehmoment beim Anfahren ohne Last $T_K = \alpha \cdot J_L = \frac{J_L}{J_A + J_L} T_A$	
5	Kupplungsdrehmoment beim Anfahren mit Last $T_K = \alpha \cdot J_L + T_L = \frac{J_L}{J_A + J_L}(T_A - T_L) + T_L = \frac{J_L}{J_A + J_L} T_A + \frac{J_A}{J_A + J_L} T_L$	
6	Kupplungsdrehmoment bei beidseitigem Stoß $T_{KS} = \frac{J_L}{J_A + J_L} T_{ki} \cdot S_A + \frac{J_A}{J_A + J_L} T_{LS} \cdot S_L$	$S_A = S_L = 1{,}8$
7	Eigenfrequenz der Anlage $\omega_e = \sqrt{C_{T\,dyn} \frac{J_A + J_L}{J_A \cdot J_L}}$	$C_{T\,dyn}$ nach Herstellerangaben bzw. TB 13-4 und TB 13-5
8	kritische Kreisfrequenz (Resonanzfrequenz) $\omega_k = \frac{\omega_e}{i}$	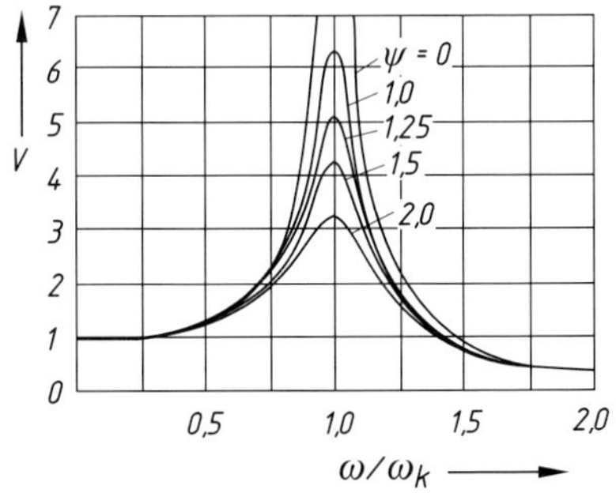
9	in der Kupplung auftretendes Wechseldrehmoment $T_W = \pm T_{Ai} \cdot \frac{J_L}{J_A + J_L} \cdot V$ Vergrößerungsfaktor $V = \sqrt{\frac{1 + \left(\frac{\psi}{2\pi}\right)^2}{\left(1 - \frac{\omega^2}{\omega_k^2}\right)^2 + \left(\frac{\psi}{2\pi}\right)^2}}$	Forderung: $\omega_k/\sqrt{2} > \omega > \sqrt{2} \cdot \omega_k$ günstig ist eine weit unterhalb der Betriebskreisfrequenz liegende kritische Kreisfrequenz (s. Bild) in Resonanznähe: $V = V_R \approx 2\pi/\psi$, außerhalb der Resonanz: $V \approx \frac{1}{\left\lvert\left(\frac{\omega}{\omega_k}\right)^2 - 1\right\rvert}$ mit $\omega = 2\pi \cdot n$ V_R und ψ nach Herstellerangaben bzw. TB 13-4 u. TB 13-5

Nr.	Formel	Hinweise
	Auslegung nachgiebiger Kupplungen	
10	mit Hilfe von Betriebsfaktoren $T'_K = T_N \cdot K_A \leq T_{KN}$	$T_N \approx 9550 \, \dfrac{P}{n}$ (Einheiten: T_N in Nm, P in kW, n in min^{-1}) K_A nach Herstellerangaben bzw. TB 3-5 T_{KN} nach Herstellerangaben bzw. TB 13-2 bis TB 13-5
11	Belastung durch das Nenndrehmoment $T'_K = T_{LN} \cdot S_t \leq T_{KN}$	S_t nach Herstellerangaben bzw. TB 13-8b T_{KN} s. Nr. 10
	Belastung durch Drehmomentstöße:	
12	– antriebsseitiger Stoß (z. B. Anfahren mit Drehstrommotor) $T'_K = \dfrac{J_L}{J_A + J_L} \cdot T_{AS} \cdot S_A \cdot S_z \cdot S_t \leq T_{K\,max}$	$T_{AS} \mathrel{\hat{=}} T_{ki}$ bei Drehstrommotoren, s. TB 16-21 $T_{K\,max}$ nach Herstellerangaben bzw. TB 13-2 bis TB 13-5 $S_A = S_L = 1{,}8$ S_z, S_t nach Herstellerangaben bzw. TB 13-8a/b
13	– lastseitiger Stoß (z. B. Laständerungen und Bremsungen) $T'_K = \dfrac{J_A}{J_A + J_L} \cdot T_{LS} \cdot S_L \cdot S_z \cdot S_t \leq T_{K\,max}$	
14	– beidseitiger Stoß $T'_K = \left(\dfrac{J_L}{J_A + J_L} \cdot T_{AS} \cdot S_A + \dfrac{J_A}{J_A + J_L} \cdot T'_{LS} \cdot S_L \right) \cdot S_z \cdot S_t \leq T_{K\,max}$	
	Belastung durch ein periodisches Wechseldrehmoment:	
15	– antriebsseitige Schwingungserregung (z. B. Antrieb durch Dieselmotor) $T'_K = \dfrac{J_L}{J_A + J_L} \cdot T_{Ai} \cdot V_R \cdot S_z \cdot S_t \leq T_{K\,max}$	$T_{K\,max}$, T_{KW} nach Herstellerangaben bzw. TB 13-2 bis TB 13-5 V, V_R s. Nr. 9 S_z, S_t, S_f nach Herstellerangaben bzw. TB 13-8
16	$T'_K = \dfrac{J_L}{J_A + J_L} \cdot T_{Ai} \cdot V \cdot S_t \cdot S_f \leq T_{KW}$	

Nr.	Formel	Hinweise
17	– lastseitige Schwingungserregung (z. B. durch Kolbenverdichter) $T'_K = \dfrac{J_A}{J_A + J_L} \cdot T_{Li} \cdot V_R \cdot S_z \cdot S_t \le T_{K\,max}$	
18	$T'_K = \dfrac{J_A}{J_A + J_L} \cdot T_{Li} \cdot V \cdot S_t \cdot S_f \le T_{KW}$	
	Belastung durch Wellenverlagerungen:	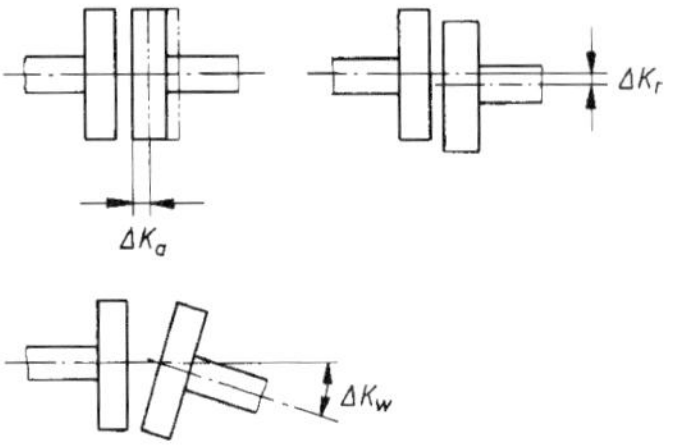
19	– axialer Versatz $\Delta K_a \ge \Delta W_a \cdot S_t$	
20	– radialer Versatz $\Delta K_r \ge \Delta W_r \cdot S_t \cdot S_f$	
21	– winkliger Versatz $\Delta K_w \ge \Delta W_w \cdot S_t \cdot S_f$	ΔK_a, ΔK_r, ΔK_w nach Herstellerangaben bzw. TB 13-2, TB 13-4 und TB 13-5
22	– axiale Rückstellkraft $F_a = \Delta W_a \cdot C_a$	S_t, S_f nach Herstellerangaben bzw. TB 13-8b/c
23	– radiale Rückstellkraft $F_r = \Delta W_r \cdot C_r$	C_a, C_r, C_w nach Herstellerangaben bzw. TB 13-2 und TB 13-5
24	– winkliges Rückstellmoment: $M_w = \Delta W_w \cdot C_w$	
	Auslegung schaltbarer Reibkupplungen	
25	erforderliches schaltbares Drehmoment $T_{Ks} = J_L \dfrac{\omega_A - \omega_{L0}}{t_R} + T_L \le T_{KNs}$	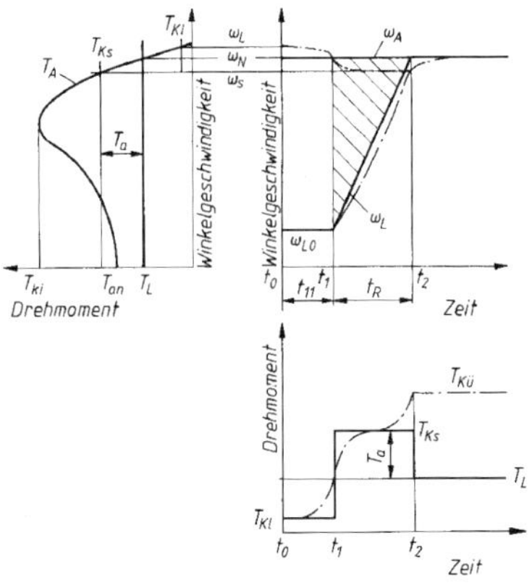
26	Rutschzeit (Beschleunigungszeit) $t_R = \dfrac{J_L}{T_{KNs} - T_L} (\omega_A - \omega_{L0})$	
27	Schaltarbeit bei einmaliger Schaltung $W = 0{,}5\, T_{KNs}(\omega_A - \omega_{L0})\, t_R = 0{,}5\, J_L(\omega_A - \omega_{L0})^2 \dfrac{T_{KNs}}{T_{KNs} - T_L} < W_{zul}$	

Nr.	Formel	Hinweise
28	Schaltarbeit bei Dauerschaltung $W_h = W \cdot z_h < W_{h\,zul}$	T_{KNs} nach Herstellerangaben bzw. TB 13-6 und TB 13-7 Bei $T_L = 0$ und $\omega_{L0} = 0$ gilt: $T_{Ks} = J_L \cdot \omega_A / t_R$, $W = 0{,}5 \cdot T_{KNs} \cdot \omega_A \cdot t_R = 0{,}5 \cdot J_L \cdot \omega_A^2$ $\omega_A = 2\pi \cdot n_A$, $\omega_{L0} = 2\pi \cdot n_{L0}$ W_{zul}, $W_{h\,zul}$ nach Herstellerangaben bzw. TB 13-6 und TB 13-7 Hinweis: Bei entgegengesetzter Drehrichtung der An- und Abtriebsseite gilt $(\omega_A + \omega_{L0})$.
	Kreuzgelenke	
29	Winkelgeschwindigkeit der getriebenen Welle $\omega_2 = \dfrac{\cos\alpha}{1 - \cos^2\varphi_1 \cdot \sin^2\alpha} \cdot \omega_1$	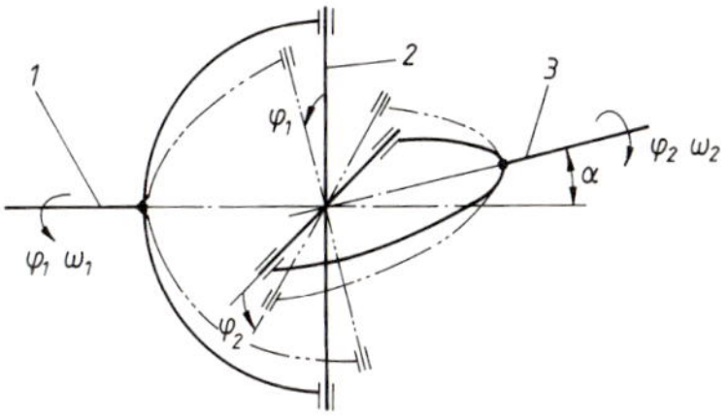 Grenzwerte $\omega_{2\,max} = \dfrac{\omega_1}{\cos\alpha}$ $\omega_{2\,min} = \omega_1 \cdot \cos\alpha$
	Auslegung von Bremsen	
30	erforderliches schaltbares Bremsmoment $T'_{Br} = J_L \dfrac{\omega_A}{t_R} \pm T_L \leq T_{Br}$	T_{Br} nach Herstellerangaben bzw. TB 13-9
31	erforderliche Bremszeit $t_R = \dfrac{J_L}{T_{Br} \pm T_L} (\omega_A - \omega_{L0})$	Hinweis: Das Lastmoment T_L ist positiv einzusetzen, wenn es bremsend wirkt.
32	Reibarbeit (Schaltarbeit pro Bremsung) $W = 0{,}5 \cdot T_{Br} \cdot \omega_A \cdot t_R \leq W_{zul}$	W_{zul} nach Herstellerangaben bzw. TB 13-9

Technische Regeln (Auswahl)

Technische Regel		Titel
DIN 115-1	09.73	Antriebselemente; Schalenkupplungen, Maße, Drehmomente, Drehzahlen
DIN 115-2	09.73	– –; Schalenkupplungen, Einlegeringe
DIN 116	12.71	– –; Scheibenkupplungen, Maße, Drehmomente, Drehzahlen
DIN 740-1	08.86	Antriebstechnik; Nachgiebige Wellenkupplungen; Anforderungen, Technische Lieferbedingungen
DIN 740-2	08.86	– –; Nachgiebige Wellenkupplungen; Begriffe und Berechnungsgrundlagen
DIN 808	08.84	Werkzeugmaschinen; Wellengelenke; Baugrößen, Anschlussmaße, Beanspruchbarkeit, Einbau
DIN 15431	04.80	Antriebstechnik; Bremstrommeln, Hauptmaße
DIN 15432	01.89	–; Bremsscheiben, Hauptmaße
DIN 15433-1	04.80	–; Scheibenbremsen, Anschlussmaße
DIN 15433-2	04.80	–; –; Bremsbeläge
DIN 15434-1	01.89	–; Trommel- und Scheibenbremsen; Berechnungsgrundsätze
DIN 15434-2	01.89	–; –; Überwachung im Gebrauch
DIN 15435-1	04.80	–; Trommelbremsen, Anschlussmaße
DIN 15435-2	04.80	–; –; Bremsbacken
DIN 15435-3	04.80	–; –; Bremsbeläge
VDI 2240	06.71	Wellenkupplungen; Systematische Einteilung nach ihren Eigenschaften
VDI 2241-1	06.82	Schaltbare fremdbetätigte Reibkupplungen und -bremsen; Begriffe, Bauarten, Kennwerte, Berechnungen
VDI 2241-2	09.84	– –; Systembezogene Eigenschaften, Auswahlkriterien, Berechnungsbeispiele

14 Wälzlager

Formelzeichen	Einheit	Benennung
a, $a_{\mathrm{I,II}}$	mm	Abstandsmaß der Druckmittelpunkte, für Lager I, II, Mitte Lager I, II
a_1	1	Lebensdauerbeiwert für eine von 90 % abweichende Erlebenswahrscheinlichkeit
a_2	1	Lebensdauerbeiwert für Werkstoffeigenschaften
a_3	1	Lebensdauerbeiwert für Betriebsbedingungen
a_{23}	1	gemeinsamer (Lebensdauer-)Faktor für $a_2 \cdot a_3$ abhängig von κ, K, s
B	mm	Lagerbreite; Innenringbreite bei Kegelrollenlagern
C $(C_{\mathrm{I,II}})$	kN, N; mm	dynamische Tragzahl (für Lager I, II); Außenringbreite bei Kegelrollenlagern
C_0	kN, N	statische Tragzahl
C_{H}, $C_{0\mathrm{H}}$	kN, N	reduzierte Tragzahl bei Härteeinfluss
C_{T}	kN, N	reduzierte Tragzahl bei höherer Betriebstemperatur
D	mm	Lager-Außendurchmesser
d	mm	Nenndurchmesser der Lagerbohrung gleich Wellendurchmesser
$d_{\mathrm{m}} = 0{,}5 \cdot (d + D)$	mm	mittlerer Durchmesser
$e(e_{\mathrm{I,II}})$	1	Grenzwert für $F_{\mathrm{a}}/F_{\mathrm{r}}$ zur Auswahl von X und Y (für Lager I, II)
$F_{\mathrm{r}}, F_{\mathrm{r0}}(F_{\mathrm{rI,II}}, F_{\mathrm{r0I,II}})$	kN, N	Radialkomponente der äußeren Lagerkraft, statische radiale Lagerkraft (für Lager I, II)
F_{a}, $F_{\mathrm{a0}}(F_{\mathrm{aI,II}})$	kN, N	Axialkomponente der äußeren Lagerkraft, statische axiale Lagerkraft (für Lager I, II)
$F_1 \ldots F_{\mathrm{n}}$	kN, N	konstante F_{r} oder F_{a} während bestimmter $q_1 \ldots q_{\mathrm{n}}$
F_{i}	kN, N	ideelle Lagerbeanspruchung
f_{L} $(f_{\mathrm{I,II}})$	1	Kennzahl der dynamischen Beanspruchung, Lebensdauerfaktor (für Lager I, II)
F_{min}, F_{max}	kN, N	kleinste, größte rein radiale oder rein axiale Lagerkraft
f_{n}	1	Drehzahlfaktor

Formelzeichen	Einheit	Benennung
f_s	1	statische Kennzahl, Tragsicherheit
f_T	1	Temperaturfaktor für Lagertemperaturen über 150°
K	1	Einflussfaktor, berücksichtigt Belastung, Lagerbauart und Schmierstoff
L_{10}	10^6 Umdreh.	nominelle Lebensdauer
L_{10h}	Betriebsstund.	Ermüdungslaufzeit, nominelle Lebensdauer
L_{na}	10^6 Umdreh.	modifizierte Lebensdauer für Lebensdauerwahrscheinlichkeit von $(100 - n)$ %
L_{nah}	Betriebsstund.	modifizierte Lebensdauer
n, n_m	min^{-1}	Wellendrehzahl, mittlere Wellendrehzahl
P, $P_0(P_{I,II})$	kN, N	dynamische, statische äquivalente Lagerbeanspruchung (für Lager I, II)
p	1	Lebensdauerexponent (Exponent der Lebensdauergleichung)
$q_1 \ldots q_n$	%	Wirkdauer für die Lagerkräfte $F_1 \ldots F_n$
s	1	Sauberkeitsfaktor
T	mm	Gesamtbreite bei Kegelrollenlagern
X, $X_0(X_{I,II})$	1	dynamischer, statischer Radialfaktor für P-, P_0-Ermittlung (für Lager I und II)
Y, $Y_0(Y_{I,II})$	1	dynamischer, statischer Axialfaktor für P-P_0-Ermittlung (für Lager I, II)
κ	1	Viskositätsverhältnis ν/ν_1
ν	mm²/s	kinematische Betriebsviskosität bei 40 °C Öltemperatur
ν_1	mm²/s	Bezugsviskosität, für ausreichende Ölschmierung, erforderlich bei d_m

<table>
<tr><th>Nr.</th><th>Formel</th><th>Hinweise</th></tr>
<tr><td colspan="3">Vorauswahl der Lagergröße
Bevor die Lagergröße bestimmt wird, muss entsprechend der zu erfüllenden Anforderungen entschieden werden, welche Wälzlagerbauart zum Einsatz kommen soll.
Die Lagergröße kann nach der erforderlichen dynamischen Tragzahl C_{erf} (maßgebend, wenn sich die Lagerringe unter Belastung relativ zueinander mit einer Drehzahl $n > 10\ \text{min}^{-1}$ drehen) oder nach der erforderlichen statischen Tragzahl $C_{0\,\text{erf}}$ (maßgebend, wenn das Wälzlager unter der Belastung stillsteht, kleine Pendelbewegungen ausführt oder mit einer Drehzahl $n \leq 10\ \text{min}^{-1}$ umläuft) aus dem Wälzlagerkatalog oder nach TB 14-2 gewählt werden.
Entsprechend der vorliegenden Belastung ist bei Radiallagern eine rein radiale, bei Axiallagern eine rein axiale und zentrische Belastung P bzw. P_0 zugrunde zu legen. Liegt kombinierte Belastung vor, ist aus deren Komponenten eine äquivalent wirkende radiale bzw. axiale Belastung, zunächst überschlägig, zu bestimmen.</td></tr>
<tr><td>1</td><td>Erforderliche dynamische Tragzahl
$C_{\text{erf}} \geq P \cdot \dfrac{f_{\text{L}}}{f_{\text{n}}}$</td><td>$f_{\text{n}} = \sqrt[p]{\dfrac{33\,1/3}{n}}$ bzw. nach TB 14-4
$p = 3$ für Kugellager
$p = 10/3$ für Rollenlager
Empfehlungswerte für f_{L} siehe TB 14-7
Allgemeine Richtwerte für f_{L}:
<table>
<tr><th rowspan="2">Betriebsart</th><th colspan="2">Lagerwechsel stört Betriebsablauf</th></tr>
<tr><th>sehr</th><th>weniger</th></tr>
<tr><td>Aussetzbetrieb</td><td>$f_{\text{L}} = 2 \ldots 3{,}5$</td><td>$f_{\text{L}} = 1 \ldots 2{,}5$</td></tr>
<tr><td>Zeitbetrieb (≈ 8 h)</td><td>$f_{\text{L}} = 3 \ldots 4{,}5$</td><td>$f_{\text{L}} = 2 \ldots 4$</td></tr>
<tr><td>Dauerbetrieb</td><td>$f_{\text{L}} = 4 \ldots 5{,}5$</td><td>$f_{\text{L}} = 3{,}5 \ldots 5$</td></tr>
</table>
Wird für das Wälzlager eine Lebensdauer $L_{10\text{h}}$ in Betriebsstunden gefordert, dann
$f_{\text{L}} = \sqrt[p]{\dfrac{L_{10\text{h}}}{500}}$ bzw. nach TB 14-5</td></tr>
<tr><td>2</td><td>Erforderliche statische Tragzahl
$C_{0\,\text{erf}} \geq P_0 \cdot f_{\text{s}}$</td><td>Richtwerte für f_{s}:
$f_{\text{s}} = 0{,}5 \ldots 1$ bei ruhigem, erschütterungsfreiem Betrieb bzw. geringen Anforderungen an die Lagerung
$f_{\text{s}} = 1 \ldots 1{,}5$ bei normalem Betrieb und normalen Anforderungen an die Laufruhe
$f_{\text{s}} = 1{,}5 \ldots 2{,}5$ bei Stößen und Erschütterungen sowie bei hohen Anforderungen an die Laufgenauigkeit und bei Axial-Rillenkugellagern
$f_{\text{s}} \geq 4$ bei Axial-Pendelrollenlagern</td></tr>
</table>

Nr.	Formel	Hinweise
	Kontrollberechnungen Die Kontrollberechnungen dienen dem Nachweis einer ausreichenden Tragsicherheit und einer ausreichenden Lebensdauer der gestalteten Lagerung. Dabei kann mit der statischen Kennzahl nachgewiesen werden, ob für die anliegende statische Belastung, mit der dynamischen Kennzahl nachgewiesen werden, ob für die anliegende dynamische Belastung, das gewählte Wälzlager ausreichend tragfähig ist.	
3	a) statischer Nachweis statische Kennzahl $f_s = \dfrac{C_0}{P_0} \geq f_{s\,erf}$	Richtwerte für f_s s. Nr. 2 C_0 nach TB 14-2. Die Wälzlagerhersteller geben voneinander abweichende C_0-Werte an. Im Praxisfall deshalb die Werte aus dem entsprechenden Wälzlagerkatalog (WLK) entnehmen. Bei Direktlagerungen ist gegebenenfalls der Härteeinfluss zu berücksichtigen. Für C_0 ist dann C_{0H} (s. Nr. 11) einzusetzen.
4	statisch äquivalente Lagerbelastung $P_0 = X_0 \cdot F_{r0} + Y_0 \cdot F_{a0}$	$X_0 = 2{,}7$ für Axial-Pendelrollenlager, für alle anderen Wälzlager s. TB 14-3b oder WLK $Y_0 = 1$ für Axial-Pendelrollenlager, für Pendelkugel-, Pendelrollen- und Kegelrollenlager s. TB 14-2, für alle anderen Wälzlager nach TB 14-3b oder WLK rein radial beansprucht: $P_0 = F_{r0}$ rein axial beansprucht: $P_0 = F_{a0}$ bei Schrägkugel- und Kegelrollenlagern F_{aI} und F_{aII} nach Nr. 6, Hinweise einsetzen

<table>
<tr><th>Nr.</th><th>Formel</th><th>Hinweise</th></tr>
<tr>
<td>5</td>
<td>b) dynamischer Nachweis
dynamische Kennzahl

$f_L = \frac{C}{P} \cdot f_n \geq f_{L\,erf}$</td>
<td>
$f_n = \sqrt[p]{\frac{33\,1/3}{n}}$ bzw. nach TB 14-4
$p = 3$ für Kugellager
$p = 10/3$ für Rollenlager
Empfehlungswerte für f_L siehe TB 14-7
Allgemeine Richtwerte für f_L:
<table>
<tr><th rowspan="2">Betriebsart</th><th colspan="2">Lagerwechsel stört Betriebsablauf</th></tr>
<tr><th>sehr</th><th>weniger</th></tr>
<tr><td>Aussetzbetrieb</td><td>$f_L = 2 \ldots 3{,}5$</td><td>$f_L = 1 \ldots 2{,}5$</td></tr>
<tr><td>Zeitbetrieb (≈ 8 h)</td><td>$f_L = 3 \ldots 4{,}5$</td><td>$f_L = 2 \ldots 4$</td></tr>
<tr><td>Dauerbetrieb</td><td>$f_L = 4 \ldots 5{,}5$</td><td>$f_L = 3{,}5 \ldots 5$</td></tr>
</table>
Wird für das Wälzlager eine Lebensdauer L_{10h} in Betriebsstunden gefordert, dann
$f_L = \sqrt[p]{\frac{L_{10h}}{500}}$ bzw. nach TB 14-5
C nach TB 14-2. Die Wälzlagerhersteller geben voneinander abweichende C-Werte an. Im Praxisfall deshalb die Werte aus dem entsprechenden WLK entnehmen.

Bei Direktlagerungen ist gegebenenfalls ein Härteeinfluss, bei höheren Einsatztemperaturen ein Temperatureinfluss zu berücksichtigen. Für C ist dann C_H (s. Nr. 11) bzw. C_T (s. Nr. 10) einzusetzen.
</td>
</tr>
</table>

Nr.	Formel	Hinweise
6	dynamisch äquivalente Lagerbelastung P bei *konstanter Belastung* und *konstanter Drehzahl* $P = X \cdot F_r + Y \cdot F_a$	$X = 1{,}2$ für Axial-Pendelrollenlager, für alle anderen Wälzlager s. TB 14-3a oder WLK $Y = 1$ für Axial-Pendelrollenlager, für Pendelkugel-, Pendelrollen- und Kegelrollenlager s. TB 14-2, für alle anderen Wälzlager nach TB 14-3a oder WLK rein radial beansprucht: $P = F_0$ rein axial beansprucht: $P = F_a$ bei Berechnung von Kegelrollen- und einreihigen Schrägkugellagern (Formeln gelten annähernd) F_{aI} bzw. F_{aII} einsetzen

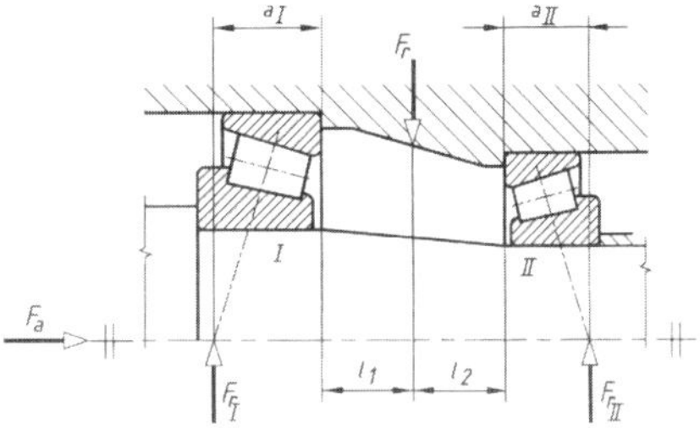

O-Anordnung

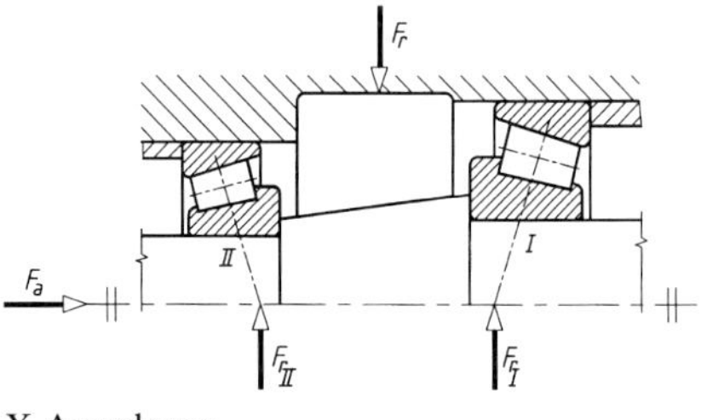

X-Anordnung

Kräfteverhältnisse	bei Berechnungen einzusetzende Axialkräfte F_{aI} und F_{aII} Lager I	Lager II
1. $\frac{F_{rI}}{Y_I} \le \frac{F_{rII}}{Y_{II}}$	$F_{aI} = F_a + 0{,}5\,\frac{F_{rII}}{Y_{II}}$	—
2. $\frac{F_{rI}}{Y_I} > \frac{F_{rII}}{Y_{II}}$; $F_a > 0{,}5\left(\frac{F_{rI}}{Y_I} - \frac{F_{rII}}{Y_{II}}\right)$	$F_{aI} = F_a + 0{,}5\,\frac{F_{rII}}{Y_{II}}$	—
3. $\frac{F_{rI}}{Y_I} > \frac{F_{rII}}{Y_{II}}$; $F_a \le 0{,}5\left(\frac{F_{rI}}{Y_I} - \frac{F_{rII}}{Y_{II}}\right)$	—	$F_{aII} = 0{,}5 \cdot \frac{F_{rI}}{Y_I} - F_a$

Nr.	Formel	Hinweise
7	dynamisch äquivalente Lagerbelastung P bei *periodisch veränderlicher Belastung* und *konstanter Drehzahl* $P = \left(P_1^p \cdot \frac{q_1}{100\,\%} + P_2^p \cdot \frac{q_2}{100\,\%} + \ldots + P_n^p \cdot \frac{q_n}{100\,\%}\right)^{\frac{1}{p}}$	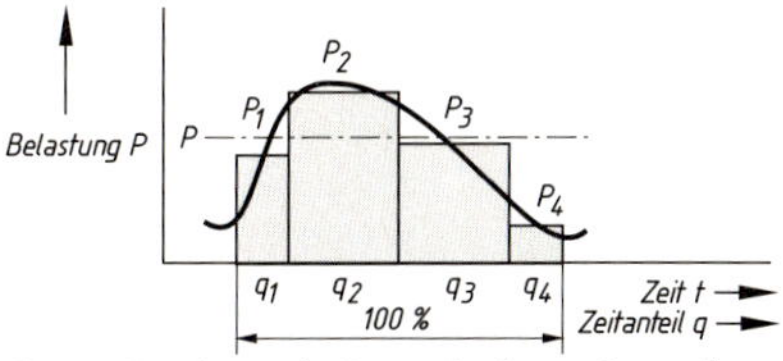 $P_1 \ldots P_n$ dynamisch äquivalente Lagerbelastungen ermittelt mit den Teilbelastungen $F_{r1}, F_{a1} \ldots F_{rn}, F_{an}$ nach Nr. 6 $q_1 = \frac{t_1}{t} \cdot 100 \ldots q_n = \frac{t_n}{t} \cdot 100$ in %, wenn gesamte Laufzeit $t = t_1 + t_2 + \ldots + t_n$
8	dynamisch äquivalente Lagerbelastung P bei *periodisch veränderlicher Belastung und Drehzahl* $P = \left(P_1^p \cdot \frac{n_1}{n_m} \cdot \frac{q_1}{100\,\%} + P_2^p \cdot \frac{n_2}{n_m} \cdot \frac{q_2}{100\,\%} + \ldots + P_n^p \cdot \frac{n_n}{n_m} \cdot \frac{q_n}{100\,\%}\right)^{\frac{1}{p}}$	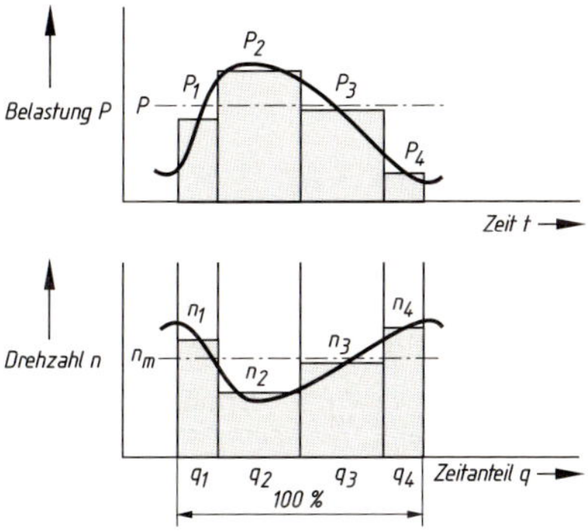
9	dynamisch äquivalente Lagerbelastung P bei *konstanter Drehzahl* und *linearen Belastungszyklus* $P = \frac{P_{min} - 2P_{max}}{3}$	$n_m = n_1 \cdot \frac{q_1}{100\,\%} + n_2 \cdot \frac{q_2}{100\,\%} + \ldots + n_n \cdot \frac{q_n}{100\,\%}$ 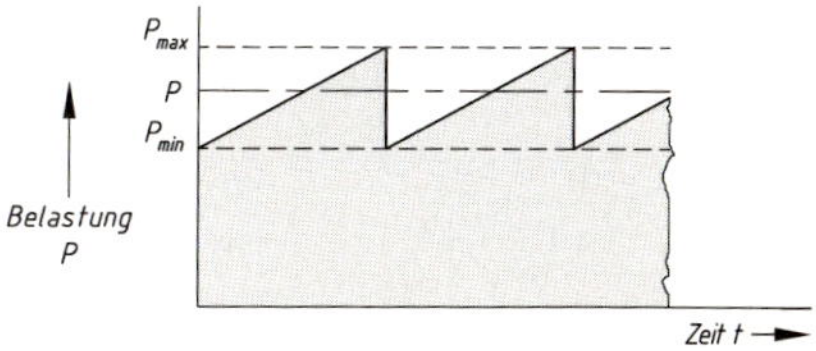
10	Minderung der Lagertragzahl C bei Temperatureinfluss $C_T = C \cdot f_T$	$f_T = 0{,}9$ bei 200° (S1), $f_T = 0{,}75$ bei 250° (S2), $f_T = 0{,}6$ bei 300° (S3)
11	Minderung der Lagertragzahl C bzw. C_0 bei Härteeinfluss $C_H = C \cdot f_H$ bzw. $C_{0H} = C_0 \cdot f_H$	$f_H = 0{,}95$ bei 57 HRC, $f_H = 0{,}9$ bei 56 HRC, $f_H = 0{,}85$ bei 55 HRC, $f_H = 0{,}81$ bei 54 HRC, $f_H = 0{,}77$ bei 53 HRC, $f_H = 0{,}73$ bei 52 HRC

Nr.	Formel	Hinweise
	c) Kontrolle der Lebensdauer	
12	Nominelle Lebensdauer $L_{10} = \left(\frac{C}{P}\right)^{p}$ bzw. $L_{10h} = \left(\frac{C}{P}\right)^{p} \cdot \frac{10^6}{60 \cdot n}$	Die nominelle Lebensdauer berücksichtigt nur die Belassungsbedingungen. (Einheiten siehe Tabelle unten) $p = 3$ für Kugellager $p = 10/3$ für Rollenlager C aus TB 14-2 oder WLK P nach Nr. 6, 7, 8, 9, 10 oder 11

L_{10}	L_{10h}	C	P	n
10^6 Umdreh.	h	N, kN	N, kN	min^{-1}

Nr.	Formel	Hinweise
13	Erreichbare Lebensdauer bei *konstanten Betriebsbedingungen* $L_{na} = a_1 \cdot a_{23} \cdot L_{10}$ bzw. $L_{nah} = a_1 \cdot a_{23} \cdot L_{10h}$	Neben den Belastungsbedingungen werden hierbei die Betriebsbedingungen berücksichtigt. Im Normalfall wird mit einer Ausfallwahrscheinlichkeit von 10 % gerechnet $\widehat{=}$ einer nominellen Lebensdauer L_{10} bzw. L_{10h}. Hierfür ist $a_1 = 1$

Ausfallwahrscheinlichkeit in %	50	30	10	5	4	3	2	1
Ermüdungslaufzeit	L_{50}	L_{30}	L_{10}	L_{5a}	L_{4a}	L_{3a}	L_{2a}	L_{1a}
Faktor a_1	5	3	1	0,62	0,53	0,44	0,33	0,21

$a_{23} = a_{23\,II} \cdot s$
$a_{23\,II}$ nach TB 14-12 mit κ nach TB 14-10 und K nach TB 14-11.
s nach TB 14-13

Nr.	Formel	Hinweise
14	Erreichbare Lebensdauer bei *veränderlichen Betriebsbedingungen* $L_{na} = \frac{100\,\%}{\frac{q_1}{L_{na1}} + \frac{q_2}{L_{na2}} + \ldots + \frac{q_n}{L_{nan}}}$ bzw. $L_{nah} = \frac{100\,\%}{\frac{q_1}{L_{nah1}} + \frac{q_2}{L_{nah2}} + \ldots + \frac{q_n}{L_{nahn}}}$	$L_{na1} \ldots L_{nan}$ bzw. $L_{nah} \ldots L_{nahn}$ jeweils nach Nr. 13 $q_1 \ldots q_n$ s. Nr. 7, Hinweise

Technische Regeln (Auswahl)

Technische Regel		Titel
DIN 509	08.66	Freistiche
DIN 615	01.93	Wälzlager; Schulterkugellager
EDIN 616	01.95	– –; Maßpläne für äußere Abmessungen
DIN 617	01.93	– –; Nadellager mit Käfig, Maßreihen 48 und 49
DIN 620-2	02.88	– –; Wälzlagertoleranzen für Radiallager
DIN 620-3	06.82	– –; Wälzlagertoleranzen für Axiallager
DIN 623-1	05.93	Bezeichnungen für Wälzlager, Allgemeines, Lagerreihenzeichen für Kugellager, Zylinderrollenlager und Pendelrollenlager
DIN 625-1	04.89	– –; Wälzlager; Rillenkugellager, einreihig
DIN 625-2	03.90	– –; Rillenkugellager, zweireihig
EDIN 628-1	12.93	– –; Radial-Schrägkugellager, einreihig
EDIN 628-1	12.93	– –; Radial-Schrägkugellager, zweireihig
EDIN 630	11.93	– –; Radial-Pendelrollenlager; zweireihig, zylindrische und kegelige Bohrung
DIN 635-1	08.87	– –; Pendelrollenlager; Tonnenlager, einreihig
DIN 711	02.88	– –; Axial-Rillenkugellager, einseitig wirkend
DIN 715	08.87	– –; Axial-Rillenkugellager, zweiseitig wirkend
DIN 720	02.79	– –; Kegelrollenlager
DIN 722	08.87	– –; Axial-Zylinderrollenlager; zweiseitig wirkend
DIN 728	02.91	– –; Axial-Pendelrollenlager, einseitig wirkend, mit unsymmetrischen Rollen
DIN 736	11.84	– –; Stehlagergehäuse für Wälzlager der Durchmesserreihe 2 mit kegeliger Bohrung und Spannhülse
DIN 737	11.84	– –; Stehlagergehäuse für Wälzlager der Durchmesserreihe 3 mit kegeliger Bohrung und Spannhülse
DIN 738	11.84	– –; Stehlagergehäuse für Wälzlager der Durchmesserreihe 2 mit zylindrischer Bohrung
DIN 739	11.84	– –; Stehlagergehäuse für Wälzlager der Durchmesserreihe 3 mit zylindrischer Bohrung
DIN 981	02.93	– –; Nutmuttern
DIN 5406	02.93	– –; Muttersicherungen
EDIN 5412-2	02.94	– –; Zylinderrollenlager, einreihig, mit Käfig, Winkelringe; Auswahl für den allgemeinen Maschinenbau
DIN 5415	02.93	– –; Spannhülsen
DIN 5416	03.90	– –; Abziehhülsen
DIN 5417	12.76	Befestigungsteile für Wälzlager; Sprengringe für Lager mit Ringnut
DIN 5418	02.93	Wälzlager, Maße für den Einbau
DIN 5425-1	11.84	– –; Toleranzen für den Einbau; Allgemeine Richtlinien
DIN 7993	04.70	Runddraht-Sprengringe und -Sprengringnuten für Wellen und Bohrungen
DIN ISO 281	01.93	Wälzlager; Dynamische Tragzahlen und nominelle Lebensdauer, Berechnungsverfahren

15 Gleitlager

Formelzeichen	Einheit	Benennung
A	m^2	Gleitfläche
A_G	m^2	wärmeabgebende Oberfläche des Lagergehäuses
EI, ES	µm, mm	unteres, oberes Abmaß der Lagerbohrung
ei, es	µm, mm	unteres, oberes Abmaß der Welle
b	mm	tragende Lagerbreite; radiale Lagerring- bzw. Segmentbreite für Axiallager
b_L	mm (m)	Lagerbreite (Gehäusebreite)
b_{Nut}	mm	Breite einer Nut am Umfang (Ringnut bzw. 360°-Nut, 180°-Nut)
b_T	mm	Breite der Schmiertasche
$C_ü$	1	Übergangskonstante für den Übergang von Misch- in Flüssigkeitsreibung
c	J/(kg °C), Nm/(kg °C)	spezifische Wärmekapazität des Schmierstoffs
d	m	Außendurchmesser der wärmeabgebenden äußeren Oberfläche für zylindrische Lager (Gehäuseaußendurchmesser)
d_0	mm	Schmierloch-Durchmesser (Zuführbohrung)
$d_a = 2 \cdot r_a$, $d_i = 2 \cdot r_i$	mm	Außen-, Innendurchmesser (dsgl. Radien) für Axiallager
d_L	mm	Lager(innen)durchmesser (Nennmaß der Lagerbohrung)
$d_m = 0{,}5(d_a + d_i)$	mm	mittlerer Durchmesser bei Axiallagern
d_W	mm	Wellendurchmesser (Nennmaß)
E	N/mm^2	Elastizitätsmodul
$e = 0{,}5 \cdot s - h_0$	mm	Exzentrizität (Verlagerung der Wellenachse gegenüber der Lagerachse bei Radiallagern)
F	N	Lagerkraft (radial, axial)
$F_R = F_t$	N	Reibungskraft gleich Verschiebekraft im Schmierfilm
H	m	Stehlagerhöhe

Formelzeichen	Einheit	Benennung
h	m, mm	Schmierspalthöhe (örtlich)
h_0	μm, mm, cm	kleinste Schmierspalthöhe (Schmierfilmdicke)
$h_{0\,zul}$	μm	Grenzrichtwert für h_0, kleinste zulässige Schmierspalthöhe
h_{seg}	mm	Segmentdicke für Axiallager
K	Pa s	Konstante $(0{,}18 \cdot 10^{-3}$ Pa s), schmierstoffspezifische Größe
k_1	1	Belastungskennzahl für Axiallager (Spurlager)
k_2	1	Reibungskennzahl für Axiallager (Spurlager)
L	m	Stehlagerbreite (Gehäuselänge)
l	mm	wirksame Keilspalt- bzw. Segmentlänge
l_R	mm	Länge der Rastfläche für eingearbeitete Keilflächen bei Axiallagern
l_t	mm	Keilspalt- bzw. Segmentteilung
n, n_W	s^{-1}, min^{-1}	Drehzahl, Wellendrehzahl
$n_ü$, $n'_ü$	min^{-1}	Übergangsdrehzahl beim Anlauf, Auslauf; Übergang von Misch- in Flüssigkeitsreibung
P_α	Nm/s, W	über Lagergehäuse und Welle durch Konvektion abgeführter Wärmestrom
P_c	Nm/s, W	vom Schmierstoff abgeführter Wärmestrom
P_P	Nm/s, W	Pumpenleistung
P_R	Nm/s, W	Reibungsverlustleistung, durch Reibung entstehender Wärmestrom im vollgeschmierten Lager
p, (p_∞)	N/mm^2, bar	örtlicher Schmierfilmdruck im begrenzten (unbegrenzten) Gleitraum
p_L	N/mm^2, N/cm^2, $N/m^2 = Pa$	spezifische Lagerbelastung, mittlere Flächenpressung
$p_{L\,zul}$	N/mm^2, N/m^2	Grenzrichtwert für p_L, zulässige spezifische Lagerbelastung
p_{max}	N/mm^2, bar	größter auftretender Schmierfilmdruck, Druckmaximum
$p_T \approx p_Z$	Pa, N/cm^2, bar	Taschendruck ≈ Zuführdruck bei Spurlagern

Formelzeichen	Einheit	Benennung
p_V	N/cm², bar	Druckverlust
q_L, q_T	1	Minderungsfaktor bei Druckölzufuhr für Schmierloch, Schmiertasche
R_a	µm	Mittenrauwert
R_{zL}, R_{zW}	µm	gemittelte Rautiefe für Lager, Welle
So	1	Sommerfeldzahl
$s = d_L - d_W$	µm, mm	Lagerspiel
Δs, Δs_{max}, Δs_{min}	mm	Lagerspieländerung, größte, kleinste
s_B, $s_{B\,max}$, $s_{B\,min}$	mm	Betriebslagerspiel, größtes, kleinstes
s_E, $s_{E\,max}$, $s_{E\,min}$	mm	Einbau-Lagerspiel, Fertigungsspiel, Kaltspiel
T_R	Ncm	Reibungsmoment bei Spurlagern
t	mm	Schmierkeiltiefe
u_W	m/s	Umfangsgeschwindigkeit der Welle
$u_m = d_m \cdot \pi \cdot n_W$	m/s	mittlere Umfangsgeschwindigkeit bei Axiallagern
$\dot{V}$, $\dot{V}_{ges}$	m³/s	gesamter Schmierstoffdurchsatz, Schmierstoffvolumenstrom
$\dot{V}_D$	m³/s	Schmierstoffdurchsatz infolge Förderung durch Wellendrehung (Eigendruckentwicklung)
$\dot{V}_{D\,rel}$	1	relativer (bezogener) Schmierstoffdurchsatz infolge Förderung durch Wellendrehung
$\dot{V}_k$	m³/s	Kühlöldurchsatz
V_L	dm³	Lagervolumen
$\dot{V}_{pZ}$	m³/s	Schmierstoffdurchsatz infolge Zuführdrucks
$\dot{V}_{pZ\,rel}$	1	relativer (bezogener) Schmierstoffdurchsatz infolge Zuführdrucks
VG	mm²/s	Viskositätsklasse
υ	m/s	Strömungsgeschwindigkeit des Schmierstoffs
W_t	µm	Welligkeit der Oberfläche von Welle und Lagerschale
w	m/s	mittlere Strömungsgeschwindigkeit der das Lagergehäuse umgebenden Luft, Luftgeschwindigkeit

Formelzeichen	Einheit	Benennung
z	1	Anzahl der Keilflächen bzw. Segmente der Axiallagern
α	$Nm/(m^2 \cdot s \cdot °C)$, $W/(m^2 \cdot °C)$	effektive Wärmeübergangszahl zwischen Lagergehäuse und Umgebungsluft
α_K	°	Keilneigungswinkel
α_L, α_W	1/°C, 1/K	Längenausdehnungskoeffizient bezogen auf d_L, auf d_W
β	°	Verlagerungswinkel (Winkellage von h_0 in Bezug auf F-Richtung)
$\varepsilon = e/(s/2)$	1	relative Exzentrizität
η_{eff}	Pa s, Ns/m^2	effektive dynamische Viskosität bei ϑ_{eff}
η_P	1	Pumpenwirkungsgrad
η_ϑ	Pa s	dynamische Viskosität bei der Temperatur ϑ
ϑ_0	°C	Richttemperatur für ϑ_{eff} (Annahme)
ϑ_{eff}	°C	der η_{eff} zugrundeliegende Temperatur, effektive Schmierfilmtemperatur
ϑ_e, ϑ_a	°C	Eintritts-, Austrittstemperatur des Schmierstoffs
$\Delta\vartheta = \vartheta_a - \vartheta_e$	°C	Schmierstofferwärmung
ϑ_L	°C	Lagertemperatur
$\vartheta_{L\,zul}$	°C	Grenzrichtwert für die Lagertemperatur (maximal zulässige Lagertemperatur)
ϑ_m	°C	mittlere Lagertemperatur
ϑ_U	°C	Temperatur der Umgebungsluft
μ bzw. μ/ψ_B	1	Reibungszahl bzw. Reibungskennzahl (relative oder bezogene Reibungszahl)
$\nu = \eta/\varrho$ (ν_{40})	mm^2/s, m^2/s	kinematische Viskosität des Schmierstoffs (bei $\vartheta_{eff} = 40$ °C)
ϱ	kg/m^3	Dichte des Schmierstoffs
$\varrho \cdot c$	$N/(m^2 \cdot °C)$	raumspezifische Wärme
$\psi = s/d_L$	1	relatives Lagerspiel
ψ_B	1	mittleres relatives Betriebslagerspiel bei ϑ_{eff}
ψ_E	1	relatives Einbaulagerspiel
ω, ω_{eff}	1/s	Winkelgeschwindigkeit, effektive für n_W

Nr.	Formel	Hinweise

Einfache Gleitlager sind Bestandteil vieler Geräte die Dreh- oder Schwenkbewegungen ausführen. In Scheren und Zangen oder Drehknöpfen arbeiten sie ohne, bei einfachen Fahrzeugen oder mechanischen Uhren mit Schmiermittel. Im Maschinenbau werden Gleitlager überwiegend zur Übertragung von radialen und axialen Kräften zwischen einer rotierenden Welle und einer feststehenden Lagerschale eingesetzt. Ihr Einsatz empfiehlt sich, wenn hohe Laufruhe gefordert wird, bei hohen Belastungen und Drehzahlen, bei starken Erschütterungen oder geteilten Lagern und wegen ihres einfachen Aufbaus auch bei großen Abmessungen.
Bei einwandfreiem Schmierfilm ist ihre Lebensdauer nahezu unbegrenzt.
Hinderlich für ihren Einsatz sind oft der hohe Schmierstoffbedarf, die große axiale Baulänge, das oft aufwendige Einlaufen und bei hydrodynamisch arbeitenden Lagern der Verschleiß bei häufigem Anfahren.

Hydrodynamische Radiallager

Beim hydrodynamischen Radialgleitlager wird der Schmierstoff durch seine Haftung an der Welle mitgerissen und in den sich keilförmig verengenden Spalt gepresst. Dadurch schwimmt die Welle durch den Druck im Schmierstoff auf bis zum Gleichgewicht mit der äußeren Lagerkraft. Beim Anlauf aus dem Stillstand sinkt die Reibungszahl von der Festkörperreibung mit zunehmender Drehzahl im Gebiet der Mischreibung weiter bis zum Minimum bei der Übergangsdrehzahl. Im Gebiet der Flüssigkeitsreibung steigt sie wieder leicht an. Nur hier ist ein verschleißfreier Betrieb zu erwarten.
Von den bekannten Lagerabmessungen und Betriebsdaten ausgehend erfasst die Gleitlagerberechnung die Beziehung zwischen Tragfähigkeit und Schmierfilmdicke, die Reibleistung, die Wärmebilanz und den Schmierstoffdurchsatz. Sie gilt für stationär belastete Gleitlager, d. h. die Lagerkraft und die Gleitgeschwindigkeit sind zeitlich konstant. Als dimensionslose Lagerkenngröße gilt die Sommerfeldzahl $So = p_L \cdot \psi^2/(\eta \cdot \omega)$ mit der mittleren Flächenpressung $p_L = F/(b \cdot d_L)$, dem relativen Lagerspiel $\psi = s/d_L$, der dynamischen Ölviskosität η und Winkelgeschwindigkeit ω. Dabei lassen sich Schwerlastbereich ($So > 1$: stark belastete und/oder langsam laufende Lager) und Schnelllaufbereich ($So < 1$: schwach belastete und/oder schnell laufende Lager) unterscheiden.
Eine hydrodynamische Schmierfilmbildung ist auch bei Fettschmierung möglich. Da Fettlager aber mit Verlustschmierung betrieben werden, ist bei der Auslegung auf minimalen Fettbedarf zu achten. Durch die geringe Wärmeabfuhr durch den Schmierstoff Fett sind im Dauerbetrieb nur Gleitgeschwindigkeiten bis 2 m/s möglich. Außerdem darf auf Grund der geringen Fließgeschwindigkeit das relative Lagerspiel 2‰ nicht unterschreiten.
Das Berechnungsschema (A 15-1) am Ende des Kapitels erleichtert den Ablauf der üblichen Nachprüfung auf mechanische und thermische Beanspruchung und auf Verschleißsicherheit.

<table>
<tr><th>Nr.</th><th>Formel</th><th>Hinweise</th></tr>
<tr><td></td><td colspan="2">Beziehung zwischen Tragfähigkeit und Schmierfilmdicke</td></tr>
<tr><td>1</td><td>Übergangsdrehzahl
$$n'_{ü} \approx \frac{0{,}1 \cdot F}{C_{ü} \cdot \eta_{eff} \cdot V_L}$$</td><td>
<table>
<tr><th>$n'_{ü}$</th><th>F</th><th>V_L</th><th>$C_{ü}$</th><th>η_{eff}</th></tr>
<tr><td>min^{-1}</td><td>N</td><td>dm^3</td><td>1</td><td>mPa s</td></tr>
</table>
Lagervolumen $V_L = (\pi \cdot d_L^2/4) \cdot b$

η_{eff} in Abhängigkeit von ϑ_{eff} für Normöle nach TB 15-9

Anhaltswerte für die Übergangskonstante $C_{ü}$

$p_L < 1\ N/mm^2$: $C_{ü} < 1$
$1\ N/mm^2 \leq p_L \leq 10\ N/mm^2$: $1 \leq C_{ü} \leq 8$
$p_L > 10\ N/mm^2$: $C_{ü} > 6$

Für die Betriebsdrehzahl n werden in Abhängigkeit von der Umfangsgeschwindigkeit u folgende Mindestwerte empfohlen:

für $u \leq 3$ m/s: $n/n_{ü} = 3$
für $u \geq 3$ m/s: $n/n_{ü} = |u|$ in m/s

Beachte: Die „Volumenformel“ wird aus der Überlegung abgeleitet, dass im Bereich des Übergangs zur Mischreibung $So \cdot (1 - \varepsilon) \approx 1$. Mit den Annahmen $h_0 = 10/3\ \mu m$ und $\psi = 2‰$ wird $C_{ü} = 1$.
Im Experiment wurde bei eingelaufenen Lagern der verschleißfreie hydrodynamische Schmierzustand bei einer bis 100-fach niedrigeren Drehzahl erreicht ($C_{ü} = 100!$).
Bei Wellenschiefstellung und höherer Rautiefe sinkt $C_{ü}$ ab.
</td></tr>
<tr><td>2</td><td>Abhängigkeit der dynamischen Viskosität η_ϑ von der Temperatur

– aus der Viskositätsklasse ISO VG berechnet
$$\ln \frac{\eta_\vartheta}{K} = \left(\frac{159{,}56}{\vartheta + 95\ °C} - 0{,}1819\right) \times \ln \frac{\varrho \cdot VG}{10^6 \cdot K}$$</td><td>
<table>
<tr><th>η_ϑ, K</th><th>ϱ</th><th>VG</th><th>ϑ</th></tr>
<tr><td>Pa s</td><td>kg/m^3</td><td>mm^2/s</td><td>°C</td></tr>
</table>
Konstante $K = 0{,}18 \cdot 10^{-3}$ Pa s

Dichte des Schmieröls ϱ nach Herstellerangaben, z. B. Shell Morlina Oil 22: $\varrho = 865\ kg/m^3$ bei 15 °C, meist ausreichend genau als Mittelwert $\varrho = 900\ kg/m^3$.

Viskositätsklasse ISO VG nach DIN 51519. Definiert sind 18 Viskositätsklassen von 2 bis 1500 mm^2/s bei 40 °C, siehe TB 15-9.

Der Viskositätsverlauf der ISO-Normöle ist für eine mittlere Dichte in TB 15-9 dargestellt.
</td></tr>
</table>

Nr.	Formel	Hinweise
3	– aus Nennviskosität η_{40} berechnet $\eta_\vartheta =$ $K \cdot \exp\left[\left(\dfrac{160}{\vartheta + 95\,^\circ\mathrm{C}} - 0{,}1819\right) \cdot \ln \dfrac{\eta_{40}}{K}\right]$	$\eta_\vartheta, \eta_{40}, K$: Pa s; ϑ : °C Konstante $K = 0{,}18 \cdot 10^{-3}$ Pa s Nennviskosität η_{40} (dynamische Viskosität bei 40 °C) aus TB 15-9.
4	Abhängigkeit der Dichte von Schmierölen von der Temperatur $\varrho = \varrho_{15}[1 - 65 \cdot 10^{-5}(\vartheta - 15)]$	ϱ, ϱ_{15} : kg/m³; ϑ : °C ϱ_{15} als Dichte bei $\vartheta = 15$ °C nach Angabe der Öllieferanten, z. B. Shell Vitrea Oil 68: $\varrho_{15} = 877$ kg/m³. Die Dichte der Mineralöle liegt bei $\varrho = 900$ kg/m³ (Abweichung ±5 %). Sie wird nach DIN 51757 bestimmt und für die Bezugstemperatur 15 °C angegeben. Grundsätzlich nimmt die Viskosität mit zunehmender Temperatur ab und mit zunehmendem Druck zu.
5	spezifische Lagerbelastung $p_L = \dfrac{F}{b \cdot d_L} \leq p_{L\,zul}$	b und d_L als tragende Lagerbreite und Lagerinnendurchmesser für genormte Gleitlager nach TB 15-1 bis TB 15-3. Erfahrungsrichtwerte $p_{L\,zul}$ für genormte Lagerwerkstoffe siehe TB 15-7. Die zulässige statische mittlere Flächenbelastung wird abhängig von $R_{p\,0,2}$ des Lagerwerkstoffs meist mit $p_{L\,zul} = R_{p\,0,2}/3$ bei stationärer und $p_{L\,zul} = R_{p\,0,2}/6$ bei instationärer Belastung angegeben, vgl. TB 15-6. Wenn bereits beim Anfahren $p_L > 3$ N/mm², muss zum Schutz der Gleitflächen ggf. eine hydrostatische Anhebung vorgesehen werden.

<table>
<tr><th>Nr.</th><th>Formel</th><th>Hinweise</th></tr>
<tr><td>6</td><td>Kontrolle der kleinsten Schmierspalthöhe
$h_0 = 0{,}5 \cdot d_L \cdot \psi_B(1-\varepsilon) \cdot 10^3 \geq h_{0\,zul}$</td><td>Verschleißfreier Betrieb, wenn $h_0 > h_{0\,zul}$.

<table>
<tr><th>$h_0, h_{0\,zul}$</th><th>d_L</th><th>ψ_B, ε</th></tr>
<tr><td>µm</td><td>mm</td><td>1</td></tr>
</table>
TB 15-16 enthält Erfahrungswerte für $h_{0\,zul} = f(d_w, u_w)$, wobei außer entsprechenden Rautiefen, geringe Formfehler der Gleitflächen, sorgfältige Montage und ausreichende Filterung des Schmierstoffs vorausgesetzt wird.

Bei unverkanteter und nicht durchgebogener Welle gilt auch $h_0 > h_{0\,zul} = \Sigma(R_z + W_t)$.

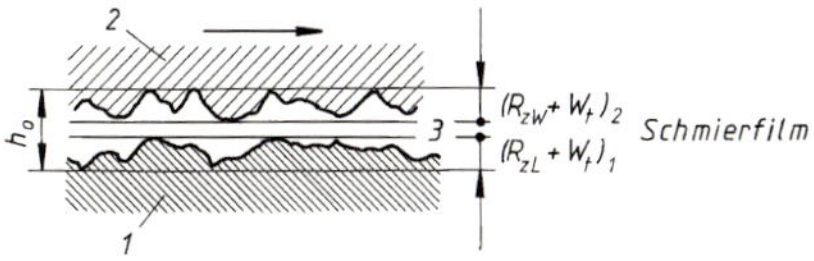

$\varepsilon = f(So, b/d_L)$ nach Berechnung der So aus TB 15-13 ablesbar.</td></tr>
<tr><td></td><td>Betriebskennwerte (Richtwerte)</td><td></td></tr>
<tr><td>7</td><td>Breitenverhältnis (relative Lagerbreite)
$\frac{b}{d_L} = 0{,}2 \ldots 1 \ldots (1{,}5)$</td><td>Richtwerte:
$b/d_L = 0{,}5 \ldots 1$, wenn u_w hoch und p_L klein
$b/d_L < 0{,}5$, wenn u_w niedrig und p_L hoch
Bei schmaler Ausführung bessere Wärmeabfuhr durch guten seitlichen Ölabfluss (Seitenströmung) und geringere Gefahr der Kantenpressung.</td></tr>
<tr><td></td><td>relatives Lagerspiel</td><td></td></tr>
<tr><td>8</td><td>– allgemein
$\psi = \frac{s}{d_L} = \frac{d_L - d_W}{d_L} \approx \frac{d_L - d_W}{d_W}$</td><td>$\psi$ schwankt zwischen 0,5 ‰ bei hochbelasteten langsam laufenden Lagern und 3 ‰ bei gering belasteten schnell laufenden Lagern.</td></tr>
</table>

<table>
<tr><th>Nr.</th><th>Formel</th><th>Hinweise</th></tr>
<tr><td>9</td><td>– Richtwert für Einbau- bzw. Betriebslagerspiel
ψ_E bzw. $\psi_B \approx 0{,}8\,\sqrt[4]{u_W}\cdot 10^{-3}$
$\psi_B = \psi_E + \Delta\psi$</td><td>Von diesen Werten kann um ±25 % abgewichen werden.
<table><tr><th>ψ_E, ψ_B</th><th>u_W</th></tr><tr><td>1</td><td>m/s</td></tr></table>Umfangsgeschwindigkeit $u_W = \pi \cdot d_W \cdot n_W$, mit Wellendurchmesser d_W in m und Wellendrehfrequenz n_W in s^{-1}.

Richtwerte für ψ_E bzw. ψ_B in Abhängigkeit von Gleitgeschwindigkeit, von Gleitgeschwindigkeit und Wellendurchmesser bzw. von Lagerdruck und Lagerwerkstoff, siehe TB 15-10.

Bei unterschiedlichen Längenausdehnungskoeffizienten von Welle und Lager beträgt die Spieländerung
$\Delta\psi = (\alpha_L - \alpha_W)\cdot 10^{-6}\cdot(\vartheta_{eff} - 20\,°C)$, mit α_L aus TB 15-6 und α_W aus TB 12-6b.

Obere Werte (untere Werte entsprechend gegenteilig) des relativen Lagerspiels sind zu wählen bei hartem Lagerwerkstoff (hoher E-Modul, Bronzen), relativ niedrigem Lagerdruck, großer relativer Lagerbreite $b/d_L > 0{,}8$, starrem Lager, gleichbleibender Lastrichtung und einem Härteunterschied zwischen Welle und Lagerschale ≤ 100 HB.

TB 15-11 und TB 15-12 erleichtern die Auswahl geeigneter ISO-Passungen zur Festlegung eines bestimmten Lagerspiels.</td></tr>
<tr><td>10</td><td>relative Exzentrizität
$\varepsilon = \dfrac{e}{0{,}5\cdot s} = \dfrac{e}{0{,}5\cdot d_L\cdot\psi}$</td><td>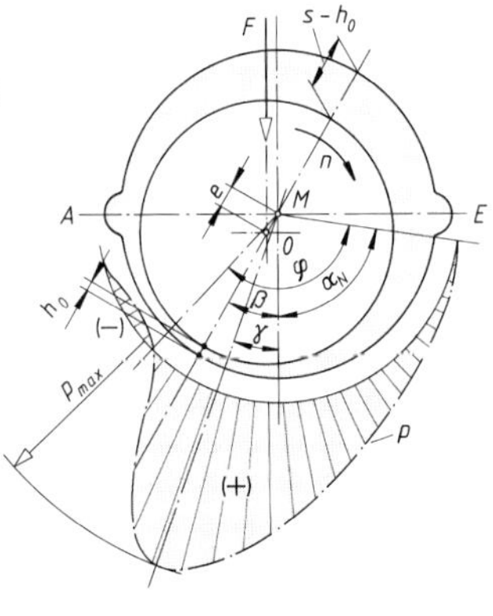

ε beschreibt zusammen mit dem Verlagerungswinkel β die Größe und Lage von h_0 und damit die Verschleißgefährdung.

Sind b, d_L und So bekannt, kann ε TB 15-13 entnommen werden.</td></tr>
</table>

<table>
<tr><th>Nr.</th><th>Formel</th><th>Hinweise</th></tr>
<tr><td>11</td><td>Sommerfeldzahl
$$So = \frac{p_L \cdot \psi_B^2}{\eta_{eff} \cdot \omega_{eff}} = \frac{F \cdot \psi_B^2}{b \cdot d_L \cdot \eta_{eff} \cdot \omega_{eff}}$$</td><td>
<table>
<tr><th>So, ψ_B</th><th>p_L</th><th>F</th><th>η_{eff}</th><th>ω_{eff}</th><th>b, d</th></tr>
<tr><td>1</td><td>N/mm^2</td><td>N</td><td>Ns/mm^2</td><td>1/s</td><td>mm</td></tr>
</table>
Die Kennzahl besagt, dass Lager mit gleicher So-Zahl hydrodynamisch ähnlich sind, sofern das Breitenverhältnis b/d_L, die Ölzuführelemente (Bohrung, Nut) und der Öffnungswinkel (z. B. 360°-Lager) gleich sind.
Für $\varepsilon \to 1$ geht $So \to \infty$.
Betriebsverhalten:
– $So \geq 1$ und $\varepsilon = 0{,}6 \ldots 0{,}95$: störungsfreier Betrieb
– $So \geq 10$ und $\varepsilon = 0{,}95 \ldots 1$: Verschleiß möglich
– $So < 1$ und $\varepsilon < 0{,}6$: mögliche Instabilität der Wellenlage
Vergleiche TB 15-13b.
p_L nach Nr. 5
ψ_B nach Nr. 9
η_{eff} nach TB 15-9
$\omega_{eff} = 2 \cdot \pi \cdot n_w$ in s^{-1} mit n_w in s^{-1}</td></tr>
<tr><td></td><td>Reibungszahl
Näherungswert</td><td></td></tr>
<tr><td>12</td><td>$So < 1: \frac{\mu}{\psi_B} = \frac{3}{So}$</td><td>Schwach belastete und/oder schnell laufende Lager</td></tr>
<tr><td>13</td><td>$So > 1: \frac{\mu}{\psi_B} = \frac{3}{\sqrt{So}}$</td><td>Stark belastete und/oder langsam laufende Lager
ψ_B nach Nr. 9
So nach Nr. 11
$\mu/\psi_B = f(So, b/d_L)$ bzw. $f(\varepsilon, b/d_L)$ für genaue Berechnung aus TB 15-14</td></tr>
</table>

Nr.	Formel	Hinweise

Reibungsverhältnisse

14 Reibungsverlustleistung

$$P_R = \mu \cdot F \cdot u_w = \mu \cdot F \cdot \frac{d_W}{2} \cdot \omega_{eff} = \mu \cdot F \cdot d_w \cdot \pi \cdot n_w = (\mu/\psi_B) \cdot F \cdot d_W \cdot \pi \cdot n_w \cdot \psi_B$$

P_R	F	d_W	n_w	u_w	μ	ω_{eff}	ψ_B
Nm/s, W	N	m	1/s	m/s	1	1/s	1

μ bzw. μ/ψ_B näherungsweise nach Nr. 12 oder 13, nach TB 15-14 oder für

360°-Lager: $\dfrac{\mu}{\psi_B} = \dfrac{\pi}{So \cdot \sqrt{1-\varepsilon^2}} + \dfrac{\varepsilon}{2} \cdot \sin\beta$,

mit ε nach TB 15-13, β nach TB 15-15 und So nach Nr. 11

ψ_B nach Nr. 9

$u_w = d_W \cdot \pi \cdot n_w$ in m/s, mit d_W in m und n_w in 1/s

$\omega_{eff} = 2 \cdot \pi \cdot n_w$ in 1/s mit n_w in 1/s

Wärmebilanz

15 Wärmestrom über Lagergehäuse und Welle an die Umgebung

$$P_\alpha = \alpha \cdot A_G(\vartheta_m - \vartheta_U)$$

P_α	α	A_G	ϑ_m, ϑ_U
Nm/s, W	Nm/(m² · s · °C); W/(m² · °C)	m²	°C

Effektive Wärmeübergangszahl α:
- Luftgeschwindigkeit $w \leq 1{,}2$ m/s: $\alpha = 15$ bis 20 W/(m² · °C)
- Anblasung des Gehäuses mit $w > 1{,}2$ m/s: $\alpha = 7 + 12 \cdot \sqrt{w}$ (w in m/s)

Für die wärmeabgebende Oberfläche gilt näherungsweise:
- bei zylindrischen Gehäusen: $A_G = \pi \cdot [0{,}5(d^2 - d_L^2) + d \cdot b_L]$
- bei Stehlagern: $A_G = \pi \cdot H(L + 0{,}5H)$
- bei Lagern im Maschinenverband: $A_G = (15 \text{ bis } 20) \cdot b \cdot d_L$

Hierbei bedeuten:

L, b_L	Gehäuselänge, Gehäusebreite
d	Gehäuseaußendurchmesser
d_L	Lagerinnendurchmesser
H	Stehlager-Gesamthöhe

Temperatur der Umgebungsluft

$\vartheta_U = -20$ °C bis $+40$ °C, üblich 20 °C

mittlere Lagertemperatur $\vartheta_m \mathrel{\widehat{=}} \vartheta_L$ (angenommen bzw. berechnet).

<table>
<tr><th>Nr.</th><th>Formel</th><th>Hinweise</th></tr>
<tr><td>16</td><td>über den Schmierstoff abgeführter Wärmestrom
$P_c = \dot{V} \cdot \varrho \cdot c(\vartheta_a - \vartheta_e)$</td><td>
<table>
<tr><th>P_c</th><th>$\dot{V}$</th><th>$\varrho \cdot c$</th><th>ϑ_a, ϑ_e</th></tr>
<tr><td>Nm/s, W</td><td>m^3/s</td><td>$N/(m^2 \cdot {}^\circ C)$;
$J/(m^3 \cdot {}^\circ C)$</td><td>°C</td></tr>
</table>
$\dot{V} = \dot{V}_D + \dot{V}_{pZ}$, gesamter Schmierstoffdurchsatz nach Nr. 22
$\varrho \cdot c = 1{,}8 \cdot 10^6\ J/(m^3 \cdot {}^\circ C)$, für mineralische Schmierstoffe ausreichend genau, sonst nach TB 15-8c.

$\vartheta_a \leq 100\ {}^\circ C$, siehe TB 15-17

$\vartheta_e = 30 \ldots 80\ {}^\circ C$, je nach Lagerbauart und Ausführung des Ölkühlers.

Anmerkung:
$\vartheta_a - \vartheta_e = 10 \ldots 15\ {}^\circ C$, maximal $20\ {}^\circ C$
</td></tr>
<tr><td>17</td><td>Lagertemperatur
– natürliche Kühlung (Konvektion)
$\vartheta_L \mathrel{\hat{=}} \vartheta_m = \vartheta_U + \dfrac{P_R}{\alpha \cdot A_G}$</td><td>
<table>
<tr><th>$\vartheta_L, \vartheta_m, \vartheta_U$</th><th>$P_R$</th><th>$\alpha$</th><th>$A_G$</th></tr>
<tr><td>°C</td><td>Nm/s, W</td><td>$Nm/(m^2 \cdot s \cdot {}^\circ C)$</td><td>$m^2$</td></tr>
</table>
P_R s. Nr. 14
α und A_G s. unter Nr. 15

Richttemperatur
$\vartheta_0 \mathrel{\hat{=}} \vartheta_{eff} = \vartheta_U + \Delta\vartheta = 40\ {}^\circ C \ldots 100\ {}^\circ C$
(üblich $\Delta\vartheta \approx 20\ {}^\circ C$) für η_{eff} aus TB 15-9

Interpolation so lange, bis
$\vartheta_{0\,neu} = (\vartheta_{0\,alt} + \vartheta_m)/2$ dem absoluten Wert $|\vartheta_m - \vartheta_0| \leq 2\ {}^\circ C$ entspricht, d. h. $\vartheta_L \approx \vartheta_{eff}$,
$\vartheta_{L\,zul}$ s. TB 15-17

Treten bei reiner Konvektion zu hohe Lagertemperaturen auf, die auch durch Vergrößerung der Lagerabmessungen oder der Gehäuseoberfläche nicht auf zulässige Werte abgesenkt werden können, ist Druckschmierung und Ölrückkühlung erforderlich.
</td></tr>
</table>

<table>
<tr><th>Nr.</th><th>Formel</th><th>Hinweise</th></tr>
<tr>
<td>18</td>
<td>– Rückkühlung des Schmierstoffs (Druckschmierung)

$\vartheta_L \mathrel{\widehat{=}} \vartheta_a = \vartheta_e + \dfrac{P_R}{\dot{V} \cdot \varrho \cdot c}$</td>
<td>
<table>
<tr><th>$\vartheta_L, \vartheta_a, \vartheta_e$</th><th>$P_R$</th><th>$\dot{V}$</th><th>$\varrho \cdot c$</th></tr>
<tr><td>°C</td><td>Nm/s; W</td><td>m³/s</td><td>N/(m² · °C);
J/(m³ · °C)</td></tr>
</table>

P_R s. Nr. 14

$\dot{V}$ und $\varrho \cdot c$ s. unter Nr. 16

$\vartheta_{L\,zul}$ s. TB 15-17

Richttemperatur
$\vartheta_0 \mathrel{\widehat{=}} \vartheta_{a0} = \vartheta_e + \Delta\vartheta$, mit $\Delta\vartheta \approx 20\,°C$;
$\vartheta_{eff} = 0{,}5\,(\vartheta_e + \vartheta_{a0})$ für η_{eff} aus TB 15-9

Rechnerische Interpolation mit
$\vartheta_{a0\,neu} = 0{,}5 \cdot (\vartheta_{a0\,alt} + \vartheta_a)$ und
$\vartheta_{eff} = 0{,}5 \cdot (\vartheta_e + \vartheta_{a0\,neu})$ für η_{eff}, bis absolut $|\vartheta_{a0} - \vartheta_a| \leq 2\,°C$
Bei großer Umfangsgeschwindigkeit und Lagerkraft kann anstelle des Mittelwertes
$\vartheta_{eff} = \vartheta_m = 0{,}5 \cdot (\vartheta_e + \vartheta_{a0})$ mit
$\vartheta_{eff} = (2\,\vartheta_a + \vartheta_e)/3$ bis $\vartheta_{eff} = \vartheta_a$ gerechnet werden.

Grafische Interpolation (Beispiel)

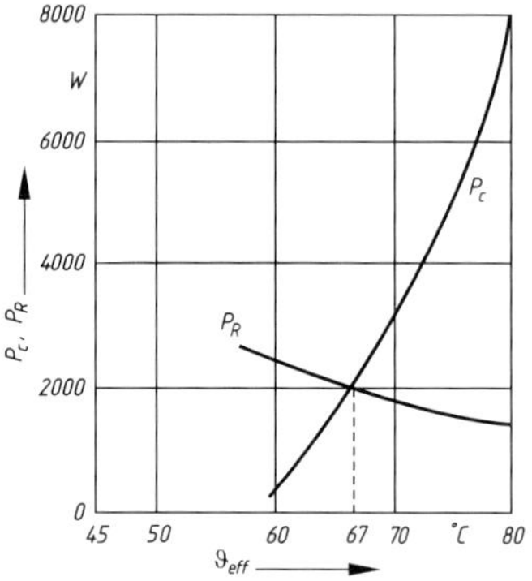

Für angenommene Temperaturen ϑ_L bzw. ϑ_a wird P_R und P_c bzw. P_α berechnet. Der Beharrungszustand ergibt sich im Schnittpunkt der Kurven.

P_α kann gegen P_c vernachlässigt werden, wenn $P_\alpha < 0{,}25 \cdot P_R$. Es wird nur die Wärmeabfuhr über den Schmierstoff (Druckschmierung) berücksichtigt.
</td>
</tr>
</table>

<table>
<tr><th>Nr.</th><th>Formel</th><th>Hinweise</th></tr>
<tr><td></td><td>Schmierstoffdurchsatz</td><td></td></tr>
<tr><td>19</td><td>– infolge Förderung durch Wellendrehung (Eigendruckentwicklung)
$\dot{V}_D = \dot{V}_{D\,rel} \cdot d_L^3 \cdot \psi_B \cdot \omega_{eff}$</td><td>
<table>
<tr><th>$\dot{V}_D$</th><th>$\dot{V}_{D\,rel}$</th><th>d_L</th><th>ψ_B</th><th>ω_{eff}</th></tr>
<tr><td>m^3/s</td><td>1</td><td>m</td><td>1</td><td>s^{-1}</td></tr>
</table>
</td></tr>
<tr><td>20</td><td>wobei relativer Schmierstoffdurchsatz (360°-Lager)
$\dot{V}_{D\,rel} = 0{,}25\left[\left(\frac{b}{d_L}\right) - 0{,}223 \cdot \left(\frac{b}{d_L}\right)^3\right] \cdot \varepsilon$</td><td>$b$, d_L für genormte Lager z. B. nach TB 15-1 bis TB 15-3

ψ_B nach Nr. 9

$\omega_{eff} = 2 \cdot \pi \cdot n_W$ in s^{-1} mit n_W in s^{-1}

$\dot{V}_{D\,rel}$ für halbumschließende (180°-)Lager aus Tb 15-18a

ε kann mit So (nach Nr. 11) und b/d_L aus TB 15-13 abgelesen werden.</td></tr>
<tr><td>21</td><td>– infolge Zuführdrucks
$\dot{V}_{pZ} = \frac{\dot{V}_{pZ\,rel} \cdot d_L^3 \cdot \psi_B^3}{\eta_{eff}} \cdot p_Z$</td><td>
<table>
<tr><th>$\dot{V}_{pZ}$</th><th>$\dot{V}_{pZ\,rel}$</th><th>d_L</th><th>ψ_B</th><th>η_{eff}</th><th>p_Z</th></tr>
<tr><td>m^3/s</td><td>1</td><td>m</td><td>1</td><td>Pa s</td><td>Pa</td></tr>
</table>
d_L für genormte Lager z. B. nach TB 15-1 bis TB 15-3

ψ_B nach Nr. 9

η_{eff} bei ϑ_{eff} für Normöle nach TB 15-9

$p_Z = 0{,}05 \ldots 0{,}2$ MPa (0,5 bis 2 bar). p_Z sollte deutlich geringer sein als p_L, um hydrostatische Zusatzbelastungen zu vermeiden.

$\dot{V}_{pZ\,rel}$ rechnerisch nach TB 15-18b je nach Schmierloch- bzw. Schmiertaschenlage.

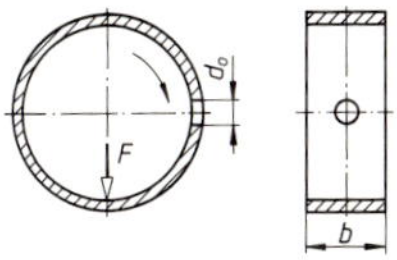

Z. B. Schmierloch um 90° gedreht zur Lastrichtung:
$\dot{V}_{pZ\,rel} = \frac{\pi}{48} \cdot \frac{1}{\ln(b/d_0) \cdot q_L}$
mit
$q_L = 1{,}204 + 0{,}368 \cdot (d_0/b) - 1{,}046 \cdot (d_0/b)^2 + 1{,}942 \cdot (d_0 + b)^3$</td></tr>
</table>

Nr.	Formel	Hinweise
22	– gesamt (bei Druckschmierung und voll umschließendem Lager) $\dot{V} = \dot{V}_D + \dot{V}_{pZ}$	Bei druckloser Schmierung und teilumschließendem Lager ist $\dot{V} = \dot{V}_D$. $\dot{V}_D$ und $\dot{V}_{pZ}$ nach Nr. 19 und 21

Hydrodynamische Axialgleitlager

Im Gegensatz zum Radiallager muss beim Axiallager der für eine hydrodynamische Druckentwicklung notwendige keilförmige Spalt konstruktiv geschaffen werden. Dazu werden die Axialgleitlager in Umfangsrichtung in Segmente mit festen, elastischen oder kippbeweglichen Gleitflächen aufgeteilt.
Liegt hohe Flächenpressung vor und ist ein häufiges Anfahren unter Last zu erwarten, so sind Lager mit kippbeweglichen Gleitschuhen zu bevorzugen. Fest eingearbeitete Keilspalte mit Rastfläche kommen zum Einsatz, wenn An- und Auslauf unter Last selten vorkommt, niedrige Flächenpressung oder instationäre Belastungsverhältnisse vorliegen.
Axiallager mit eingearbeiteten Keil- und Rastflächen für beide Drehrichtungen weisen wegen der inaktiven Keilflächen eine verminderte Tragfähigkeit auf.
Für axiale Führungen ohne nennenswerte Axialkräfte werden häufig nur ebene Bunde mit radial verlaufenden Schmiernuten benutzt. Die Auslegung der Axialgleitlager erfolgt entsprechend zu den Radialgleitlagern mit Hilfe von Belastungs- und Reibungskennzahlen.

Nr.	Formel	Hinweise
	Konstruktionsmaße	
23	Spalt- bzw. Segmentlänge $l = \sqrt{\dfrac{F}{p_{L\,zul} \cdot z} \cdot \dfrac{l}{b}}$	Praktisch günstige Seitenverhältnisse $l/b = 0{,}7 \ldots 1{,}3$, bevorzugt 1,0. Übliche Anzahl der Keilflächen bzw. Segmente $z = 4,\ 5,\ 6,\ 8,\ 10$ oder 12 $p_{L\,zul}$ s. TB 15-7, üblich $1 \ldots 4$ N/mm² bei Sn- und Pb-Legierungen.
24	mittlerer Lagerdurchmesser $d_m = \dfrac{1{,}25 \cdot l \cdot z}{\pi}$	Keilspalt- bzw. Segmentteilung $l_t \approx 1{,}25 \cdot l = \pi \cdot d_m/z$ Nun Lageraußen- und Lagerinnendurchmesser ermittelbar: $d_a = d_m + b$ und $d_i = d_m - b$ Beachte: $d_i > d_W$, wenn das Lager innerhalb des Wellenstranges liegt. 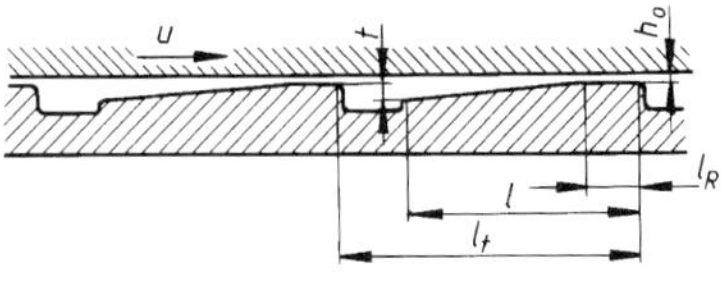 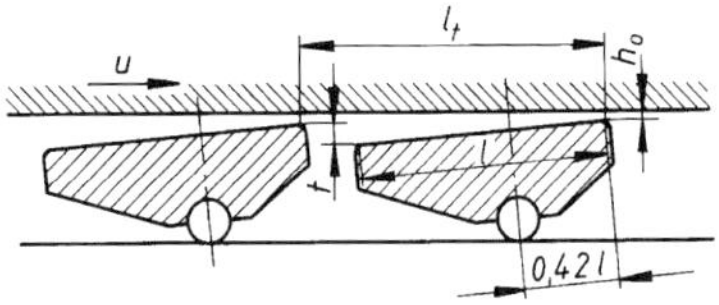

Nr.	Formel	Hinweise
25	mittlere Flächenpressung $p_L = \frac{F}{z \cdot l \cdot b} = \frac{1{,}25 \cdot F}{\pi \cdot d_m \cdot b} \approx \frac{0{,}4 \cdot F}{d_m \cdot b} \leq p_{L\,zul}$	l, b, d_m, z als Entwurfsdaten aus Nr. 23 und 24 $p_{L\,zul}$ s. TB 15-7; allgemein höhere Werte für Teillast bzw. gehärtete Spurscheibe und niedrige Gleitgeschwindigkeit und niedrige Werte für Volllast, ungehärtete Spurscheibe und hohe Gleitgeschwindigkeit. Wenn bereits beim Anfahren $p_L > 3$ N/mm² ist, muss ggf. eine hydrostatische Anfahrhilfe vorgesehen werden (Gleitflächenverschleiß).
26	Belastungskennzahl $k_1 = \frac{p_L \cdot h_0^2}{\eta_{eff} \cdot u_m \cdot b}$	(see unit table below) Bei der Dimensionierung sind die Lagerabmessungen so zu wählen, dass $k_1 = f(h_0/t, l/b)$ einen hohen Wert annimmt. Belastungs- und Reibungskennzahlen für den Schmierkeil ohne Rastfläche 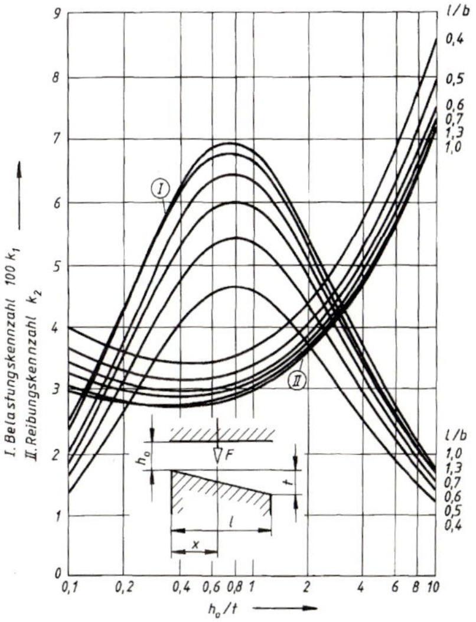 Günstige hohe k_1-Werte ergeben sich für $h_0/t = 0{,}5 \ldots 1{,}2$ bei $l/b = 0{,}7 \ldots 0{,}8$. Für $l = b$ wird bei $h_0/t \approx 0{,}8$ die optimale Belastungskennzahl $k_1 \approx 0{,}069$ erreicht.

k_1	p_L	b, d, h_0	η_{eff}	u_m
1	N/m²; Pa	m	Ns/m²	m/s

Nr.	Formel	Hinweise
27	Reibungskennzahl $k_2 = \mu \sqrt{\frac{p_L \cdot b}{\eta_{eff} \cdot u_m}}$	k_2, μ | p_L | b | η_{eff} | u_m 1 | N/m² | m | Ns/m² | m/s Den Verlauf der Werte $k_2 = f(h_0/t,\ l/b)$ zeigt das Schaubild unter Nr. 26. Danach kann für $l/b = 0{,}7 \ldots 1{,}3$ und $h_0/t = 0{,}2 \ldots 1{,}0$ ausreichend genau $k_2 \approx 3$ gesetzt werden. Die kleinste Reibungskennzahl $k_2 \approx 2{,}7$ wird für $l/b = 1$ bei $h_0/t \approx 0{,}4$ erreicht.
28	Reibungszahl $\mu \approx k_2 \sqrt{\frac{\eta_{eff} \cdot u_m}{p_L \cdot b}}$	k_2, μ | p_L | b | η_{eff} | u_m 1 | N/m² | m | Ns/m² | m/s $k_2 \approx 3$, genauer nach Schaubild unter Nr. 26 η_{eff} für Normöle bei meist $\vartheta_{eff} = 50 \ldots 60\,°C$ s. TB 15-9 $u_m = \pi \cdot d_m \cdot n_W$ in m/s, mit $d_m = 0{,}5 \cdot (d_a + d_i)$ in m und n_W in 1/s. p_L s. Nr. 25 $b = 0{,}5 \cdot (d_a - d_i)$, ausgeführte radiale Segment- bzw. Lagerringbreite.
29	kleinste Schmierspalthöhe $h_0 = \sqrt{\frac{k_1 \cdot z \cdot l \cdot b^2 \cdot u_m \cdot \eta_{eff}}{F}} > h_{0\,zul}$	h_0, l, b | k_1, z | u_m | F | η_{eff} m | 1 | m/s | N | Ns/m² k_1 s. Nr. 26 l, b, z, unter Nr. 23 und 24 festgelegte Konstruktionsdaten $u_m = \pi \cdot d_m \cdot n_W$ in m/s, mit $d_m = 0{,}5 \cdot (d_a + d_i)$ in m und n_W in 1/s. η_{eff} für Normöle bei $\vartheta_L \approx \vartheta_a \approx \vartheta_e + \Delta\vartheta$ (z. B. $\vartheta_e = 40\,°C$ und $\Delta\vartheta \leq 20\,°C$) nach TB 15-9. Richtwerte für die kleinste zulässige Schmierspalthöhe $h_{0\,zul}$ – nach Nr. 33 – nach DIN 31653-3 für Axialsegmentlager $h_{0\,zul} = \sqrt{\frac{d_m \cdot R_z}{3000}}$ in m – nach DIN 31654-3 für Axial-Kippsegmentlager $h_{0\,zul} = \sqrt{\frac{d_m \cdot R_z}{12\,000}}$ in m

<table>
<tr><th>Nr.</th><th>Formel</th><th>Hinweise</th></tr>
<tr><td></td><td></td><td>Hierbei sind:
d_m mittlerer Lagerdurchmesser in m
R_z gemittelte Rautiefe der Spurscheibe in m (stets $R_z \leq 4\ \mu m = 4 \cdot 10^{-6}$ m)

Die Verschleißsicherheit ist dann gegeben, wenn h_0 im Betrieb die minimale Spalthöhe (Filmdicke) beim Übergang in die Mischreibung $h_{0\,zul}$ nicht unterschreitet.</td></tr>
<tr><td>30</td><td>Reibungsverlustleistung
$P_R = \mu \cdot F \cdot u_m = k_2 \sqrt{\eta_{eff} \cdot u_m^3 \cdot z \cdot l \cdot F}$</td><td>

μ, z, k_2	P_R	u_m	l	F	η_{eff}
1	Nm/s; W	m/s	m	N	Ns/m^2

k_2 s. Nr. 27
z, l, unter Nr. 23 und 24 festgelegte Konstruktionsdaten
u_m und η_{eff} wie unter Nr. 29</td></tr>
<tr><td>31</td><td>gesamter erforderlicher Schmierstoffvolumenstrom
$\dot{V}_{ges} = 0{,}7 \cdot b \cdot h_0 \cdot u_m \cdot z$</td><td>

$\dot{V}_{ges}$	b, h_0	u_m	z
m^3/s	m	m/s	1

b, z, unter Nr. 23 und 24 festgelegte Konstruktionsdaten
$u_m = \pi \cdot d_m \cdot n_W$ in m/s, mit
$d_m = 0{,}5 \cdot (d_a + d_i)$ in m und n_W in 1/s.
h_0 s. Nr. 29</td></tr>
<tr><td>32</td><td>Erwärmung des Schmierstoffs bei Umlaufschmierung
$\Delta\vartheta = \vartheta_a - \vartheta_e = \frac{P_R}{\dot{V}_{ges} \cdot \varrho \cdot c}$
$= \frac{k_2}{0{,}7\sqrt{k_1}} \cdot \frac{F}{z \cdot c \cdot \varrho \cdot b^2}$</td><td>

$\Delta\vartheta$	P_R	$\dot{V}_{ges}$	ϱ	c	F	b
°C	Nm/s	m^3/s	kg/m^3	Nm/(kg °C)	N	m

P_R s. Nr. 30
$\dot{V}_{ges}$ s. Nr. 31
$\varrho \cdot c = 1{,}8 \cdot 10^6$ J/(m$^3 \cdot$ °C) für mineralische Schmierstoffe.
k_1, k_2 s. Nr. 26, 27
b, z, unter Nr. 23 und Nr. 24 festgelegte Konstruktionsdaten.
Falls die Bedingung $\Delta\vartheta \leq 20$ °C nicht eingehalten werden kann, ist eine Rückkühlung des Öles mit dem Kühlöldurchsatz $\dot{V}_k = P_R/(\varrho \cdot c \cdot \Delta\vartheta)$ erforderlich.</td></tr>
</table>

Nr.	Formel	Hinweise
	Hydrostatische Axialgleitlager	

Bei hydrostatischen Lagern wird der tragende Öldruck außerhalb des Lagers durch eine Pumpe erzeugt und direkt oder über Vorwiderstände einer Schmierstofftasche zugeführt. Daraus fließt es durch den Schmierspalt radial nach außen ab.
Die Druckentwicklung in der Tasche ist unabhängig von der Gleitgeschwindigkeit und umgekehrt proportional zur dritten Potenz der Schmierspalthöhe.
DieVorteile der hydrostatischen Lagerung liegen in der Verschleißfreiheit, der hohen Laufruhe, dem großen nutzbaren Drehzahlbereich, sowie der hohen Steifigkeit und Dämpfungsfähigkeit. Nachteilig ist der große Aufwand für die Druckölversorgung. Schwere Läufer werden oft beim Anlauf hydrostatisch angehoben bis zur Übergangsdrehzahl, um dann hydrodynamisch weiterzulaufen (hydrostatische Anfahrhilfe).

Nr.	Formel	Hinweise
33	kleinste zulässige Schmierspalthöhe $h_{0\,\text{zul}} \approx (5\ldots15)\cdot(1+0{,}0025\cdot d_{\text{m}})$	$h_{0\,\text{zul}}$: µm; d_{m}: mm Der Faktor 5 setzt beste Herstellung und sorgfältigste Montage voraus. $d_{\text{m}} = (d_{\text{a}} + d_{\text{i}})/2$
34	mittlere Flächenpressung $p_{\text{L}} = \dfrac{F}{\pi(r_{\text{a}}^2 - r_{\text{i}}^2)} = \dfrac{F}{d_{\text{m}}\cdot\pi\cdot b} \le p_{\text{L\,zul}}$	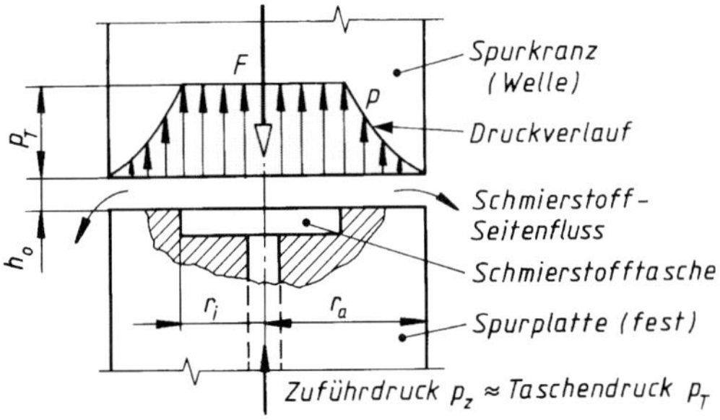 $p_{\text{L\,zul}}$ s. TB 9-1 (Anhaltswerte für Stillstand/Anlauf unter Last). $d_{\text{m}} = (d_{\text{a}} + d_{\text{i}})/2 = r_{\text{a}} + r_{\text{i}}$ $b = (d_{\text{a}} - d_{\text{i}})/2 = r_{\text{a}} - r_{\text{i}}$
35	Tragfähigkeit bei bekanntem Taschendruck $F = \dfrac{\pi}{2}\cdot\dfrac{r_{\text{a}}^2 - r_{\text{i}}^2}{\ln(r_{\text{a}}/r_{\text{i}})}\cdot p_{\text{T}}$	F: N; $r_{\text{a}}, r_{\text{i}}$: mm; p_{T}: N/mm² 1 N/mm² = 1 MPa = 10 bar
36	erforderlicher Taschendruck (Zuführdruck) bei bekannter Lagerkraft $p_{\text{T}} \approx p_{\text{Z}} = \dfrac{2\cdot F}{\pi}\cdot\dfrac{\ln(r_{\text{a}}/r_{\text{i}})}{r_{\text{a}}^2 - r_{\text{i}}^2}$	s. zu Nr. 35 Allgemein muss zur Erzeugung eines hydrostatischen Schmierfilms der Schmierstoffzuführdruck p_{Z} etwa zwei- bis viermal so groß wie die mittlere Flächenpressung p_{L} sein.

<table>
<tr><th>Nr.</th><th>Formel</th><th>Hinweise</th></tr>
<tr><td>37</td><td>Schmierstoffvolumenstrom
$$\dot{V} = \frac{\pi \cdot h_0^3 \cdot p_T}{6 \cdot \eta_{eff} \cdot \ln(r_a/r_i)} = \frac{F \cdot h_0^3}{3 \cdot \eta_{eff} \cdot (r_a^2 - r_i^2)}$$</td><td>
<table>
<tr><th>h_0, r_a, r_i</th><th>p_T, p_Z</th><th>η_{eff}</th><th>$\dot{V}$</th><th>F</th></tr>
<tr><td>cm</td><td>N/cm²</td><td>Ns/cm²</td><td>cm³/s</td><td>N</td></tr>
</table>
$h_0 > h_{0\,zul}$ nach Nr. 33
p_T bei bekanntem F nach Nr. 36
η_{eff} für Normöle bei $\vartheta_L \approx \vartheta_a \approx \vartheta_e + \Delta\vartheta$ (z. B. $\vartheta_e = 40\ °C$ und $\Delta\vartheta \leq 20\ °C$) nach TB 15-9.
Beachte: 1 mPa s $= 10^{-7}$ Ns/cm²</td></tr>
<tr><td>38</td><td>Reibungsleistung
$$P_R = T_R \cdot \omega_{eff} = \frac{\pi}{2} \cdot \frac{\eta_{eff} \cdot \omega_{eff}^2}{h_0} \cdot (r_a^4 - r_i^4)$$</td><td>
<table>
<tr><th>P_R</th><th>η_{eff}</th><th>ω_{eff}</th><th>r, h_0</th></tr>
<tr><td>Ncm/s; 10^{-2} Nm/s</td><td>Ns/cm²</td><td>s^{-1}</td><td>cm</td></tr>
</table>
$h_0 > h_{0\,zul}$ nach Nr. 33
$\omega_{eff} = 2 \cdot \pi \cdot n_W$ in s^{-1}, mit n_W in s^{-1}
η_{eff} für Normalöle bei $\vartheta_L \approx \vartheta_a \approx \vartheta_e + \Delta\vartheta$ (z. B. $\vartheta_e = 40\ °C$ und $\Delta\vartheta \leq 20\ °C$) nach TB 15-9.
Beachte: 1 mPa s $= 10^{-7}$ Ns/cm²</td></tr>
<tr><td>39</td><td>Schmierstofferwärmung
$$\Delta\vartheta = \vartheta_a - \vartheta_e = \frac{P_R + P_P}{c \cdot \varrho \cdot \dot{V}}$$</td><td>
<table>
<tr><th>P_R, P_P</th><th>ϱ</th><th>c</th><th>$\dot{V}$</th><th>ϑ</th></tr>
<tr><td>Nm/s; W</td><td>kg/m³</td><td>J/(kg °C); Nm/(kg °C)</td><td>m³/s</td><td>°C</td></tr>
</table>
P_R nach Nr. 38
$c \cdot \varrho \approx 1{,}8 \cdot 10^6$ J/(m³ · °C) ausreichend genau für mineralische Schmierstoffe.
$\dot{V}$ s. Nr. 37
$P_P = \dot{V} \cdot p_Z / \eta_P$ in Nm/s (W), mit $\dot{V}$ in m³/s (s. Nr. 37), p_Z in N/m² (s. Nr. 36) und $\eta_P \approx 0{,}5 \ldots 0{,}95$</td></tr>
<tr><td>40</td><td>Reibungszahl
$$\mu = \frac{4(P_R + P_P)}{F \cdot \omega_{eff}(d_a + d_i)}$$</td><td>
<table>
<tr><th>μ</th><th>P_R, P_P</th><th>F</th><th>d_a, d_i</th><th>ω_{eff}</th></tr>
<tr><td>1</td><td>Nm/s; W</td><td>N</td><td>m</td><td>s^{-1}</td></tr>
</table>
P_R, P_P nach Nr. 38, 39
$\omega_{eff} = 2 \cdot \pi \cdot n_W$ in s^{-1}, mit n_W in s^{-1}</td></tr>
</table>

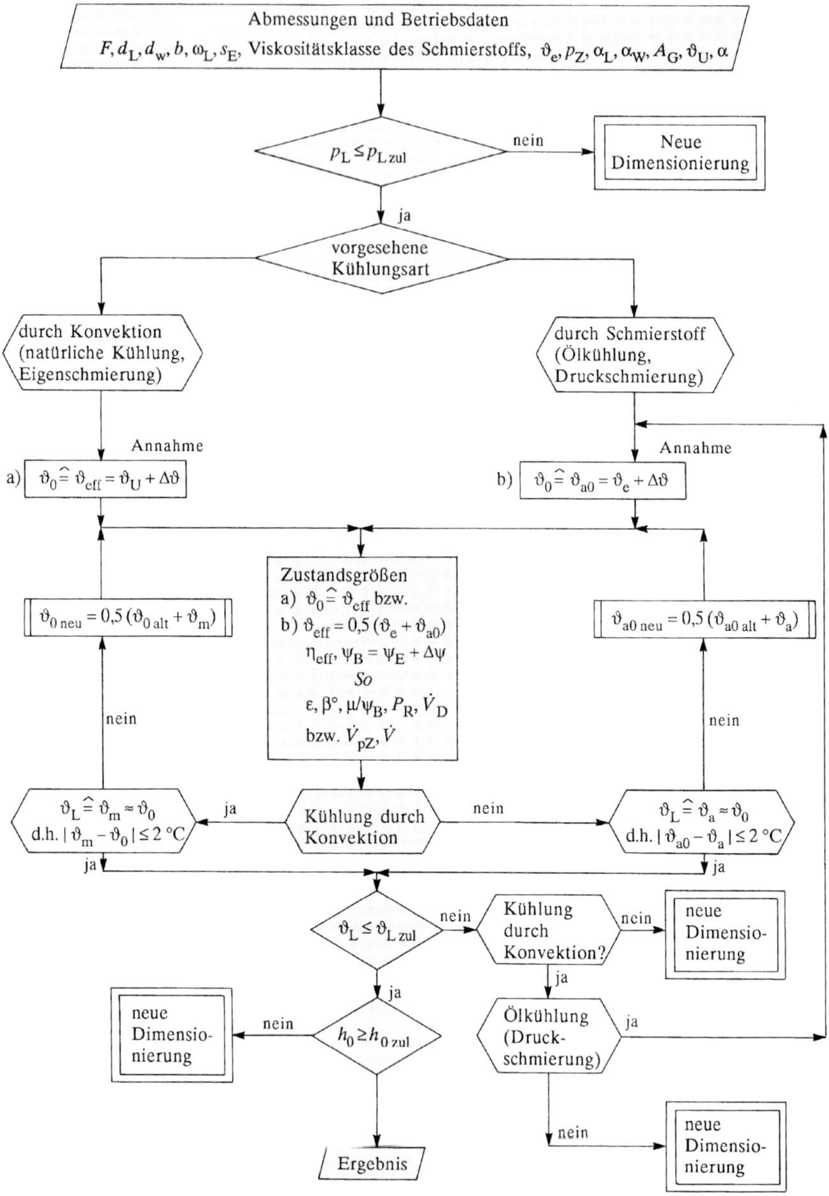

A 15-1 Berechnungsschema für hydrodynamische Radialgleitlager

Technische Regeln (Auswahl)

Technische Regel		Titel
DIN 38	12.83	Gleitlager; Lagermetallausguss in dickwandigen Verbundgleitlagern
DIN 118-1	07.77	Antriebselemente; Steh-Gleitlager für allgemeinen Maschinenbau, Hauptmaße
DIN 189	07.77	Antriebselemente; Sohlplatten, Hauptmaße
DIN 322	12.83	Gleitlager; Lose Schmierringe für allgemeine Anwendung
DIN 502	07.73	Antriebselemente; Flanschlager, Befestigung mit zwei Schrauben
DIN 503	07.73	Antriebselemente; Flanschlager, Befestigung mit vier Schrauben
DIN 504	07.73	Antriebselemente; Augenlager
DIN 505	07.73	Antriebselemente; Deckellager, Lagerschalen, Lagerbefestigung mit zwei Schrauben
DIN 506	07.73	Antriebselemente; Deckellager, Lagerschalen, Lagerbefestigung mit vier Schrauben
DIN 1494-1	06.83	Gleitlager; Gerollte Buchsen für Gleitlager; Maße
DIN 1494-2	06.83	–; –; Prüfungsangaben für Außen- und Innendurchmesser in Zeichnungen
DIN 1494-3	12.83	–; –; Schmierlöcher, Schmiernuten, Schmiertaschen
DIN 1494-4	12.83	–; –; Werkstoffe
DIN 1495-1	04.83	Gleitlager aus Sintermetall mit besonderen Anforderungen für Elektro-Klein- und Kleinstmotoren; Kalottenlager, Maße
DIN 1495-2	04.83	–; Zylinderlager, Maße
DIN 1495-3	03.96	–; Anforderungen und Prüfungen
DIN 1497	05.86	Dünnwandige Lagerschalen ohne Bund; Toleranzen, konstruktive Merkmale, Prüfungsangaben
DIN 1498	08.65	Einspannbuchsen für Lagerungen
DIN 1499	08.65	Aufspannbuchsen für Lagerungen
DIN 1552-1	07.87	Buchsen für Schienenfahrzeuge; Einpressbuchsen aus Stahl
DIN 1552-2	07.87	–; Aufpressbuchsen aus Stahl
DIN 1552-3	12.91	–; Ballige Einpressbuchsen aus Stahl
DIN 1850-3	07.98	Gleitlager; Buchsen aus Sintermetall
DIN 1850-4	07.98	–; Buchsen aus Kunstkohle
DIN 1850-5	07.98	–; Buchsen aus Duroplasten
DIN 1850-6	07.98	–; Buchsen aus Thermoplasten
DIN 3018	05.84	Ölstandanzeiger
DIN 3401	06.66	Tropföler und Ölgläser; Hauptmaße
DIN 3404	01.88	Flachschmiernippel
DIN 3405	05.86	Trichter-Schmiernippel
DIN 3410	12.74	Öler; Haupt- und Anschlussmaße

Technische Regel		Titel
DIN 3411	10.72	Staufferbüchsen; Leichte Bauart
DIN 3412	10.72	Staufferbüchsen; Schwere Bauart
DIN 7473	12.83	Gleitlager; Dickwandige Verbundgleitlager mit zylindrischer Bohrung, ungeteilt
DIN 7474	12.83	Gleitlager; Dickwandige Verbundgleitlager mit zylindrischer Bohrung, geteilt
DIN 7477	12.83	Gleitlager; Schmiertaschen für dickwandige Verbundgleitlager
DIN 8221	07.73	Antriebselemente; Buchsen für Gleitlager nach DIN 502, DIN 503 und DIN 504
DIN 8659-2	04.80	Werkzeugmaschinen; Schmierung von Werkzeugmaschinen, Schmierstoffauswahl für spanende Werkzeugmaschinen
DIN 17660	12.83	Kupfer-Knetlegierungen; Kupfer-Zinklegierungen (Sondermessing); Zusammensetzung
DIN 17662	12.83	Kupfer-Knetlegierungen; Kupfer-Zinnlegierungen (Zinnbronze); Zusammensetzung
DIN 17665	12.83	Kupfer-Knetlegierungen; Kupfer-Aluminium-Legierungen (Aluminiumbronze); Zusammensetzung
DIN 24271-1	04.82	Zentralschmieranlagen; Begriffe, Einteilung
DIN 24271-3	04.82	–; Technische Größen und Einheiten
DIN 31651-1	01.91	Gleitlager; Formelzeichen, Systematik
DIN 31651-2	01.91	–; Formelzeichen, Anwendung
DIN 31652-1	04.83	Gleitlager; Hydrodynamische Radial-Gleitlager im stationären Betrieb; Bezeichnung von Kreiszylinderlagern
DIN 31652-2	02.83	–; –; Funktionen für die Berechnung von Kreiszylinderlagern
DIN 31652-3	04.83	–; –; Betriebsrichtwerte für die Berechnung von Kreiszylinderlagern
DIN 31653-1	05.91	Gleitlager; Hydrodynamische Axial-Gleitlager im stationären Betrieb; Berechnung von Axialsegmentlagern
DIN 31653-2	05.91	–; –; Funktionen für die Berechnung von Axialsegmentlagern
DIN 31653-3	06.91	–; –; Betriebsrichtwerte für die Berechnung von Axialsegmentlagern
DIN 31654-1	05.91	Gleitlager; Hydrodynamische Axial-Gleitlager im stationären Betrieb; Berechnung von Axial-Kippsegmentlagern
DIN 31654-2	05.91	–; –; Funktionen für die Berechnung von Axial-Kippsegmentlagern
DIN 31654-3	06.91	–; –; Betriebsrichtwerte für die Berechnung von Axial-Kippsegmentlagern
DIN 31655-1	06.91	Gleitlager; Hydrostatische Radial-Gleitlager im stationären Betrieb; Berechnung von ölgeschmierten Gleitlagern ohne Zwischennuten

Technische Regel		Titel
DIN 31655-2	04.91	–; –; Kenngrößen für die Berechnung von ölgeschmierten Gleitlagern ohne Zwischennuten
DIN 31656-1	06.91	Gleitlager; Hydrostatische Radial-Gleitlager im stationären Betrieb; Berechnung von ölgeschmierten Gleitlagern mit Zwischennuten
DIN 31656-2	04.91	–; –; Kenngrößen für die Berechnung von ölgeschmierten Gleitlagern mit Zwischennuten
DIN 31657-1	03.96	Gleitlager; Hydrodynamische Radial-Gleitlager im stationären Betrieb; Berechnung von Mehrflächen- und Kippsegmentlagern
DIN 31657-2	03.96	–; –; Funktionen für die Berechnung von Mehrflächenlagern
DIN 31657-3	03.96	–; –; Funktionen für die Berechnung von Kippsegmentlagern
DIN 31657-4	03.96	–; –; Betriebsrichtwerte für die Berechnung von Mehrflächen- und Kippsegmentlagern
DIN 31661	12.83	Gleitlager; Begriffe, Merkmale und Ursachen von Veränderungen und Schäden
DIN 31665	09.93	Gleitlager; Prüfung von Lagermetallen; Korrosionsbeständigkeit von Lagermetallen gegenüber Schmierstoffen bei statischer Beanspruchung
DIN 31670-8	07.86	Gleitlager; Qualitätssicherung von Gleitlagern; Prüfung der Form- und Lageabweichungen und Oberflächenrauheit an Wellen, Bunden und Spurscheiben
DIN 31672	11.83	Qualitätssicherung von Gleitlagern; Prüfung von Außen- und Innendurchmesser gerollter Buchsen
DIN 31680	05.85	Gleitlager; Prüfung des tribologischen Verhaltens von Kunststoffen
DIN 31690	09.90	Gleitlager; Gehäuse-Gleitlager; Stehlager
DIN 31692-1	03.96	Gleitlager; Schmierung und Schmierungsüberwachung
DIN 31692-2	03.96	–; Temperaturüberwachung
DIN 31692-3	03.96	–; Schwingungsüberwachung
DIN 31692-4	12.97	–; Elektrische Lagerisolation
DIN 31692-5	01.97	–; Merkmale und Ursachen von Undichtigkeiten, Checkliste
DIN 31693	09.90	Gleitlager; Gehäusegleitlager; Seitenflanschlager
DIN 31694	09.90	Gleitlager; Gehäusegleitlager; Mittenflanschlager
DIN 31696	02.78	Axialgleitlager; Segment-Axiallager, Einbaumaße
DIN 31697	02.78	Axialgleitlager; Ring-Axiallager, Einbaumaße
DIN 31698	04.79	Gleitlager; Passungen
DIN 31699	07.86	Gleitlager; Wellen, Bunde, Spurscheiben; Form- und Lagetoleranzen und Oberflächenrauheit
DIN 50280	10.75	Laufversuche an Radialgleitlagern; Allgemeines
EDIN 50280	12.83	Gleitlager; Prüfung des tribologischen Verhaltens von Gleitlagern bei Vollschmierung und Mischreibung in Lagerprüfmaschinen

Technische Regel		Titel
DIN 50282	02.79	Gleitlager; Das tribologische Verhalten von metallischen Gleitwerkstoffen, kennzeichnende Begriffe
DIN 51501	11.79	Schmierstoffe; Schmieröle L-AN, Mindestanforderungen
DIN 51502	08.90	Schmierstoffe und verwandte Stoffe; Kurzbezeichnung der Schmierstoffe und Kennzeichnung der Schmierstoffbehälter, Schmiergeräte und Schmierstellen
DIN 51506	09.85	Schmierstoffe; Schmieröle VB und VC ohne Wirkstoffe und mit Wirkstoffen und Schmieröle VDL; Einteilung und Anforderung
DIN 51509-1	06.76	Auswahl von Schmierstoffen für Zahnradgetriebe; Schmieröle
DIN 51509-2	12.88	–; –; Plastische Schmierstoffe
DIN 51511	08.85	Schmierstoffe; SAE-Viskositätsklassen für Motoren-Schmieröle
DIN 51512	05.88	Schmierstoffe; SAE-Viskositätsklassen für Schmieröle für Kraftfahrzeuggetriebe
DIN 51513	02.86	Schmierstoffe; Schmieröle B; Mindestanforderungen
DIN 51517-1	09.89	Schmierstoffe; Schmieröle; Schmieröle C; Mindestanforderungen
DIN 51517-2	09.89	–; –; Schmieröle CL; Mindestanforderungen
DIN 51517-3	09.89	–; –; Schmieröle CLP; Mindestanforderungen
DIN 51519	08.98	Schmierstoffe; ISO-Viskositätsklassifikation für flüssige Industrieschmierstoffe
DIN 51818	12.81	Schmierstoffe; Konsistenz-Einteilung für Schmierfette; NLGI-Klassen
DIN 51825	08.90	Schmierstoffe; Schmierfette K; Einteilung und Anforderungen
DIN 51826	11.84	Schmierstoffe; Schmierfette; Schmierfett G
EDIN ISO 3547-1	05.95	Gleitlager; Gerollte Buchsen für Gleitlager; Maße
EDIN ISO 3547-3	05.95	–; –; Schmierlöcher, Schmiernuten, Schmiertaschen
EDIN ISO 3547-4	05.95	–; –; Werkstoffe
EDIN ISO 3548	05.95	Gleitlager; Dünnwandige Lagerschalen mit oder ohne Bund; Toleranzen, Konstruktionsmerkmale, Prüfdaten
DIN ISO 4199	12.80	Gleitlager; Wellendurchmesser für Buchsen ohne Schlitz
DIN ISO 4378-1	09.99	Gleitlager; Begriffe, Definitionen und Einteilung; Konstruktion, Lagerwerkstoffe und ihre Eigenschaften
DIN ISO 4378-2	09.99	–; –; Reibung und Verschleiß
DIN ISO 4378-3	09.99	–; –; Schmierung
DIN ISO 4378-4	09.99	–; –; Berechnungskennwerte
DIN ISO 4379	10.95	Gleitlager; Buchsen aus Kupferlegierungen
EDIN ISO 4381	01.99	Gleitlager; Blei- und Zinn-Gusslegierungen für Verbundgleitlager
DIN ISO 4382-1	11.92	Gleitlager; Kupferlegierungen; Kupfer-Gusslegierungen für dickwandige Massiv- und Verbundgleitlager

Technische Regel		Titel
DIN ISO 4382-2	11.92	–; –; Kupfer-Knetlegierungen für Massivgleitlager
EDIN ISO 4383	01.99	Gleitlager; Verbundstoffe für dünnwandige Gleitlager
EDIN ISO 4384-1	01.99	Gleitlager; Härteprüfung an Lagermetallen; Verbundwerkstoffe
DIN ISO 4386-1	11.92	Gleitlager; Metallische Verbundgleitlager; Zerstörungsfreie Ultraschall-Prüfung der Bindung
EDIN ISO 5755	08.95	Sintermetalle; Werkstoff-Spezifikationen
DIN ISO 6279	09.79	Gleitlager; Aluminiumlegierungen für Einstofflager
DIN ISO 6280	10.82	Gleitlager; Anforderungen an Stützkörper für dickwandige Verbundgleitlager
DIN ISO 6282	06.85	Gleitlager; Metallische dünnwandige Lagerschalen; Bestimmung der $\sigma_{0,01}$-Grenze
DIN ISO 6525	05.86	Gleitlager; Dünnwandige aus Band hergestellte Axiallager-Ringe; Maße und Toleranzen
DIN ISO 6526	05.86	Gleitlager; Dünnwandige aus Band hergestellte Axiallager-Halbscheiben; Merkmale und Toleranzen
EDIN ISO 6691	01.99	Thermoplastische Polymere für Gleitlager; Klassifizierung und Bezeichnung
DIN ISO 6743-12	06.95	Schmierstoffe, Industrieöle und verwandte Erzeugnisse (Klasse L); Klassifikation; Familie Q (Wärmeträgermedien)
EDIN ISO 6811	04.95	Gelenklager; Benennung und Definitionen
DIN ISO 6864	09.86	Gleitlager; Dünnwandige Lagerschalen mit Bund; Maße, Toleranzen und Prüfverfahren
EDIN ISO 7148-1	02.96	Gleitlager; Prüfung des tribologischen Verhaltens von Gleitlagerwerkstoffen; Prüfung von Lagermetallen
DIN ISO 7905-1	09.98	Gleitlager; Gleitlager-Ermüdung; Gleitlager auf Lager-Prüfständen und in Lager-Anwendungen unter hydrodynamischer Schmierung
DIN ISO 12128	07.98	Gleitlager; Schmierlöcher, Schmiernuten und Schmiertaschen; Maße, Formen, Bezeichnung und ihre Anwendung für Lagerbuchsen
VDI 2202	11.70	Schmierstoffe und Schmiereinrichtungen für Gleit- und Wälzlager
VDI 2204-1	09.92	Auslegung von Gleitlagerungen; Grundlagen
VDI 2204-2	09.92	–; Berechnung
VDI 2204-3	09.92	–; Kennzahlen und Beispiele für Radiallager
VDI 2204-4	09.92	–; Kennzahlen und Beispiele für Axiallager
VDI/VDE 2252-1	10.99	Feinwerkelemente; Führungen; Gleitlager, allgemeine Grundlagen
VDI 2541	10.75	Gleitlager aus thermoplastischen Kunststoffen
VDI 2543	04.77	Verbundlager mit Kunststoff-Laufschicht
VDI 2897	12.95	Instandhaltung; Handhabung von Schmierstoffen im Betrieb; Aufgaben und Organisation

16 Riementriebe

Formelzeichen	Einheit	Benennung
b	mm	Riemenbreite
b'	mm	rechnerische Riemenbreite
c_1	1	Winkelfaktor zur Berücksichtigung des Umschlingungswinkels
c_2	1	Längenfaktor bei Keilriemen und Keilrippenriemen
d_k, d_g	mm	Riemenscheibendurchmesser (bei Flachriemen)
d_{dk}, d_{dg}	mm	Riemenscheiben-Richtdurchmesser (bei Keil-, Keilrippen- und Synchronriemen)
d_{w1}, d_{w2}	mm	Wirkdurchmesser
E_b	N/mm^2	Elastizitätsmodul bei Biegung
e	mm	Wellenmittenabstand (Achsabstand)
e'	mm	ungefährer Wellenabstand
F_1, F_2	N	Trumkräfte im Last- und Leertrum
F_N	N	Anpresskraft (Normalkraft)
F_R	N	Reibkraft
F_t	N	Umfangskraft, Nutzkraft
F_w	N	Wellenbelastung im Betriebszustand
F_{w0}	N	Wellenbelastung im Ruhezustand
F_Z	1	Fliehkraft
f_B	1/s	Biegefrequenz
$f_{B\,zul}$	1/s	zulässige Biegefrequenz
h_z	mm	Zahnhöhe
h_b	mm	Bezugshöhe (bei Keilrippenriemen)
i	1	Übersetzungsverhältnis
K_A	1	Anwendungsfaktor zur Berücksichtigung stoßartiger Belastung
k_1	1	Faktor zur Berücksichtigung des Riementyps
k_2	1	Faktor zur Berücksichtigung der Laufschicht
k_3	1	Faktor zur Berücksichtigung der Riemenausführung

Formelzeichen	Einheit	Benennung
L, L_d	mm	Riemenrichtlänge (Bestelllänge)
L', L'_d	mm	theoretische Riemenlänge
L_i	mm	Riemeninnenlänge
ΔL	mm	Längendifferenz
m	1	Trumkraft- und Trumspannungsverhältnis
M	Nm	vom Synchronriemen zu übertragendes Drehmoment
M_{spez}	Nm/mm	spezifisches übertragbares Drehmoment des Synchronriemens
n_1, n_2	1/min	Drehzahl der kleinen bzw. großen Scheibe
P	kW	zu übertragende Nennleistung
P_N	kW	Nennleistung je Rippe bzw. je Riemen
P_{spez}	kW/mm	vom Zahnriemen übertragbare Leistung je Zahn bei 1 mm Riemenbreite
P'	kW	maßgebende Berechnungsleistung
p	mm	Zahnteilung
p_{Fl}	N/mm^2	zulässige Flankenpressung
A_S	mm^2	Riemenquerschnittsfläche
x	mm	Verstellweg zum Spannen des Riemens
y	mm	Auflegeweg
t	mm	Riemendicke
T	Nmm	Drehmoment
$\ddot{U}_z$	kW	Übersetzungszuschlag (bei Keilrippenriemen)
υ	m/s	Riemengeschwindigkeit
υ_{opt}	m/s	optimale Riemengeschwindigkeit
z	1	Anzahl der vom Riemen überlaufenen Scheiben, Anzahl der erforderlichen Keilriemen, Rippenanzahl bei Keilrippenriemen
z_e	1	Anzahl der eingreifenden Zähne
z_R	1	Riemenzähnezahl
β_1, β_1	°, rad	Umschlingungswinkel an der kleinen Scheibe
ε	%	Dehnung
κ	1	Ausbeute

Formelzeichen	Einheit	Benennung
μ	1	Reibungszahl
ϱ	kg/dm^3	Dichte des Riemenwerkstoffes
σ_1, σ_2	N/mm^2	Normalspannung im Last- bzw. Leertrum
σ_b	N/mm^2	Biegespannung
σ_f	N/mm^2	Fliehkraftspannung
σ_{ges}	N/mm^2	Gesamtspannung im Lasttrum
σ_N	N/mm^2	Nutzspannung
ψ	%	Schlupf

Nr.	Formel	Hinweise
	Theoretische Grundlagen Diese Berechnungsgrundlagen beziehen sich auf den offenen 2-Scheiben-Riementrieb mit Flachriemen (homogener Riemenwerkstoff vorausgesetzt). Für Keil- u. Keilrippenriementriebe kann abgewandelt von gleichen theoretischen Beziehungen ausgegangen werden. Für Mehrschichtriemen gelten die Ausführungen nur bedingt; sie sind nach den Angaben der Hersteller auszulegen.	
1	Reibkraft zwischen Riemen und Scheibe $F_R = \mu \cdot F_N \geq F_t$ bzw. $F_R = \mu' \cdot F_N \geq F_t$	Anhaltswerte für μ nach TB 16-1 $\mu' = \mu \Big/ \left[\sin\left(\frac{\alpha}{2}\right)\right]$ bei Keil- und Keilrippenriemen Rillenwinkel α nach TB 16-13 bzw. TB 16-14
2	vom Riemen zu übertragende Nutzkraft (Umfangskraft) $F_t = F_1 - F_2$	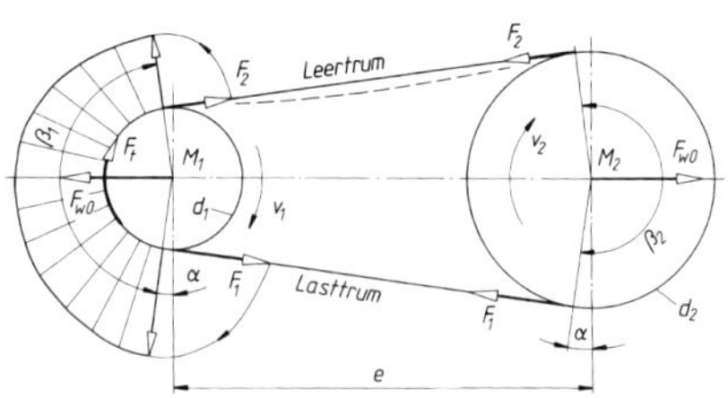
3	Trumkraftverhältnis $\frac{F_1}{F_2} = \frac{\sigma_1}{\sigma_2} = e^{\mu \widehat{\beta}_1} = m$	$e \approx 2{,}71828\ldots$ Basis des natürlichen Logarithmus $\widehat{\beta}_1 = \pi \cdot \beta_1^\circ / 180$

Nr.	Formel	Hinweise
4	vom Riemen übertragbare Umfangskraft $F_t = F_1 - \frac{F_1}{m} = F_1 \frac{m-1}{m} = F_1 \cdot \kappa$	$\kappa = f(\mu, \beta_1)$, Werte nach TB 16-4
5	vom Riemen aufzunehmende Fliehkraft $F_z \approx A_S \cdot \varrho \cdot \upsilon^2$	ϱ nach TB 16-1
6	Wellenbelastung im Betriebszustand $F_w = F_t \cdot \frac{\sqrt{m^2 + 1 - 2 \cdot m \cdot \cos\beta_1}}{m-1}$ $= k \cdot F_t$	F_t nach Nr. 4 $k = f(\beta_1, \mu)$ nach TB 16-5 $m = e^{\mu\widehat{\beta}_1}$
7	theoretische Wellenbelastung im Ruhezustand $F_{w0} = F_w + F_z = k \cdot F_t + F_z$	
8	der durch die Dehnung des Riemens bedingte Schlupf $\psi = (\upsilon_1 - \upsilon_2) \cdot 100/\upsilon_2$	
9	die tatsächliche Übersetzung unter Berücksichtigung des Dehnschlupfes und der Riemendicke $i = \frac{n_1}{n_2} = \frac{d_2 + t}{d_1 + t} \cdot \frac{100}{100 - \psi}$	Anhaltswerte für i_{max} $i \leq 6$ für offene Flachriementriebe $i \leq 15$ für Spannrollengetriebe $i \leq 20$ in Sonderfällen bei Mehrschichtriemen $i \leq 15$ für Keilriementriebe, s. TB 16-2 $i \leq 10$ für Synchronriementriebe $i \leq 40$ für Keilrippenriementriebe
10	mit wenigen Ausnahmen kann allgemein gerechnet werden mit $i \approx \frac{n_1}{n_2} \approx \frac{d_2}{d_1}$	
11	Im Lasttrum auftretende Zugspannung $\sigma_1 = \frac{F_1}{A_S} = \frac{F_t}{\kappa \cdot A_S}$	$F_t = T/(d/2)$ κ nach TB 16-4
12	Im Bereich des Umschlingungswinkels auftretende Biegespannung $\sigma_b = E_b \cdot \varepsilon_b \approx E_b \cdot (t/d_1)$	E_b nach TB 16-1 $(t/d_1)_{max}$ nach TB 16-1

<table>
<tr><th>Nr.</th><th>Formel</th><th>Hinweise</th></tr>
<tr><td>13</td><td>Durch die Umlenkung der Riemenmasse hervorgerufene Fliehkraftspannung
$\sigma_f = \dfrac{F_z}{A_S} = \varrho \cdot v^2$</td><td></td></tr>
<tr><td>14</td><td>Gesamtspannung im Lasttrum
$\sigma_{ges} = \sigma_1 + \sigma_b + \sigma_f \leq \sigma_{z\,zul}$</td><td>$\sigma_{z\,zul}$ nach TB 16-1</td></tr>
<tr><td>15</td><td>Nutzspannung
$\sigma_N = \sigma_1 - \sigma_2 = \sigma_1 \cdot \kappa$
$\quad = (\sigma_{z\,zul} - \sigma_b - \sigma_f) \cdot \kappa$</td><td>$\kappa$ nach TB 16-4</td></tr>
<tr><td>16</td><td>vom Riemen übertragbare Leistung
$P = [\sigma_{z\,zul} - E_b(t/d_1)$
$\quad - \varrho \cdot v^2 \cdot 10^{-3}] \cdot \kappa \cdot b \cdot t \cdot v \cdot 10^{-3}$</td><td><table><tr><th>$P$</th><th>$\sigma_{z\,zul}$, E_b</th><th>t, d_1, b</th><th>v, v_{opt}</th><th>κ</th><th>ϱ</th></tr><tr><td>kW</td><td>N/mm²</td><td>mm</td><td>m/s</td><td>1</td><td>kg/dm³</td></tr></table></td></tr>
<tr><td>17</td><td>die optimale Riemengeschwindigkeit
$v_{opt} = \sqrt{\dfrac{10^3[\sigma_{z\,zul} - E_b(t/d_1)]}{3 \cdot \varrho}}$</td><td>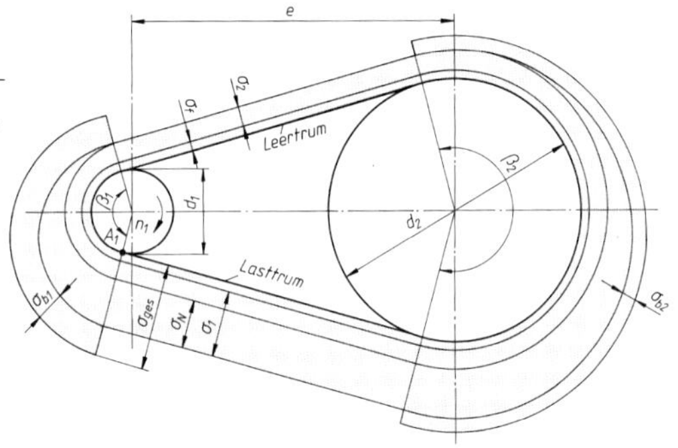
</td></tr>
<tr><td></td><td colspan="2">Praktische Berechnung
Die nachfolgenden Formeln beschränken sich auf offene 2-Scheiben-Riementriebe mit $i \geq 1$</td></tr>
<tr><td>18</td><td>Übersetzung
$i = \dfrac{n_{an}}{n_{ab}}$
Flach-, Keil-, Keilrippenriementrieb:
$i \approx \dfrac{d_{ab}}{d_{an}} = \dfrac{d_g}{d_k} = \dfrac{d_{dg}}{d_{dk}}$
Synchronriementrieb:
$i = \dfrac{z_{ab}}{z_{an}} = \dfrac{z_2}{z_1} = \dfrac{z_g}{z_k}$</td><td>$d_g$; d_k; d_{dg} und d_{dk} möglichst nach DIN 111 festlegen, s. TB 16-9 unter Beachtung von TB 16-7, TB 16-11ff.</td></tr>
</table>

Nr.	Formel	Hinweise
19	Scheibendurchmesser Flachriementrieb: $d_g = i \cdot d_k$ Keil-, Keilrippenriementrieb: $d_{dg} = i \cdot d_{dk}$ Synchronriementrieb: $d_{dg} = i \cdot \frac{p}{\pi} \cdot z_k$	
20	Wellenabstand e' (vorläufig) Flachriementrieb: $0{,}7 \cdot (d_g + d_k) \le e' \le 2 \cdot (d_g + d_k)$ Keil-, Keilrippenriementrieb: $0{,}7 \cdot (d_{dg} + d_{dk}) \le e' \le 2 \cdot (d_{dg} + d_{dk})$ Synchronriementrieb: $0{,}5 \cdot (d_{dg} + d_{dk}) + 15\ \text{mm}$ $\le e' \le 2 \cdot (d_{dg} + d_{dk})$	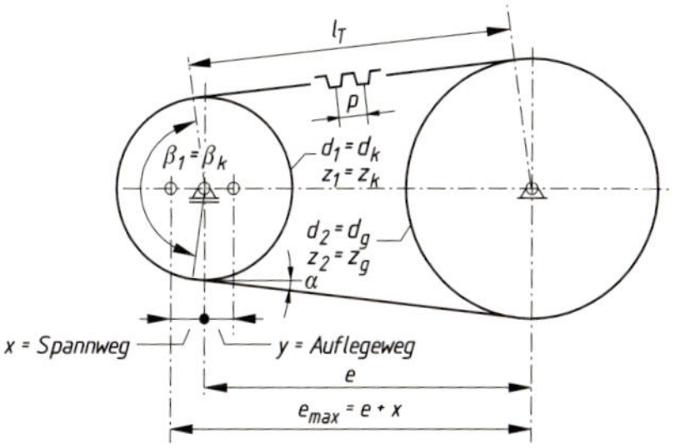
21	theoretische Riemenlänge L' bzw. L'_d Flachriementrieb: $L' \approx 2 \cdot e' + \frac{\pi}{2} \cdot (d_g + d_k) + \frac{(d_g - d_k)^2}{4 \cdot e'}$ übrige Riementriebe: $L'_d \approx 2 \cdot e' + \frac{\pi}{2} \cdot (d_{dg} + d_{dk}) + \frac{(d_{dg} - d_{dk})^2}{4 \cdot e'}$	L' auf sinnvollen Wert L, L'_d auf Normlänge L_d (Normzahlreihe R40) bzw. nach Herstellerangaben festlegen bei Synchronriementrieben gilt dabei $L_d = z_R \cdot p$ (Riemenzähnezahlen nach Herstellerangaben s. TB 16-19d)
22	Wellenabstand e (ausgeführt) Flachriementrieb: $e \approx \frac{L}{4} - \frac{\pi}{8} \cdot (d_g + d_k) + \sqrt{\left[\frac{L_d}{4} - \frac{\pi}{8} \cdot (d_g + d_k)\right]^2 - \frac{(d_g - d_k)^2}{8}}$ übrige Riementriebe: $e \approx \frac{L_d}{4} - \frac{\pi}{8} \cdot (d_{dg} + d_{dk}) + \sqrt{\left[\frac{L_d}{4} - \frac{\pi}{8} \cdot (d_{dg} + d_{dk})\right]^2 - \frac{(d_{dg} - d_{dk})^2}{8}}$	

Nr.	Formel	Hinweise
23	Umschlingungswinkel an der kleinen Scheibe Flachriementrieb: $\beta_k = 2 \cdot \arccos\left(\frac{d_g - d_k}{2 \cdot e}\right)$ Keil-, Keilrippenriementrieb: $\beta_k = 2 \cdot \arccos\left(\frac{d_{dg} - d_{dk}}{2 \cdot e}\right)$ Synchronriementrieb: $\beta_k = 2 \cdot \arccos\left[\frac{\frac{p}{\pi} \cdot (z_g - z_k)}{2 \cdot e}\right]$	
24	Verstellweg x Flachriementrieb: $x \geq 0{,}03 \cdot L$ Keil-, Keilrippenriementrieb: $x \geq 0{,}03 \cdot L_d$ Synchronriementrieb: $x \geq 0{,}005 \cdot L_d$	
25	Auflegeweg y Flachriementrieb: $y \geq 0{,}015 \cdot L$ Keil -, Keilrippenriementrieb: $y \geq 0{,}015 \cdot L_d$ Synchronriementrieb: $y \geq (1 \ldots 2{,}5) \cdot p$	
26	Umfangskraft $F_t = \frac{P'}{v} = \frac{K_A \cdot P_{nenn}}{v} = \frac{K_A \cdot T_{nenn}}{\frac{d_d}{2}}$ bei Flachriemen ist für $d_d = d$ zu setzen	K_A nach TB 3-5 Bei Synchronriemen darf die zulässige Riemenzugkraft $F_{t\,zul}$ nicht überschritten werden, s. z. B. TB 16-18c
27a	Riemenbreite bei Flachriemen $b' = F_t / F'_t$	$F'_t = f(d_k, \beta_1, \text{Riementyp})$ Werte nach TB 16-8

<table>
<tr><th>Nr.</th><th>Formel</th><th>Hinweise</th></tr>
<tr><td>27b</td><td>Anzahl der Keilriemen bzw. der Keilrippen
$$z \geq \frac{P'}{(P_N + \ddot{U}_z) \cdot c_1 \cdot c_2} = \frac{K_A \cdot P_{nenn}}{(P_N + \ddot{U}_z) \cdot c_1 \cdot c_2}$$</td><td><table><tr><th>z, K_A, c_1, c_2</th><th>P</th><th>$P_N, \ddot{U}_z$</th></tr><tr><td>1</td><td>kW</td><td>kW/Riemen bzw. Rippe</td></tr></table>K_A nach TB 3-5
P_N nach TB 16-15
$\ddot{U}_z$ nach TB 16-16
c_1, c_2 nach TB 16-17</td></tr>
<tr><td>27c</td><td>Riemenbreite bei Synchronriemen
$$b \geq \frac{P'}{z_1 \cdot z_e \cdot P_{spez}} = \frac{K_A \cdot P_{nenn}}{z_1 \cdot z_e \cdot P_{spez}}$$
bzw.
$$b \geq \frac{M}{z_1 \cdot z_e \cdot M_{spez}}$$
mit
$$z_e = \frac{z_1 \cdot \beta_1}{360^\circ} \leq 12$$</td><td><table><tr><th>b</th><th>K_A, z_1, z_e</th><th>P</th><th>P_{spez}</th><th>M</th><th>M_{spez}</th></tr><tr><td>mm</td><td>1</td><td>kW</td><td>kW/mm</td><td>Nm</td><td>Nm/mm</td></tr></table>P_{spez}, M_{spez} nach TB 16-20
z_e = eingreifende Zähnezahl maximal 12 Zähne</td></tr>
<tr><td>28a</td><td>Wellenbelastung im Betriebszustand
$$F_w = \sqrt{F_1'^2 + F_2'^2 - 2 \cdot F_1' \cdot F_2' \cdot \cos\beta_k} \approx k \cdot F_t$$</td><td rowspan="2">$\beta_1 = \beta_k$
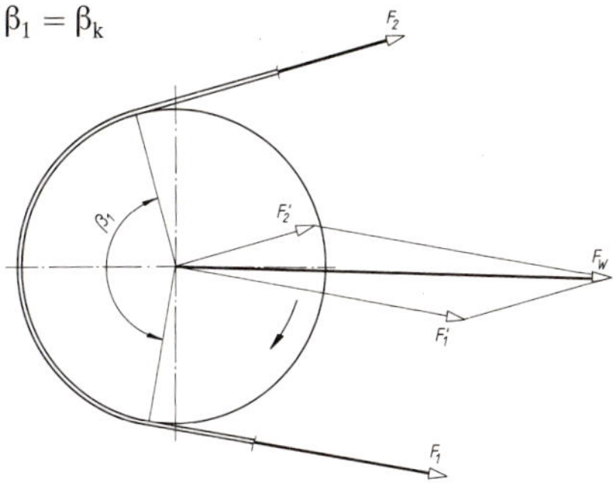</td></tr>
<tr><td>28b</td><td>Wellenbelastung im Stillstand bei Extremultus-Mehrschichtflachriemen
$$F_{w0} = \varepsilon_{ges} \cdot k_1 \cdot b' = (\varepsilon_1 + \varepsilon_2) \cdot k_1 \cdot b'$$</td></tr>
<tr><td>28c</td><td>Überschlägige Wellenbelastung
Flachriementrieb:
$$F_{w0} = k \cdot F_t \approx (1{,}5 \ldots 2{,}0) \cdot F_t$$
Keil-, Keilrippenriementrieb:
$$F_{w0} = k \cdot F_t \approx (1{,}3 \ldots 1{,}5) \cdot F_t$$
Synchronriementrieb:
$$F_{w0} = k \cdot F_t \approx 1{,}1 \cdot F_t$$</td><td>k_1 nach TB 16-6
ε_1 nach TB 16-8
ε_2 nach TB 16-10
b' nach Nr. 27a</td></tr>
</table>

Nr.	Formel	Hinweise
29	Riemengeschwindigkeit $v = d_w \cdot \pi \cdot n \leq v_{max}$	d_w = Wirkdurchmesser Flachriemen: $d_w = d + t$ Keilriemen: $d_w = d_d$ Keilrippenriemen: $d_w = d_d + h_b$ Synchronriemen: $d_w = \frac{p}{\pi} \cdot z$ t für *Extremultus-Mehrschichtflachriemen* nach TB 16-6 h_b nach TB 16-14 v_{max} nach TB 16-1, TB 16-2, TB 16-14 bzw. TB 16-19
30	Biegefrequenz $f_B = \frac{v \cdot z}{L_d} \leq f_{B\,zul}$ bei Flachriemen ist für $L_d = L$ zu setzen	
31	Riemenzugkraft bei Synchronriemen $F_{max} = \frac{T_{max}}{\frac{d_d}{2}} \leq F_{zul}$	z = Scheibenanzahl. Für die offene Zwei-Scheibenausführung ist $z = 2$ $f_{B\,zul}$ nach TB 16-1; TB 16-2 bzw. TB 16-3 *Extremultus-Mehrschichtflachriemen:* Ausführung G: $f_{B\,zul} = 80\ s^{-1}$ Ausführung L: $f_{B\,zul} = 55\ s^{-1}$

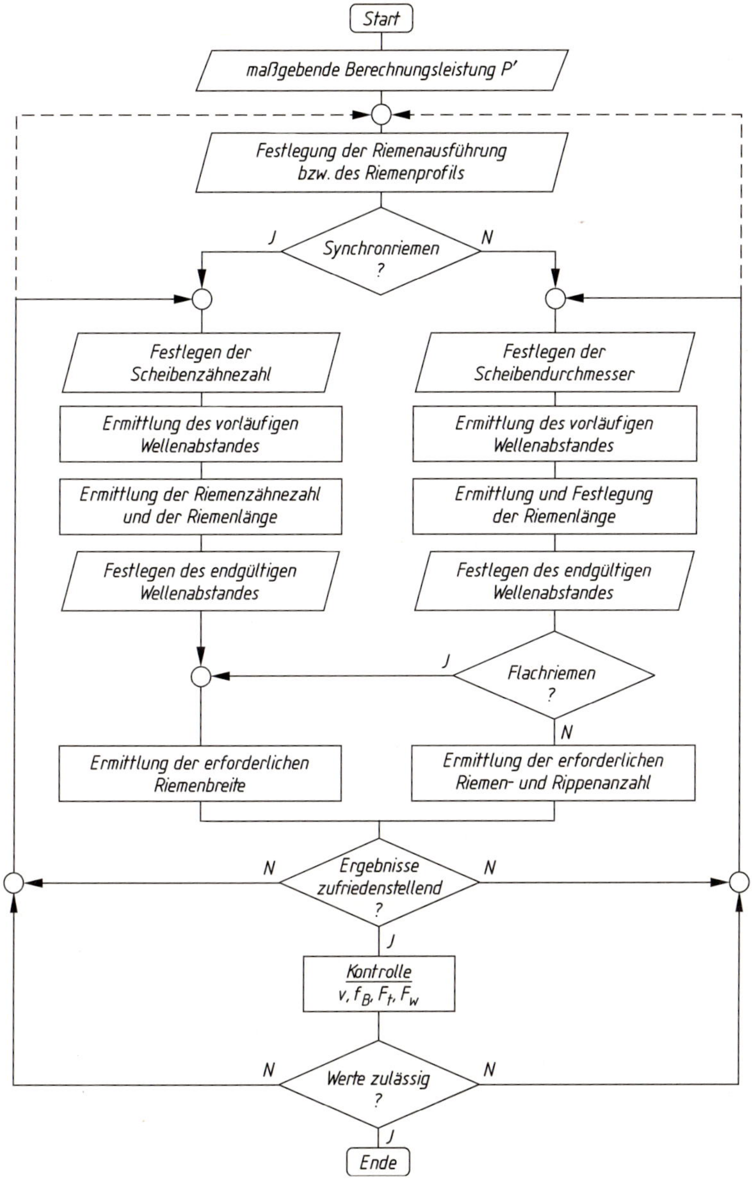

A 16-1 Vorgehensweise zum Auslegen von Riementrieben

Technische Regeln (Auswahl)

Technische Regel		Titel
DIN 109-2	12.73	Antriebselemente; Achsabstände für Riementriebe mit Keilriemen
DIN 111	08.82	– –; Flachriemenscheiben; Maße, Nenndrehmomente
DIN 2211-1	03.84	– –; Schmalkeilriemenscheiben; Maße, Werkstoff
DIN 2211-3	01.86	– –; Schmalkeilriemenscheiben, Zuordnung zu elektrischen Motoren
DIN 2215	08.98	Endlose Keilriemen; Klassische Keilriemen; Maße
DIN 2216	10.72	Endliche Keilriemen; Maße
DIN 2217-1	02.73	Antriebselemente; Keilriemenscheiben, Maße, Werkstoff
DIN 2218	04.76	Endlose Keilriemen für den Maschinenbau; Berechnung der Antriebe; Leistungswerte
DIN 7719-1	10.85	Endlose Breitkeilriemen für industrielle Drehzahlwandler; Riemen und Rillenprofile der zugehörigen Scheiben
DIN 7721-1	06.89	Synchronriementriebe, metrische Teilung; Synchronriemen
DIN 7753-1	01.88	Endlose Schmalkeilriemen für den Maschinenbau; Maße
DIN 7753-2	04.76	– –; Berechnung der Antriebe; Leistungswerte
DIN 7753-3	02.86	Endlose Schmalkeilriemen für den Kraftfahrzeugbau; Maße der Riemen und Scheibenrillenprofile
DIN 7867	06.86	Keilrippenriemen und -scheiben
DIN 42673-1	04.83	Oberflächengekühlte Drehstrommotoren mit Käfigläufer, Bauform IM B3 mit Wälzlagern; Anbaumaße und Zuordnung der Leistung
DIN ISO 5290	05.88	Rillenscheiben für Verbund-Schmalkeilriemen
DIN ISO 5294	05.96	Synchronriementriebe; Scheiben
DIN ISO 5296-1 ... 2	05.91	– –; Riemen; Maße
DIN ISO 9010	06.90	– –; Riemen für den Kraftfahrzeugbau
ISO 22	12.91	Durchmesser der Riemenscheiben für Flachriemen
ISO 255	11.90	Riementriebe; Riemenscheiben für Keilriemen; Überprüfung der Rillengeometrie
ISO 4183	07.95	Klassische Keilriemen und Schmalkeilriemen; Rillenscheiben
ISO 9982	06.98	Keilrippenriemen für industrielle Anwendungen; Maße für Profil PH bis PM
VDI 2758	06.93	Riemengetriebe

17 Kettentriebe

Formelzeichen	Einheit	Benennung
a	mm	tatsächlicher Wellenmittenabstand
a_0	mm	gewünschter Wellenmittenabstand
$b_1, b_2 \dots$	mm	Bogenlängen der Kette auf dem Teilkreis gemessen
d_1'	mm	Kettenrollendurchmesser
d_1	mm	Teilkreisdurchmesser des Kettenrades 1
d_2	mm	Teilkreisdurchmesser des Kettenrades 2
d_{a1}, d_{a2}	mm	Kopfkreisdurchmesser des Kettenrades 1 bzw. 2
d_{f1}, d_{f2}	mm	Fußkreisdurchmesser des Kettenrades 1 bzw. 2
d_{s1}, d_{s2}	mm	Durchmesser der Freidrehung unter dem Fußkreis des Kettenrades 1 bzw. 2
F	mm	erforderliches Mindestmaß für die Freidrehung
F_G	N	Gewichtskraft des Kettentrums
F_{ges}	N	resultierende Betriebskraft im Lasttrum der Kette
F_s	N	Stützzug
F_s'	1	spezifischer Stützzug
F_{so}, F_{su}	N	Stützzug am oberen bzw. unteren Kettenrad bei geneigter Triebanordnung
F_t	N	Tangentialkraft (Umfangskraft)
F_W	N	Wellenbelastung, Wellenspannkraft
F_z	N	Fliehzug
f	mm	Durchhang des Kettenleertrums
f_{rel}	%	relativer Durchhang des Kettenleertrums
f_1	1	Korrekturfaktor zur Berücksichtigung der Zähnezahl des kleinen Kettenrades
f_2	1	Korrekturfaktor zur Berücksichtigung der unterschiedlichen Wellenabstände
f_3	1	Korrekturfaktor zur Berücksichtigung der Kettengliedform
f_4	1	Korrekturfaktor zur Berücksichtigung der überlaufenden Kettenräder
f_5	1	Korrekturfaktor zur Berücksichtigung der Lebensdauer

Formelzeichen	Einheit	Benennung
f_6	1	Korrekturfaktor zur Berücksichtigung der Umweltbedingungen
g	m/s^2	Fallbeschleunigung
g_1	mm	Kettenlaschenhöhe
i	1	Übersetzungsverhältnis
K_A	1	Anwendungsfaktor zur Berücksichtigung stoßartiger Belastung
L	mm	Gesamtlänge der Kette
L_h	h	Lebensdauer des Kettentriebes
l_T	mm	Kettentrumlänge
$l_1, l_2 \ldots$	mm	Teillängen der Kette
n	1	Anzahl der Kettenräder
n_1, n_2	1/min	Drehzahl des Kettenrades 1 bzw. 2
P_D	kW	Diagrammleistung
P_1	kW	Antriebsleistung
p	mm	Kettenteilung
q	kg/m	Längen-Gewicht der Kette
T	Nmm, Nm	Nenndrehmoment
T_1	Nmm, Nm	Antriebsmoment
υ	m/s	Kettengeschwindigkeit
X	1	tatsächliche Kettengliederzahl
X_0	1	rechnerische Kettengliederzahl
z_1, z_2	1	Zähnezahl des Kettenrades 1 bzw. 2
δ	°	Neigungswinkel der Wellenmitten gegen die Waagerechte
ε_0	°	Trumneigungswinkel zwischen der gemeinsamen Tangente an den Teilkreisen (Leertrum) und der Verbindungslinie der Kettenradmittelpunkte
τ	°	Teilungswinkel
ψ	°	Neigungswinkel zwischen der gemeinsamen Tangente an den Teilkreisen (Leertrum) und der Waagerechten

Nr.	Formel	Hinweise
	Geometrie der Kettenräder (Rollenketten)	
1	mittlere Übersetzung $i = \frac{n_1}{n_2} = \frac{z_2}{z_1} = \frac{d_2}{d_1}$	d_1, d_2 nach Nr. 3 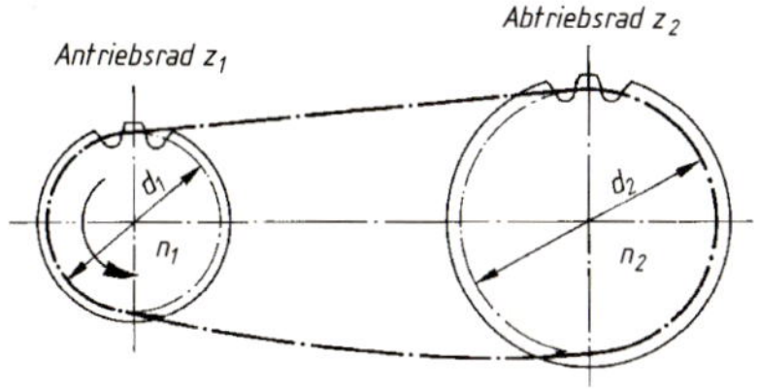
2	Teilungswinkel $\tau = \frac{360°}{z}$	Zähnezahlen für Kettenräder: (see table below)
3	Teilkreisdurchmesser $d = \frac{p}{\sin\left(\frac{\tau}{2}\right)} = \frac{p}{\sin\left(\frac{180°}{z}\right)}$	z_2 30…80 üblich für Großräder 80…120 obere Grenze für Großräder
4	Fußkreisdurchmesser $d_f = d - d'_1$	zu bevorzugende Zähnezahlen: z_1 = (13) (15) 17 19 21 23 25 z_2 = 38 57 76 95 114 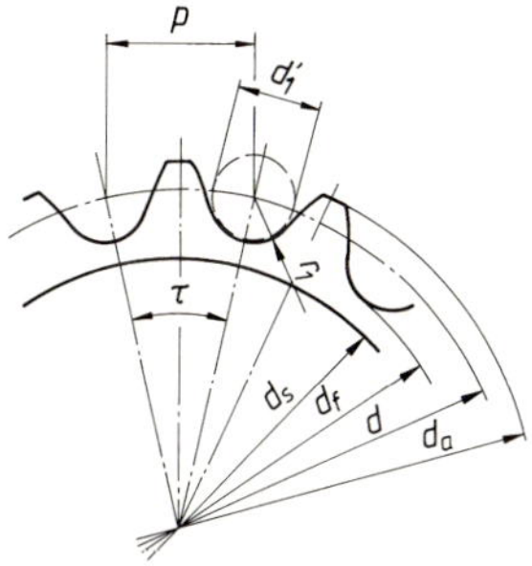
5	Kopfkreisdurchmesser $d_a = d \cdot \cos\frac{\tau}{2} + 0{,}8 d'_1$	d'_1, p nach TB 17-1
6	Durchmesser der Freidrehung unter dem Fußkreis $d_s = d - 2F$	F nach TB 17-2

Zähnezahlen für Kettenräder (zu Nr. 2):

z_1	v in m/s	Anwendung
11…13	< 4	$p < 20$ mm, $l_T > 40\,X$, weniger empfindliche Antriebe
14…16	< 7	mittlere Belastungen
17…25	< 24	*günstig* für Kleinräder

Nr.	Formel	Hinweise
	Berechnung der Kettentriebe (Rollenketten)	
7	Für die Kettenwahl nach TB 17-3 maßgebende Diagrammleistung $P_D = \dfrac{K_A \cdot P_1 \cdot f_1}{f_2 \cdot f_3 \cdot f_4 \cdot f_5 \cdot f_6}$	K_A nach TB 3-5 f_1 nach TB 17-5 f_2 nach TB 17-6 $f_3 = 0{,}8$ bei gekröpftem Verbindungsglied, sonst $f_3 = 1$ $f_4 \approx 0{,}9^{(n-2)}$ für n Kettenräder; für den Normalfall mit $n = 2$ wird $f_4 = 1$ $f_5 \approx (15\,000/L_h)^{1/3}$ mit L_h in h f_6 nach TB 17-7
8	günstiger Wellenabstand (Umschlingungswinkel soll möglichst $\geq 120°$ betragen) $a \approx (30\ldots50) \cdot p$	
9	für den gewünschten Wellenabstand a_0 wird die rechnerische Gliederzahl $X_0 \approx 2\dfrac{a_0}{p} + \dfrac{z_1+z_2}{2} + \left(\dfrac{z_2-z_1}{2\cdot\pi}\right)^2 \cdot \dfrac{p}{a_0}$	X_0 so runden, dass sich eine gerade Gliederzahl ergibt zur Vermeidung gekröpfter Verbindungsglieder
10	tatsächlicher Wellenabstand $a \approx \dfrac{p}{4} \cdot \left[\left(X - \dfrac{z_1+z_2}{2}\right) + \sqrt{\left(X - \dfrac{z_1+z_2}{2}\right)^2 - 2\left(\dfrac{z_2-z_1}{\pi}\right)^2}\right]$	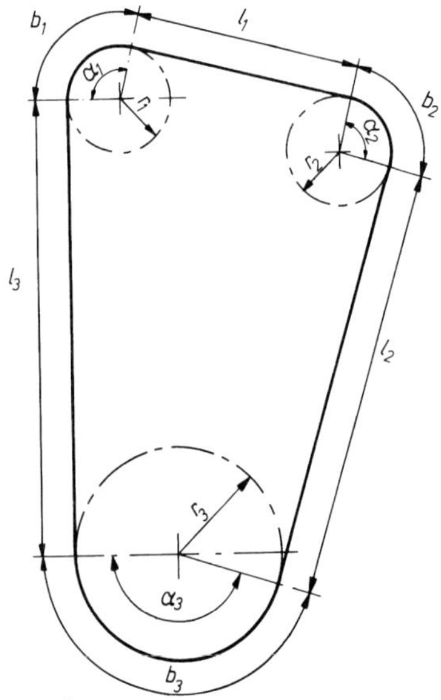
11	Gesamtlänge der Kette bei Kettentrieben mit $n > 2$ Kettenrädern $L \approx l_1 + l_2 + \ldots + b_1 + b_2 + \ldots$	$b = \dfrac{d}{2} \cdot \operatorname{arc}\alpha$, α Umschlingungswinkel
12	erforderliche Gliederzahl allgemein $X = \dfrac{L}{p}$	

Nr.	Formel	Hinweise
	Kraftverhältnisse an Kettentrieben (Rollenketten)	

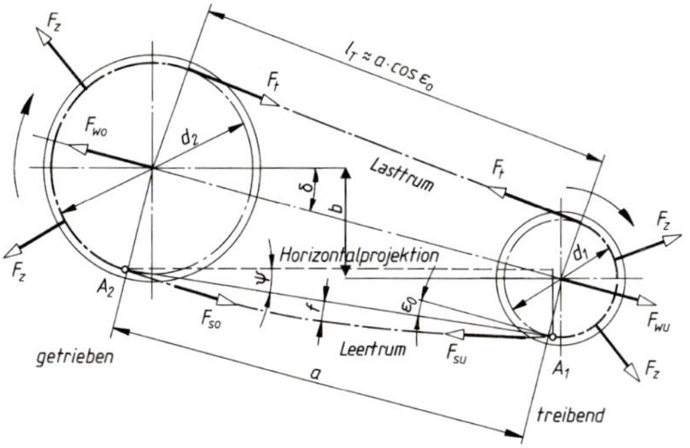

Nr.	Formel	Hinweise
13	(statische) Kettenzugkraft $F_t = \frac{P_1}{\upsilon} = \frac{T_1}{d_1/2}$	$T_1 \approx 9550 \cdot \frac{P_1}{n_1}$ T_1: Nm; P_1: kW; n_1: min^{-1}
14	Fliehzug $F_z = q \cdot \upsilon^2$	$\upsilon = d_1 \cdot \pi \cdot n_1$
15	Stützzug a) bei annähernd waagerechter Lage des Leertrums $F_s = \frac{F_G \cdot l_T}{8 \cdot f} = \frac{q \cdot g \cdot l_T}{8 \cdot f_{rel}}$	q nach TB 17-1 $F_G = q \cdot g \cdot l_T$ $g \approx 9{,}81\ \text{m/s}^2$ $l_T = a \cdot \cos \varepsilon_0$
16	b) bei geneigter Lage des Leertrums Stützzug am oberen Kettenrad $F_{so} = q \cdot g \cdot l_T \cdot (F_s' + \sin \psi)$	$f_{rel} = \frac{f}{l_T}$
17	Stützzug am unteren Kettenrad $F_{su} \approx q \cdot g \cdot l_T \cdot F_s'$	normal $f_{rel} \approx 2\% = 0{,}02$ F_s' nach TB 17-4 $\psi = \delta - \varepsilon_0$ mit ε_0 aus $\sin \varepsilon_0 = (d_2 - d_1)/(2 \cdot a)$ $\sin \delta = \frac{b}{a}$ d_2, d_1 nach Nr. 3
18	resultierende Betriebskraft im Lasttrum der Kette bei annähernd waagerechter Lage des Leertrums unter Berücksichtigung ungünstiger Betriebsverhältnisse $F_{ges} = F_t \cdot K_A + (F_z + F_s)$	F_t nach Nr. 13

Nr.	Formel	Hinweise
19	– bei geneigter Lage des Leertrums $F_{ges} = F_t \cdot K_A + (F_z + F_{so})$	F_z nach Nr. 14 F_s nach Nr. 15 F_{so} nach Nr. 16 F_{su} nach Nr. 17
20	Wellenbelastung bei annähernd waagerechter Lage des Leertrums $F_W \approx F_t \cdot K_A + 2 \cdot F_s$	K_A nach TB 3-5
21	Belastung der *oberen* Welle bei geneigter Lage des Leertrums $F_{Wo} \approx F_t \cdot K_A + 2F_{so}$	
22	Belastung der *unteren* Welle bei geneigter Lage des Leertrums $F_{Wu} \approx F_t \cdot K_A + 2F_{su}$	

Technische Regeln (Auswahl)

Technische Regeln		Titel
DIN 8150	03.84	Gallketten
DIN 8152-1 … 4	02.89	Flyerketten
DIN 8153-1 … 2	03.92	Scharnierbandketten
DIN 8154	09.99	Buchsenketten mit Vollbolzen
DIN 8156 E	02.03	Ziehbankketten ohne Buchsen
DIN 8164	08.99	Buchsenketten
DIN 8165-1 … 3	03.92	Förderketten mit Vollbolzen; …
DIN 8167-1 … 3	03.86	Förderketten mit Vollbolzen
DIN 8168-1 … 3	03.86	Förderketten mit Hohlbolzen
DIN 8175	02.80	Förderketten; Buchsenförderketten, schwere Ausführung
DIN 8176	01.80	– –; Buchsenförderketten für Kettenbahnen
DIN 8181	04.00	Rollenketten; langgliedrig
DIN 8182	09.99	Rollenketten mit gekröpften Gliedern (Rotaryketten)
DIN 8187-1	03.96	Rollenketten; Europäische Bauart Teil 1: Einfach-, Zweifach-, Dreifach-Rollenketten
DIN 8188-1	03.96	– –; Amerikanische Bauart
DIN 8189-1 … 2	03.87	Rollenketten für Landmaschinen; …
DIN 8194	08.83	Stahlgelenkketten; Ketten und Kettenteile; Bauformen, Benennungen
DIN 8195	08.77	Rollenketten, Kettenräder; Auswahl von Kettentrieben
DIN 8196-1	03.87	Verzahnung der Kettenräder für Rollenketten nach DIN 8187 und DIN 8188; Profilabmessungen
DIN 8196-2	03.92	Verzahnung der Kettenräder für Rollenketten, langgliedrig, nach DIN 8181; Profilabmessungen

18 Elemente zur Führung von Fluiden (Rohrleitungen)

Formelzeichen	Einheit	Benennung
a	m/s	Fortpflanzungsgeschwindigkeit einer Druckwelle
A	mm^2	Querschnittsfläche der Rohrwand
c_1	mm	Zuschlag zum Ausgleich der zulässigen Wanddicken-Unterschreitung
c_1'	%	zulässige Wanddicken-Unterschreitung
c_2	mm	Zuschlag für Korrosion bzw. Abnutzung
d_a	mm	Rohr-Außendurchmesser
d_i	m, mm	Rohr-Innendurchmesser
d_m	mm	mittlerer Rohrdurchmesser
E	N/mm^2	Elastizitätsmodul
F_ϑ	N	Längskraft im Rohr bzw. auf die Festpunkte infolge Temperaturänderung
g	m/s^2	Fallbeschleunigung
Δh	m	geodätischer Höhenunterschied bei nicht horizontal verlaufenden Leitungen
K	N/mm^2	Festigkeitskennwert
k	mm	mittlere Rauigkeitshöhe der Rohrinnenwand
k	1	Faktor für die Rohrausführung bei der Berechnung der Stützpunktabstände
L	m	Abstand der Unterstützungspunkte
l	m	Länge der Rohrleitung
$\dot{m}$	kg/s	Massenstrom
p_e	N/mm^2	Berechnungsdruck, als maximal möglicher innerer Überdruck
p_{max}, p_{min}	N/mm^2	Maximaldruck, Minimaldruck; wobei $p_{max} - p_{min}$ Schwingbreite einer Druckschwingung
Δp	Pa	Druckverlust in der Rohrleitung durch Reibung und Einzelwiderstände
Δp	Pa	Druckänderung durch Druckstoß
PFA	bar	zulässiger Bauteilbetriebsdruck

Formelzeichen	Einheit	Benennung
Re	1	Reynolds-Zahl (Geschwindigkeit des strömenden Mediums × Rohrinnendurchmesser/kinetmatische Zähigkeit), kennzeichnet den Strömungszustand
R_m	N/mm^2	Mindestzugfestigkeit
S	1	Sicherheitsbeiwert
S_F	1	Sicherheitsfaktor
t	mm	erforderliche Wanddicke (Bestellwanddicke, Nennwanddicke)
t_R	s	Reflexionszeit beim Druckstoß
t_S	s	Schließzeit des Absperr- bzw. Steuerorgans
t_V	mm	rechnerische Wanddicke ohne Zuschläge
υ	m/s	Strömungsgeschwindigkeit (Mittelwert) des Mediums
υ_N	1	Wertigkeit der Längs- bzw. Schraubenlinien-Schweißnaht
Δv	m/s	Änderung der Strömungsgeschwindigkeit durch einen Regelvorgang
$\dot{V}$	m^3/s	Volumenstrom
α	K^{-1}	thermischer Längenausdehnungskoeffizient des Rohrwerkstoffes
ζ	1	Widerstandszahl von Rohrleitungselementen
η	Pa s	dynamische Viskosität des strömenden Mediums
$\Delta\vartheta$	K	Temperaturdifferenz
λ	1	Rohrreibungszahl
ν	m^2/s	kinematische Viskosität des strömenden Mediums
ϱ, ϱ_{Luft}	kg/m^3	Dichte des Mediums bzw. der umgebenden Luft
$\sigma_{Sch\,zul}$	N/mm^3	zulässige Dauerschwell- bzw. Zeitschwellfestigkeit

<table>
<tr><th>Nr.</th><th>Formel</th><th>Hinweise</th></tr>
<tr><td colspan="3">Strömungsgeschwindigkeit und Rohrinnendurchmesser
Die wirtschaftliche Strömungsgeschwindigkeit und der wirtschaftliche Rohrinnendurchmesser lassen sich aus dem Kostenminimum von Investitions- und Betriebskosten ermitteln.
In der Praxis wird die wirtschaftliche Strömungsgeschwindigkeit unter Berücksichtigung strömungstechnischer Grenzdaten (Geräuschemission, Schwingungen, Erosion) und der großen Abhängigkeit des Druckverlustes vom Rohrdurchmesser ($\Delta p \sim 1/d^5$) nach Erfahrungswerten gewählt. Große Strömungsgeschwindigkeit bedeutet also kleinen Rohrdurchmesser und geringen Aufwand für Armaturen, Anstrich und Isolation, andererseits aber hohen Energieaufwand (Druckverlust) und hohen Geräuschpegel.</td></tr>
<tr><td></td><td>Strömungsgeschwindigkeit in kreisförmigen Rohren</td><td></td></tr>
<tr><td>1</td><td>– bei gegebenem Volumenstrom
$v = \frac{4}{\pi} \cdot \frac{\dot{V}}{d_i^2}$</td><td>$v$ | d_i | ϱ | $\dot{V}$ | $\dot{m}$
m/s | m | kg/m³ | m³/s | kg/s</td></tr>
<tr><td>2</td><td>– bei gegebenem Massenstrom
$v = \frac{4}{\pi} \cdot \frac{\dot{m}}{\varrho \cdot d_i^2}$</td><td></td></tr>
<tr><td></td><td>erforderlicher Rohrinnendurchmesser</td><td></td></tr>
<tr><td>3</td><td>– bei gegebenem Volumenstrom
$d_i = \sqrt{\frac{4}{\pi} \cdot \frac{\dot{V}}{v}}$</td><td>Richtwerte für wirtschaftliche Strömungsgeschwindigkeiten v s. TB 18-5
Genormter Rohrinnendurchmesser d_i bzw. Nennweiten DN s. TB 1-13 bzw. TB 18-4</td></tr>
<tr><td>4</td><td>– bei gegebenem Massenstrom
$d_i = \sqrt{\frac{4}{\pi} \cdot \frac{\dot{m}}{\varrho \cdot v}}$</td><td></td></tr>
</table>

<table>
<tr><th>Nr.</th><th>Formel</th><th>Hinweise</th></tr>
<tr><td colspan="3">Strömungsform
Die Reynolds-Zahl kennzeichnet die Strömungsform und stellt das Verhältnis der Trägheitskräfte zu den Viskositätskräften im Stoffstrom dar. Strömungen sind mechanisch ähnlich, wenn ihre Reynolds-Zahlen gleich sind. Die kritische Strömungsgeschwindigkeit gibt den Übergang von der laminaren zur turbulenten Strömung an.</td></tr>
<tr><td>5</td><td>Reynolds-Zahl
$$\mathrm{Re} = \frac{\upsilon \cdot d_i}{\nu}$$</td><td><table><tr><th>υ</th><th>d_i</th><th>ν</th><th>Re</th></tr><tr><td>m/s</td><td>m</td><td>m^2/s</td><td>1</td></tr></table>Wenn η und ϱ bekannt, gilt $\nu = \eta/\varrho$, mit der dynamischen Viskosität η in Pa s ($kg/(m \cdot s)$) und der Dichte ϱ des Mediums in kg/m^3 nach TB 18-9a.
Richtwerte für
– wirtschaftliche Strömungsgeschwindigkeit s. TB 18-5
– kinematische Viskosität s. TB 18-9a
– Rohrinnendurchmesser, z. B. als genormte Nennweite DN, s. TB 18-4
$\mathrm{Re} < 2320$: Laminarströmung
$\mathrm{Re} > 2320$: Turbulentströmung</td></tr>
<tr><td>6</td><td>kritische Strömungsgeschwindigkeit
$$\upsilon_{krit} = \frac{\nu \cdot \mathrm{Re}_{krit}}{d_i}$$</td><td><table><tr><th>υ_{krit}</th><th>d_i</th><th>ν</th><th>Re</th></tr><tr><td>m/s</td><td>m</td><td>m^2/s</td><td>1</td></tr></table>$\mathrm{Re}_{krit} = 2320$</td></tr>
<tr><td colspan="3">Druckverlust durch inkompressible Strömung
Die durch die Strömungsverluste (Reibung, Wirbel) bedingte Verlustenergie wird beeinflusst durch die Berührungsfläche zwischen Fluid und Rohrwand (d_i, l), die Strömungsgeschwindigkeit, die Art des Fluids (η, ϱ), die Strömungsform (turbulent, laminar) und die Wandrauigkeit. Obwohl für Gas- (Dampf-)Leitungen kompressible Strömung vorliegt, gelten die nachfolgenden Gleichungen näherungsweise auch für Gasleitungen mit geringer Expansion, also bei geringem Druckabfall (Niederdruck-Gasleitungen).</td></tr>
<tr><td>7</td><td>Druckverlust für beliebig verlaufende kreisförmige Rohrleitungen mit Einbauten
$$\Delta p = \frac{\varrho \cdot \upsilon^2}{2}\left(\frac{\lambda \cdot l}{d_i} + \Sigma\zeta\right) \pm \Delta h \cdot g \cdot (\varrho - \varrho_{Luft})$$</td><td><table><tr><th>Δp</th><th>ϱ</th><th>υ</th><th>λ</th><th>l</th><th>d_i</th><th>ζ</th><th>Δh</th><th>g</th></tr><tr><td>Pa</td><td>kg/m^3</td><td>m/s</td><td>1</td><td>m</td><td>m</td><td>1</td><td>m</td><td>m/s^2</td></tr></table>Anmerkung: Im 2. Glied der Gleichung gilt das positive Vorzeichen für aufsteigende und das negative Vorzeichen für abfallende Leitungen. Bei $\varrho < \varrho_{Luft}$ (z. B. Niederdruckgasleitungen) ergibt sich für aufsteigende Leitungen ein Druckgewinn (Auftrieb), bei abfallenden Leitungen entsprechend ein Druckverlust.</td></tr>
</table>

Nr.	Formel	Hinweise
8	Druckverlust bei geraden kreisförmigen Rohrleitungen ohne Einbauten $\Delta p = \lambda \cdot \frac{l}{d_i} \cdot \frac{\varrho}{2} \cdot \upsilon^2$	Richtwerte für – Rohrreibungszahl λ nach Nr. 10 bis 14 – wirtschaftliche Strömungsgeschwindigkeit υ s. TB 18-5 – Dichte ϱ des Mediums s. TB 18-9 – Rohrinnendurchmesser d_i, z. B. als genormte Nennweite DN, s. TB 18-4 – Widerstandszahl ζ s. TB 18-7 – Fallbeschleunigung $g = 9{,}81$ m/s^2
9	Druckverlust durch Einbauten $\Delta p = \Sigma\zeta \cdot \varrho \cdot \upsilon^2/2$	
10	Rohrreibungszahl bei laminarer Strömung ($\mathrm{Re} < 2320$) $\lambda = \frac{64}{\mathrm{Re}}$	Bei laminarer Strömung ist die Rohrreibungszahl nur von der Reynolds-Zahl abhängig (z. B. Ölleitungen). Die Wandrauigkeit der Rohre hat keinen Einfluss. $\lambda = f\,(\mathrm{Re})$ auch unmittelbar aus Schaubild TB 18-8 ablesbar.
	Turbulente Rohrströmung	
11	• Rohrreibungszahl bei hydraulisch rauen Rohren $\lambda = \frac{1}{\left(2\lg\frac{d_i}{k} + 1{,}14\right)^2}$	Im oberhalb der Grenzkurve $\lambda = [(200 \cdot d_i/k)/\mathrm{Re}]^2$ liegenden Bereich ist die Rohrreibungszahl nur von d_i/k abhängig, die Kurve verläuft waagerecht, s. TB 18-8. Richtwerte für Rauigkeitshöhe k s. TB 18-6. Geltungsbereich der Formel: $\mathrm{Re} > 1300 \cdot d_i/k$ $\lambda = f(d_i/k)$ auch unmittelbar aus Schaubild TB 18-8 ablesbar.
12	• Rohrreibungszahl im Übergangsbereich zwischen vollrauem und glattem Verhalten der Rohrwand – Interpolationsformel $\frac{1}{\sqrt{\lambda}} = -2\lg\left(\frac{2{,}51}{\mathrm{Re}\cdot\sqrt{\lambda}} + \frac{1}{3{,}71\,\frac{d_i}{k}}\right)$	Mit zunehmender Reynolds-Zahl wird die laminare Unterschicht zunehmend dünner und die Rauigkeitsspitzen ragen immer mehr heraus.
13	– Näherungsformel $\lambda \approx \frac{0{,}25}{\left[\lg\left(\frac{15}{\mathrm{Re}} + \frac{k}{3{,}71 \cdot d_i}\right)\right]^2}$	Die Rohrreibungszahl hängt sowohl von d_i/k als auch von der Reynolds-Zahl ab. Geltungsbereich der Formel: $65 \cdot d_i/k < \mathrm{Re} < 1300 \cdot d_i/k$ Richtwert für Rauigkeitshöhe k s. TB 18-6. $\lambda = f(\mathrm{Re},\ d_i/k)$ auch unmittelbar aus TB 18-8 ablesbar.

<table>
<tr><th>Nr.</th><th>Formel</th><th>Hinweise</th></tr>
<tr><td>14</td><td>• Rohrreibungszahl bei hydraulisch glatten Rohren
$\lambda \approx \dfrac{0{,}309}{\left(\lg \dfrac{\mathrm{Re}}{7}\right)^2}$</td><td>Die vorhandene Wandrauigkeit liegt innerhalb der laminaren Unterschicht. Da in der Praxis stets mit einer Betriebsrauigkeit gerechnet werden muss, ist diese Näherungsformel nur als Grenzfall ($k = 0$) interessant.
Geltungsbereich der Formel:
$\mathrm{Re} > 2320$
$\lambda = f(\mathrm{Re})$ auch unmittelbar aus TB 18-8 ablesbar.</td></tr>
<tr><td colspan="3">Dynamische Druckänderungen (Druckstöße)
Druckstöße treten auf, wenn die Strömungsgeschwindigkeit in einer Rohrleitung verändert wird, z. B. durch Schließen oder Öffnen von Ventilen oder durch In- oder Außerbetriebnahme von Pumpen.
Wasserschläge sind Folge eines negativen Druckstoßes und entstehen nach dem Abreißen der Wassersäule infolge Unterdruck durch das nachfolgende Wiederauftreffen der rückströmenden Wassersäule auf das Absperrorgan.
Er tritt nur auf, wenn das Schließen des Absperrorgans in kürzerer Zeit erfolgt, als eine Druckwelle benötigt, um mit Schallgeschwindigkeit vom Absperrorgan zur Reflektionsstelle (Behälter, Rohrknoten) und zurück zu wandern.</td></tr>
<tr><td>15</td><td>maximale Druckänderung durch Druckstoß (Joukowsky-Stoß)
$\Delta p = \varrho \cdot a \cdot \Delta v$</td><td><table><tr><th>$\Delta p$</th><th>$\varrho$</th><th>$a$</th><th>$\Delta v$</th></tr><tr><td>Pa</td><td>kg/m³</td><td>m/s</td><td>m/s</td></tr></table>Dichte ϱ des Durchflussstoffes z. B. nach TB 18-9
Druckfortpflanzungsgeschwindigkeit (Schallgeschwindigkeit) für Wasser und dünnflüssige Öle
– in dünnwandigen Leitungen: $a \approx 1000$ m/s
– in verhältnismäßig dickwandigen Hydraulikleitungen: $a \approx 1300$ m/s
$\Delta v = v_1 - v_2$, plötzliche Geschwindigkeitsänderung der Strömung von v_1 auf $v_2 = 0$, wenn die Strömung in einer sehr kurzen Schließzeit $t_S < t_R$ reduziert wird.</td></tr>
<tr><td>16</td><td>Druckänderung durch reduzierten Druckstoß
$\Delta p = \varrho \cdot a \cdot \Delta v \cdot \dfrac{t_R}{t_S}$</td><td><table><tr><th>$\Delta p$</th><th>$\varrho$</th><th>$a$</th><th>$\Delta v$</th><th>$t_R$, t_S</th></tr><tr><td>Pa</td><td>kg/m³</td><td>m/s</td><td>m/s</td><td>s</td></tr></table>Bei einer Verlängerung der Schließzeit des Absperrorgans auf mehrere Reflektionszeiten ($t_S \gg t_R$) kann der Druckstoß erheblich reduziert werden.</td></tr>
</table>

<table>
<tr><th>Nr.</th><th>Formel</th><th>Hinweise</th></tr>
<tr><td>17</td><td>Reflexionszeit einer Druckwelle
$t_R = 2 \cdot l/a$</td><td><table><tr><th>t_R</th><th>l</th><th>a</th></tr><tr><td>s</td><td>m</td><td>m/s</td></tr></table>Der maximale Druckstoß tritt nur auf, wenn die Schließzeit des Absperrorgans $t_S < 2 \cdot l/a$.</td></tr>
<tr><td colspan="3">Berechnung der Wanddicke von Stahlrohren gegen Innendruck nach DIN 2413-1
Als Grundlage der Berechnung gilt, dass ein Fließen an der höchst beanspruchten Innenfaser der Rohre durch den Betriebsdruck bei den genannten Sicherheitsbeiwerten nicht auftritt, dass das unvermeidliche Kriechen bei höheren Temperaturen in zulässigen Grenzen bleibt und bei schwellender Beanspruchung keine Zeit- bzw. Dauerbrüche zu erwarten sind. Den Formeln liegt die Schubspannungshypothese zu Grunde. Sie gelten für Rohre mit Kreisquerschnitt bis zu einem Durchmesserverhältnis $d_a/d_i = 2$.</td></tr>
<tr><td></td><td>erforderliche Wanddicke</td><td></td></tr>
<tr><td>18</td><td>– bei Wanddickenzuschlag in mm
$t = t_v + c_1 + c_2$</td><td>Zuschlag c_1 zur Berücksichtigung der zulässigen Wanddicken-Unterschreitung z. B. für geschweißte Stahlrohre nach DIN 1626 und DIN 1628:<table><tr><th>t in mm</th><th>≤ 3</th><th>$> 3 \ldots 10$</th><th>> 10</th></tr><tr><td>c_1 in mm</td><td>0,25</td><td>0,35</td><td>0,5</td></tr></table>Für den Korrosionszuschlag c_2 ist bei ferritischen Stählen im Allgemeinen ein Wert von 1 mm ausreichend.</td></tr>
<tr><td>19</td><td>– bei Wanddickenzuschlag in %
$t = (t_v + c_2)\dfrac{100}{100 - c_1'}$</td><td>$c_1' = 9$ % bis 15% der Wanddicke bei nahtlosen Stahlrohren nach DIN 1629 und DIN 1630.</td></tr>
</table>

Nr.	Formel	Hinweise
	rechnerische Wanddicke ohne Zuschläge bei	
20	– vorwiegend ruhender Beanspruchung bis 120° $t_v = \dfrac{d_a \cdot p_e}{2\dfrac{K}{S} \cdot \upsilon_N}$	$K = R_e(R_{p\,0,2})$ bei 20 °C nach TB 1-1 und TB 6-15b bzw. 0,7 R_m bei unvergüteten und 0,8 R_m bei vergüteten Sonderstählen. $\upsilon_N = 0{,}9$ für geschweißte Rohre nach DIN 1626 (Regelfall) $\upsilon_N = 1{,}0$ für nahtlose Rohre und für geschweißte Rohre nach DIN 1628

Bruchdehnung des Rohrwerkstoffs A	Sicherheitsbeiwert S für Rohre mit Abnahmeprüfzeugnis	Sicherheitsbeiwert S für Rohre ohne Abnahmeprüfzeugnis
$\geq 25\,\%$	1,5 (1,4)	1,7
20%	1,6 (1,5)	1,75
15%	1,7 (1,6)	1,8

Klammerwerte gelten für erdverlegte Rohrleitungen in Gebieten ohne zusätzliche Beanspruchung.

Nr.	Formel	Hinweise
21	– schwellender Beanspruchung bis 120 °C $t_v = \dfrac{d_a}{\dfrac{2\sigma_{Sch\,zul}}{p_{max} - p_{min}} - 1}$	Die Berechnung wird durchgeführt gegen Verformen (Gl. Nr. 20) und Zeitschwingbruch (Gl. Nr. 21). Die größere rechnerische Wanddicke ist zu wählen. Zulässige Beanspruchung bei schwellender Belastung $\sigma_{zul} = \sigma_{Sch\,D}/1{,}5$ Richtwerte für Dauerschwellfestigkeit $\sigma_{Sch\,D}$ ($> 2 \cdot 10^6$ Lastspiele):

Rohrart		$\sigma_{Sch\,D}$ in N/mm²
Präzisionsstahlrohre nach DIN 2391 bzw. 2393 aus S235G2T NBK bzw. S235JR NBK		225
warmgewalzte Stahlrohre aus St 52.4 nach DIN 2445 Bbl. 1 $d_a \leq 114{,}3$ mm $d_a > 114{,}3$ mm		 230 155
geschweißte Stahlrohre	Naht bearbeitet	180
	Naht nicht bearbeitet	120
nahtlose ($d_a > 114{,}3$ mm) und HF-geschweißte Rohre		Wöhlerlinien TB 18-10

Nr.	Formel	Hinweise
	Gussrohre aus duktilem Gusseisen nach EN 545	
22	zulässiger Bauteilbetriebsdruck für Muffenrohre $PFA = \dfrac{20 \cdot t \cdot R_m}{d_m \cdot S_F} \leq 64$ bar	see below

PFA	t, d_m	R_m	S_F
bar	mm	N/mm²	1

PFA ist der höchste hydrostatische Druck, dem ein Rohrleitungsteil im Dauerbetrieb standhält.
Mindestzugfestigkeit des duktilen Gusseisens $R_m = 420$ N/mm²
Sicherheitsfaktor $S_F = 3$
mittlerer Rohrdurchmesser $d_m = d_a - t$
genormte Nennweite der Rohre und Formstücke nach EN ISO 6708 von DN 40 bis DN 2000, vgl. TB 18-4

Dehnungsausgleicher (Kompensatoren)

Ausreichende Elastizität der Rohrleitung muss durch Richtungsänderung (Rohrschleifen, Rohrversatz), durch elastische Verbindungen (Kompensatoren, Metallschläuche) oder andere Einrichtungen gewährleistet sein.

Nr.	Formel	Hinweise
23	axiale Rohrkraft infolge Temperaturänderung $F_\vartheta \approx E \cdot \alpha \cdot \Delta\vartheta \cdot A$	Anmerkung: F_ϑ ist nicht von der Rohrlänge abhängig.

F_ϑ	E	α	$\Delta\vartheta$	A
N	N/mm²	K⁻¹	K	mm²

Werkstoff	St	V2A, Cu	Al-Leg.	Kunststoffe
α in K^{-1}	$12 \cdot 10^{-6}$	$17 \cdot 10^{-6}$	$24 \cdot 10^{-6}$	$50 \cdot 10^{-6}$ bis $200 \cdot 10^{-6}$

E nach TB 1-1 bis TB 1-4
Rohrwandquerschnitt A z. B. nach TB 1-13

Nr.	Formel	Hinweise
24	Rohrdehnung durch Temperaturänderung $\Delta l = \alpha \cdot l \cdot \Delta\vartheta$	

Δl, l	α	$\Delta\vartheta$
mm	K^{-1}	K

Nr.	Formel	Hinweise

Rohrhalterungen (Abstützungen)

Diese Tragelemente haben den Zweck, die Masse der Rohrleitung samt Inhalt aufzunehmen und auf die umgebende Tragwerkskonstruktion zu übertragen, sowie die Bewegung der Rohrleitung zu führen.

Nr.	Formel	Hinweise
25	Abstand der Unterstützungspunkte bei horizontal verlegten geraden Stahlrohrleitungen (Richtwert) $L = k \cdot d_i^{0,67}$	see below

L	k	d_i
m	1	mm

$k = 0{,}3$ für leeres ungedämmtes Rohr
$k = 0{,}2$ für gefülltes (Wasser) und gedämmtes Rohr

Rohrinnendurchmesser d_i nach Rohrnorm, s. TB 1-13

maximale Abstände der Abstützungen nach EN 13480-3:

Nenndurchmesser	Abstand in m	
	bei flüssigkeitsführenden Rohren	bei gasführenden Rohren
DN 20	2,0	2,5
DN 40	2,5	4,0
DN 80	3,5	5,5
DN 125	4,5	7,0
DN 200	5,5	9,5
DN 300	6,5	11,5

Technische Regeln (Auswahl)

Technische Regeln		Titel
DIN 1626	10.84	Geschweißte kreisförmige Rohre aus unlegierten Stählen für besondere Anforderungen; Technische Lieferbedingungen
DIN 1628	10.84	Geschweißte kreisförmige Rohre aus unlegierten Stählen für besonders hohe Anforderungen; Technische Lieferbedingungen
DIN 1629	10.84	Nahtlose kreisförmige Rohre aus unlegierten Stählen für besondere Anforderungen; Technische Lieferbedingungen
DIN 1630	10.84	Nahtlose kreisförmige Rohre aus unlegierten Stählen für besonders hohe Anforderungen; Technische Lieferbedingungen
DIN 1754-1	08.69	Rohre aus Kupfer, nahtlosgezogen; Maßbereiche und Toleranzzuordnungen
DIN 1754-2	08.69	Rohre aus Kupfer, nahtlosgezogen; Vorzugsmaße für allgemeine Verwendung
DIN 2353	12.98	Lötlose Rohrverschraubungen mit Schneidring; Vollständige Verschraubung und Übersicht
DIN 2391-1	09.94	Nahtlose Präzisionsstahlrohre mit besonderer Maßgenauigkeit; Maße
DIN 2391-2	09.94	Nahtlose Präzisionsstahlrohre mit besonderer Maßgenauigkeit; Technische Lieferbedingungen
DIN 2393-1	09.94	Geschweißte Präzisionsstahlrohre mit besonderer Maßgenauigkeit; Maße
DIN 2393-2	09.94	Geschweißte Präzisionsstahlrohre mit besonderer Maßgenauigkeit; Technische Lieferbedingungen
DIN 2394-1	09.94	Geschweißte maßgewalzte Präzisionsstahlrohre; Maße
DIN 2394-2	09.94	Geschweißte maßgewalzte Präzisionsstahlrohre; Technische Lieferbedingungen
DIN 2403	03.84	Kennzeichnung von Rohrleitungen nach dem Durchflussstoff
DIN 2406	04.68	Rohrleitungen; Kurzzeichen, Rohrklassen
DIN 2413-1	10.93	Stahlrohre; Berechnung der Wanddicke von Stahlrohren gegen Innendruck
DIN 2429-1	01.88	Grafische Symbole für technische Zeichnungen; Rohrleitungen; Allgemeines
DIN 2429-2	01.88	Grafische Symbole für technische Zeichnungen; Rohrleitungen; Funktionelle Darstellung
DIN 2440	06.78	Stahlrohre; Mittelschwere Gewinderohre
DIN 2441	06.78	Stahlrohre; Schwere Gewinderohre
DIN 2442	08.63	Gewinderohre mit Gütevorschrift, Nenndruck 1 bis 100

Technische Regeln		Titel
DIN 2445-1	11.74	Nahtlose Stahlrohre für schwellende Beanspruchung; Warmgefertigte Rohre, Nenndrücke 100 bis 400
DIN 2445-2	11/74	Nahtlose Stahlrohre für schwellende Beanspruchung; Präzisionsstahlrohre, Nenndrücke 64 bis 400
DIN 2445 Beiblatt	11/74	Nahtlose Stahlrohre für schwellende Beanspruchung; Berechnungsgrundlagen für gerade Rohre
DIN 2448	02.81	Nahtlose Stahlrohre; Maße, längenbezogene Massen
DIN 2458	02.81	Geschweißte Stahlrohre; Maße, längenbezogene Massen
DIN 2460	01.92	Stahlrohre für Wasserleitungen
DIN 2470-1	12.87	Gasleitungen aus Stahlrohren mit zulässigen Betriebsdrücken bis 16 bar; Anforderungen an Rohrleitungsteile
DIN 2470-2	05.83	Gasleitungen aus Stahlrohren mit zulässigen Betriebsdrücken von mehr als 16 bar; Anforderungen an die Rohrleitungsteile
DIN 2500	08.66	Flansche; Allgemeine Angaben, Übersicht
DIN 2501-1	02.72	Flansche; Anschlussmaße
DIN V 2505	01.86	Berechnung von Flanschverbindungen
DIN 2512	08.99	Flansche – Feder und Nut, PN 160 – Konstruktionsmaße; Einlegeringe PN 10 bis PN 160
DIN 2513	05.66	Flansche; Vor- und Rücksprung, Nenndrücke 10 bis 100, Konstruktionsmaße
DIN 2543 bis DIN 2551		Stahlgussflansche, Nenndruck 16 bis Nenndruck 400
DIN 2559-1	05.73	Schweißnahtvorbereitung; Richtlinien für Fugenformen, Schmelzschweißen von Stumpfstößen an Stahlrohren
DIN 2559-2	02.84	Schweißnahtvorbereitung; Anpassen der Innendurchmesser für Rundnähte an nahtlosen Stahlrohren
DIN 2627 bis DIN 2638	03.75	Vorschweißflansche, Nenndruck 1 bis Nenndruck 400
DIN 2642	03.75	Lose Flansche; Vorschweißbördel, glatte Bunde, Nenndruck 10
DIN 2673	08.62	Lose Flansche mit Vorschweißbund, Nenndruck 10
DIN 2693	06.67	Runddichtringe für Vorsprungflansche mit Eindrehung, Nenndrücke 10 bis 40
DIN 2695	01.72	Membran-Dichtringe und Membran-Schweißdichtungen für Flanschverbindungen, Nenndruck 64 bis 400
DIN 2696	08.99	Flanschverbindungen mit Dichtlinse
DIN 2697	01.72	Kammprofilierte Dichtringe und Dichtungen für Flanschverbindungen, Nenndruck 64 bis 400
DIN 2980 bis DIN 2991	09.77	Stahlfittings mit Gewinde; Rohrnippel, Bogen, Muffen, Winkel, Stopfen usw.

Technische Regeln		Titel
DIN 2999-1	07.83	Whitworth-Rohrgewinde für Gewinderohre und Fittings; Zylindrisches Innengewinde und kegeliges Außengewinde; Gewindemaße
DIN 3202-2	04.82	Baulängen von Armaturen; Einschweißarmaturen
DIN 3202-4	04.82	Baulängen von Armaturen; Armaturen mit Innengewinde-Anschluss
DIN 3230-1	11.90	Technische Lieferbedingungen für Armaturen; Allgemeine Anforderungen
DIN 3320-1	09.84	Sicherheitsventile; Sicherheitsabsperrventile; Begriffe, Größenabmessung, Kennzeichnung
DIN 3352-1	05.79	Schieber; Allgemeine Angaben
DIN 3352-2	08.88	Schieber aus Gusseisen, metallisch dichtend, mit innenliegendem Spindelgewinde
DIN 3352-4	01.86	Schieber aus Gusseisen, weichdichtend, mit innenliegendem Spindelgewinde
DIN 3356-1	05.82	Ventile; Allgemeine Angaben
DIN 3356-3	05.82	Ventile; Absperrventile aus unlegierten Stählen
DIN 3357-1	10.89	Kugelhähne; Allgemeine Angaben für Kugelhähne aus metallischen Werkstoffen
DIN 3357-2	12.81	Kugelhähne aus Stahl mit Volldurchgang
DIN 3357-3	12.81	Kugelhähne aus Stahl mit reduziertem Durchgang
DIN 3359	02.84	Membran-Absperrarmaturen aus metallischen Werkstoffen
DIN 3441-1	05.89	Armaturen aus weichmacherfreiem Polyvinylchlorid (PVC-U); Anforderungen und Prüfung
DIN 3441-3	08.84	Armaturen aus weichmacherfreiem Polyvinylchlorid (PVC-U); Membranarmaturen, Maße
DIN 3441-4	06.78	Armaturen aus PVC hart; Schrägsitzventile, Maße
DIN 3442-1	05.87	Armaturen aus Polypropylen (PP); Anforderungen und Prüfung
DIN 3442-3	07.87	Armaturen aus Polypropylen (PP); Membranarmaturen, Maße
DIN 3567	08.63	Rohrschellen für NW 20 bis 500
DIN 3570	10.68	Rundstahlbügel für Rohre von NW 20 bis 500
DIN 3840	09.82	Armaturengehäuse; Festigkeitsberechnung gegen Innendruck
DIN 3850	12.98	Rohrverschraubungen – Übersicht
DIN 3865	05.94	Rohrverschraubungen; Dichtkegel 24° mit O-Ring, für Bohrungsform W nach DIN 3861
DIN 3900	04.84	Lötlose Rohrverschraubungen mit Schneidring; Einschraubstutzen mit kegeligem Einschraub-Gewinde
DIN 3901	09.87	Lötlose Rohrverschraubungen mit Schneidring; Einschraubstutzen mit zylindrischem Einschraubgewinde
DIN 4279-1	11.75	Innendruckprüfung von Druckrohrleitungen für Wasser; Allgemeine Angaben

Technische Regeln		Titel
DIN 4279-4	11.75	Innendruckprüfung von Druckrohrleitungen für Wasser; Stahlrohre mit und ohne Bitumen-Auskleidung
DIN 8061	08.94	Rohre aus weichmacherfreiem Polyvinylchlorid; Allgemeine Qualitätsanforderungen
DIN 8062	11.88	Rohre aus weichmacherfreiem Polyvinylchlorid (PVC-U, PVC-HI); Maße
DIN 8072	07.72	Rohre aus PE weich; Maße
DIN 8073	03.76	Rohre aus PE weich; Allgemeine Güteanforderungen, Prüfung
DIN 8074	08.99	Rohre aus Polyethylen (PE) – PE 63, PE 80, PE 100, PE-HD – Maße
DIN 8076-1	03.84	Druckrohrleitungen aus thermoplastischen Kunststoffen; Klemmverbinder aus Metall für Rohre aus Polyethylen (PE); Allgemeine Güteanforderungen, Prüfung
DIN 8077	07.99	Rohre aus Polypropylen (PP) – PP-H100, PP-B80, PP-R80 – Maße
DIN 16962-1 bis DIN 16962-13		Rohrverbindungen und Rohrleitungsteile für Druckrohrleitungen aus Polypropylen (PP), Typ I und II; Maße, Rohrbogen, T-Stücke, Flansche, Winkel, Muffen usw.
DIN 16963-1 bis DIN 16963-15		Rohrverbindungen und Rohrleitungsteile für Druckrohrleitungen aus Polyethylen hoher Dichte (HDPE), Typ I und II; Rohrbogen, T-Stücke, Winkel, Muffen, Flansche, Rohrverschraubungen usw.
DIN 17173	02.85	Nahtlose kreisförmige Rohre aus kaltzähen Stählen; Technische Lieferungsbedingungen
DIN 17174	02.85	Geschweißte kreisförmige Rohre aus kaltzähen Stählen; Technische Lieferungsbedingungen
DIN 17175	05.79	Nahtlose Rohre aus warmfesten Stählen; Technische Lieferungsbedingungen
DIN 17177	05.79	Elektrisch pressgeschweißte Rohre aus warmfesten Stählen; Technische Lieferungsbedingungen
DIN 17455	02.99	Geschweißte kreisförmige Rohre aus nicht rostenden Stählen für allgemeine Anforderungen; Technische Lieferungsbedingungen
DIN 17457	07.85	Geschweißte kreisförmige Rohre aus austenitischen nicht rostenden Stählen für besondere Anforderungen; Technische Lieferungsbedingungen
DIN 20018-2	06.91	Schläuche mit Textileinlagen; Nenndruck 40
DIN 20066-4	05.84	Fluidtechnik; Schlauchleitungen; Einbau
DIN 20066-5	06.93	Fluidtechnik; Schlauchleitungen; Beurteilung der Funktionsfähigkeit
DIN 24312	09.85	Fluidtechnik; Druck; Werte, Begriffe

Technische Regeln		Titel
DIN 28601-1	03.76	Druckrohre und Formstücke aus duktilem Gusseisen für Gas- und Wasserleitungen; Schraubmuffen-Verbindungen, Zusammenstellung, Muffen, Schraubringe
DIN 28602	01.98	Druckrohre und Formstücke aus duktilem Gusseisen; Stopfbuchsenmuffen-Verbindungen; Zusammenstellung, Muffen, Stopfbuchsenring, Dichtung, Hammerschrauben und Muttern
DIN 28603	11.99	Rohre und Formstücke aus duktilem Gusseisen; Steckmuffen-Verbindungen; Zusammenstellung, Muffen und Dichtungen
DIN EN 288-1 bis DIN EN 288-9		Anforderung und Anerkennung von Schweißverfahren für metallische Werkstoffe; Allgemeine Regeln, Schweißanweisung, Schweißverfahrensprüfungen, Schweißzusätze usw.
DIN EN 545	01.95	Rohre, Formstücke, Zubehörteile aus duktilem Gusseisen und ihre Verbindungen für Wasserleitungen; Anforderungen und Prüfverfahren
DIN EN 764	11.94	Druckgeräte; Terminologie und Symbole; Druck, Temperatur, Volumen
DIN EN 764-2	02.99	Druckgeräte; Größen, Symbole und Einheiten
DIN EN 805	11.92	Wasserversorgung; Anforderungen an Wasserversorgungssysteme außerhalb von Gebäuden und Bauteile
DIN EN 969	11.95	Rohre, Formstücke, Zubehörteile aus duktilem Gusseisen und ihre Verbindungen für Gasleitungen; Anforderungen und Prüfverfahren
DIN EN 1057	05.96	Kupfer und Kupferlegierungen; Nahtlose Rundrohre aus Kupfer für Wasser- und Gasleitungen für Sanitärinstallationen und Heizungsanlagen
DIN EN 1092-1	11.94	Flansche und ihre Verbindungen; Runde Flansche für Rohre, Armaturen, Formstücke und Zubehörteile; Stahlflansche, nach PN bezeichnet
DIN EN 1092-2	06.97	Flansche und ihre Verbindungen; Runde Flansche für Rohre, Armaturen, Formstücke und Zubehörteile, nach PN bezeichnet; Gusseisenflansche
DIN EN 1591	11.94	Flansche und ihre Verbindungen; Regeln für die Auslegung von Flanschverbindungen mit runden Flanschen und Dichtung
DIN EN 10224	03.93	Stahlrohre, Rohrverbindungen und Fittings für den Transport wässriger Flüssigkeiten einschließlich Trinkwasser
DIN EN 10305-1	12.98	Präzisionsstahlrohre; Technische Lieferbedingungen; Nahtlose kaltgezogene Rohre
DIN EN 10305-2	12.98	Präzisionsstahlrohre; Technische Lieferbedingungen; Geschweißte kaltgezogene Rohre

Technische Regeln		Titel
DIN EN 12449	10.99	Kupfer und Kupferlegierungen; Nahtlose Rundrohre zur allgemeinen Verwendung
DIN EN 13480-1	04.99	Metallische industrielle Rohrleitungen; Allgemeines
DIN EN 13480-2	04.99	Metallische industrielle Rohrleitungen; Werkstoffe
DIN EN 13480-3	07.99	Metallische industrielle Rohrleitungen; Konstruktion und Berechnung
DIN EN 25817	09.92	Lichtbogenschweißverbindungen an Stahl; Richtlinie für die Bewertungsgruppen von Unregelmäßigkeiten
DIN EN ISO 1127	03.97	Nichtrostende Stahlrohre; Maße, Grenzabmaße und längenbezogene Masse
DIN EN ISO 6708	09.95	Rohrleitungsteile; Definition und Auswahl von DN (Nennweite)
DIN EN ISO 8434	11.97	Metallische Rohrverschraubungen für Fluidtechnik und allgemeine Anwendung; Teil 1: 24°-Schneidring-verschraubung
DIN ISO 10763	12.98	Fluidtechnik; Nahtlose und geschweißte Präzisions-stahlrohre; Maße und Nenndrücke
DIN ISO 12151-2	11.99	Leitungsanschlüsse für Fluidtechnik und allgemeine Anwendungen; Schlaucharmaturen; Schlaucharmaturen mit 24°-Dichtkegel mit O-Ring
DIN ISO 12151-3	11.99	Leitungsanschlüsse für Fluidtechnik und allgemeine Anwendungen; Schlaucharmaturen; Schlaucharmaturen mit Flansch

19 Dichtungen

Formelzeichen	Einheit	Benennung
B_1	1	Faktor zum Berücksichtigen von Setzerscheinungen
B_2	1	Faktor zum Berücksichtigen des Kriechens von Weichstoffdichtungen
d	mm	Innendurchmesser der Flansche
d_D	mm	mittlerer Durchmesser der Dichtung
F_B	N	durch Innendruck verursachte Entlastungskraft der Dichtung
F_D	N	erforderliche Dichtkraft (Klemmkraft) der Schrauben
F_{DB}	N	Betriebsdichtungskraft
F_{DV}	N	Vorverformungskraft
$F_{S\,ges}$	N	zum Dichten erforderliche Gesamtschraubenkraft
$F_{S\,max}$	N	maximale Schraubenkraft pro Schraube
F_V	N	Vorspannkraft pro Schraube
i	1	Anzahl der Schrauben
K_D	N/mm^2	Formänderungswiderstand der Dichtung
k_0	mm	Wert für die Wirkbreite der Dichtung
k_1	mm	fiktive Wirkbreite der Dichtung
p	N/mm^2	Innendruck
S_D	1	Sicherheitsbeiwert
V	1	Grenzlastfaktor

<table>
<tr><th>Nr.</th><th>Formel</th><th>Hinweise</th></tr>
<tr><td></td><td>Statische Flanschdichtungen
Bei Flanschdichtungen ist durch eine ausreichende Vorverformungskraft $F'_{VD} = F_{VD}$ (bis auf Niedrigdruckdichtungen) die Dichtheit in der Dichtfläche zu erreichen. Bei steigendem Betriebsdruck muss durch die Betriebsdichtungskraft dieser Druck sicher aufgenommen werden. Auf die Dichtung darf maximal die Kraft $V \cdot F_{DV}$ wirken, um die Druckfestigkeit des Dichtungsmaterials nicht zu überschreiten.</td><td>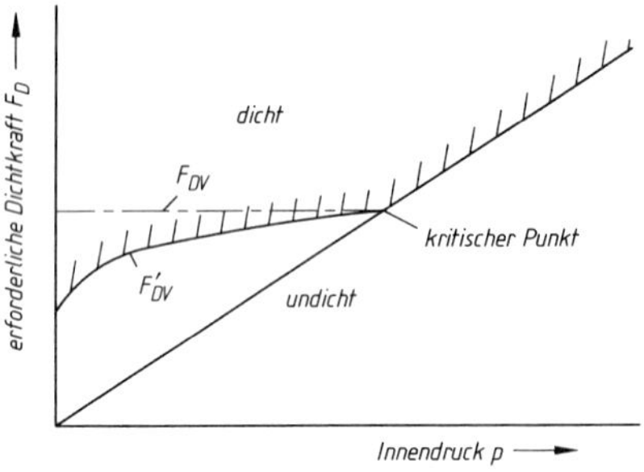
</td></tr>
<tr><td>1</td><td>Vorverformungskraft
$F_{DV} = \pi \cdot d_D \cdot k_0 \cdot K_D$</td><td>$k_0$ nach TB 19-1a
K_D nach TB 19-1a bzw. TB 19-1c</td></tr>
<tr><td>2</td><td>Betriebsdichtungskraft
$F_{DB} = \pi \cdot p \cdot d_D \cdot k_1 \cdot S_D$</td><td>$k_1$ nach TB 19-1a
$S_D = 1{,}5$ für Weichstoffdichtungen
$S_D = 1{,}3$ für Metalldichtungen</td></tr>
<tr><td>3</td><td>Entlastungskraft auf die Dichtung infolge Innendruck
$F_B = p \cdot \pi \cdot d_D^2/4$</td><td rowspan="2">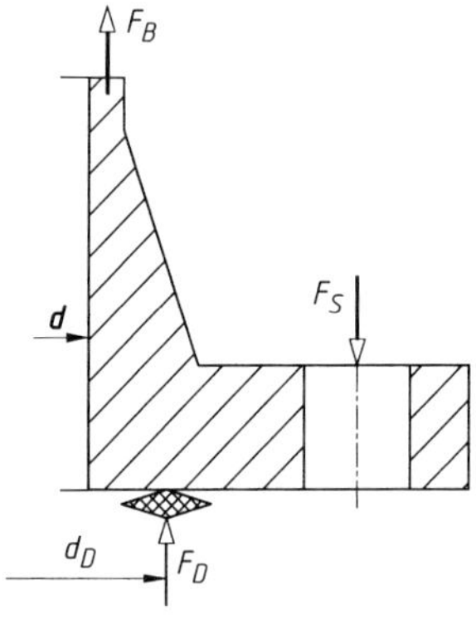
</td></tr>
<tr><td>4</td><td>erforderliche Gesamtschraubenkraft
– zur sicheren Vorverformung der Dichtung
$F_{S\,ges} = i \cdot F_V \geq F_{DV}$
– zum sicheren Abdichten im Betrieb
$F_{S\,ges} = i \cdot F_{S\,max} = B_1(F_B + B_2 \cdot F_{DB})$</td></tr>
<tr><td>5</td><td>Begrenzung der Schraubenkraft durch die max. zulässige Kraft auf die Dichtung
$F_{DV} \leq F_{S\,ges} \leq V \cdot F_{DV}$</td><td>$F_V$ nach Kapitel 8 bestimmen
$B_1 \approx 1{,}2$ für $d \leq 500$ mm
$B_1 \approx 1{,}4$ für $d > 500$ mm
B_2 nach TB 19-1b
Für die Schraubenauslegung ist die größere der beiden Kräfte $F_{S\,ges}$ entscheidend
V nach TB 19-1a</td></tr>
</table>

Technische Regeln (Auswahl)

Technische Regeln		Titel
DIN V 2505-1	01.86	Berechnung von Flanschverbindungen
DIN 2512	03.75	Flansche; Feder und Nut, Nenndrücke 10 bis 160, Konstruktionsmaße, Einlegeringe
DIN 2513	05.66	Flansche; Vor- und Rücksprung, Nenndrücke 10 bis 100, Konstruktionsmaße
DIN 2514	03.75	Flansche; Vorsprung mit Eindrehung und Rücksprung, Nenndrücke 10 bis 40, Konstruktionsmaße
DIN 2526	03.75	Flansche, Formen der Dichtflächen
DIN 2693	06.67	Runddichtringe für Vorsprungflansche mit Eindrehung, Nenndrücke 10 bis 40
DIN 2695	01.72	Membran-Dichtringe und Membran-Schweißdichtungen für Flanschverbindungen, Nenndruck 64 bis 400
DIN 2696	08.99	Flanschverbindungen mit Dichtlinsen
DIN 2697	01.72	Kammprofilierte Dichtringe und Dichtungen für Flanschverbindungen, Nenndruck 64 bis 400
DIN 3760	09.96	Radial-Wellendichtringe
DIN 3761-1 ... 15	01.84	Radial-Wellendichtringe für Kraftfahrzeuge
DIN 3771-1	12.84	Fluidtechnik; O-Ringe, Maße nach ISO 3601/1
DIN 3771-2	12.84	–; –, Prüfung, Kennzeichnung
DIN 3771-3	12.84	–; –, Werkstoffe, Einsatzbereiche
DIN 3771-4	12.84	–; –, Form- und Oberflächenabweichungen
DIN 3771-5	11.93	–; –, Berechnungsverfahren und Maße der Einbauräume
DIN 3780	09.54	Dichtungen; Stopfbuchsen-Durchmesser und zugehörige Packungsbreiten, Konstruktionsblatt
DIN 5419	09.59	Filzringe, Filzstreifen, Ringnuten für Wälzlagergehäuse
DIN 7603	11.94	Dichtringe
DIN 24960	06.92	Gleitringdichtungen; Einbaumaße, Hauptmaße, Bezeichnung und Werkstoffschlüssel
DIN 28040	02.89	Flachdichtungen für Apparateflanschverbindungen
DIN 34109	09.80	Kolbenringe für den Maschinenbau; Allgemeine Angaben
DIN EN 1514-1	08.97	Flansche und ihre Verbindungen; Maße für Dichtungen für Flansche mit PN-Bezeichnung; Flachdichtungen aus nichtmetallischem Werkstoff mit oder ohne Einlagen
DIN EN 1514-2	08.97	–; –; Spiraldichtungen für Stahlflansche
DIN EN 1514-3	08.97	–; –; Nichtmetallische Weichstoffdichtungen mit PTFE-Material
DIN EN 1514-4	08.97	–; –; Dichtungen aus Metall mit gewelltem, flachem oder gekerbtem Profil
DIN ISO 6621	06.90	Verbrennungsmotoren; Kolbenringe

20 Zahnräder und Zahnradgetriebe (Grundlagen)

Technische Regeln		Titel
DIN 780-1	05.77	Modulreihe für Zahnräder; Moduln für Stirnräder
DIN 780-2	05.77	–; Moduln für Zylinderschneckengetriebe
DIN 867	02.86	Bezugsprofile für Evolventenverzahnungen an Stirnrädern (Zylinderrädern) für den allgemeinen Maschinenbau und den Schwermaschinenbau
DIN 868	12.76	Allgemeine Begriffe und Bestimmungsgrößen für Zahnräder, Zahnradpaare und Zahnradgetriebe
DIN 3960	03.87	Begriffe und Bestimmungsgrößen für Zahnräder (Zylinderräder) und Stirnradpaare (Zylinderradpaare) mit Evolventenverzahnung
DIN 3961	08.78	Toleranzen für Stirnradverzahnungen; Grundlagen
DIN 3962-1	08.78	–; Toleranzen für Abweichungen einzelner Bestimmungsgrößen
DIN 3962-2	08.78	–; Toleranzen für Flankenlinienabweichungen einzelner Bestimmungsgrößen
DIN 3962-3	08.78	–; Toleranzen für Teilungs-Spannenabweichungen
DIN 3963	08.78	–; Toleranzen für Wälzabweichungen
DIN 3964	11.80	Achsabstandsabmaße und Achslagetoleranzen von Gehäusen für Stirnradgetriebe
DIN 3965-1	08.86	Toleranzen für Kegelradverzahnungen; Grundlagen
DIN 3965-2	08.86	–; Toleranzen für Abweichungen einzelner Bestimmungsgrößen
DIN 3965-3	08.86	–; Toleranzen für Wälzabweichungen
DIN 3965-4	08.86	–; Toleranzen für Achsenwinkelabweichungen und Achsenschnittpunktabweichungen
DIN 3966-1	08.78	Angaben für Verzahnungen in Zeichnungen; Angaben für Stirnrad-(Zylinderrad-)Evolventenverzahnungen
DIN 3966-2	08.78	–; Angaben für Geradzahn-Kegelradverzahnungen
DIN 3966-3	11.80	–; Angaben für Schnecken- und Schneckenradverzahnungen
DIN 3967	08.78	Getriebe-Passsystem; Flankenspiel, Zahndickenabmaße, Zahndickentoleranzen, Grundlagen
DIN 3969-1	10.91	Oberflächenrauheit von Zahnflanken; Oberflächenklassen
DIN 3970-1	11.74	Lehrzahnräder zum Prüfen von Stirnrädern; Radkörper und Verzahnung
DIN 3971	07.80	Begriffe und Bestimmungsgrößen für Kegelräder und Kegelradpaare
DIN 3972	02.52	Bezugsprofile von Verzahnwerkzeugen für Evolventenverzahnungen nach DIN 867

Technische Regeln		Titel
DIN 3976	11.80	Zylinderschnecken; Maße, Zuordnung von Achsabständen und Übersetzungen in Schneckenradsätzen
DIN 3978	08.76	Schrägungswinkel für Stirnradverzahnungen
DIN 3990-1	12.87	Tragfähigkeitsberechnung von Stirnrädern; Einführung und allgemeine Einflussfaktoren
DIN 3990-2	12.87	–; Berechnung der Grübchentragfähigkeit
DIN 3990-3	12.87	–; Berechnung der Zahnfußtragfähigkeit
DIN 3990-4	12.87	–; Berechnung der Fresstragfähigkeit
DIN 3990-5	12.87	–; Dauerfestigkeitswerte und Werkstoffqualitäten
DIN 3990-6	12.94	–; Betriebsfestigkeitsrechnung
DIN 3990-11	02.89	–; Anwendungsnorm für Industriegetriebe; Detail-Methode
DIN 3991-1	09.88	Tragfähigkeitsberechnung von Kegelrädern ohne Achsversetzung; Einführung und allgemeine Einflussfaktoren
DIN 3991-2	09.88	–; Berechnung der Grübchentragfähigkeit
DIN 3991-3	09.88	–; Berechnung der Zahnfußtragfähigkeit
DIN 3991-4	09.88	–; Berechnung der Fresstragfähigkeit
DIN 3992	03.64	Profilverschiebung bei Stirnrädern mit Außenverzahnung
DIN 3993-1 ... 4	08.81	Geometrische Auslegung von zylindrischen Innenradpaaren mit Evolventenverzahnung
DIN 3994	08.63	Profilverschiebung bei geradverzahnten Stirnrädern mit 05-Verzahnung; Einführung
DIN 3995-1 ... 8	08.63	Geradverzahnte Außen-Stirnräder mit 0,5-Verzahnung
DIN 3998-1	09.76	Benennungen an Zahnrädern und Stirnradpaaren; Allgemeine Begriffe
DIN 3998-2	09.76	–; Stirnräder und Stirnradpaare (Zylinderräder und Zylinderradpaare)
DIN 3998-3	09.76	–; Kegelräder und Kegelradpaare; Hypoidräder und Hypoidradpaare
DIN 3998-4	09.76	–; Schneckenradsätze
DIN 3999	11.74	Kurzzeichen für Verzahnungen
DIN 4000-59	12.87	Sachmerkmal-Leisten für Zahnstangen, Stirnräder, Stirnradwellen, Kegelräder, Kegelradwellen, Schnecken und Schneckenräder
DIN 51509-1	12.88	Auswahl von Schmierstoffen für Zahnradgetriebe; Schmieröle
DIN 58400	06.84	Bezugsprofil für Evolventenverzahnungen an Stirnrädern für die Feinwerktechnik
DIN ISO 2203	06.76	Technische Zeichnungen; Darstellung von Zahnrädern
VDI/VDE 2607	02.02	Rechnerunterstützte Auswertung von Verzahnungsmessungen an Zylinderrädern mit Evolventenprofil

Technische Regeln		Titel
VDI/VDE 2608	03.01	Einflanken- und Zweiflanken-Wälzprüfung an Zylinderrädern, Kegelrädern, Schnecken und Schneckenrädern
VDI/VDE 2609	10.00	Ermittlung von Tragbildern an Verzahnungen
VDI/VDE 2612	05.00	Profil- und Flankenlinienprüfung an Zylinderrädern mit Evolventenprofil
VDI/VDE 2613	12.83	Teilungsprüfung an Verzahnungen; Stirnräder (Zylinderräder), Schneckenräder, Kegelräder
VDI/VDE 2614	04.85	Rundlaufprüfung an Verzahnungen; Stirnräder (Zylinderräder), Schneckenräder, Kegelräder
VDI/VDE 2615	08.88	Rauheitsprüfung an Zylinder- und Kegelrädern mit elektrischen Tastschnittgeräten

21 Außenverzahnte Stirnräder

Formelzeichen	Einheit	Benennung
A_a, A_{ae} bzw. A_{ai}	µm	Achsabstandsabmaß, oberes bzw. unteres
A_{sne}, A_{sni} bzw. A_{ste}, A_{sti}	µm	oberes, unteres Abmaß der Zahndicke im Normalschnitt bzw. im Stirnschnitt
a bzw. a_d	mm	Achsabstand bzw. Null-Achsabstand
b, b_1 bzw. b_2	mm	Zahnbreite; des treibenden bzw. des getriebenen Rades
C		Wälzpunkt
c	mm	Kopfspiel
D	mm	Radnabendurchmesser
d, d_1 bzw. d_2	mm	Teilkreisdurchmesser, des treibenden bzw. getriebenen Rades
d_a, d_{a1} bzw. d_{a2}	mm	Kopfkreisdurchmesser, des treibenden bzw. getriebenen Rades
d_b, d_{b1} bzw. d_{b2}	mm	Grundkreisdurchmesser, des treibenden bzw. getriebenen Rades
d_f, d_{f1} bzw. d_{f2}	mm	Fußkreisdurchmesser, des treibenden bzw. getriebenen Rades
d_{sh}	mm	Wellendurchmesser des Ritzels
d_{sp}	mm	Durchmesser, an dem der Zahn spitz wird
d_w, d_{w1} bzw. d_{w2}	mm	Wälzkreisdurchmesser, des treibenden bzw. getriebenen Rades
d_y	mm	*Y*-Kreisdurchmesser (beliebiger Durchmesser)
E	N/mm^2	Elastizitätsmodul
e, e_b, e_y, e_w	mm	Lückenweite auf Teilzylinder, Grundlückenweite, am *Y*-Zylinder (beliebiger Durchmesser), am Wälzkreis
F_a, F_{a1} bzw. F_{a2}	N	Axialkraft, des treibenden bzw. des getriebenen Rades
F_{bn}, F_{bn1} bzw. F_{bn2}	N	Zahnkraft, Zahnnormalkraft, des treibenden bzw. getriebenen Rades
$F_m = F_t \cdot K_A \cdot K_v$	N	maßgebende mittlere Umfangskraft am Teilkreis (für $K_{H\beta}$)
F_r, F_{r1} bzw. F_{r2}	N	Radialkraft des treibenden bzw. getriebenen Rades
F_t, F_{t1} bzw. F_{t2}	N	Tangentialkraft des treibenden bzw. getriebenen Rades
$F_{\beta x}$ bzw. $F_{\beta y}$	µm	wirksame Flankenlinienabweichung vor bzw. nach dem Einlaufen

Formelzeichen	Einheit	Benennung
$f_{H\beta}$	µm	Flankenlinien-Winkelabweichung
f_{ma}	µm	Flankenlinien-Herstellungsabweichung
f_{sh}	µm	Flankenlinienabweichung infolge Wellen- und Ritzelverformung
G	N/mm^2	Gleitmodul
g_α	mm	Länge der (gesamten) Eingriffsstrecke
h, h_p, h_0, h_1 bzw. h_2	mm	Zahnhöhe, des Bezugsprofils, des Werkzeugprofils, des Ritzels bzw. des Rades
h_a, h_{aP}, h_{a0}	mm	Kopfhöhe, des Bezugsprofils, des Werkzeugprofils
h_f, h_{fP}, h_{f0}	mm	Fußhöhe, des Bezugsprofils, des Werkzeugsprofils
h_w, h_{wP}	mm	gemeinsame Zahnhöhe, am Bezugsprofil
i	1	Übersetzungsverhältnis
inv	1	Evolventenfunktion (sprich „involut“)
j_a, j_{ae} bzw. j_{ai}	µm	Spieländerung durch Achsabstandstoleranz, für A_{ae} bzw. für A_{ai}
j_n, j_r	µm	Normalflankenspiel, Radialspiel
j_t, $j_{t\,max}$ bzw. $j_{t\,min}$	µm	theoretisches Drehflankenspiel im Stirnschnitt, größtes bzw. kleinstes
K_A	1	Anwendungsfaktor
K_v	1	Dynamikfaktor
$K_{F\alpha}$, $K_{H\alpha}$	1	Stirnfaktoren für Zahnfußbeanspruchung, für Flankenpressung
$K_{F\beta}$, $K_{H\beta}$	1	Breitenfaktoren für Zahnfußbeanspruchung, für Flankenpressung
K'	1	Faktor zur Berechnung von f_{sh} (Ritzellage zu den Lagern)
$K_1 \ldots K_3$	1	Faktor für die Berechnung von K_v, abhängig von der Verzahnungsqualität
K_4	m/s	Faktor für die Berechnung von K_v
k, k^*	mm, 1	Messzähnezahl, Kopfhöhenänderung, Kopfhöhenfaktor
l	mm	Lagerstützweite
$m \mathrel{\hat=} m_n$, m_t	mm	Modul = Normalmodul, Stirnmodul
N	min^{-1}	Bezugsdrehzahl
N_L	1	Anzahl der Lastwechsel

Formelzeichen	Einheit	Benennung
$n_{1,2}$ (n_a, n_b)	min^{-1}	Drehzahl des Ritzels, Rades (ersten Ritzels, letzten Rades im Getriebe)
P, P_a bzw. P_b	kW	zu übertragende (Nenn-)Leistung, An- bzw. Abtriebsleistung
p	mm	Teilung auf dem Teilzylinder (Teilkreisteilung)
$p_b \mathrel{\hat{=}} p_e$	mm	Teilung auf dem Grundzylinder (Grundkreisteilung) ≙ Eingriffsteilung
$p_{bt} \mathrel{\hat{=}} p_{et}$	mm	Grundkreisteilung ≙ Stirneingriffsteilung
$p_{bn} \mathrel{\hat{=}} p_{en}$	mm	Grundzylinder Normalteilung ≙ Normaleingriffsteilung
p_n, p_t	mm	Normalteilung, Stirnteilung
p_w	mm	Teilung am Wälzzylinder
q_H	1	Faktor abhängig von DIN-Qualität zur Berechnung von $f_{H\beta}$
R_a, R_z	µm	arithmetischer Mittenrauwert, gemittelte Rautiefe
R_S	µm	Zahndickenschwankung
S_F, $S_{F\,min}$	1	Zahnbruchsicherheit, Mindestsicherheitsfaktor für Fußbeanspruchung
S_H, $S_{H\,min}$	1	Grübchensicherheit, Mindestsicherheitsfaktor für Flankenpressung
s	1	Zahndicke, Abstand bei Berechnung von f_s
s_a, s_b, s_y	mm	Zahndicke auf dem Kopfzylinder, Grundzylinder, Y-Zylinder mit d_y
s_n, s_t	mm	Normalzahndicke, Stirnzahndicke auf dem Teilkreis
s_R	mm	Dicke des Zahnkranzes unter dem Zahnfuß
s_w	mm	Zahndicke am Wälzzylinder
$T_{1,2}$ bzw. $T_{a,b}$	Nm, Nmm	Nenn-Drehmoment des Ritzels, Rades bzw. An-, Abtriebsmoment
T_{sn}	µm	Zahndickentoleranz im Normalschnitt
$u = z_{groß}/z_{klein}$	1	Zähnezahlverhältnis des Radpaares
V	mm	Profilverschiebung
v	m/s	Umfangsgeschwindigkeit am Teilkreis
x, $x_{1,2}$, x_m	1	Profilverschiebungsfaktor, des Ritzels, Rades, Mittelwert der Summe
Y_{Fa}	1	Formfaktor für Kraftangriff am Zahnkopf
Y_{NT}	1	Lebensdauerfaktor für σ_{Flim} des Prüfrades

Formelzeichen	Einheit	Benennung
$Y_{\mathrm{R\,rel\,T}}$	1	relativer Oberflächenfaktor des Prüfrades
Y_{Sa}	1	Spannungskorrekturfaktor für Kraftangriff am Zahnkopf
$Y_{\mathrm{ST}} = 2$	1	Spannungskorrekturfaktor des Prüfrades
Y_{X}	1	Größenfaktor für Fußbeanspruchung
Y_{β}	1	Schrägenfaktor für Fußbeanspruchung
$Y_{\delta\,\mathrm{rel\,T}}$	1	relative Stützziffer bezogen auf das Prüfrad
Y_{ε}	1	Überdeckungsfaktor für Fußbeanspruchung
y	mm	Teilkreisabstandsfaktor
y_{β}	µm	Einlaufbetrag
Z_{B}	1	(Ritzel-)Einzeleingriffsfaktor bei $z_1 < 20$ für Flankenpressung
Z_{E}	1	Elastizitätsfaktor (Flanke)
Z_{H}	1	Zonenfaktor (Flanke)
Z_{L}	1	Schmierstofffaktor für Flankenpressung
Z_{NT}	1	Lebensdauerfaktor (Flanke) des Prüfrades
Z_{R}	1	Rauigkeitsfaktor für Flankenpressung
Z_{v}	1	Geschwindigkeitsfaktor für Flankenpressung
Z_{W}	1	Werkstoffpaarungsfaktor
Z_{X}	1	Größenfaktor für Flankenpressung
Z_{β}	1	Schrägenfaktor für Flankenpressung
Z_{ε}	1	Überdeckungsfaktor für Flankenpressung
z, $z_{1,2}$, z_{n}	1	Zähnezahl, des Ritzels, Rades, Ersatzzähnezahl der Schrägverzahnung
z_{g}, z'_{g}, z_{gt}, z_{gn}	1	theoretische, praktische Grenzzähnezahl, im Stirnschnitt, im Normalschnitt
z_{m}	1	mittlere Zähnezahl
$\alpha \mathrel{\widehat{=}} \alpha_{\mathrm{P}} = 20°$	°	Eingriffswinkel am Teilzylinder $\widehat{=}$ Profilwinkel des Bezugsprofils
α_{a}, α_{an}	°	Profilwinkel am Kopfzylinder, im Normalschnitt
α_{sp}	°	Profilwinkel bei $s_{\mathrm{a}} = 0$ (Spitzgrenze)
α_{t}, $\alpha_{\mathrm{n}} \mathrel{\widehat{=}} \alpha_{\mathrm{P}}$	°	Stirn-, Normaleingriffswinkel am Teilzylinder
α_{w}, α_{wt}	°	Betriebseingriffswinkel im Stirnschnitt, Stirneingriffswinkel am Wälzzylinder

Formelzeichen	Einheit	Benennung
α_y, α_{yt}	°	Profilwinkel am *Y*-Zylinder (mit d_y), Stirnprofilwinkel
β, β_y	1	Schrägungswinkel, am d_y
β_b	1	Grundschrägungswinkel
ε_α, $\varepsilon_{\alpha n}$	1	Profilüberdeckung, für die Ersatz-Geradverzahnung
ε_β, ε_γ	1	Sprungüberdeckung, Gesamtüberdeckung
ϱ_f, ϱ_{fP}	1	Zahnfußrundungsradius, des Bezugsprofils
σ_{F0}, σ_F	N/mm^2	örtliche Zahnfußspannung, Zahnfußspannung
$\sigma_{F\,lim}$	N/mm^2	Zahnfuß-Biegenenndauerfestigkeit (Biege-Dauerschwell-festigkeit des Prüfrades)
σ_{FP}	N/mm^2	zulässige Zahnfußspannung
σ_{H0}, σ_H	N/mm^2	Nennwert der Flankenpressung; Flankenpressung am Wälz-kreis bzw. Flankentragfähigkeit
$\sigma_{H\,lim}$	N/mm^2	Dauerfestigkeit für Flankenpressung
σ_{HP}	N/mm^2	zulässige Flankenpressung
ψ_d bzw. ψ_m	1	Durchmesser- bzw. Modul-Breitenverhältnis
$\omega_{1,2}$ bzw. $\omega_{a,b}$	s^{-1}	Winkelgeschwindigkeit des Ritzels, Rades bzw. des Antriebs-, Abtriebsrades

Nr.	Formel	Hinweise
	Geometrie der geradverzahnten Nullräder (-Radpaare) mit Evolventenverzahnung	

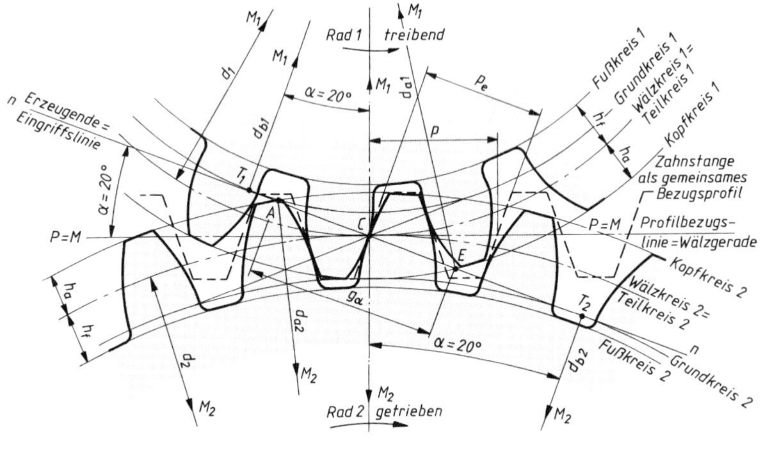

Nr.	Formel	Hinweise
1	Übersetzung $i = \frac{\omega_1}{\omega_2} = \frac{n_1}{n_2} = \frac{d_2}{d_1} = \frac{z_2}{z_1}$	Übersetzung ins Langsame $i = u > 1$ Übersetzung ins Schnelle $i = 1/u < 1$ $i = i_1 \cdot i_2 \cdot i_3$ bzw. $u = u_1 \cdot u_2 \cdot u_3$
2	Zähnezahlverhältnis $u = \frac{z_2}{z_1} \geq 1$	$i = \frac{n_1}{n_2} \cdot \frac{n_2}{n_3} \cdot \frac{n_3}{n_4} = \frac{n_1}{n_4}$ bzw. $i = \frac{z_2}{z_1} \cdot \frac{z_4}{z_3} \cdot \frac{z_6}{z_5}$
3	Teilkreisdurchmesser $d = z \cdot \frac{p}{\pi} = z \cdot m$	
4	Grundkreisdurchmesser $d_b = d \cdot \cos\alpha = z \cdot m \cdot \cos\alpha$	
5	Teilkreisteilung $p = m \cdot \pi = s + e$	
6	Grundkreisteilung $p_b = \frac{d_b \cdot \pi}{z} = p \cdot \cos\alpha$	
7	Eingriffsteilung $p_e \mathrel{\widehat{=}} p_b = p \cdot \cos\alpha = \pi \cdot m \cdot \cos\alpha$	

Nr.	Formel	Hinweise
8	Kopfkreisdurchmesser $d_a = d + 2 \cdot h_a = m \cdot (z + 2)$	für das übliche Bezugsprofil II beträgt das Kopfspiel $c = 0{,}25 \cdot m$ *Zahnkopfhöhe* $h_a = h_{aP} = m$ *Zahnfußhöhe* $h_f = h_{fP} = m + c$ *Zahnhöhe* $h = h_a + h_{fP} = m + c$
9	Fußkreisdurchmesser $d_f = d - 2 \cdot h_f = m \cdot (z - 2{,}5)$	
10	Null-Achsabstand $a_d = \frac{d_1 + d_2}{2} = \frac{m}{2} \cdot (z_1 + z_2)$	Beim geradverzahnten Null-Radpaar muss gelten $2a_d/m = z_1 + z_2 =$ *ganzzahlig.* Beliebig vorgeschriebene Achsabstände können somit nicht immer mit einem Null-Radpaar eingehalten werden. Beim Zahnstangengetriebe wird $a_d = 0{,}5 \cdot d_1$ und $u = \infty$
11	Eingriffsstrecke $g_\alpha = \frac{1}{2}\left(\sqrt{d_{a1}^2 - d_{b1}^2} + \sqrt{d_{a2}^2 - d_{b2}^2}\right) - a_d \cdot \sin\alpha$	
12	Profilüberdeckung $\varepsilon_\alpha = \frac{g_\alpha}{p_e}$ $\varepsilon_\alpha = \frac{0{,}5\left(\sqrt{d_{a1}^2 - d_{b1}^2} + \sqrt{d_{a2}^2 - d_{b2}^2}\right) - a_d \cdot \sin\alpha}{\pi \cdot m \cdot \cos\alpha}$	

Nr.	Formel	Hinweise

Profilverschiebung bei geradverzahnten Stirnrädern

Bei $z \leq z_{\text{grenz}}$ entsteht Unterschnitt; ein Teil der tragenden Evolvente wird bei der Herstellung der Verzahnung herausgeschnitten, der Überdeckungsgrad verkleinert sich. Um dies zu vermeiden, wird das Verzahnungswerkzeug gegenüber seiner „Nulllage“ um den Betrag V vergrößert (positive Verschiebung, V_{plus}-Rad); andererseits kann bei Rädern mit $z > z_{\text{grenz}}$ durch eine negative Profilverschiebung (V_{minus}-Rad) der Achsabstand verringert werden, was bei einem vorgegebenen Achsabstand vorteilhaft sein kann.

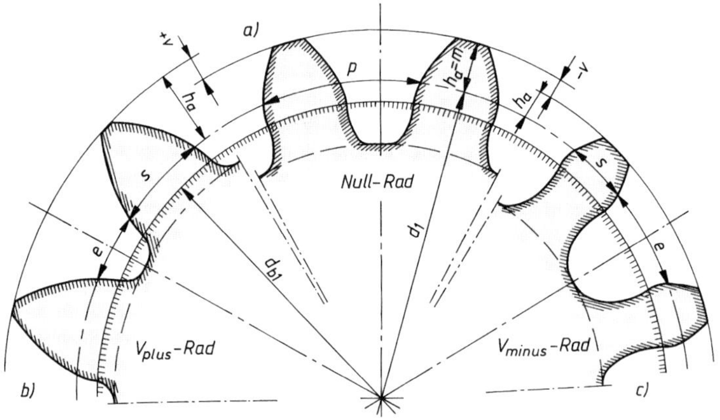

Nr.	Formel	Hinweise
13	Profilverschiebung $V = x \cdot m$	
14	Profilverschiebungsfaktor x (Grenzwert) für den Unterschnittbeginn mit (+) für $z < z'_g$ und (−) für $z > z'_g$ aus $x_{\text{grenz}} = \dfrac{z'_g - z}{z_g} = \dfrac{14 - z}{17}$	praktische Grenzzähnezahl $z'_g = 14$. Bei $z < 14$ beginnt der Unterschnitt (von der tragenden Evolvente geht ein Teil verloren).
15	Kopfkreisdurchmesser a) *ohne* Kopfhöhenänderung $d_a = d + 2 \cdot h_a + 2 \cdot V$ $= d + 2 \cdot (m + V)$ b) *mit* Kopfhöhenänderung $d_{a1} = d_1 + 2 \cdot (m + V_1 + k)$ $d_{a2} = d_2 + 2 \cdot (m + V_2 + k)$	Kopfhöhenänderung (negativer Wert) $k = k^* \cdot m = a - a_d - m \cdot (x_1 + x_2)$

Nr.	Formel	Hinweise
16	Fußkreisdurchmesser $d_f = d - 2 \cdot h_f + 2 \cdot V$ $= d - 2 \cdot (m + c) + 2 \cdot V$	
17	Zahndicke auf dem Teilkreis $s = \frac{p}{2} + 2 \cdot V \cdot \tan\alpha$ $= m \cdot \left(\frac{\pi}{2} + 2 \cdot x \cdot \tan\alpha\right)$	
18	Zahnlücke auf dem Teilkreis $e = \frac{p}{2} - 2 \cdot V \cdot \tan\alpha$ $= m \cdot \left(\frac{\pi}{2} - 2 \cdot x \cdot \tan\alpha\right)$	
19	Achsabstand bei *spielfreiem* Eingriff $a = \frac{d_{w1} + d_{w2}}{2} = \frac{d_1 + d_2}{2} \cdot \frac{\cos\alpha}{\cos\alpha_w}$ $= a_d \cdot \frac{\cos\alpha}{\cos\alpha_w}$	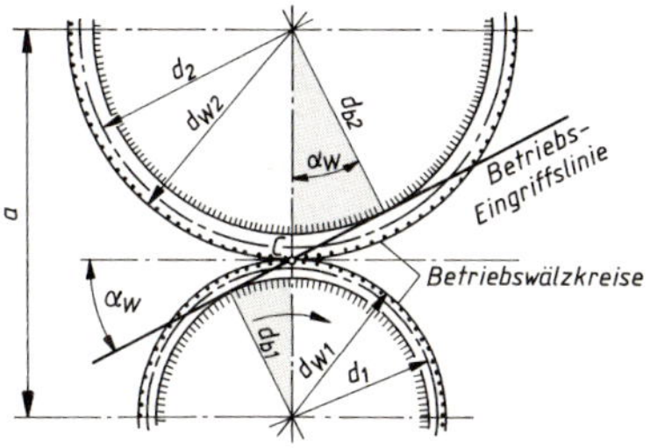
20	Betriebswälzkreisdurchmesser für Ritzel $d_{w1} = \frac{d_1 \cdot \cos\alpha}{\cos\alpha_w} = \frac{2 \cdot a}{1 + u}$ $= 2 \cdot a \cdot \frac{z_1}{z_1 + z_2}$	
21	Betriebswälzkreisdurchmesser für Rad $d_{w2} = \frac{d_2 \cdot \cos\alpha}{\cos\alpha_w}$ $= 2a - d_{w1} = 2 \cdot a \cdot \frac{z_2}{z_1 + z_2}$	
22	Profilüberdeckung $\varepsilon_\alpha = \frac{0{,}5\left(\sqrt{d_{a1}^2 - d_{b1}^2} + \sqrt{d_{a2}^2 - d_{b2}^2}\right) - a \cdot \sin\alpha_w}{\pi \cdot m \cdot \cos\alpha}$	ε_α überschlägig aus TB 21-2b mit TB 21-3; bei V_{plus}-Getrieben ist $\alpha_w > \alpha$, ε_α wird kleiner und bei V_{minus}-Getrieben ist $\alpha_w < \alpha$, ε_α wird größer
23	Nennmaß der Zahndicke *am beliebigen* Durchmesser d_y $s_y = d_y \cdot \left(\frac{\pi + 4 \cdot x \cdot \tan\alpha}{2 \cdot z} + \operatorname{inv}\alpha - \operatorname{inv}\alpha_y\right)$ $= d_y \cdot \left(\frac{s}{d} + \operatorname{inv}\alpha - \operatorname{inv}\alpha_y\right)$	α_y Profilwinkel aus $\cos\alpha_y = d \cdot \cos\alpha / d_y$

Nr.	Formel	Hinweise
24	Zahndicke am Kopfkreisdurchmesser $s_a = d_a \cdot \left(\frac{s}{d} + \operatorname{inv}\alpha - \operatorname{inv}\alpha_a\right) \geq s_{a\,min}$	$d_a = 2 \cdot r_a$ mit dem Profilwinkel α_a aus $\cos\alpha_a = d \cdot \cos\alpha / d_a$ $s_{a\,min} \approx 0{,}2 \cdot m$ bzw. bei gehärteten Zähnen $0{,}4 \cdot m$
25	Durchmesser d_{sp} bei $s_a = 0$ $d_{sp} = \frac{d \cdot \cos\alpha}{\cos\alpha_{sp}}$	bei $s_a = 0$ ist der Zahn spitz α_{sp} ergibt sich für $s/d + \operatorname{inv}\alpha - \operatorname{inv}\alpha_{sp} = 0$ aus $\operatorname{inv}\alpha_{sp} = s/d + \operatorname{inv}\alpha$.
26	Lückenweite e_y *am beliebigen* Durchmesser d_y $e_y = d_y \cdot \left(\frac{\pi - 4 \cdot x \cdot \tan\alpha}{2 \cdot z} - \operatorname{inv}\alpha + \operatorname{inv}\alpha_y\right)$ $= d_y \cdot \left(\frac{s}{d} - \operatorname{inv}\alpha + \operatorname{inv}\alpha_y\right)$	
27	Betriebseingriffswinkel α_w aus $\operatorname{inv}\alpha_w = 2 \cdot \frac{x_1 + x_2}{z_1 + z_2} \cdot \tan\alpha + \operatorname{inv}\alpha$ bzw. $\alpha_w = \arccos\left(\frac{a_d}{a} \cdot \cos\alpha\right)$	
28	Summe der Profilverschiebungsfaktoren $\Sigma x = x_1 + x_2$ $= \frac{\operatorname{inv}\alpha_w - \operatorname{inv}\alpha}{2 \cdot \tan\alpha} \cdot (z_1 + z_2)$	
29	Aufteilung von Σx $x_1 \approx \frac{x_1 + x_2}{2} + \left(0{,}5 - \frac{x_1 + x_2}{2}\right) \cdot \frac{\lg u}{\lg \frac{z_1 \cdot z_2}{100}}$	überschlägig kann die Aufteilung auch nach TB 21-6 erfolgen. Der Profilverschiebungsfaktor x_1 braucht nur ungefähr bestimmt zu werden; entscheidend ist, dass mit $x_2 = (x_1 + x_2) - x_1$ die $\Sigma x = (x_1 + x_2)$ eingehalten wird!
	Geometrie der schrägverzahnten Nullräder (-Radpaare)	
30	Schrägungswinkel aus $\cos\beta = \frac{p_n}{p_t} = \frac{m_n \cdot \pi}{m_t \cdot \pi} = \frac{m_n}{m_t}$ bzw. $\cos\beta = \frac{\tan\alpha_n}{\tan\alpha_t}$; $\alpha_t = \arctan\left(\frac{\tan\alpha_n}{\cos\beta}\right)$	$\beta \approx 8^\circ \ldots 20^\circ$ $m_n \mathrel{\hat{=}} m$ nach Nr. 1 bzw. TB 21-1

Nr.	Formel	Hinweise
31	Grundschrägungswinkel β_b aus $\tan\beta_b = \tan\beta \cdot \cos\alpha_t$ $\sin\beta_b = \sin\beta \cdot \cos\alpha_n$ $\cos\beta_b = \frac{p_{bn}}{p_{bt}} = \cos\beta \cdot \frac{\cos\alpha_n}{\cos\alpha_t} = \frac{\sin\alpha_n}{\sin\alpha_t}$	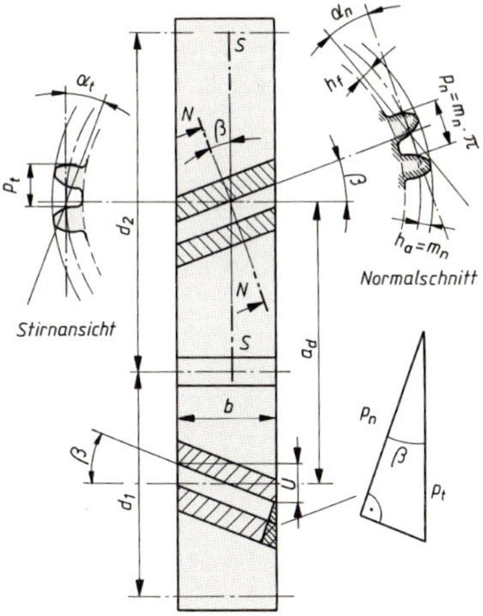
32	Grundkreisteilung, Grundzylinder-Normalteilung $p_{bt} \mathrel{\widehat{=}} p_{et} = p_t \cdot \cos\alpha_t$ $p_{bn} \mathrel{\widehat{=}} p_{en} = p_n \cdot \cos\alpha_n$	
33	Teilkreisdurchmesser $d = z \cdot m_t = z \cdot \frac{m_n}{\cos\beta}$	
34	Grundkreisdurchmesser $d_b = d \cdot \cos\alpha_t = z \cdot \frac{m_n}{\cos\beta} \cdot \cos\alpha_t$	
35	Kopfkreisdurchmesser $d_a = d + 2 \cdot h_a = d + 2 \cdot m_n$ $= m_n \cdot \left(2 + \frac{z}{\cos\beta}\right)$	$h_a = m_n$
36	Fußkreisdurchmesser $d_f = d - 2 \cdot h_f = d - 2{,}5 \cdot m_n$	$h_f = 1{,}25 \cdot m_n$
37	Null-Achsabstand $a_d = \frac{d_1 + d_2}{2} = m_t \cdot \frac{(z_1 + z_2)}{2}$ $= \frac{m_n}{\cos\beta} \cdot \frac{(z_1 + z_2)}{2}$	
38	*Profilüberdeckung* $\varepsilon_\alpha = \frac{g_\alpha}{p_{et}} = \frac{0{,}5 \cdot \left(\sqrt{d_{a1}^2 - d_{b1}^2} + \sqrt{d_{a2}^2 - d_{b2}^2}\right) - a_d \cdot \sin\alpha_t}{\pi \cdot m_t \cdot \cos\alpha_t}$	

Nr.	Formel	Hinweise
39	Sprungüberdeckung $\varepsilon_\beta = \frac{U}{p_t} = \frac{b \cdot \tan\beta}{p_t} = \frac{b \cdot \sin\beta}{\pi \cdot m_n}$	Sprung $U = b \cdot \tan\beta$ ε_β möglichst > 1 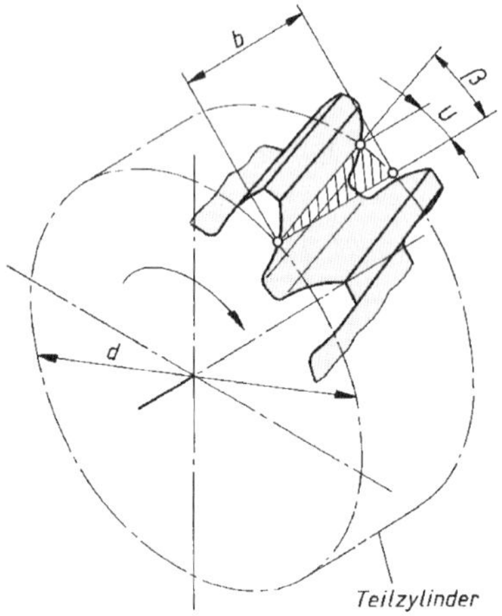
40	Gesamtüberdeckung $\varepsilon_\gamma = \varepsilon_\alpha + \varepsilon_\beta$	ε_γ gibt an, wie viele Zähne ganz oder teilweise gleichzeitig im Mittel am Eingriff beteiligt sind.
	Geometrie der schrägverzahnten V-Räder (-Radpaare)	
41	Ersatzzähnezahl $z_n = \frac{d_n}{m_n} = \frac{d}{\cos^2\beta_b \cdot m_n}$ $= \frac{z}{\cos^2\beta_b \cdot \cos\beta} \approx \frac{z}{\cos\beta^3}$	Für die folgenden Berechnungen wird ein gedachtes Geradstirnrad mit dem Teilkreisdurchmesser $d_n = 2r_n = z \cdot m_n$ als Ersatzrad zugrundegelegt. Dieses Ersatzrad hat bei einer Zähnezahl z des Schrägstirnrades die *Ersatzzähnezahl* z_n
42	praktische Grenzzähnezahl $z'_{gt} \approx z'_{gn} \cdot \cos^3\beta = 14 \cdot \cos^3\beta$	für $z_{n\,min} = z_{min} = 7$ ergibt sich die *Mindestzähnezahl* $z_{t\,min} \approx z_{n\,min} \cdot \cos^3\beta = 7 \cdot \cos^3\beta$
43	Profilverschiebung $V = x \cdot m_n$	
44	der praktische Mindest-Profilverschiebungsfaktor $x = \frac{z'_g - z_n}{z_g} = \frac{14 - z_n}{17}$	

Nr.	Formel	Hinweise
45	Stirnzahndicke s_t und Normalzahndicke s_n auf dem Teilkreis $s_t = \frac{s_n}{\cos\beta} = \frac{p_t}{2} + 2 \cdot V \cdot \tan\alpha_t = m_t \cdot \left(\frac{\pi}{2} + 2 \cdot x \cdot \tan\alpha_n\right)$ $s_n = s_t \cdot \cos\beta = \frac{p_n}{2} + 2 \cdot V \cdot \tan\alpha_n = m_n \cdot \left(\frac{\pi}{2} + 2 \cdot x \cdot \tan\alpha_n\right)$	
46	Stirnzahndicke s_{yt} am *beliebigen* Durchmesser d_y $s_{yt} = d_y \cdot \left(\frac{\pi + 4 \cdot x \cdot \tan\alpha_n}{2 \cdot z} + \operatorname{inv}\alpha_t - \operatorname{inv}\alpha_{yt}\right) = d_y \cdot \left(\frac{s_t}{d} + \operatorname{inv}\alpha_t - \operatorname{inv}\alpha_{yt}\right)$	$s_{yn} = s_{yt} \cdot \cos\beta_y$ mit β_y am Durchmesser d_y aus $\tan\beta_y = \tan\beta \cdot \cos\alpha_t / \cos\alpha_{yt}$
47	Achsabstand bei spielfreiem Eingriff $a = \frac{d_{w1} + d_{w2}}{2} = \frac{d_1 + d_2}{2} \cdot \frac{\cos\alpha_t}{\cos\alpha_{wt}} = a_d \cdot \frac{\cos\alpha_t}{\cos\alpha_{wt}}$ bzw. $\cos\alpha_{wt} = \cos\alpha_t \cdot \frac{a_d}{a}$	d_{w1}, d_{w2} Betriebswälzkreisdurchmesser der Räder entsprechend Nr. 20 und Nr. 21, wenn $\alpha = \alpha_t$ und $\alpha_w = \alpha_{wt}$ gesetzt wird
48	Betriebseingriffswinkel $\operatorname{inv}\alpha_{wt} = 2 \cdot \frac{x_1 + x_2}{z_1 + z_2} \cdot \tan\alpha_n + \operatorname{inv}\alpha_t$	
49	Summe der Profilverschiebungsfaktoren $\Sigma x = x_1 + x_2 = \frac{\operatorname{inv}\alpha_{wt} - \operatorname{inv}\alpha_t}{2 \cdot \tan\alpha_n} \cdot (z_1 + z_2)$	die Aufteilung von Σx in x_1 und x_2 wird in Abhängigkeit von z_n wie bei Geradstirnrädern vorgenommen. Ein bestimmter Achsabstand a könnte bei Schrägstirnrädern u. U. auch ohne Profilverschiebung mit einem entsprechenden Schrägungswinkel β erreicht werden.
50	Profilüberdeckung (*im Stirnschnitt*) $\varepsilon_\alpha = \frac{0{,}5 \cdot \left(\sqrt{d_{a1}^2 - d_{b1}^2} + \sqrt{d_{a2}^2 - d_{b2}^2}\right) - a \cdot \sin\alpha_{wt}}{\pi \cdot m_t \cdot \cos\alpha_t}$	
51	Gesamtüberdeckung $\varepsilon_\gamma = \varepsilon_\alpha + \varepsilon_\beta$	ε_β nach Nr. 39

Nr.	Formel	Hinweise
	Toleranzen, Verzahnungsqualität, Prüfmaße für Zahndicke (Stirnräder) 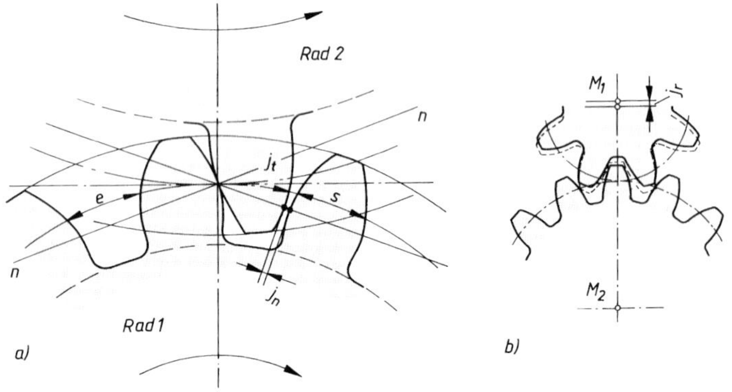	
52	Normalflankenspiel $j_n = j_t \cdot \cos\alpha_n \cdot \cos\beta$	kürzester Abstand in Normalrichtung zwischen den Rückflanken eines Radpaares, wenn sich die Arbeitsflanken berühren. (bei Geradverzahnung ist $\alpha_n = \alpha$ und $\beta = 0°$ zu setzen.) Je nach Verwendungszweck und Qualität (s. TB 21-7) kann als Richtlinie gelten: $j_n \approx 0{,}05 + (0{,}025 \ldots 0{,}1) \cdot m_n$.
53	Drehflankenspiel a) allgemein $j_t = j_n/(\cos\alpha_t \cdot \cos\beta_b)$ b) Grenzwerte $j_{t\,max} = -\Sigma A_{sti} + \Delta j_{ae} = \dfrac{-\Sigma A_{sni}}{\cos\beta} + \Delta j_{ae}$ $j_{t\,min} = -\Sigma A_{ste} + \Delta j_{ai} = \dfrac{-\Sigma A_{sne}}{\cos\beta} + \Delta j_{ai}$	die Länge des Wälzkreisbogens im Stirnschnitt, um den sich jedes der beiden Räder bei festgehaltenem Gegenrad von der Anlage der Rechtsflanken bis zur Anlage der Linksflanken drehen lässt.
54	Radialspiel $j_r = j_n/(2 \cdot \sin\alpha_{wt} \cdot \cos\beta_b)$ $= j_r/(2 \cdot \tan\alpha_{wt})$	die Differenz des Achsabstandes zwischen dem Betriebszustand und demjenigen des spielfreien Eingriffs.
55	Achsabstandstoleranz $\Delta j_a \approx 2 \cdot A_a \cdot \dfrac{\tan\alpha_n}{\cos\beta}$	bei Außenradpaarungen ist für Δj_{ai} das untere Achsabstandsmaß A_{ai} und für Δj_{ae} das obere Achsabstandsmaß A_{ae} aus TB 21-9 einzusetzen.
56	Zahnweiten-Nennmaß (über k Zähne gemessen) $W_k = m_n \cdot \cos\alpha_n \cdot [(k - 0{,}5) \cdot \pi$ $+ z \cdot \text{inv}\,\alpha_t] + 2 \cdot x \cdot m_n \cdot \sin\alpha_n$	zur Erzielung des Flankenspiels wird W_k um das untere bzw. das obere Zahnweitenabmaß $A_{wi} = A_{sni} \cdot \cos\alpha_n$ bzw. $A_{we} = A_{sne} \cdot \cos\alpha_n$ verringert (auf ganze µm runden)

Nr.	Formel	Hinweise
57	Messzähnezahl $k = z_n \cdot \frac{\alpha_n^\circ}{180^\circ} + 0{,}5 \geq 2$	die *Messzähnezahl* k ist so wählen, dass sich die Messebenen die Zahnflanken nahe der halben Zahnhöhe berühren. In Abhängigkeit von der Zähnezahl z_n (Zähnezahl des Ersatzstirnrades, bei Geradverzahnung $z_n = z$) und dem Profilverschiebungsfaktor x kann k auch TB 21-10 entnommen werden.
	Vorwahl der Hauptabmessungen	
58	Modulbestimmung (überschlägig) a) der Wellendurchmesser d_{sh} zur Aufnahme des Ritzels ist vorgegeben *Ausführung Ritzel auf Welle* $m'_n \approx \frac{1{,}8 \cdot d_{sh} \cdot \cos\beta}{(z_1 - 2{,}5)}$ *Ausführung als Ritzelwelle* $m'_n \approx \frac{1{,}1 \cdot d_{sh} \cdot \cos\beta}{(z_1 - 2{,}5)}$	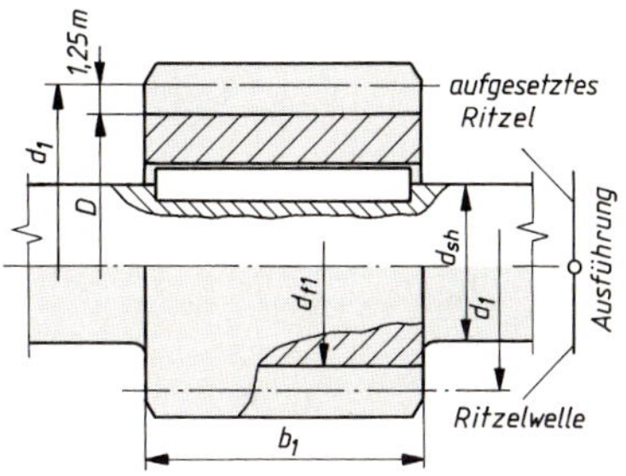
	b) der Achsabstand ist vorgegeben $m''_n \approx \frac{2 \cdot a \cdot \cos\beta}{(1 + i) \cdot z_1}$	eine anschließende Verzahnungskorrektur ist in den meisten Fällen erforderlich
	c) Leistungsdaten und Werkstoffe bekannt *Zahnflanken gehärtet* $m'''_n \approx 1{,}85 \cdot \sqrt[3]{\frac{T_1 \cdot \cos^2\beta}{z_1^2 \cdot \psi_d \cdot \sigma_{F\,lim\,1}}}$ *Zahnflanken ungehärtet bzw. vergütet* $m'''_n \approx \frac{95 \cdot \cos\beta}{z_1} \cdot \sqrt[3]{\frac{T_1}{\psi_d \cdot \sigma_{H\,lim}^2} \cdot \frac{u + 1}{u}}$	ψ_d Durchmesser-Breitenverhältnis nach TB 21-14a $\sigma_{F\,lim\,1}$ Zahnfußfestigkeit für den *Ritzel-Zahnfuß* nach TB 20-1 und TB 20-2 $\sigma_{H\,lim}$ Flankenfestigkeit des *weicheren* Werkstoffes nach TB 20-2 $u = z_2/z_1 \geq 1$ Zähnezahlverhältnis m_n | T_1 | $\sigma_{F\,lim}$, $\sigma_{H\,lim}$ | β | z_1, u, ψ_d mm | Nmm | N/mm² | ° | 1
	Kraftverhältnisse am Geradstirnrad	
59	Nenndrehmoment $T_1 = F_{t1} \cdot \frac{d_{w1}}{2}$ bzw. $T_2 = F_{t2} \cdot \frac{d_{w2}}{2}$	Wälzkreisdurchmessern d_{w1} bzw. d_{w2} (bei Null- und V-Null-Getrieben $d_{w1,2} = d_{1,2}$)

Nr.	Formel	Hinweise
60	Nenn-Umfangskraft am Betriebswälzkreis $F_{t1,2} = F_{bn1,2} \cdot \cos\alpha_w = \dfrac{2 \cdot T_{1,2}}{d_{w1,2}}$	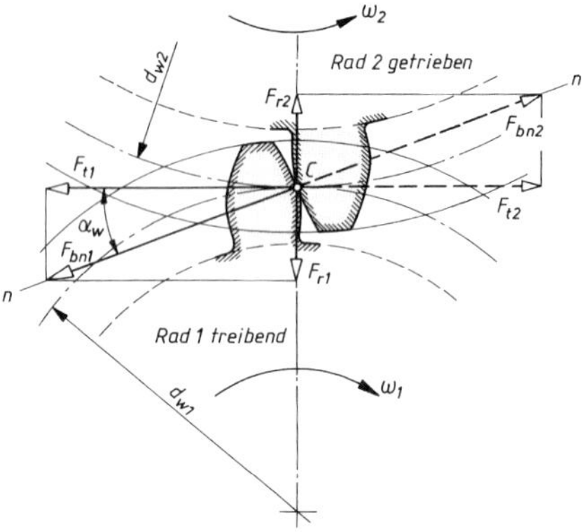
61	Zahnnormalkraft $F_{bn1,2} = \dfrac{F_{t1,2}}{\cos\alpha_w}$	senkrecht auf Flanke und Gegenflanke im Berührpunkt
62	Radialkraft $F_{r1,2} = F_{t1,2} \cdot \tan\alpha_w$	stets zur jeweiligen Radmitte hin wirkend
	Kraftverhältnisse am Schrägstirnrad	
63	Nenn-Umfangskraft im Stirnschnitt $F_{t1,2} = \dfrac{2 \cdot T_{1,2}}{d_{w1,2}}$	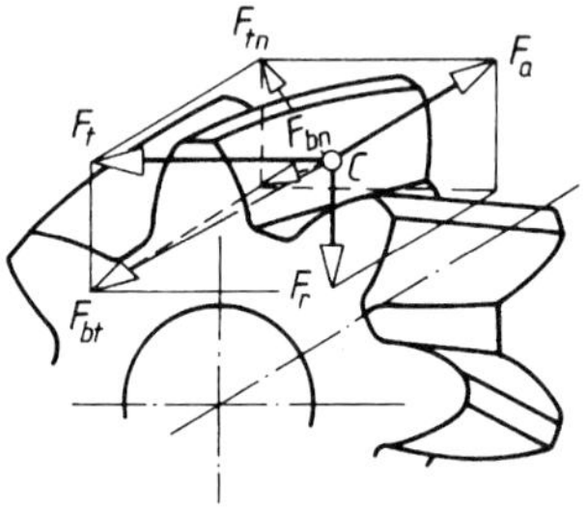
64	Radialkraft $F_{r1,2} = \dfrac{F_{t1,2} \cdot \tan\alpha_n}{\cos\beta}$	
65	Axialkraft $F_{a1,2} = F_{t1,2} \cdot \tan\beta$	

Nr.	Formel	Hinweise
	Tragfähigkeitsberechnung von Stirnradpaaren (für geradverzahnte Stirnräder ist $\beta = 0°$, $\alpha_t = \alpha$, $\alpha_{wt} = \alpha_w$ usw. zu setzen)	
	Belastungseinflussfaktoren	
66	*Dynamikfaktor* $K_v = 1 + \left(\frac{K_1}{K_A \cdot (F_t/b)} + K_2\right) \cdot K_3$	$K_v, K_A, K_{1,2}$: 1; F_t/b: N/mm; K_3: m/s $K_{1,2}$ Faktoren nach TB 21-15 $K_A \cdot (F_t/b)$ Linienbelastung je mm Zahnbreite; für $K_A \cdot (F_t/b) < 100$ N/mm ist $K_A \cdot (F_t/b) = 100$ N/mm mit F_t nach Nr. 60 zu setzen; $K_3 = 0{,}01 \cdot z_1 \cdot v_t \cdot \sqrt{u^2/(1+u^2)} \leq 10$ m/s mit $v_t = d_{w1} \cdot \pi \cdot n_1$ in m/s und $u = z_2/z_1 \geq 1$; (bei $K_3 > 10$ m/s Berechnung nach DIN 3990 T1)
67	Breitenfaktoren $K_{H\beta}$ und $K_{F\beta}$ *für die Zahnflanke*: $K_{H\beta} = 1 + \frac{10 \cdot F_{\beta y}}{(F_m/b)}$ wenn $K_{H\beta} \leq 2$ $K_{H\beta} = 2 \cdot \sqrt{\frac{10 \cdot F_{\beta y}}{(F_m/b)}}$ wenn $K_{H\beta} > 2$ *für den Zahnfuß:* $K_{F\beta} = K_{H\beta}^{N_F}$	Sie berücksichtigen die Auswirkungen ungleichmäßiger Kraftverteilung über die Zahnbreite auf die Flankenbeanspruchung ($K_{H\beta}$) bzw. auf die Zahnfußbeanspruchung ($K_{F\beta}$). Ursache sind die Flankenlinienabweichungen, die sich im belasteten Zustand infolge von Montage- und elastischen Verformungen (f_{sh}) sowie Herstellungsabweichungen (f_{ma}), einstellen. Für die mittlere Linienbelastung F_m/b ist mit $F_{\beta y}$ sowohl $K_{H\beta}$ als auch $K_{F\beta}$ aus TB 21-18 angenähert ablesbar $N_F = (b/h)^2/[1 + b/h + (b/h)^2]$ mit (b/h)= das Verhältnis Zahnbreite zu Zahnhöhe. Für (b/h) ist der kleinere Wert von (b_1/h_1) und (b_2/h_2), für $(b/h) < 3$ ist $(b/h) = 3$ und für $(b/h) > 12$ ist $K_{F\beta} = K_{H\beta}$ einzusetzen
68	Flankenlinienabweichung a) durch *Verformung* $f_{sh} \approx 0{,}023 \cdot (F_m/b) \times [\lvert 0{,}7 + K' \cdot (l \cdot s/d_1^2) \times (d_1/d_{sh})^4 \rvert + 0{,}3] \cdot (b/d_1)^2$	f_{sh}: µm; (F_m/b): N/mm; d_{sh}, d_1, b_1, l, s: mm; K': 1 $(F_m/b) = K_v \cdot (K_A \cdot F_t/b)$ mittlere Linienbelastung mit dem kleineren Wert von b_1 und b_2. Für $(K_A \cdot F_t/b) < 100$ N/mm und F_t ist Hinweis zu Nr. 66 zu beachten, K' Faktor zur Berücksichtigung der Ritzellage zu den Lagern, abhängig von s und l; Werte n. TB 21-16b; für $s = 0$ wird [ ] = 1 d_{sh} Wellendurchmesser an der Stelle des Ritzels d_1 Teilkreisdurchmesser des Ritzels.

Nr.	Formel	Hinweise
	b) *herstellungsbedingt* $f_{ma} = c \cdot f_{H\beta} \approx c \cdot 4{,}16 \cdot b^{0{,}14} \cdot q_H$	f_{ma} (Differenz der Flankenlinien einer Radpaarung, die im Getriebe ohne wesentliche Belastung im Eingriff ist) f_{ma}, $f_{H\beta}$: µm; c, q_H: 1; b: mm $c = 0{,}5$ für Radpaare mit Anpassungsmaßnahmen (z. B. Einläppen oder Einlaufen bei geringer Last, einstellbare Lager oder entsprechende Flankenlinien-Winkelkorrektur, $c = 1{,}0$ für Radpaare ohne Anpassungsmaßnahmen. $f_{H\beta}$ Flankenlinien-Winkelabweichung nach TB 21-16c; oder auch mit dem kleineren Wert b_1, b_2 in mm angenähert aus $f_{H\beta} \approx 4{,}16 \cdot b^{0{,}14} \cdot q_H$ mit q_H nach TB 21-15.
69	Flankenlinienabweichung a) *vor* dem Einlaufen $F_{\beta x} \approx f_{ma} + 1{,}33 \cdot f_{sh} \geq F_{\beta x\,min}$ b) *nach* dem Einlaufen $F_{\beta y} = F_{\beta x} - y_\beta$	$F_{\beta x\,min}$ = größerer Wert aus $0{,}005 \cdot (F_m/b)$ bzw. $0{,}5 \cdot f_{H\beta}$ y_β nach TB 21-17
70	Stirnfaktoren (Stirnlastaufteilungsfaktor) *für* $\varepsilon_\gamma \leq 2$ $K_{H\alpha} = K_{F\alpha}$ $\approx \frac{\varepsilon_\gamma}{2} \cdot \left(0{,}9 + \frac{0{,}4 \cdot c_\gamma \cdot (f_{pe} - y_\alpha)}{F_{tH}/b}\right)$ ≥ 1 *für* $\varepsilon_\gamma > 2$ $K_{H\alpha} = K_{F\alpha}$ $\approx 0{,}9 + 0{,}4 \cdot \sqrt{\frac{2 \cdot (\varepsilon_\gamma - 1)}{\varepsilon_\gamma}}$ $\times \frac{c_\gamma \cdot (f_{pe} - y_\alpha)}{F_{tH}/b}$	berücksichtigen die Auswirkungen ungleichmäßiger Kraftaufteilung auf mehrere gleichzeitig im Eingriff befindliche Zahnpaare infolge der wirksamen Verzahnungsabweichungen ε_γ Gesamtüberdeckung, $\varepsilon_\gamma = \varepsilon_\alpha + \varepsilon_\beta$ c_γ Eingriffssteifigkeit (Zahnsteifigkeit). Anhaltswerte in N/(mm · µm): $c_\gamma \approx 20$ bei St und GS; ≈ 17 bei GJS; ≈ 12 bei GJL; für Radpaarungen mit unterschiedlichen Werkstoffen ist ein Mittelwert anzunehmen, z. B. $c_\gamma \approx 16$ N/(mm · µm) bei St/GJL. f_{pe} Größtwert der Eingriffsteilungs-Abweichung aus $f_{pe} \approx [4 + 0{,}315 \cdot (m_n + 0{,}25 \cdot \sqrt{d})] \cdot q'_H$; Werte für q'_H aus TB 21-19b. y_a Einlaufbetrag; Werte n. TB 21-19c F_{tH} maßgebende Umfangskraft, $F_{tH} = F_t \cdot K_A \cdot K_{H\beta} \cdot K_v$ $K_{H\alpha}, K_{F\alpha}, \varepsilon_\gamma$: 1; f_{pe}, y_α: µm; F_{tH}: N; b: mm; c_γ: N/(mm · µm)

Nr.	Formel	Hinweise
71	*Gesamtbelastungseinfluss* a) *Zahnfußtragfähigkeit:* $K_{F\,ges} = K_A \cdot K_v \cdot K_{F\alpha} \cdot K_{F\beta}$ b) *Grübchentragfähigkeit:* $K_{H\,ges} = \sqrt{K_A \cdot K_v \cdot K_{H\alpha} \cdot K_{H\beta}}$	
	Nachweis der Zahnfußtragfähigkeit	
72	*örtliche Zahnfußspannung* $\sigma_{F0} = \dfrac{F_t}{b \cdot m_n} \cdot Y_{Fa} \cdot Y_{Sa} \cdot Y_\varepsilon \cdot Y_\beta$	F_t Umfangskraft nach Nr. 60 b Zahnbreite, bei ungleichen Breiten höchstens Überstand von Modul m je Zahnende mittragend, allgemein $b_2 < b_1$ m_n Modul im Normalschnitt nach DIN 780 (bei Geradverzahnung $m_n = m$), Y_{Fa} n. TB 21-20a, Y_{Sa} n. TB 21-20b, Y_β n. TB 21-20c, $Y_\varepsilon = 0{,}25 + 0{,}75/\varepsilon_{\alpha n}$ mit $\varepsilon_{\alpha n} \approx \varepsilon_\alpha / \cos^2\beta < 2$
73	maximale Zahnfußspannung *Ritzel:* $\sigma_{F1} = \sigma_{F01} \cdot K_{F\,ges1} \leq \sigma_{FP1}$ *Rad:* $\sigma_{F2} = \sigma_{F02} \cdot K_{F\,ges2} \leq \sigma_{FP2}$	
74	zulässige Zahnfußspannung $\sigma_{FP} = \dfrac{\sigma_{F\,lim} \cdot Y_{ST} \cdot Y_{NT}}{S_{F\,min}}$ $\times\, Y_{\delta\,rel\,T} \cdot Y_{R\,rel\,T} \cdot Y_X$	$\sigma_{F\,lim}$ n. TB 20-1 u. TB 20-2 $Y_{ST} = 2$, Y_{NT} n. TB 21-21a, $Y_{\delta\,rel\,T}$ n. TB 21-21b, $Y_{R\,rel\,T}$ n. TB 21-21c, Y_X n. TB 21-21d
75	vereinfacht mit $Y_{ST} = 2$, $Y_{\delta\,rel} = Y_{R\,rel} \approx 1$ $\sigma_{FP} \approx 2 \cdot \dfrac{\sigma_{F\,lim} \cdot Y_{NT} \cdot Y_X}{S_{F\,min}}$	$S_{F\,min}$ Mindestsicherheitsfaktor für die Fußbeanspruchung. Je genauer alle Einflussfaktoren erfasst werden desto kleiner kann $S_{F\,min}$ sein. Als Anhalt gilt $S_{F\,min} = (1) \ldots 1{,}4 \ldots 1{,}6$, im Mittel 1,5; bei hohem Schadensrisiko bzw. hohen Folgekosten bis > 3.

Nr.	Formel	Hinweise
	Nachweis der Grübchentragfähigkeit	
76	*Pressung im Wälzpunkt C* $\sigma_{H0} = \sigma_{HC} \cdot Z_\varepsilon \cdot Z_\beta = Z_H \cdot Z_E \cdot Z_\varepsilon \cdot Z_\beta \times \sqrt{\frac{F_t}{b \cdot d_1} \cdot \frac{u+1}{u}}$	F_t Nennumfangskraft b Zahnbreite, bei ungleicher Breite der Räder die kleinere Zahnbreite, d_1 Teilkreisdurchmesser des Ritzels, $u = z_2/z_1 \geq 1$ Zähnezahlverhältnis; beim Zahnstangengetriebe wird $u = \infty$, sodass $(u+1)/u = 1$ ist, Z_H n. TB 21-22a, Z_E n. TB 21-22b, Z_ε n. TB 21-22c, $Z_\beta = \sqrt{\cos\beta}$
77	*maximale* Pressung am Wälzkreis $\sigma_H = \sigma_{H0} \cdot K_{H\,ges} \leq \sigma_{HP}$	σ_{HP} zulässige Flankenpressung
78	*zulässige* Flankenpressung $\sigma_{HP} = \frac{\sigma_{HG}}{S_{H\,min}} = \frac{\sigma_{H\,lim} \cdot Z_{NT}}{S_{H\,min}} \times (Z_L \cdot Z_v \cdot Z_R) \cdot Z_W \cdot Z_X$	$\sigma_{H\,lim}$ n. TB 20-1 u. TB 20-2 Z_{NT} n. TB 21-23d, Z_L n. TB 21-23a, Z_v n. TB 21-23b, Z_R n. TB 21-23c, Z_W n. TB 21-23e, Z_X n. TB 21-23d $S_{H\,min}$ geforderte Mindestsicherheit für Grübchentragfähigkeit. Als Anhalt kann gesetzt werden $S_{H\,min} \approx (1) \ldots 1{,}3$, bei hohem Schadensrisiko bzw. hohen Folgekosten $S_{H\,min} \geq 1{,}6$.

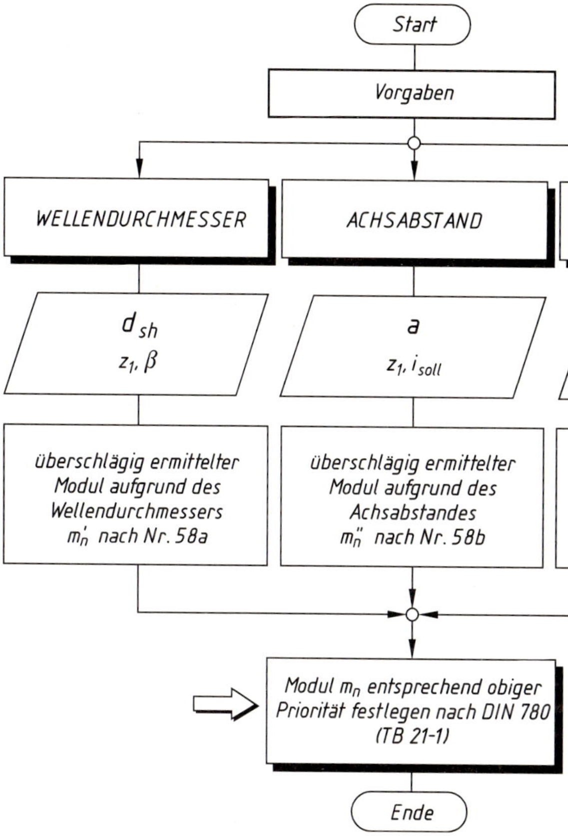

A 21-1 Vorgehensplan zur Modulbestimmung

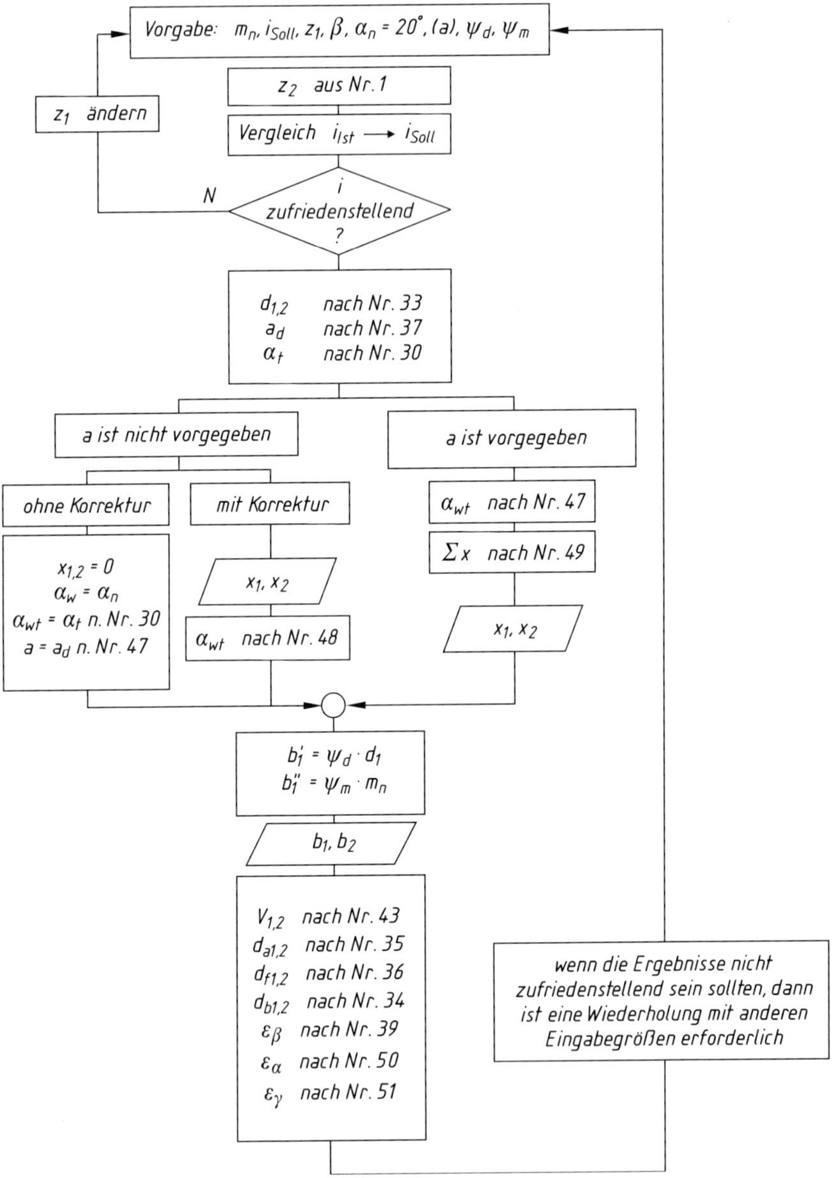

A 21-2 Vereinfachter Ablauf zur Berechnung der Verzahnungsgeometrie für Stirnräder

22 Kegelräder und Kegelradgetriebe

Formelzeichen	Einheit	Benennung
a_v bzw. a_{vd}	mm	Achsabstand bzw. Null-Achsabstand des Ersatz-Stirnradpaares
b, b_1 bzw. b_2	mm	Zahnbreite; des treibenden bzw. des getriebenen Rades
C	1	Wälzpunkt
c	mm	Kopfspiel
d_m, d_{m1} bzw. d_{m2}	mm	mittlerer Teilkreisdurchmesser, des treibenden bzw. getriebenen Rades
d_e, d_{e1} bzw. d_{e2}	mm	äußerer Teilkreisdurchmesser, des treibenden bzw. getriebenen Rades
d_{ae}, d_{ae1} bzw. d_{ae2}	mm	äußerer Kopfkreisdurchmesser, des treibenden bzw. getriebenen Rades
d_{va}, d_{va1} bzw. d_{va2}	mm	Kopfkreisdurchmesser, des treibenden bzw. getriebenen Rades (Ersatzräder)
d_{vb}, d_{vb1} bzw. d_{vb2}	mm	Grundkreisdurchmesser, des treibenden bzw. getriebenen Rades (Ersatzräder)
d_f, d_{f1} bzw. d_{f2}	mm	Fußkreisdurchmesser, des treibenden bzw. getriebenen Rades
d_{sh}	mm	Wellendurchmesser zur Aufnahme des Ritzels
d_w, d_{w1} bzw. d_{w2}	mm	Wälzkreisdurchmesser, des treibenden bzw. getriebenen Rades
E	N/mm^2	Elastizitätsmodul
F_a, F_{a1} bzw. F_{a2}	N	Axialkraft, des treibenden bzw. des getriebenen Rades
F_{mt}	N	mittlere Nenn-Umfangskraft am Teilkreis (für $K_{H\beta}$)
F_r, F_{r1} bzw. F_{r2}	N	Radialkraft des treibenden bzw. getriebenen Rades
$F_{\beta x}$ bzw. $F_{\beta y}$	µm	wirksame Flankenlinienabweichung vor bzw. nach dem Einlaufen
$f_{H\beta}$	µm	Flankenlinien-Winkelabweichung
f_{ma}	µm	Flankenlinien-Herstellungsabweichung
f_{sh}	µm	Flankenlinienabweichung infolge Wellen- und Ritzelverformung
G	N/mm^2	Gleitmodul
g_α	mm	Länge der (gesamten) Eingriffsstrecke

Formelzeichen	Einheit	Benennung
h, h_{ae}, h_{am}	mm	Zahnhöhe, äußere-, mittlere Zahnkopfhöhe
h_{fe}, h_{fm}	mm	Fußhöhe, äußere-, mittlere Zahnfußhöhe
i	1	Übersetzungsverhältnis
inv	1	Evolventenfunktion (sprich „involut“)
K_A	1	Anwendungsfaktor
K_v	1	Dynamikfaktor
$K_{F\alpha}$, $K_{H\alpha}$	1	Stirnfaktoren für Zahnfußbeanspruchung, für Flankenpressung
$K_{F\beta}$, $K_{H\beta}$	1	Breitenfaktoren für Zahnfußbeanspruchung, für Flankenpressung
$K_1 \ldots K_3$	1	Faktor für die Berechnung von K_v, abhängig von der Verzahnungsqualität
K_4	m/s	Faktor für die Berechnung von K_v
$m \mathrel{\widehat{=}} m_{mn}$, m_{mt}	mm	Modul, mittlerer Normalmodul, – Stirnmodul
$m_e \mathrel{\widehat{=}} m_{en}$, m_{mt}	mm	Modul, äußerer Normalmodul, – Stirnmodul
N_L	1	Anzahl der Lastwechsel
$n_{1,2}$ (n_a, n_b)	min^{-1}	Drehzahl des Ritzels, Rades (ersten Ritzels, letzten Rades im Getriebe)
P, P_a bzw. P_b	kW	zu übertragende (Nenn-) Leistung, An- bzw. Abtriebsleistung
p	mm	Teilung auf dem Teilzylinder (Ersatzverzahnung)
$p_b \mathrel{\widehat{=}} p_e$	mm	Teilung auf dem Grundzylinder (Ersatzverzahnung)
$p_{bt} \mathrel{\widehat{=}} p_{et}$	mm	Grundkreisteilung $\widehat{=}$ Stirneingriffsteilung (Ersatzverzahnung)
$p_{bn} \mathrel{\widehat{=}} p_{en}$	mm	Grundzylindernormalteilung $\widehat{=}$ Normaleingriffsteilung (Ersatzverzahnung)
p_n, p_t	mm	Normalteilung, Stirnteilung (Ersatzverzahnung)
p_w	mm	Teilung am Wälzzylinder (Ersatzverzahnung)
q_H	1	Faktor abhängig von DIN-Qualität zur Berechnung von $f_{H\beta}$
R_e, R_i, R_m	mm	Teilkegellänge, äußere, innere, mittlere
S_F, $S_{F\,min}$	1	Zahnbruchsicherheit, Mindestsicherheitsfaktor für Fußbeanspruchung
S_H, $S_{H\,min}$	1	Grübchensicherheit, Mindestsicherheitsfaktor für Flankenpressung

Formelzeichen	Einheit	Benennung
s_n, s_t	mm	Normalzahndicke, Stirnzahndicke auf dem Teilkreis (Ersatzverzahnung)
s_w	mm	Zahndicke am Wälzzylinder (Ersatzverzahnung)
$T_{1,2}$ bzw. $T_{a,b}$	Nm, Nmm	Nenn-Drehmoment des Ritzels, Rades bzw. An-, Abtriebsmoment
$u = z_{\text{groß}}/z_{\text{klein}}$	1	Zähnezahlverhältnis des Radpaares
u_v	1	Zähnezahlverhältnis der Ersatzverzahnung
V	mm	Profilverschiebung
v	m/s	Umfangsgeschwindigkeit am Teilkreis
x, $x_{1,2}$, x_m	1	Profilverschiebungsfaktor, des Ritzels, Rades, Mittelwert der Summe
Y_{Fa}	1	Formfaktor für Kraftangriff am Zahnkopf (Ersatzverzahnung)
Y_{NT}	1	Lebensdauerfaktor für $\sigma_{F\,\lim}$ des Prüfrades (Ersatzverzahnung)
$Y_{R\,\mathrm{rel}\,T}$	1	relativer Oberflächenfaktor des Prüfrades (Ersatzverzahnung)
Y_{Sa}	1	Spannungskorrekturfaktor für Kraftangriff am Zahnkopf (Ersatzverzahnung)
$Y_{ST} = 2$	1	Spannungskorrekturfaktor des Prüfrades (Ersatzverzahnung)
Y_X	1	Größenfaktor für Fußbeanspruchung (Ersatzverzahnung)
Y_β	1	Schrägenfaktor für Fußbeanspruchung (Ersatzverzahnung)
$Y_{\delta\,\mathrm{rel}\,T}$	1	relative Stützziffer bezogen auf das Prüfrad (Ersatzverzahnung)
Y_ε	1	Überdeckungsfaktor für Fußbeanspruchung (Ersatzverzahnung)
y_β	µm	Einlaufbetrag (Ersatzverzahnung)
Z_B	1	(Ritzel-)Einzeleingriffsfaktor bei $z_1 < 20$ für Flankenpressung (Ersatzverzahnung)
Z_E	1	Elastizitätsfaktor (Ersatzverzahnung)
Z_H	1	Zonenfaktor (Ersatzverzahnung)
Z_L	1	Schmierstofffaktor für Flankenpressung (Ersatzverzahnung)
Z_{NT}	1	Lebensdauerfaktor (Flanke) des Prüfrades (Ersatzverzahnung)
Z_R	1	Rauigkeitsfaktor für Flankenpressung (Ersatzverzahnung)
Z_v	1	Geschwindigkeitsfaktor für Flankenpressung (Ersatzverzahnung)

Formelzeichen	Einheit	Benennung
Z_W	1	Werkstoffpaarungsfaktor (Ersatzverzahnung)
Z_X	1	Größenfaktor für Flankenpressung (Ersatzverzahnung)
Z_β	1	Schrägenfaktor für Flankenpressung (Ersatzverzahnung)
Z_ε	1	Überdeckungsfaktor für Flankenpressung (Ersatzverzahnung)
z, $z_{1,2}$, z_v	1	Zähnezahl, des Ritzels, Rades, Zähnezahl der Ersatzverzahnung
z_g, z'_g	1	theoretische, praktische Grenzzähnezahl
z_m	1	mittlere Zähnezahl
$\alpha \mathrel{\widehat{=}} \alpha_P = 20°$	°	Eingriffswinkel am Teilzylinder ≙ Profilwinkel des Bezugsprofils
α_t, $\alpha_n \mathrel{\widehat{=}} \alpha_P$	°	Stirn-, Normaleingriffswinkel am Teilzylinder
α_w, α_{wt}	°	Betriebseingriffswinkel im Stirnschnitt (Ersatzverzahnung)
β	1	Schrägungswinkel
β_{vm}	1	Schrägungswinkel (Ersatzverzahnung)
δ_1, δ_2	°	Kopfkegelwinkel, des Ritzels, Rades
δ_{a1}, δ_{a2}	°	Teilkegelwinkel, des Ritzels, Rades
ϑ_{a1}, ϑ_{a2}	°	Kopfwinkel, des Ritzels, Rades
ϑ_{f1}, ϑ_{f2}	°	Fußwinkel, des Ritzels, Rades
$\varepsilon_{v\alpha}$, $\varepsilon_{v\alpha n}$	1	Profilüberdeckung (Ersatzverzahnung)
$\varepsilon_{v\beta}$, $\varepsilon_{v\gamma}$	1	Sprungüberdeckung, Gesamtüberdeckung der Ersatzverzahnung
σ_{F0}, σ_F	N/mm^2	örtliche Zahnfußspannung, Zahnfußspannung
$\sigma_{F\,lim}$	N/mm^2	Zahnfuß-Biegenenndauerfestigkeit (Biege-Dauerschwellfestigkeit des Prüfrades)
σ_{FP}	N/mm^2	zulässige Zahnfußspannung
σ_{H0}, σ_H	N/mm^2	Nennwert der Flankenpressung; Flankenpressung am Wälzkreis bzw. Flankentragfähigkeit
$\sigma_{H\,lim}$	N/mm^2	Dauerfestigkeit für Flankenpressung
σ_{HP}	N/mm^2	zulässige Flankenpressung
ψ_d bzw. ψ_m	1	Durchmesser- bzw. Modul-Breitenverhältnis (Ersatzverzahnung)
$\omega_{1,2}$ bzw. $\omega_{a,b}$	s^{-1}	Winkelgeschwindigkeit des Ritzels, Rades bzw. des Antriebs-, Abtriebsrades

Nr.	Formel	Hinweise
	Geometrie der geradverzahnten Kegelräder	
1	Übersetzungsverhältnis $i = \frac{n_1}{n_2} = \frac{d_2}{d_1} = \frac{r_2}{r_1} = \frac{z_2}{z_1} = \frac{\sin\delta_2}{\sin\delta_1}$	Index 1 für treibendes, Index 2 für getriebenes Rad Ritzelzähnezahl aus TB 22-1
2	Zähnezahlverhältnis $u = \frac{z_{\text{Rad}}}{z_{\text{Ritzel}}} \geq 1$	
3	Teilkegelwinkel a) für $\Sigma \leq 90°$ $\tan\delta_1 = \frac{\sin\Sigma}{u + \cos\Sigma}$ b) für $\Sigma > 90°$ $\tan\delta_1 = \frac{\sin(180° - \Sigma)}{u - \cos(180° - \Sigma)}$	Für den Achsenwinkel $\Sigma = \delta_1 + \delta_2 = 90°$ errechnet sich der Teilkegelwinkel des *treibenden Ritzels* bzw. des *getriebenen Rades* aus $\tan\delta_1 = 1/u$ bzw. $\tan\delta_2 = u$.

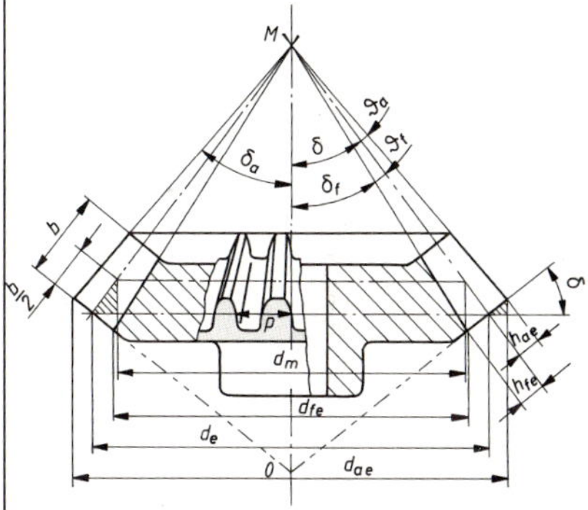

Nr.	Formel	Hinweise
4	Teilkreisdurchmesser a) *äußerer* $d_e = z \cdot m_e = d_m + b \cdot \sin\delta$ b) *mittlerer* $d_m = z \cdot m_m = z \cdot m_e \cdot \frac{R_m}{R_e}$ $= d_e - b \cdot \sin\delta$	d_e größter Durchmesser des Teilkegels m_e *äußerer Modul*; wird (wie auch der mittlere Modul m_m) vielfach bei der Festlegung der Radabmessungen als Norm-Modul nach DIN 780, s. TB 21-1, festgelegt. Bei der Berechnung der Tragfähigkeit ist m_m maßgebend, $m_m = m_e \cdot R_m/R_e$
5	Teilkegellänge a) *äußere* $R_e = \frac{d_e}{2 \cdot \sin\delta} \geq 3 \cdot b$ b) *mittlere* $R_m = \frac{d_m}{2 \cdot \sin\delta} = R_e - \frac{b}{2}$ c) *innere* $R_i = \frac{d_i}{2 \cdot \sin\delta} = R_e - b$	

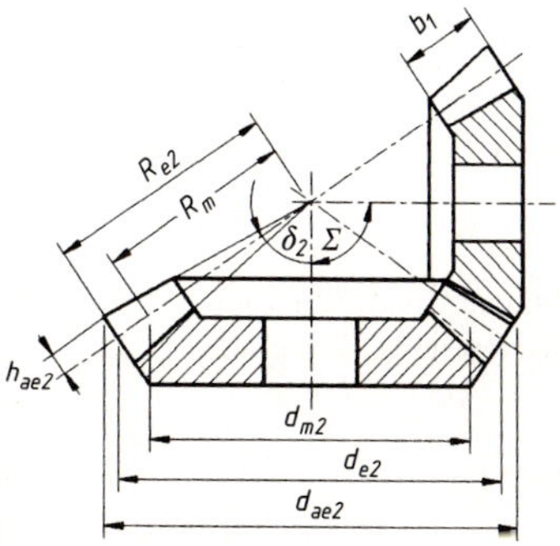

<table>
<tr><th>Nr.</th><th>Formel</th><th>Hinweise</th></tr>
<tr><td>6</td><td>Zahnbreite
$b \leq R_e/3$
$b \leq 10 \cdot m_e$
$b \approx 0{,}15 \cdot d_{e1} \cdot \sqrt{u^2+1}$</td><td>Empfehlungen für die Grenzwerte, von denen der kleinere Wert nicht überschritten werden sollte. Mit $d_e \approx d_m$ kann die Breite auch bestimmt werden über $b_1 \approx \psi_d \cdot d_{m1}$ aus TB 22-1</td></tr>
<tr><td>7</td><td>äußere Zahnkopf-, Zahnfuß- und Zahnhöhe
$h_{ae} = m_e$
$h_{fe} \approx 1{,}25 \cdot m_e$
$h_e \approx 2{,}25 \cdot m_e$</td><td>Bei V-Verzahnung $h_{ae} = m(x_h + 1)$ mit x_h nach Nr. 14</td></tr>
<tr><td>8</td><td>Kopfkreisdurchmesser
$d_{ae} = d_e + 2 \cdot h_{ae} \cdot \cos\delta$
$= m_e \cdot (z + 2 \cdot \cos\delta)$</td><td>größter Durchmesser des Radkörpers</td></tr>
<tr><td>9</td><td>Kopfkegelwinkel
$\delta_a = \delta + \vartheta_a$</td><td>$\vartheta_a$ Kopfwinkel gleich Winkel zwischen Mantellinie des Teil- und des Kopfkegels aus $\tan\vartheta_a = h_{ae}/R_e = m_e/R_e$</td></tr>
<tr><td>10</td><td>Fußkegelwinkel
$\delta_f = \delta - \vartheta_f$</td><td>$\vartheta_f$ Fußwinkel gleich Winkel zwischen Mantellinie des Teil- und des Fußkegels aus $\tan\vartheta_f = h_{fe}/R_e \approx 1{,}25 \cdot m_e/R_e$.</td></tr>
<tr><td>11</td><td>Zähnezahl des Ersatz-Stirnrades
$z_v = \dfrac{z}{\cos\delta}$</td><td>Index v für das „virtuelle Ersatz-Stirnrad“
$z_{v1} = z_1/\cos\delta_1$ und $z_{v2} = z_2/\cos\delta_2$
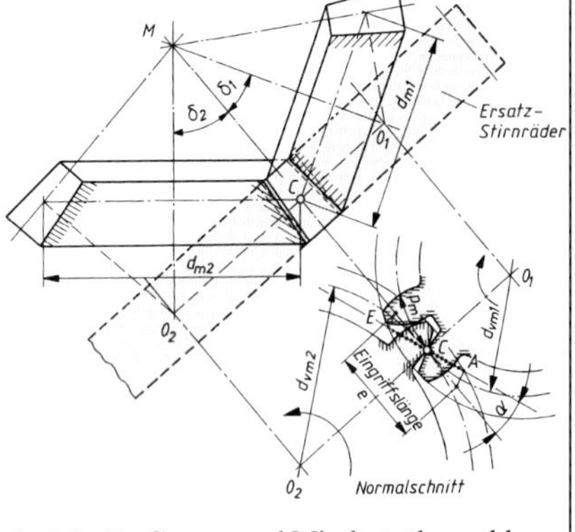
</td></tr>
<tr><td>12</td><td>praktische Grenzzähnezahl (geradverzahnte Kegelräder)
$z'_{gk} \approx z'_g \cdot \cos\delta = 14 \cdot \cos\delta$</td><td>Beispiele für Grenz- und Mindestzähnezahlen:
<table>
<tr><td>$\delta \approx$</td><td>$< 15°$</td><td>$20°$</td><td>$30°$</td><td>$38°$</td><td>$45°$</td></tr>
<tr><td>z'_{gK}</td><td>14</td><td>13</td><td>12</td><td>11</td><td>10</td></tr>
<tr><td>$z_{\min K}$</td><td>7</td><td>7</td><td>6</td><td>6</td><td>5</td></tr>
</table></td></tr>
</table>

Nr.	Formel	Hinweise
13	Profilverschiebung $V = +x_h \cdot m$	
14	Profilverschiebungsfaktor $x_h = \frac{14 - z_v}{17} = \frac{14 - (z/\cos\delta)}{17}$	
15	Eingriffstrecke $g_{v\alpha} = \frac{1}{2} \cdot \sqrt{d_{va1}^2 - d_{vb1}^2} + \sqrt{d_{va2}^2 - d_{vb2}^2} - a_v \cdot \sin\alpha_v$	$d_v = \frac{d_m}{\cos\delta}$; $d_{va} = d_v + 2 \cdot h_{am} = d_v + 2 \cdot m_{mn} \cdot (1 + x_{hm})$ $d_{vb} = d_v \cdot \cos\alpha_n$; $a_v = \frac{1}{2} \cdot (d_{v1} + d_{v2})$; $\alpha_v = \alpha_n$
16	Profilüberdeckung $\varepsilon_{v\alpha} = \frac{g_{v\alpha}}{m_m \cdot \pi \cdot \cos\alpha_v}$	
17	Sprungüberdeckung $\varepsilon_{v\beta\alpha} = \frac{b_e \cdot \sin\beta_m}{m_m \cdot \pi}$	
18	Gesamtüberdeckung der Ersatzverzahnung $\varepsilon_{v\gamma} = \varepsilon_{v\alpha} + \varepsilon_{v\beta}$	
	Geometrie der schrägverzahnten Kegelräder	
19	Teilkreisdurchmesser a) *äußerer* $d_e = z \cdot m_{et} = z \cdot \frac{m_{en}}{\cos\beta_e}$ b) *mittlerer* $d_m = d_e - b \cdot \sin\delta = z \cdot \frac{m_{mn}}{\cos\beta_m}$	Index n → Normalschnitt Index t → Stirnansicht $m_{et} = m_{en}/\cos\beta_e$; $m_{mt} = m_{mn}/\cos\beta_m$ m_{mn} *mittlerer Modul* im Normalschnitt wird (wie auch der *äußere Modul* m_{en}) vielfach bei der Festlegung der Radabmessungen sowie bei der Berechnung der Tragfähigkeit bei schrägverzahnten Kegelrädern als Norm-Modul nach DIN 780 (TB 21-1) festgelegt.
20	Zahnbreite $b \leq R_e/3$ $b \leq 10 \cdot m_{en}$ $b \approx 0{,}15 \cdot d_{e1} \cdot \sqrt{u^2 + 1}$	Empfehlungen für die Grenzwerte, von denen der kleinere Wert nicht überschritten werden sollte
21	mittlere Zahnkopf-, Zahnfuß- und Zahnhöhe $h_{am} = m_{mn}$ $h_{fm} \approx 1{,}25 \cdot m_{mn}$ $h_m \approx 2{,}25 \cdot m_{mn}$	

Nr.	Formel	Hinweise
22	Kopfkreisdurchmesser a) *mittlerer* $d_{am} = d_m + 2 \cdot h_{am} \cdot \cos\delta$ b) *äußerer* $d_{ae} = d_{am} \cdot \dfrac{R_e}{R_m}$	
23	*Fußkreisdurchmesser* a) *mittlerer* $d_{fm} = d_m - 2 \cdot h_{fm} \cdot \cos\delta$ b) *äußerer* $d_{fe} = d_{fm} \cdot \dfrac{R_e}{R_m}$	
24	Eingriffsstrecke $g_{v\alpha} = \dfrac{1}{2} \cdot \sqrt{d_{va1}^2 - d_{vb1}^2} + \sqrt{d_{va2}^2 - d_{vb2}^2} - a_v \cdot \sin\alpha_{vt}$	$d_v = \dfrac{d_m}{\cos\delta}$; $d_{va} = d_v + 2 \cdot h_{am} = d_v + 2 \cdot m_{mn} \cdot (1 + x_{hm})$ $d_{vb} = d_v \cdot \cos\alpha_n$; $a_v = \dfrac{1}{2} \cdot (d_{v1} + d_{v2})$; $\alpha_{vt} = \arctan\left(\dfrac{\tan\alpha_n}{\cos\beta_m}\right)$
25	Profilüberdeckung $\varepsilon_{v\alpha} = \dfrac{g_{v\alpha} \cdot \cos\beta_m}{m_m \cdot \pi \cdot \cos\alpha_{vt}}$	
26	Sprungüberdeckung $\varepsilon_{v\beta} \approx \dfrac{b_e \cdot \sin\beta_m}{m_{mn} \cdot \pi}$	$b_e \approx 0{,}85 \cdot b$ effektive Zahnbreite (bei unterschiedlichen Zahnbreiten ist der kleinere Wert für b maßgebend)
27	Profilüberdeckung der Ersatzverzahnung $\varepsilon_{v\alpha} \approx \dfrac{g_{v\alpha} \cdot \cos\beta_m}{m_{nm} \cdot \pi \cdot \cos\alpha_{vt}}$	$g_{v\alpha}$ nach Nr. 24; α_{vt} aus $\tan\alpha_{vt} = \tan\alpha_n / \cos\beta$ Werte für $\varepsilon_{v\alpha}$ können mit hinreichender Genauigkeit nach TB 21-2 abgelesen bzw. rechnerisch mit den Abmessungen der schrägverzahnten Ersatzverzahnung nach Gl. (21.45) ermittelt werden;
28	Gesamtüberdeckung $\varepsilon_{v\gamma} = \varepsilon_{v\alpha} + \varepsilon_{v\beta}$	
29	Zähnezahl des schrägverzahnten Ersatz-Stirnrades $z_{vn} \approx \dfrac{z_v}{\cos^3\beta_{vm}} = \dfrac{z}{\cos\delta \cdot \cos^3\beta_{vm}}$	$\beta_{vm} \approx \beta_m$
30	praktische Grenzzähnezahl $z'_{gK} \approx z'_g \cdot \cos\delta \cdot \cos^3\beta_m = 14 \cdot \cos\delta \cdot \cos^3\beta_m$	*kleinste Zähnezahl für schrägverzahnte Kegelräder*

Nr.	Formel	Hinweise
	Vorwahl der Hauptabmessungen	
31	Ritzelzähnezahl z_1	in Abhängigkeit von der Übersetzung i bzw. dem Zähnezahlverhältnis u nach TB 22-1
32	Zahnbreite b	aus $b \approx \psi_d \cdot d_{m1}$ festlegen mit dem Breitenverhältnis $\psi_d = b/d_{m1}$ nach TB 22-1. Dabei Grenzen für b nach Nr. 6 bzw. Nr. 20 möglichst nicht überschreiten
33	Zahnradwerkstoffe	Festigkeitswerte gebräuchlicher Zahnradwerkstoffe s. TB 20-1 und TB 20-2.
34	Modul a) Wellendurchmesser d_{sh} bekannt *Ausführung Ritzel/Welle* $m'_m \geq \dfrac{(2{,}4 \ldots 2{,}6) \cdot d_{sh}}{z_1}$ *Ausführung als Ritzelwelle* $m'_m \geq \dfrac{1{,}25 \cdot d_{sh}}{z_1}$	siehe A 22-1
	b) *Leistungsdaten und Zahnradwerkstoffe sind bekannt* *Zahnflanken gehärtet* $m''_m \approx 3{,}75 \cdot \sqrt[3]{\dfrac{T_1 \cdot \sin\delta_1}{z_1^2 \cdot \sigma_{F\lim 1}}}$ *Zahnflanken nicht gehärtet* $m''_m \approx \dfrac{205}{z_1} \cdot \sqrt[3]{\dfrac{T_1 \cdot \sin\delta_1}{\sigma^2_{H\lim} \cdot u}}$	Zahnradwerkstoffe nach TB 20-1 bzw. TB 20-2 m_m, d_{sh} in mm; T_1 in Nmm; $\sigma_{F\beta,\lim}$, $\sigma_{H\lim}$ in N/mm²; δ in °; z_1, u: 1 $T_1 = T_{1\,nenn} \cdot K_A$ Mit dem festgelegten nächstliegenden Norm-Modul $m \mathrel{\widehat{=}} m_m$ nach DIN 780 (TB 21-1) werden die genauen Rad- und Getriebeabmessungen berechnet
	Kraftverhältnisse	
35	Nennumfangskraft $F_{mt1} = \dfrac{T_1}{d_{m1}/2}$ $F_{mt2} = F_{mt1} \cdot \eta$	

m_m, d_{sh}	T_1	$\sigma_{F\beta,\lim}$, $\sigma_{H\lim}$	δ	z_1, u
mm	Nmm	N/mm²	°	1

Nr.	Formel	Hinweise
36	Axialkraft a) *Geradverzahnung* $F_{a1} = F'_{r1} \cdot \sin\delta_1 = F_{mt1} \cdot \tan\alpha \cdot \sin\delta_1$ $F_{a2} = F_{r1}$ b) *allgemein* $F_{a1} = \dfrac{F_{mt}}{\cos\beta_m} \times (\sin\delta_1 \cdot \tan\alpha_n \pm \cos\delta_1 \cdot \sin\beta_m)$ $F_{a2} = \dfrac{F_{mt}}{\cos\beta_m} \times (\sin\delta_2 \cdot \tan\alpha_n \mp \cos\delta_2 \cdot \sin\beta_m)$	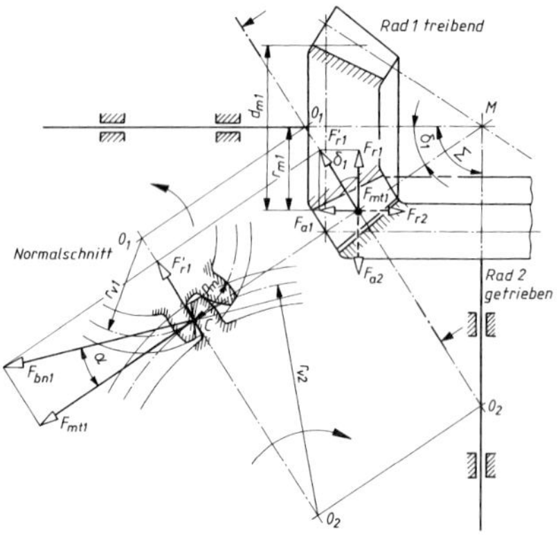
37	Radialkraft a) *Geradverzahnung* $F_{r1} = F'_{r1} \cdot \cos\delta_1 = F_{mt1} \cdot \tan\alpha \cdot \cos\delta_1$ $F_{r1} = F_{a1} \cdot i$ $F_{r2} = F_{a1}$ b) *allgemein* $F_{r1} = \dfrac{F_{mt}}{\cos\beta_m} \times (\cos\delta_1 \cdot \tan\alpha_n \mp \sin\delta_1 \cdot \sin\beta_m)$ $F_{r2} = \dfrac{F_{mt}}{\cos\beta_m} \times (\cos\delta_2 \cdot \tan\alpha_n \pm \sin\delta_2 \cdot \sin\beta_m)$	in den vorstehenden Gleichungen gilt für den Klammerausdruck das *obere* Zeichen – bzw. +, wenn Dreh- und Flankenrichtung gleich sind und das *untere* Zeichen, wenn ungleich
	Tragfähigkeitsberechnung	
	Nachweis der Zahnfußtragfähigkeit	
38	*örtliche Zahnfußspannung* $\sigma_{F0} = \dfrac{F_{mt}}{b_{eF} \cdot m_{mn}} \cdot Y_{Fa} \cdot Y_{Sa} \cdot Y_\beta \cdot Y_\varepsilon \cdot Y_K$	$b_{eF} \approx 0{,}85 \cdot b$; bei unterschiedlichen Breiten ist der kleinere Wert einzusetzen Y_{Fa} aus TB 21-20a für die Zähnezahl des Ersatzstirnrades $z_{vn} = z/(\cos^3\beta_m \cdot \cos\delta)$; Y_{Sa} aus TB 21-20b für z_{vn}; $Y_\varepsilon = 0{,}25 + 0{,}75/\varepsilon_{v\alpha n}$ mit $\varepsilon_{v\alpha n} \approx \varepsilon_{v\alpha}/\cos^2\beta_{vb}$ und $\beta_{vb} = \arcsin(\sin\beta_m \cdot \cos\alpha_n)$ bzw. aus TB 22-3; für $\varepsilon_{v\alpha n} \geq 2$ ist $\varepsilon_{v\alpha n} = 2$ zu setzen; Y_β aus TB 21-20c; $Y_K \approx 1$

Nr.	Formel	Hinweise
39	*größte* Spannung im Zahnfuß $\sigma_F = \sigma_{F0} \cdot K_A \cdot K_v \cdot K_{F\alpha} \cdot K_{F\beta} \leq \sigma_{FP}$	K_v Dynamikfaktor aus $K_v = 1 + \left(\frac{K_1 \cdot K_2}{K_A \cdot (F_{mt}/b_e)} + K_3\right) \cdot K_4$ mit $F_{mt}/b_e \geq 100$ N/mm, $K_{1\ldots3}$ nach TB 22-2 und $K_4 = 0{,}01 \cdot z_1 \cdot v_{mt} \cdot \sqrt{u^2/(1+u^2)}$ $K_{F\alpha}$ aus TB 21-19; $K_{F\beta} \approx 1{,}65$ bei beidseitiger Lagerung von Ritzel *und* Tellerrad, $K_{F\beta} \approx 1{,}88$ bei *einer* fliegenden und *einer* beidseitigen Lagerung, $K_{F\beta} \approx 2{,}25$ bei fliegender Lagerung von Ritzel *und* Tellerrad.
40	*zulässige* Zahnfußspannung $\sigma_{FP} = \frac{\sigma_{F\,lim}}{S_{F\,min}} \cdot Y_{ST} \cdot Y_{\delta\,rel\,T} \cdot Y_{R\,rel\,T} \cdot Y_X = \frac{\sigma_{FG}}{S_{F\,min}}$	$\sigma_{F\,lim}$ aus TB 20-1 und TB 20-2; $S_{F\,min}$ für Dauergetriebe $\approx 1{,}5\ldots2{,}5$; für Zeitgetriebe $\approx 1{,}2\ldots1{,}5$. $Y_{ST} = 2$, Y_{NT} n. TB 21-21a, $Y_{\delta\,rel\,T}$ n. TB 21-21b, $Y_{R\,rel\,T}$ n. TB 21-21c, Y_X n. TB 21-21d
41	*vorhandene* Sicherheit gegen Zahnbruch $S_{F\,vorh} = \frac{\sigma_{F\,lim}}{\sigma_{FP}} \cdot Y_{ST} \cdot Y_{\delta\,rel\,T} \cdot Y_{R\,rel\,T} \cdot Y_X$	
	Nachweis der Grübchentragfähigkeit	
42	*örtliche* Flankenpressung $\sigma_{H0} = Z_H \cdot Z_E \cdot Z_\varepsilon \cdot Z_\beta \cdot Z_K \times \sqrt{\frac{F_{mt}}{d_{v1} \cdot b_{eH}} \cdot \frac{u_v + 1}{u_v}}$	$b_{eH} \approx 0{,}85 \cdot b$; $d_{v1} = d_{m1}/\cos\delta_1$; $u_v = z_{v2}/z_{v1} \geq 1$, für $\Sigma = \delta_1 + \delta_2 = 90°$ wird $u_v = u^2$; Z_H aus TB 21-22a, für $\beta = \beta_m$ und $z = z_v$; Z_E aus TB 21-22b; Z_ε aus TB 21-22c (für ie Ersatz-Stirnradverzahnung mit $\varepsilon_\alpha = \varepsilon_{v\alpha}$ und $\varepsilon_\beta = \varepsilon_{v\beta}$); $Z_\beta \approx \sqrt{\cos\beta_m}$; allgemein $Z_K \approx 1$, in günstigen Fällen (bei geeigneter und angepasster Höhenballigkeit) $Z_K \approx 0{,}85$.
43	*maximale* Pressung am Wälzkreis $\sigma_H = \sigma_{H0} \cdot \sqrt{K_A \cdot K_v \cdot K_{H\alpha} \cdot K_{H\beta}} \leq \sigma_{HP}$	K_A, K_v s. zu „örtliche Zahnfußspannung"; $K_{H\alpha}$ nach TB 21-19, $K_{H\beta} \approx K_{F\beta}$ aus TB 21-18 mit den Werten für die Ersatzverzahnung
44	*zulässige* Flankenpressung $\sigma_{HP} = \frac{\sigma_{H\,lim}}{\sigma_{H\,min}} \cdot Z_L \cdot Z_v \cdot Z_R \cdot Z_X = \frac{\sigma_{HG}}{S_{H\,min}}$	$\sigma_{H\,lim}$ aus TB 20-1 und TB 20-2; Z_L aus TB 21-23a; Z_v aus TB 21-23b; Z_R aus TB 21-23c; Z_X aus TB 21-23d $S_{H\,min}$ Mindestsicherheitsfaktor gegen Grübchenbildung; für Dauergetriebe $\approx 1{,}2\ldots1{,}5$, für Zeitgetriebe $\approx 1\ldots1{,}2$.
45	*vorhandene Sicherheit* gegen Grübchenbildung $S_{H\,vor} = \frac{\sigma_{H\,lim}}{\sigma_{HP}} \cdot Z_L \cdot Z_v \cdot Z_R \cdot Z_X$	

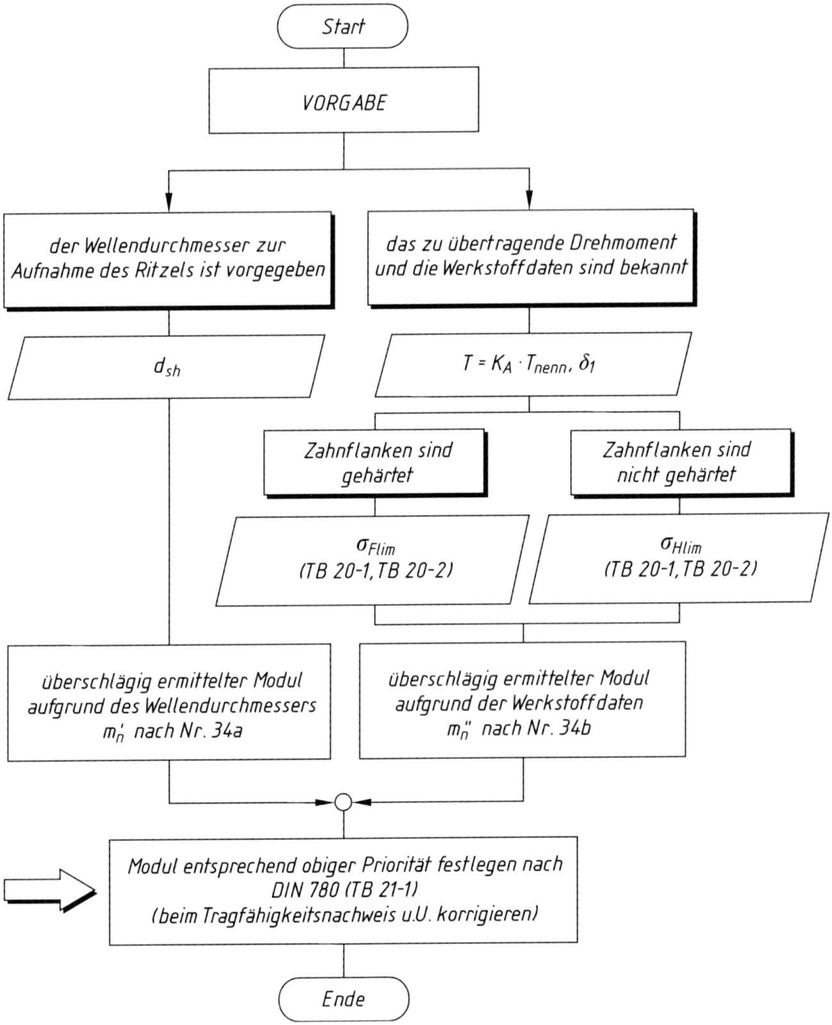

A 22-1 Vorgehensplan zur Modulvorwahl für Kegelräder

23 Schraubrad- und Schneckengetriebe

Formelzeichen[1]	Einheit	Benennung
	Schraubradgetriebe	
C	N/mm^2	Belastungskennwert
d_s	mm	Schraubkreisdurchmesser
d_1'	mm	überschlägig ermittelter Teilkreisdurchmesser des treibenden Rades
y	1	Durchmesser/Achsabstand-Verhältnis
β_s	°	Schrägungswinkel der Zahnflanken im Schraubpunkt S
η_z	1	Wirkungsgrad der Verzahnung
ϱ	°	Keilreibungswinkel
Σ	°	Achsenwinkel
	Schneckengetriebe	
d_{m1}	mm	Mittenkreisdurchmesser der Schnecke
f_{grenz}	mm	zulässige Durchbiegung der Schneckenwelle
f_{max}	mm	maximale Durchbiegung der Schneckenwelle
m_x	mm	Modul im Axialschnitt
p_x	mm	Teilung im Axialschnitt, Abstand zweier benachbarter Schneckenzähne
p_{z1}	mm	Steigungshöhe, vorhandener Abstand zwischen zwei aufeinanderfolgenden Windungen einer Flanke ein und desselben Schneckenzahnes
q_1	1	Kühlbeiwert zur Berücksichtigung der Kühlungsart
q_2	1	Übersetzungsbeiwert bei treibender Schnecke
q_3	1	Werkstoffpaarungsbeiwert
q_4	1	Beiwert zur Berücksichtigung der Getriebebauart
S_D	1	Durchbiegesicherheit
S_δ	1	Temperatursicherheit
Z_h	1	Lebensdauerfaktor

[1] Für Schraubrad- und Schneckengetriebe ergänzende Formelzeichen; weitere Angaben siehe unter Kapitel 21.

Formelzeichen	Einheit	Benennung
Z_N	1	Lastwechselfaktor
Z_p	1	Kontaktfaktor
γ_m	°	Mittensteigungswinkel
η_z, η'_z	1	Wirkungsgrad der Verzahnung bei treibender Schnecke bzw. treibendem Schneckenrad
η_{ges}	1	Gesamtwirkungsgrad des Schneckengetriebes
δ	°C	Temperatur des Schneckengetriebes unter Last
δ_{grenz}	°C	zulässige Temperatur
ϱ'	°	Keilreibungswinkel
ψ_a	1	Durchmesser/Achsabstands-Verhältnis

Nr.	Formel	Hinweise

Schraubradgetriebe

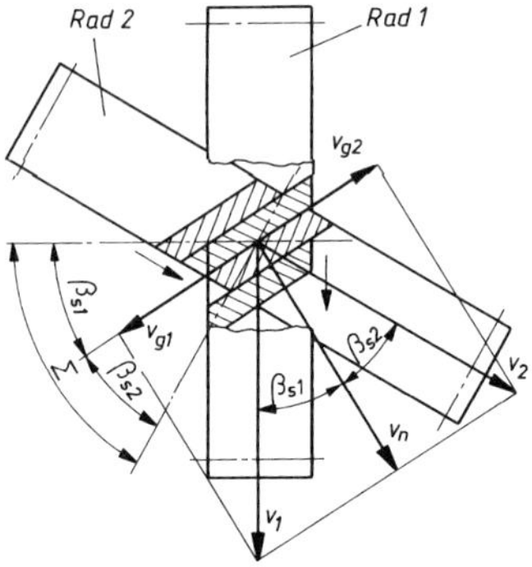

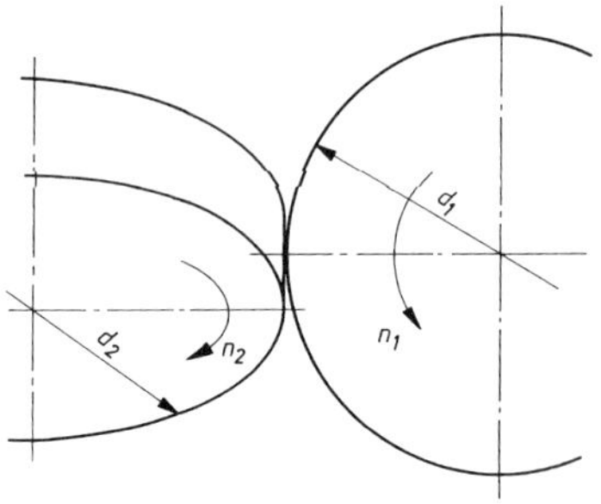

Die Auslegung der Schraubenräder ($\Sigma > 0°$ und $\beta_1 \neq \beta_2$) erfolgt wie die der Schrägstirnräder ($\Sigma = 0°$ und $\beta_1 = \beta_2$) unter Berücksichtigung der verschiedenen Schrägungswinkel; s. Kapitel 21

Nr.	Formel	Hinweise
	Geometrie der Schraubradgetriebe (weitere Verzahnungsdaten siehe unter Kapitel 21 „Geometrie der schrägverzahnten Stirnräder")	
1	Übersetzungsverhältnis *allgemein:* $i = \frac{n_1}{n_2} = \frac{z_2}{z_1} = \frac{d_{s2} \cdot \cos\beta_{s2}}{d_{s1} \cdot \cos\beta_{s1}}$ *für Null- und V-Null-Verzahnung:* $i = \frac{n_1}{n_2} = \frac{z_2}{z_1} = \frac{d_2 \cdot \cos\beta_2}{d_1 \cdot \cos\beta_1}$	Index 1 für treibendes, Index 2 für getriebenes Rad Das Übersetzungsverhältnis wird nicht nur allein durch das Verhältnis der Teilkreisdurchmesser bestimmt! für Null- und V-Null-Verzahnung wird $\beta_{s1,2} = \beta_{1,2}$, $d_s = d$

Nr.	Formel	Hinweise
2	Achsenwinkel *allgemein:* $\Sigma = \beta_{s1} + \beta_{s2}$ *für Null- und V-Null-Verzahnung:* $\Sigma = \beta_1 + \beta_2$	der Schrägungswinkel im Schraubpunkt S wird für Null- und V-Nullverzahnung $\beta_{s1,2} = \beta_{1,2}$; für $\Sigma = 90^\circ$ wird empfohlen $\beta_{s1} \approx 48 \ldots 51^\circ$
3	Modul auf dem Teilzylinder *im Normalschnitt:* $m_n = d_1 \cdot \cos\beta_1 / z_1 = d_2 \cdot \cos\beta_2 / z_2$ *im Stirnschnitt:* $m_{t1} = m_n / \cos\beta_1$; $m_{t2} = m_n / \cos\beta_2$	
4	Modul auf dem Schraubzylinder $m_{sn} = m_n \dfrac{\sin\beta_{s1}}{\sin\beta_1}$	für Null- und V-Null-Verzahnung wird $m_{sn} = m_n$
5	Teilkreisdurchmesser $d_1 = z_1 \cdot m_{t1} = z_1 \cdot \dfrac{m_n}{\cos\beta_1}$ $d_2 = z_2 \cdot m_{t2} = z_2 \cdot \dfrac{m_n}{\cos\beta_2}$	
6	Schraubkreisdurchmesser $d_{s1} = z_1 \cdot \dfrac{m_{sn}}{\cos\beta_{s2}}$ $d_{s2} = z_2 \cdot \dfrac{m_{sn}}{\cos\beta_{s2}}$	für Null- und V-Nullverzahnung sind die Schraubkreise identisch mit den Teilkreisen ($d_{s1} = d_1$, $d_{s2} = d_2$)
7	Achsabstand *allgemein:* $a = \dfrac{d_{s1} + d_{s2}}{2} = \dfrac{m_n}{2} \cdot \left(\dfrac{z_1}{\cos\beta_{s1}} + \dfrac{z_2}{\cos\beta_{s2}} \right)$ *für Null- und V-Null-Verzahnung:* $a = \dfrac{d_1 + d_2}{2} = \dfrac{m_n}{2} \cdot \left(\dfrac{z_1}{\cos\beta_1} + \dfrac{z_2}{\cos\beta_2} \right)$	

Nr.	Formel	Hinweise
	Kraftverhältnisse (Null- und V-Null-Verzahnung)	

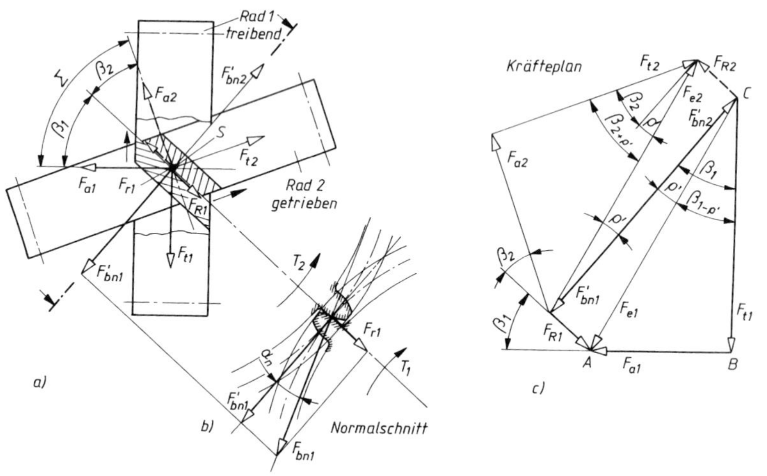

Nr.	Formel	Hinweise
8	*Nenn*-Umfangskraft *für das treibende Rad* $F_{t1} = T_1/(d_1/2)$ *für das getriebene Rad* $F_{t2} = F_{t1} \cdot \frac{\cos(\beta_2 + \varrho')}{\cos(\beta_1 - \varrho')}$	*Hinweis:* Die Kräfte resultieren aus dem rechnerischen Nenn-Drehmoment T_1. Zur Erfassung extremer Betriebsbedingungen sind diese ggf. durch den Anwendungsfaktor K_A nach TB 3-5 zu berücksichtigen ϱ' Keilreibungswinkel; für $\mu \approx 0{,}05 \ldots 0{,}1$ und für $\alpha_n = 20°$ ist $\varrho' \approx 3 \ldots 6°$
9	Axialkraft *für das treibende Rad* $F_{a1} = F_{t1} \cdot \tan(\beta_1 - \varrho')$ *für das getriebene Rad* $F_{a2} = F_{t2} \cdot \tan(\beta_2 + \varrho')$	unter Vernachlässigung der geringen Abwälzgleitreibung
10	Radialkraft *für das treibende Rad* $F_{r1} = F_{t1} \cdot \tan\alpha_n \cdot \cos\varrho'/\cos(\beta_1 - \varrho')$ *für das getriebene Rad* $F_{r2} \approx F_{r1}$	

Nr.	Formel	Hinweise
	Gleitgeschwindigkeit und Wirkungsgrad (Null- und V-Null-Verzahnung)	
11	relative Gleitgeschwindigkeit $v_g = v_1 \cdot \sin\beta_1 + v_2 \cdot \sin\beta_2$	$v = d \cdot \pi \cdot n$
12	Wirkungsgrad der Verzahnung *für* $(\beta_1 + \beta_2) < 90°$: $\eta_Z = \dfrac{\cos(\beta_2 + \varrho') \cdot \cos\beta_1}{\cos(\beta_1 - \varrho') \cdot \cos\beta_2}$ *für* $(\beta_1 + \beta_2) = 90°$: $\eta_Z = \dfrac{\tan(\beta_1 - \varrho')}{\tan\beta_1}$	ϱ' Keilreibungswinkel; siehe zu Nr. 8
	Getriebeauslegung (Null- und V-Null-Verzahnung)	
13	a) Σ, i und P_1 bekannt: Teilkreisdurchmesser des treibenden Rades $d'_1 \approx 120 \cdot \sqrt[3]{\dfrac{K_A \cdot P_1 \cdot z_1^2}{C \cdot n_1 \cdot \cos^2\beta_1}}$	K_A Anwendungsfaktor nach TB 3-5 P_1 vom treibenden Rad zu übertragende Nennleistung n_1 Drehzahl des treibenden Rades C Belastungskennwert nach TB 23-2 d'_1: mm; K_A, z_1: 1; P_1: kW; n_1: min^{-1}; C: N/mm^2; β: °
14	Normalmodul (überschlägig) $m'_n = d'_1 \cdot \cos\beta_1 / z_1$	Norm-Modul m_n festlegen nach TB 21-1; endgültige Rad- und Getriebeabmessungen ermitteln; *Radbreite* $b \approx 10 \cdot m_n$.
15	b) Σ, i, a bekannt: $\tan\beta_2 \approx \left(\dfrac{2 \cdot a}{d_1} - 1\right) \cdot \dfrac{1}{i \cdot \sin\Sigma} - \dfrac{1}{\tan\Sigma}$	$d_1 \approx y \cdot a$ mit y aus TB 23-1
16	zur Einhaltung des Achsabstandes a ergibt sich der *genaue* Schrägungswinkel aus $\dfrac{1}{\cos\beta_2} = \dfrac{2 \cdot a}{m_n \cdot z_2} - \dfrac{1}{i \cdot \cos\beta_1}$	$\beta_1 = \Sigma - \beta_2$

Nr.	Formel	Hinweise
	Tragfähigkeitsnachweis Der Tragfähigkeitsnachweis für Schraubenräder wird wie der für Schrägstirnräder unter Berücksichtigung der verschiedenen Schrägungswinkel geführt (s. Kapitel 21)	

Zylinderschneckengetriebe

Gegenüber den Schraubrädern (Punktberührung) findet bei den Schneckengetrieben Linienberührung statt. Der hohe Gleitanteil z. B. gegenüber den bei Stirnradgetrieben bedingt einen kleineren Wirkungsgrad η, der für $\eta < 0{,}5$ zur Selbsthemmung führt.

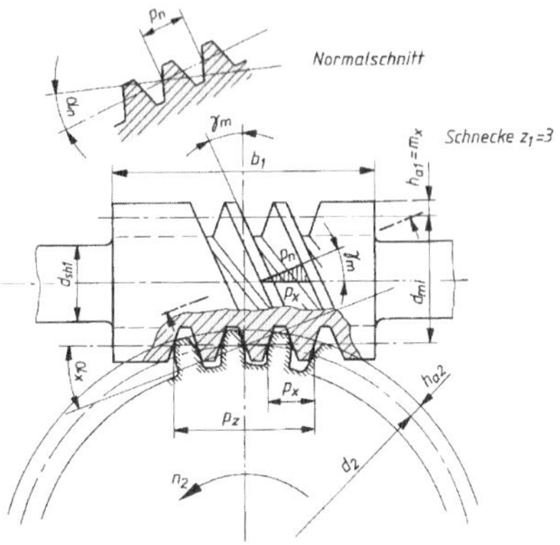

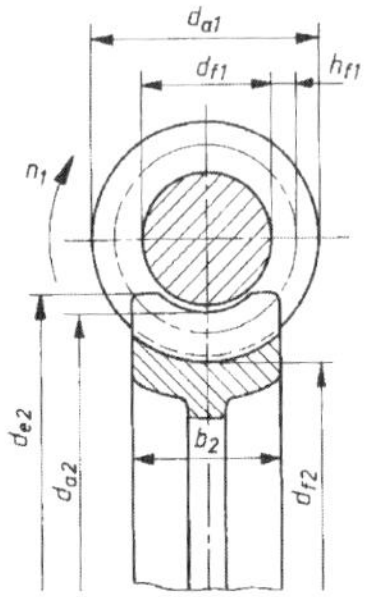

Nr.	Formel	Hinweise
	Geometrische Beziehungen bei Zylinderschneckengetrieben mit Σ = 90° Achsenwinkel	
17	*Übersetzung i* bzw. das *Zähnezahlverhältnis u* bei treibender Schnecke $i = u = \dfrac{n_1}{n_2} = \dfrac{z_2}{z_1} = \dfrac{T_2}{T_1 \cdot \eta_g}$	allgemein: $i_{min} \approx 5$; $i_{max} \approx 50 \ldots 60$ günstige Bauverhältnisse mit Werten aus TB 23-3
	Abmessungen der Schnecke	
18	Mittensteigungswinkel $\tan\gamma_m = \dfrac{p_{z_1}}{d_{m1} \cdot \pi}$	$p_{z1} = z_1 \cdot p_x$ (p_x Axialteilung) $d_{m1} \approx (0{,}3 \ldots 0{,}5) \cdot a$ $\gamma_m \approx 15 \ldots 25°$
19	Mittenkreisdurchmesser $d_{m1} = \dfrac{z_1 \cdot m}{\tan\gamma_m} = \dfrac{z_1 \cdot m_n}{\sin\gamma_m}$	$m = m_n/\cos\gamma_m$; m aus TB 21-1

Nr.	Formel	Hinweise
20	Kopfkreisdurchmesser $d_{a1} = d_{m1} + 2 \cdot h_a = d_{m1} + 2 \cdot m$	Kopfhöhe $h_a = m$
21	Fußkreisdurchmesser $d_{f1} \approx d_{m1} - 2 \cdot h_f = d_{m1} - 2{,}5 \cdot m$	Fußhöhe $h_f = 1{,}25 \cdot m$
22	Zahnbreite (Schneckenlänge) $b_1 \geq 2 \cdot m \cdot \sqrt{z_2 + 1}$	
	Abmessungen des Schneckenrades	
23	Teilkreisdurchmesser $d_2 = z_2 \cdot m$	
24	Kopfkreisdurchmesser $d_{a2} = d_2 + 2 \cdot h_a = d_2 + 2 \cdot m$	
25	Fußkreisdurchmesser $d_{f2} \approx d_2 - 2 \cdot h_f = d_2 - 2{,}5 \cdot m$	
26	Außendurchmesser des Außenzylinders $d_{e2} \approx d_{a2} + m$	
27	Radbreite (Erfahrungswerte) *GJL, GJS, CuSn-Legierung:* $b_2 \approx 0{,}45 \cdot (d_{a1} + 4 \cdot m)$ *Leichtmetallen:* $b_2 \approx 0{,}45 \cdot (d_{a1} + 4 \cdot m) + 1{,}8 \cdot m$	
28	Achsabstand $a = \dfrac{d_{m1} + d_2}{2}$	

Nr.	Formel	Hinweise
	Kraftverhältnisse	
	Kräfte an der Schnecke	
29	Umfangskraft $F_{t1} = \dfrac{(K_A) \cdot T_1}{d_{m1}/2} = \dfrac{2 \cdot (K_A) \cdot T_1}{d_{m1}}$	$\varrho' = \varrho$ Keilreibungswinkel, abhängig von der Umfangsgeschwindigkeit; Anhaltswerte s. TB 20-8
30	Axialkraft $F_{a1} = \dfrac{F_{t1}}{\tan(\gamma_m + \varrho')}$	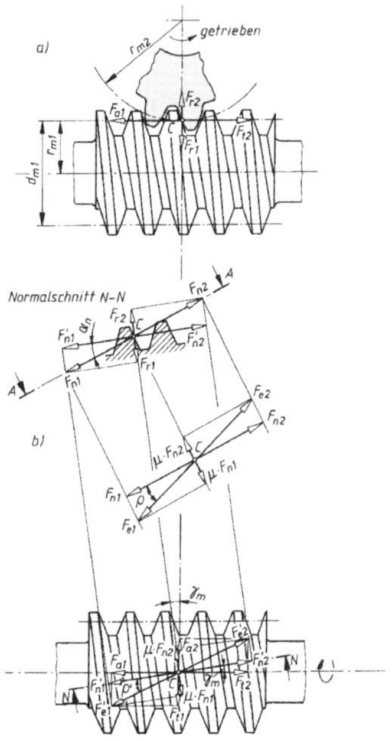
31	Radialkraft $F_{r1} = \dfrac{F_{t1} \cdot \cos\varrho' \cdot \tan\alpha_n}{\sin(\gamma_m + \varrho')}$	
	Kräfte am Schneckenrad	
32	Umfangskraft $F_{t2} = F_{a1}$	
33	Axialkraft $F_{a2} \approx F_{t1}$	
34	Radialkraft $F_{r2} \approx F_{r1}$	
	Entwurfsberechnung für Schneckengetriebe	
	Vorwahl der Hauptabmessungen a) a, u bzw. i sind bekannt	
35	Zähnezahl der Schnecke $z_1 \approx \dfrac{1}{u} \cdot (7 + 2{,}4 \cdot \sqrt{a})$	z_1 kann auch nach TB 23-3 gewählt werden $z_2 = u \cdot z_1$
36	vorläufiger Mittenkreisdurchmesser $d'_{m1} \approx \psi_a \cdot a$	$\psi_a \approx 0{,}5 \ldots 0{,}3$
37	vorläufiger Teilkreisdurchmesser des Schneckenrades $d'_2 = 2 \cdot a - d'_{m1}$	aus $m_t \mathrel{\hat=} m_x = m = d_2/z_2$ wird m ermittelt und festgelegt nach DIN 780 T2, TB 23-4. Mit m_t ergeben sich dann der *endgültige Teilkreisdurchmesser* des Schneckenrades $d_2 = m \cdot z_2$ und der *Mittenkreisdurchmesser* der Schnecke $d_{m1} = 2 \cdot a - d_2$.

<table>
<tr><th>Nr.</th><th>Formel</th><th>Hinweise</th></tr>
<tr><td>38</td><td>Mittensteigungswinkel γ_m der Schneckenzähne gleich Schrägungswinkel β des Schneckenrades
$\tan\gamma_m = \tan\beta = \dfrac{z_1 \cdot m}{d_{m1}}$

b) T_2 bzw. P_2, n_2, u sind bekannt</td><td></td></tr>
<tr><td>39</td><td>ungefährer Achsabstand
$a' \approx 750 \cdot \sqrt[3]{\dfrac{T_2}{\sigma_{H\,lim}^2}}$
$\approx 16 \cdot 10^3 \cdot \sqrt[3]{\dfrac{P_2}{n_2 \cdot \sigma_{H\,lim}^2}}$</td><td><table><tr><th>$a'$</th><th>$T_2$</th><th>$\sigma_{H\,lim}$</th><th>$P_2$</th><th>$n_2$</th></tr><tr><td>mm</td><td>Nm</td><td>N/mm²</td><td>kW</td><td>min⁻¹</td></tr></table>$T_2 = T_1 \cdot u \cdot \eta_g$; $P_2 = P_1 \cdot \eta_g$ mit η_g zunächst nach TB 20-9.
σ_{Hlim} aus TB 20-4</td></tr>
<tr><td></td><td colspan="2">Tragfähigkeitsnachweis</td></tr>
<tr><td>40</td><td>Sicherheit gegen Grübchenbildung
$S_H = \dfrac{\sigma_{H\,lim} \cdot Z_h \cdot Z_N}{Z_E \cdot Z_p \cdot \sqrt{1000 \cdot \dfrac{T_{2\,nenn} \cdot K_A}{a^3}}}$
$\geq S_{H\,min}$</td><td><table><tr><th>S_H</th><th>a</th><th>T_2</th><th>$\sigma_{H\,lim}$</th><th>$K_A, Z\ldots$</th></tr><tr><td>1</td><td>mm</td><td>Nm</td><td>N/mm²</td><td>1</td></tr></table>$\sigma_{H\,lim}$, Z_E aus TB 20-4 (Fußnote beachten)
Z_h aus TB 23-5
Z_N aus TB 23-6
Z_p aus TB 23-7
Z_E aus TB 20-4
K_A aus TB 3-5; $K_A = 1$, wenn bei der Ermittlung von T_2 ungünstige Betriebsbedingungen bereits erfasst wurden
$S_{H\,min} \approx 1 \ldots 1{,}3$</td></tr>
<tr><td>41</td><td>Sicherheit gegen Zahnfußbruch am Rad
$S_F = \dfrac{U_{lim} \cdot m \cdot b_2}{F_{t2} \cdot K_A} \geq S_{F\,min}$</td><td><table><tr><th>$S_F$</th><th>$F_{t2}$</th><th>$U_{lim}$</th><th>$m, b_2$</th><th>$K_A$</th></tr><tr><td>1</td><td>N</td><td>N/mm²</td><td>mm</td><td>1</td></tr></table>U_{lim} aus TB 20-4
b_2 aus Nr. 27
F_{t2} aus Nr. 32
$S_{F\,min} \geq 1$</td></tr>
</table>

Nr.	Formel	Hinweise
42	Temperatursicherheit $S_\vartheta = \frac{\vartheta_{\text{grenz}}}{\vartheta}$ $\approx \left(\frac{a}{10}\right)^2 \cdot \frac{q_1 \cdot q_2 \cdot q_3 \cdot q_4}{136 \cdot P_1} \geq 1$	S_ϑ | ϑ | a | P_1 | $q\ldots$ 1 | °C | mm | kW | 1 q_1 aus TB 23-8 q_2 aus TB 23-9 q_3 aus TB 23-10 q_4 aus TB 23-11
43	Durchbiegesicherheit $S_D = \frac{f_{\text{grenz}}}{f_{\max}} \geq (0{,}5)\ldots 1$	$f_{\text{grenz}} \approx 0{,}004 \cdot m$ für gehärtete und $f_{\text{grenz}} \approx 0{,}01 \cdot m$ für vergütete Schnecken $f_{\max} \approx \frac{F_1 \cdot l_1^3}{48 \cdot E \cdot I}$ mit $F_1 = \sqrt{F_{r1}^2 + F_{t1}^2}$, $l_1 \approx 1{,}5 \cdot a$ und $I = \frac{\pi}{64} \cdot d^4$ mit $d \approx d_{sh1}$ bzw. $d \approx d_{m1}$ je nach Ausführung der Schnecke.

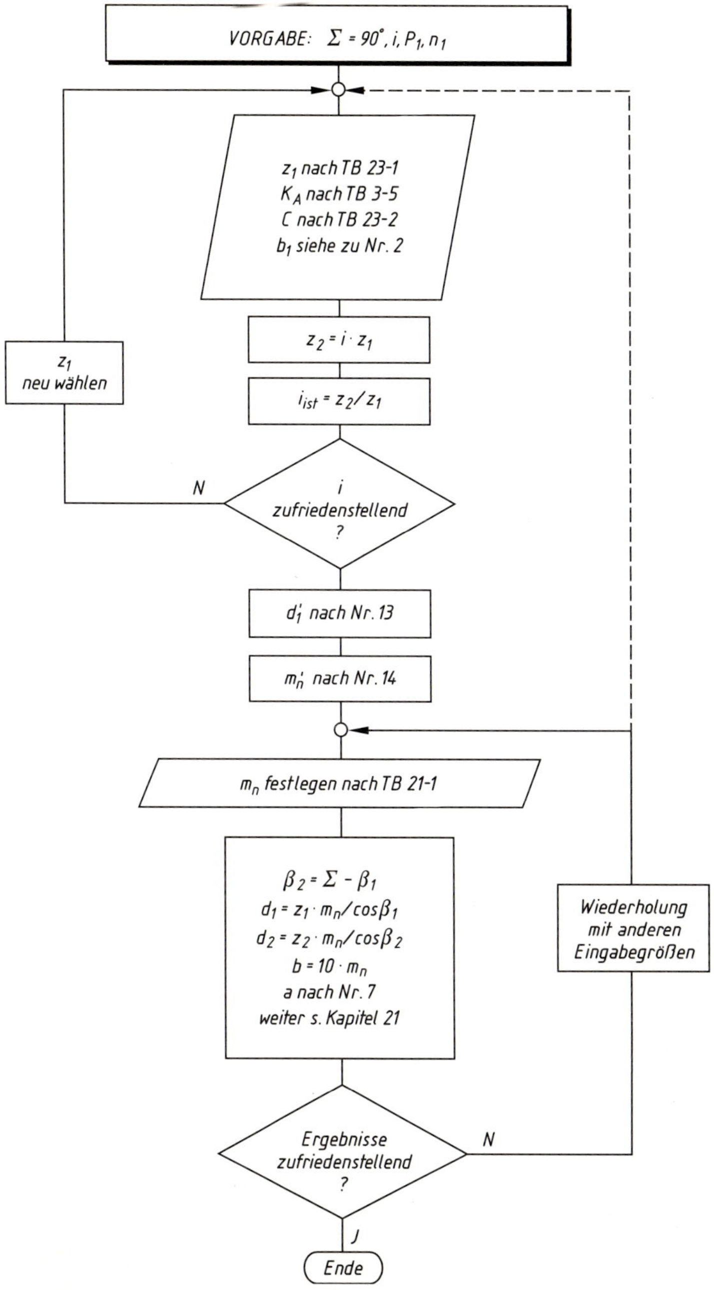

A 23-1 Schraubradgetriebe (Entwurfsberechnung für vorgegebene Leistungswerte)

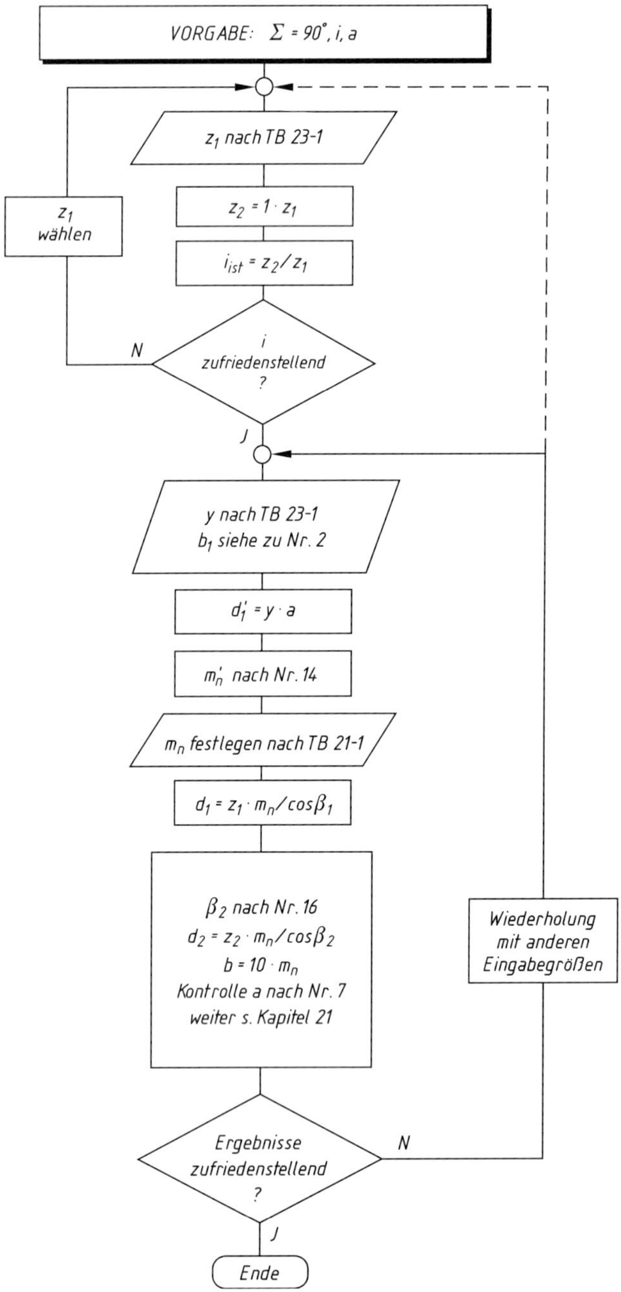

A 23-2 Schraubradgetriebe (Entwurfsberechnung für vorgegebenen Achsabstand)

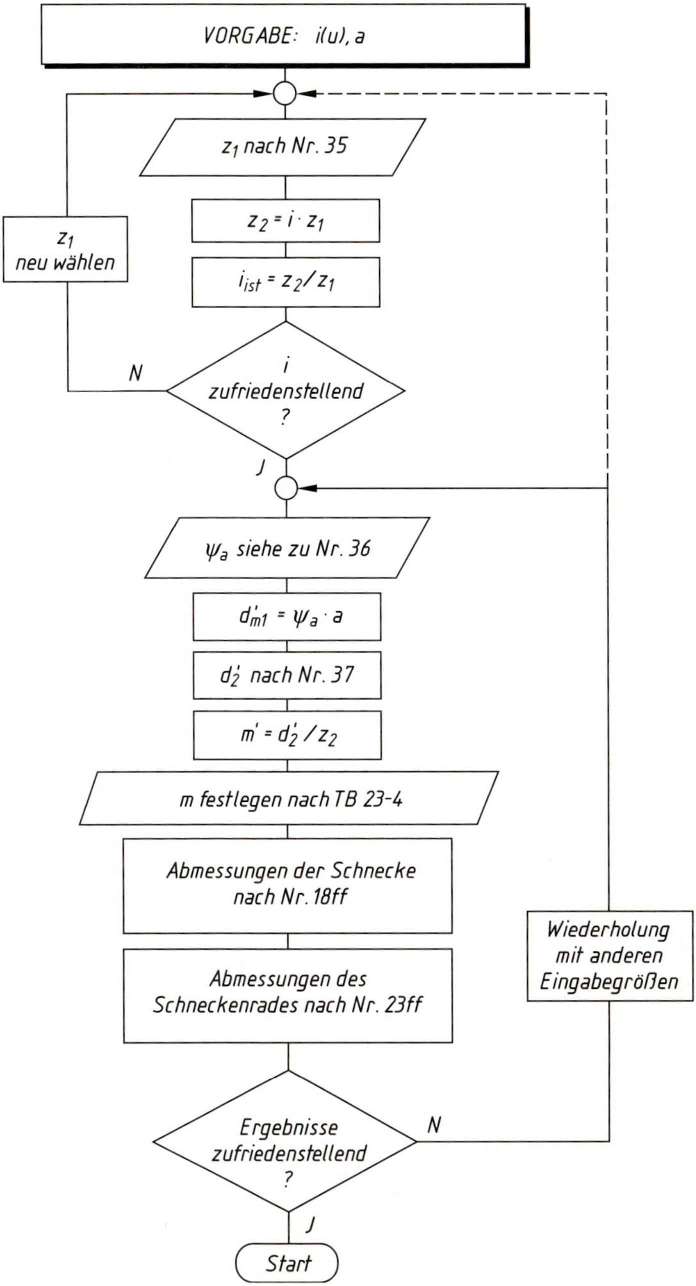

A 23-3 Schneckengetriebe (Entwurfsberechnung für vorgegebenen Achsabstand)

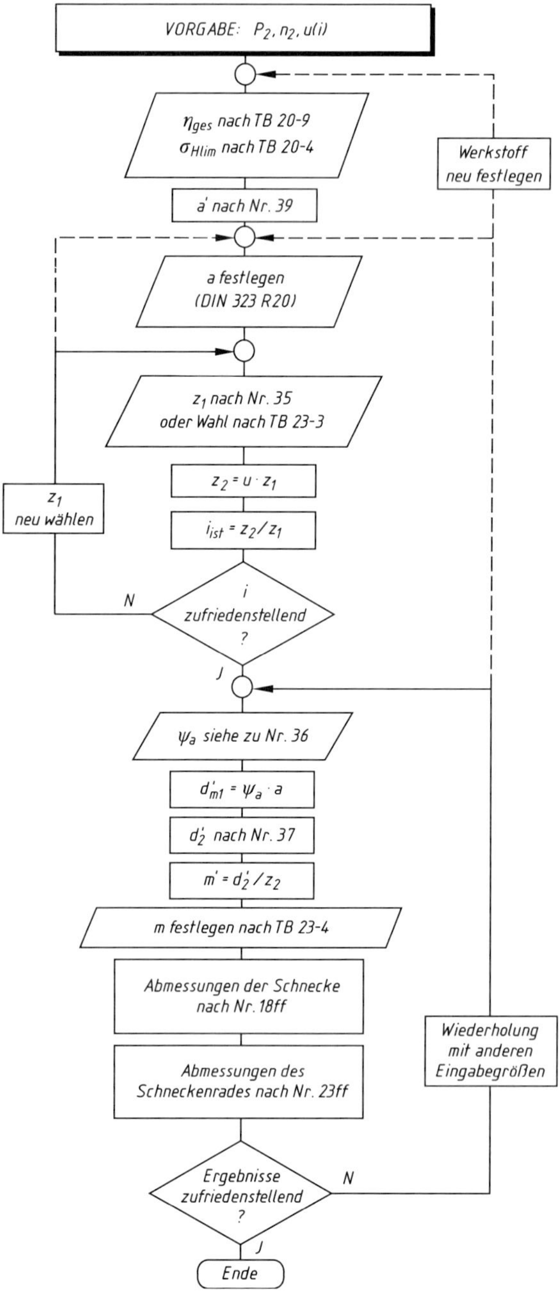

A 23-4 Schneckengetriebe (Entwurfsberechnung für vorgegebene Leistungswerte)

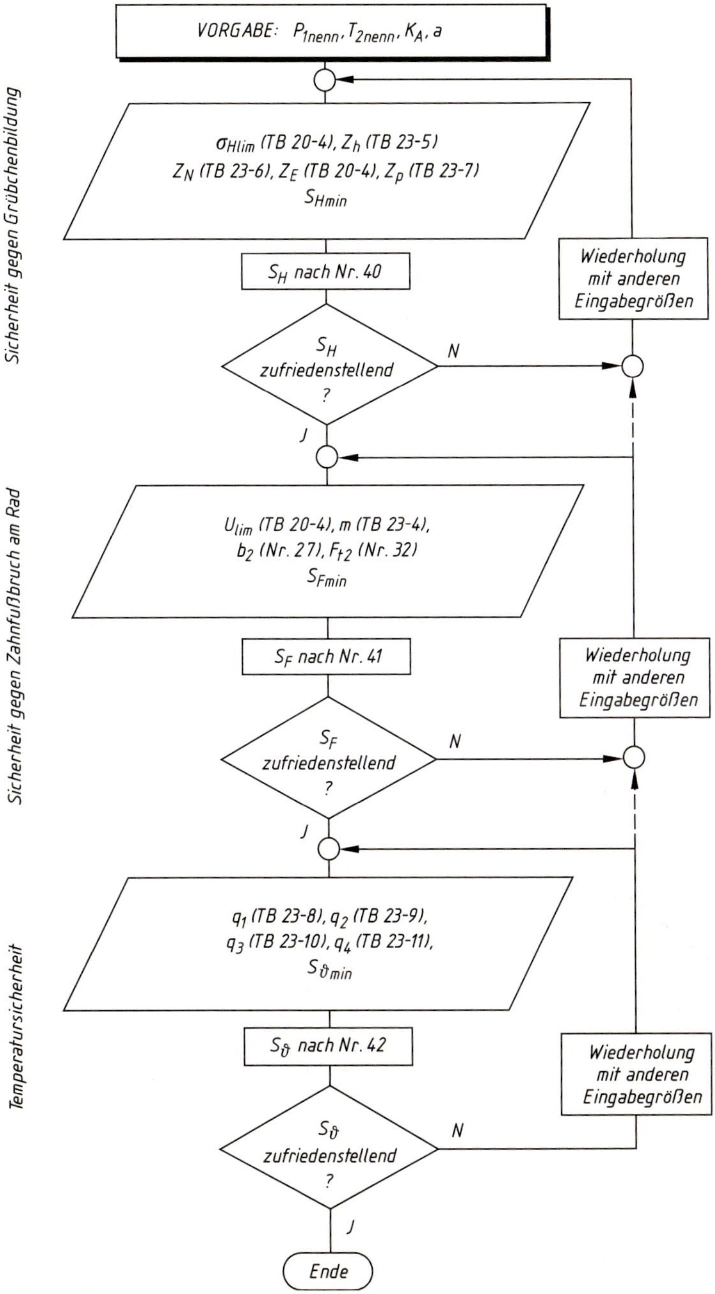

A 23-5 Schneckengetriebe, Tragfähigkeitsnachweis